实用元胞自动机导论

Theory of Practical Cellular Automaton

李学伟　吴今培　李雪岩　著

北京交通大学出版社
·北京·

内容简介

元胞自动机运用简单的、局部规则的、离散的、自下而上的建模方法，借助计算机可以把系统中各个因素之间的非线性关系转化为可执行的程序，去模拟复杂的、全局的、连续的系统。所以，元胞自动机目前已成为研究动态复杂系统的有效手段，在越来越广泛的学科领域内获得应用。

本书首先系统地阐释了元胞自动机的思想基础、工作原理、建模方法及复杂性分析，然后探讨了元胞自动机与遗传算法、神经网络、智能体 Agent 的沟通、交互和渗透，最后介绍了元胞自动机在经济、城市交通管理和疾病传播领域的典型应用。

本书内容新颖、可读性强，充分反映元胞自动机跨学科、交叉性的研究思路，理论性与实用性兼顾。本书可作为信息科学与工程、人工智能、系统工程、复杂性管理、经济管理、交通运输专业的高年级本科、研究生公共选修课的教材，也适合从事相关专业的师生、科研工作者参考。

图书在版编目（CIP）数据

实用元胞自动机导论／李学伟，吴今培，李雪岩著. —北京：北京交通大学出版社，2013.7（2017.12 重印）

ISBN 978-7-5121-1539-2

Ⅰ. ①实…　Ⅱ. ①李…　②吴…　③李…　Ⅲ. ①自动机-研究
Ⅳ. ①TP23

中国版本图书馆 CIP 数据核字（2013）第 168717 号

责任编辑：陈跃琴

出版发行：北京交通大学出版社　　电话：010-51686414
　　　　　北京市海淀区高梁桥斜街 44 号　　邮编：100044

印 刷 者：北京泽宇印刷有限公司

经　　销：全国新华书店

开　　本：170×235　　印张：21.75　　字数：352 千字

版　　次：2013 年 8 月第 1 版　　2017 年 12 月第 2 次印刷

书　　号：ISBN 978-7-5121-1539-2/TP・750

印　　数：2 001～3 000 册　　定价：58.00 元

本书如有质量问题，请向北京交通大学出版社质监组反映。对您的意见和批评，我们表示欢迎和感谢。
投诉电话：010-51686043，51686008；传真：010-62225406；E-mail：press@bjtu.edu.cn。

前　言

今天，人类对于外部世界的认识，已经达到了惊人的高度：宏观，远及亿万光年的宇宙；微观，深入于层子、夸克的神奇世界。所有这些光辉的科学成就，无一不是人类运用其智慧和思维，对于客观世界中的信息进行加工的结果。然而，科学对自然和社会的探索，不是我们已经认识了多少，而是还有多少没有认识。相比之下，人类对于自身的了解，特别是对于生命和智慧本质的认识，却还处于相当幼稚、肤浅的阶段。

20 世纪 50 年代，计算机之父冯·诺依曼创立了元胞自动机，成功地解决了机器的自我复制问题，成为人工生命科学的先驱。人工生命不是由碳水化合物有机形成的自然生命，它关注的是在计算机中仿真或“创造”生命。人们是否相信科学技术总有一天会创造出有生命特征的机器来？这个问题不断地吸引着众多不同领域的科学家们，成为他们的最富诱惑力的研究课题，也是对于现代科学技术的最重大挑战之一。

元胞自动机是由大量元胞组成的，元胞间局部相互作用从而产生了整个系统的行为特征，由于该行为特征不等价于元胞个体行为特征的线性迭加之和，所以无法用传统的数学方程或回归统计进行分析。随着计算技术的高度发达，人们发现元胞自动机利用简单的、局部规则的、离散的方法，借助计算机可以把系统中各个因素之间的非线性关系转化为可执行的程序，去模拟复杂的、全局的、连续的系统。所以，元胞自动机方法目前已成为研究动态复杂系统的有效手段，同时包括初等元胞自动机在内的基于简单规则的系列方法也将成为研究复杂系统科学的实用工具，在越来越广泛的学科领域内获得应用。

本书内容由三个部分组成：

第一部分（第 1～4 章）系统地阐释了元胞自动机的思想基础、工作原理、建模方法及复杂性分析，为试图深入理解元胞自动机的读者提供基础性的理论知识；

第二部分（第5～7章）分别探讨了元胞自动机与遗传算法、神经网络及智能体 Agent 的相互沟通、交叉和渗透，可以起到取长补短、相得益彰的效果。

第三部分（第8～9章）是元胞自动机的应用领域，这里主要介绍它在经济领域、城市交通管理和疾病传播方面的一些典型应用。最后在结语中展望了元胞自动机未来的发展前景。

本书可供高等学校从事信息科学与工程、人工智能与计算机科学、系统工程与复杂性管理等相关专业的师生及科技人员参考。

本书的研究成果是作者所在团队的教师和研究生们几年来共同努力的结果，特别是博士研究生赵云结合自己的研究课题参与了本书第4章和第9章的撰写；苟娟琼博士，李捷博士和朱明皓博士参与了第8章的撰写；窦水海、冯运卿、韦功鼎、邱荷婷等博士生进行了校对工作；李雪梅教授阅读了全书并提出了修改意见。没有他们的辛勤劳动和贡献，此书是不可能问世的，在此向他们表示衷心的感谢。

在全书撰写过程中，作者参考和引用了大量的国内外相关的论文著作和研究报告，可以说没有前人的科研成果，是不可能形成这样一本书的。在此对所涉及的专家学者表示衷心的感谢。另外，还要感谢北京交通大学出版社有关领导及本书的责任编辑陈跃琴，是他们的鼎力相助才让本书得以顺利出版。

最后特别指出，作为一门新兴的交叉学科，需要不断面对新的知识，研究新的问题，但由于作者学识水平有限，书中不当之处在所难免，我们真诚地希望专家和读者不吝赐教。

李学伟

二〇一三年三月

目　录

第 1 章

元胞自动机的思想基础

1.1　复杂性形成的一种思维方式——复杂性思维

1.1.1　简单性与简单性原则

远自古希腊，简单性一直是引导科学家走向真理的灯塔。亚里士多德（Aristole）在他的《形而上学》中说：“所包含原理越少的学术比那些包含更多附加原理的学术更有益。”后来，一些科学先哲们继承和发扬了亚里士多德的思想，如英国哲学家奥卡姆（W. Ockham）提出了著名的“奥卡姆剃刀”，即“简单有效原理。”他的思维逻辑是要把那些多余的、无用的东西毫不留情地统统剃掉。到了近代，牛顿（Newton）以简洁的力学三定律和万有引力定律统一了复杂的天地运动规律，他在《自然哲学的数学原理》中提出：“自然界不做无用之事，只要少做一点就成了，多做了却是无用；因为自然喜欢简化，而不爱用什么多余的原因以夸耀自己。”在相对论时代，爱因斯坦（A. Einstein）更是推崇简单性思想，他认为：“一切科学的伟大目标，即要从尽可能少的假设或公理出发，通过逻辑的演绎，概括尽可能多的经验事实”他还指出：“自然规律的简单性也是一种客观事实，而正确的概念体系必须使这种简单性的主观方面和客观方面保持平衡。”正是由于他把这种简单性当做客观世界的现实接受下来，因而他把追求简单性作为他一生追求的最高目标，并不惜花费后半生的全部精力去研究统一场论，试图把万有引力与电磁相互作用，通过几何化方法把它们统一起来。综合他们的论述，简单性思想发展为简单性原则，其内涵是：在构建和评价科学理论时，要包含尽可能少的基本概念、公理和公设，在形式上要尽可能使用简单的数学语言、符号、方程，但在内容上要涵盖尽可能广泛的经验事实与表象。简单性原则规定了科学演绎系统中的一般性原理要服从简单性需要。这是因为：第一，基本概念和基本定律越少，整个理论体系在逻辑上的完备性也越容易判定，体系内部的无矛盾性易于实现；第二，反映自然本质的规律表述得越简单，也越容易通过观察实验进行检验，使实验具有容易重复、反复检验的优点；第三，科学理论的基本概念和基本定律尽可能少，意味着每个概念中包含的经验内容尽可能多，这样的理论体系才具有应用的广泛性。可以说，简单性原则是近代科学研究的重要传统，也是科学发展的一种动力。

长期以来，人们在简单性原则指导下，努力探索物质构成的简单性、运动规律的简单性和科学方法的简单性。可以说，简单性原则已经成为人类科学思维的一种范式。所谓范式，就是一个时代的科学家们所凝聚起来的精神支柱和共同信仰，是科学家们在科学活动中所采纳的一种总的观点或框架，以及共同遵守的一些准则。它决定科学家看到什么，提出什么问题，以什么方式思索、解决问题。在数百年的时间里，科学家一直把简单性原则作为主导思想，并且在实践中取得了惊人的成就。例如：物理学把世界看做是夸克和轻子的不同组合，把复杂性的相互关系归结为四种基本的相互作用；力学把异常复杂的机器分解成各种简单机械的重复；光学上瑰丽多姿、五彩缤纷的色彩被分解为红、绿、蓝三种原色；化学发现世界已知的近 550 万种化合物看做都是由 112 种元素构成，而各种元素又仅仅是电子、中子和质子的不同结合，等等。总之，简单性原则为人类认识客观世界立下了汗马功劳，简单性被认为是真理的标志。至今，简单性原则仍然看做是科学合理性的重要组成部分，是科学理论建立、评价和选择的一条方法论原则，但已不是唯一的原则。

简单性原则认为世界是由少量逻辑上极为简单的原理支配上的统一、和谐的整体，只要找到了这些原理，就可以把握事物的发展规律。无论世界多么复杂，其复杂性能够也应该从简单性的原理出发加以消解，都服从简单性的规律，可以作量化处理，可以用语言或符号加以描述。但是，随着科学的进步和人类认识水平的提高，简单性原则作为考虑世界的单一思维方式的局限性日益显露，其主要表现如下。

1. 把整体作为部分之和处理

简单性原则对应的是还原论的方法，其基本观念：当我们认识一个复杂事物时，首先将这个事物根据某种原则分成多个小的组成部分，然后进一步将这些组成部分分成更小的子组成部分，一直到能对这些更小的组成部分进行严格又透彻的分析为止。例如，物理学家把晶体分解为原子，又把原子分解成更小的粒子，即原子核和电子。一般认为如果将这些小的组成部分全部认识清楚，就意味着我们已经完全理解了整个系统。

还原论把复杂事物做简单的处理。这种处理方法的前景是机械论宇宙观。它把宇宙看做一台机器、一口大钟，人也是机器，或机器上的螺丝钉。人为了认识这台机器、这口大钟，首先将它拆分或“拆零”。它显然是把复杂事物简单化：以为唯一地可以从部分的性质出发获得对整体的理解，把整体视为部分之和；欲知整体性质，只需将其“拆零”研究即可，部分之间的非线性相干作用被忽略了。

还原论潜在这样的假设：同类事物或非同类事物总是可以分解为更为基本的组成部分或元素，而在分解的过程中原有信息不会丢失，认为人们能够以较低级的物质层次、较简单的物质运动形式去分析、认识较高级的物质层次和较复杂的物质运动。事实上，这种自上向下逐步分解求精的方法，回答不了高层次和整体问题，也无法理解系统整体属性的涌现问题。

2. 把非线性当做线性处理

简单性科学包含许多非线性问题，但其处理方法是把问题线性化，用线性模型近似代表非线性模型。例如，求解小船靠岸问题，在经典力学中采用的是线性微分方程和介质阻尼的简化形式，结果得到小船靠岸是按指数曲线运动的，小船将无限地趋近岸边，“真正”达到岸边所需的时间理论上就是无穷大。显然，这是一种理想化模型，实际情况要复杂得多，而且只要一个小小的浪花，小船的运动就远离我们公式解得的结果。

线性微分方程是简单性科学常用的数学形式。我们知道对微分方程进行积分就得到微分方程的解，它是一个函数，在几何上是平面或空间里的一条曲线，依据曲线的形态和各种特性，就可以相当细微地描绘系统的运动，了解事物运动的性质、特点和规律。

但是，数学家发现绝大多数的微分方程是不可解的。也就是说，根本得不到它们的积分表达式，它们是不可积的。科学家希望不可积的微分方程尽可能少一点，而可积的微分方程尽量多一点。那么不可积的微分方程到底有多少？数学家把可积的微分方程与不可积的微分方程做了比较，发现可积的微分方程的测度为零。这是一个什么概念呢？如果把可积的微分方程和不可积的微分方程都放进一个口袋里，我们每次从口袋里摸出的一个方程，必定都是不可积的，而可积的竟摸不到。

由于微分方程绝大多数是不可积的，所以世界的本质应是非周期的、非线性的。在过去，简单性科学理论主要关心的是线性、周期性行为，它实质上只是关于可积系统的理论，而现实系统几乎都是不可积的。

3. 把远离平衡态当做非正常态处理

在简单性原则主导下的经典科学视平衡态为系统的唯一正常状态，把非平衡态理解为干扰因素造成的非正常状态，力求在平衡态下获得的结论线性推广于非平衡态。

比利时科学家、诺贝尔奖获得者普利高津（Ilya. Prigogine）率先突破平衡态物理学观点的束缚，创立了耗散结构论（Dissipative Structure Theory, DST），从而揭示了物质运动如何从无序变为有序，从不稳定、不协调变为稳定协调的内在机制。普利高津认为，在自然界中没有绝对的平衡。只要在平静的池塘上掠过一丝微风，就会激起阵阵涟漪。即使极目无际、水波不兴的大海，也潜伏着湍急的暗流，它的底部是不平静的。

普利高津指出："非平衡是有序之源。"宇宙万物在发展过程中是不平衡的。不平衡是平衡的母体，平衡是不平衡的产儿，两者此起彼伏。系统只有在远离平衡的条件下，才会出现非线性机制，产生相干效应。它与数量上叠加的线性作用不同，它是系统各要素协同工作耦合成新的整体性效应，从而产生新的质，形成新的有序结构。

4. 把混沌当做随机噪声处理

简单性研究认为系统的稳定态只可能是平衡态或周期态，把非周期运动视为一种过渡态，随着系统逼近稳定态就会逐步消失。由于这种观点的束缚，尽管具有非周期态的混沌是自然界和人类社会普遍存在的现象，却总是把它们当做随机噪声。美国气象学家洛伦茨（E. N. Lorenz）率先摆脱这种传统见解，在天气预报中摒弃了把混沌简化为随机噪声来处理，承认由确定性方程描述的系统，在不外加任何随机因素的情况下，初始条件也是确定的，但系统自身可能内在地产生一种貌似无规则的、类似随机的现象，非周期运动也能是系统的一种稳定态。更准确地讲，混沌是确定性系统的伪随机，混沌不是简单的无序而是没有明显的周期性，但却是具有丰富的内部层次的有序结构。把混沌运动固有的不规则性、复杂性当做表面现象忽略掉，简化为有序的周期运动，或者当做随机扰动，这是简单性原则的方法论。混沌的发现，预示着一场新的科学思想的革命，它揭示着人们：简单性科学那种单纯追求有序、线性、简单的观点是不符合客观实际的。我们真正面临的是一个纵横交错、复杂纷呈、奥妙无穷的世界。

5. 把分形当做近似规整图形处理

对于规则形状的物体，人们一直使用欧几里得（Enctid）几何方法，建立起各种理想模型（几乎都是线性的），把问题纳入可解的范畴。这种近似处理方法，在许多情况下是有成效的，从而在科学上取得了丰硕的成果。然而，环顾四周，自然界的各种事物大都是不规则的。例如山脉、海岸、河流、雪花、浮云、树木、人体等都是不规则的形体。按照简单性原则的方法处理，就是选定一个适当的尺度，把小于这个尺度的一切不规则性、曲折性忽略掉，把它们当做例外的东西排挤在外，化复杂的图形为至少是分段光滑的规整的图形。这样做固然大大简化了问题，同时也就人为地消除了事物本身固有的不规则性、复杂性。法国数学家曼德布罗特（B. Mandelbrot）反其道而行之，他把一些更接近于自然形状的复杂性东西重新找回来作为研究对象，对它们进行理性的哲学的思考，提出了分形的概念，直接从非线性复杂对象本身入手，从未经简化和抽象的对象本身去认识其内在的规律性，创立了分形几何学，可以说是更贴近自然界的几何学。

分形有两个基本特征：不规则性（粗糙性）和自相似性（部分与整体相似）。例如，股票价格，上上下下，似乎没有什么规律可言，你如果每分每秒盯着它的价格的确看不出什么头绪。但是，比较一周之内和一个月之内的股价变化，或一年之内的股价变化，就会发现一些共同性，整体和其部分之间存在某种相似性。与欧几里德几何不同，分形几何中没有像点、线、面这样的基本元素，打破了人们长期以来按多大、多长，按尺度思考事物的习惯。分形是由算法及程序来描述的，并借助计算机转换成几何形态。由于分形的自相似性，这些算法中多有递归、迭代的特点。

分形理论指出了客观世界部分与整体之间的辩证关系，它打破了整体与部分之间的隔膜，找到了部分过渡到整体的媒介和桥梁，即整体与部分之间具有相似性。

分形理论使人们对整体与部分之间关系的理解从线性发展到非线性，对从有限认识无限提供了一种新的方法论。

总之，把整体化为其组成部分的和来理解，把非线性当做对线性的偏离，把远离平衡态当做对平衡态的扰动，把混沌当做随机噪声，把分形当做复杂的规整图形，都是把复杂性当做简单性来处理，结果只能是失败的。20 世纪，科学界通过对许多复杂事物的深入研究，逐渐认识到长期以来卓有成效的简单性原则对诸多领域，如生物领域、经济与人文社会领域等的许多问题处理不了，简单性原则的局限性随着科学发展与社会进步日益显现出来。尤其是 20 世纪 80 年代国际学术界兴起了复杂性的研究，科学家差不多发出一个共同的呼声：突破简单性原则及其思维方式。

1.1.2 复杂性与复杂性思维

1. 复杂性研究的兴起

进入 21 世纪，人类究竟以什么样的世界观和方法论观察世界、认识世界和改造世界呢？英国著名科学家霍金（S. Hahing）认为：21 世纪是复杂性的世纪。美国著名科学家、诺尔贝奖获得者考温（G. Cowan）把复杂性科学誉为“21世纪的科学。”这是因为当代重大的自然问题和社会问题都具有很强的关联性，且日益整体化和复杂化。

人们不仅要认识单个因素或单个事物，而且还要从系统整体出发去认识和解决复杂系统的问题。可以说，如今人们在分析社会结构、处理大工业生产、规划国民经济、研究生物、生态、气候的问题时，几乎没有一种复杂事物的研究不在复杂性科学的对象之内。因此，复杂性探索的兴起，标志着人与社会、人与自然之间的一场新的对话已经开始。

显然，在宇宙中，最难以用传统科学探索、最复杂的系统就是人类。正如法国从事复杂性科学研究的学者们所指出：人类不能化为“制造工具的人”，技术性的面孔上化简为“智慧人”的理性面孔。应该在人类的面孔上也看到神话、节庆、舞蹈、歌唱、痴迷、爱情、死亡、放纵、战争，等等。真正的人存在于智人——狂徒的辩证法中。为此，只有提出一个关于系统复杂性的理论才能以和谐的方式整合人类现象的不和谐方面，只有它才能合理地设想非理性的东西。

事实上，复杂性已经在许多领域不断涌现出来，下面举例说明。

在生物领域，我们要分析生物分子之间相互作用的机理，不能采用传统的分析物理系统的方法来对它进行分析，而应该是把它看做一个复杂系统，用复杂系统的观点来对它进行分析。因为现在研究已初步表明生物体无论是在宏观上还是在微观上都具有复杂系统的性质。其实在研究核酸 DNA 的时候就提出了这个问题。因为 DNA 是我们研究的生物的一个最基本层次，所有生物都可以降到这个层次上来。DNA 序列是不是一个复杂性系统呢？最近研究发现完整的 DNA 序列具有自相似特性，可以用分形维数来描述，这表明生物体的微观表现具有复杂系统的性质。科学家还对心脏的跳动和心电图，甚至是脑的活动和脑电图的数据进行分析，结果发现这些数据具有混沌动力学的特征，也就是说具有复杂系统的特征，是一种混沌行为。还有人对生物的呼吸周期、睡眠周期、生殖周期进行了分析，结果发现这些宏观表现也都具有混沌的性质。所以可以说明生物系统在宏观上具有复杂系统的特性。正如英国剑桥大学教授约翰·葛瑞本（John Gribbin）所说：“混沌导致复杂，复杂开启生命”。总之，只有用复杂系统的观点才能解释生物分子的自组织现象；才能解释自然界中出现生物、生命的这种逆过程是怎么从无序突然变成有序、从无结构变成一种有结构。所以，复杂系统的分析方法可以帮助我们理解生物系统的各种复杂性问题。

在信息领域，人类对思维规律的探讨集中地反映在计算机和数理逻辑的进展上。计算机的研制者试图用数学语言来模拟人的思维过程。但是，现在的计算机与人脑之间还存在很大的差别。人脑善于形象思维，其优势在于能够从整体出发考虑问题，运用想象、联想、比喻、直觉、灵感等处理问题，而现在的计算机在形象思维方面远不如人脑。至于创造性思维，现在的计算机基本处于学习和模仿人的阶段，还没有创造性。但是，在信息处理这个平台上二者是一致的，为什么在思维能力方面有这么大的差别呢？其中一个重要的原因在于，在生物平台上运行的人脑是一个复杂巨系统，而在机器平台上运行的计算机，目前还没有真正地出现复杂系统的各种行为。只有人分配给计算机以恰当的任务，才能充分发挥计算机的作用；只有人理解了的问题，计算机才能去做。所谓创造性、灵感等，这些都和复杂系统有关，即人脑才具有复杂系统的非线性“突现”性质；才能以一种整体的非线性的方式去思考；而现在的计算机尚未达到，它是按线性过程进行操作的。人工智能的研究者们认为人脑与现有的电脑之间的差别主要在复杂性方面，所以计算机的复杂系统性质的研究就成为一个非常重要、非常关键的方向。这样，才能深入到智能的本质——复杂系统的本质。

在生态领域，人们越来越倾向于整体把握不同层次的自然系统。例如，我们对于地球的研究，孤立地研究它的地壳，孤立地研究它的水圈，孤立地研究它的大气圈，已经不再被认为是可取的了。因为有些自然系统是不能掰开分离的，或者说不能从局部行为获得其整体行为。事物的奥妙，关联和相互关系的奥妙，复杂性的奥妙，要求我们从传统的分门别类的研究转向对不同层次自然系统的整体把握。

在经济领域，传统经济学的主流思维是建立在线性模型基础上的。线性、均衡是传统经济学的范式。这些特定假设减小了经济真实的复杂性，但带来了经济的虚假性。事实上，经济系统比物理系统更复杂，经济过程是一个复杂性过程，是不可以运用线性方程描述并精确预测的。经济学家通过考察经济均衡和演化动力，提出了非均衡的、演化的、非线性的复杂性经济学，认为经济生活中许多错综复杂、丰富多彩的现象可以用非线性科学和信息科学的方法加以描述；用自组织、涨落被放大来加以解释。这表明复杂性正在成为经济学的新范式。

在管理领域，管理系统是一个有意识有能动性的人参与活动的系统，它既有自然属性，又有社会属性和人文属性的复杂性。传统的简单、机械的组织正在让位于新的组织，而新组织的最显著特点是具备复杂性。事实上，复杂性科学所包含的一些概念和思想：整体性、非线性、涌现性、自组织、自相似等为管理科学提供了有价值的隐喻和方法，表达了复杂性正成为组织和管理中的核心要素。

在社会领域，社会学处理的层次和相互作用很多：个体、群体、组织、社会、身份、地位、作用、……，都是不能够回避的复杂性概念。虽然社会通过建构组织，不断地削弱个人随机性、无序性所带来的复杂性，但却增加了社会组织的层次性，构成了整体上越来越复杂的、以庞大的组织复杂性为基础的社会结构。进一步看，无序所造成的永恒的威胁给予了社会复杂的特点：永恒重组。

在工程技术领域，许多大型工程系统如长江三峡工程，不仅是一个水利电力工程，在规划与兴建这一工程时要全面考虑发电、防洪、灌溉、航运、渔业等方面的需要，而且还要解决移民安置、生态保护及环境污染等种种复杂因素和关系，以争取最大的社会经济效益和生态效益。再如，建筑工程问题不仅仅是房子，清华大学著名建筑学专家、两院院士吴良镛教授提出了"人居环境学"的构想，他认为必须整体地考虑人居环境，包括建筑、城镇、区域等，是一个开放的复杂巨系统，在其发展过程中，面对错综复杂的自然与社会问题，需要借助复杂性科学的方法论，通过多学科的交叉从整体上予以探索和解决。

总之，一个复杂性新范式正在各个领域酝酿形成。尽管这个范式还处于萌芽与发展阶段，还没有成为某些领域的主流范式，但其发展趋势已经凸现出来。那么，我们研究复杂性有什么意义呢？

从科学认识的进程来看，人们总是先研究相对简单的系统，然后研究相对复杂的系统。20 世纪 90 年代以来，不仅在自然科学领域，而且在人文社会科学、哲学等各个领域，"复杂性"正悄然向我们走来，现在有哪一个领域没有自己的复杂性，不去研究复杂性问题？一些过去因用简单性科学来观察分析而迷惑不解的事物，由复杂性本质的揭示，使我们豁然开朗。因而，复杂性科学就成为当今科学研究的前沿和趋势。

在非复杂系统中，演化过程可以忽略，整个科学体系的指导思想是决定论的，其观点是：世界的发展变化是由一些确定性规律控制的，同样的原因会得到同样的结果，时间是可逆的，不确定性是一种近视或错觉。而对复杂系统，演化已经成为我们认识问题的中心和关键，有必要对原来的自然法则重新进行审视。

在宇宙学、物理学、化学、生物学、生态学或者人文科学等领域，我们在观测的所有层次上都看到了不稳定性、涨落、分岔和有限可预测性，处处都可以见到未来和过去扮演着不同的角色，在这里决定论的自然法则受到严重冲击。新的自然法则认为，自然界处在不断的演化之中，无论是从时间还是空间上看，它处处充满不确定性。演化、涌现和复杂性成为所有层次上自然过程的基调。在全局之中涌现出来了种种个体；城镇从农村涌现出来，而其自身则嵌在其中。这与演化独立于环境的决定论思想恰恰相反，生命总是需要空气和水分。我们总是有着“生命”和“非生命”的相互作用。过去我们习惯于为了实现某种确定的应用目标，设计一个确定的工具系统，它只能在一个事先确定的环境中完成特定的任务，任务之间的切换受确定的条件控制。在决定论思想占支配地位的科学年代，这样做是无可非议的，但在演化的复杂性不可忽略的环境中，这样的设计原则是行不通的，所谓复杂系统是这样一类系统，它一般都具有极其复杂的成分、复杂的结构、复杂的联系和复杂的行为。这样的系统不是决定论的，而是演化的。但是，复杂系统的结构和变化规律是什么？如何设计一个系统能在不断演化的不确定的复杂环境中自适应地工作，这是人类面临的新课题。

针对复杂性的特点，下面一些观点和方法值得特别关注：从确定性到演化性，从还原论到涌现论，从他组织到自组织，从时间可逆性到不可逆性，从集中性到分布性，从最优解到满意解；从实体中心论到关系中心论，等等。进一步深入研究这些变化，将带来人类思维方式新的变革和提升。

2. 人类思维方式的转变

大约半个世纪前，科学家关心的自然界的运动要么是趋向固定点的运动，要么是周期性的运动，要么是准周期性的运动，要么是随机的运动。前三者是牛顿式的宇宙观——决定论的，只要我们找了它们的运动方程，测量确定了它的初始条件，就可以准确预言它们的行为；后者是非决定论的，但只要我们研究出它们的概率统计方程，我们不但可以了解它们的行为，而且尽管我们不能预测事件的出现，也可以预测它们发生的概率。但最近几十年科学家们发现，除了上面的几种运动形式之外，混沌运动和混沌系统在自然界和社会现象中不但存在，而且不是例外地存在，它是普遍存在于自然界之中，存在于水流与气流之中，存在于行星的运动之中，存在于全球的气候变化之中，存在于大脑的思维中，存在于社会变革中，存在于经济活动中，甚至存在于小孩的荡秋千中。尽管这种方程是确定性的，它不包含随机项，但系统的行为是非周期性的、不可预测的，而且原来划入随机运动的许多运动，也属于混沌。混沌的发现表明，我们周围物质世界的运动是一个有序与无序伴生、确定性与随机性、简单性与复杂性的辩证统一。可见，经典科学那种单纯追求有序、线性、精确、简单的观点是不符合客观实际的。复杂性探索代表将要改变人们历来的科学认识和方法，建立人类思维的新模式。

1）有序与无序的对立统一

物理学指出：有序，一般认为是指事物内部的要素或事物之间有规则的联系和运动变化；无序，是指事物内部各种要素或事物之间混沌而无规则的组合和运动变化。在人们的日常生活中，常常会用到“有序”、“无序”这个两词。例如，乐曲是有序，噪声是无序；冰块是有序，水蒸气是无序；生命有规律的运动是有序，死亡则是无序；国民经济的协调、稳定发展是有序，国民经济失调就是无序。物理学赋予“有序”与“无序”的意义与我们日常生活中直观所见别无二致。

长期以来，人们曾经认为世界上的事物只能以两种形态存在；或者是有序，或者是无序。而且相信，世界本质上是有序的、规律的，科学的任务就是透过无序的现象去发现有序的本质，描绘一个完全规则、秩序自然的世界图景。即便是从理想境界后退一步，也要试图描绘出一幅无序性可以忽略不计的图景来。混沌的发现，深刻地揭示了有序和无序是对立统一的。不管是有序，还是无序，都是相对的，任何有序在更大或更小的范围内可能是无序的。同样，无序在更大或更小的范围内，只要有足够精密的观察手段和方法，也可能会出现有序的运动。例如水分子从化学结构上来看，H_2O 是有序的。但是作为一个整体，大海里的一滴水或是一场大雨里面的雨滴，就是无序的。海洋的暖流有序流动，暖流中的水滴无序运动，无序运动的水滴的结构是有序的。总之，无序中包含着有序，有序中又包含着无序。正如普利高津所说："有序和无序总是同时出现的，这可能是宇宙创立的规则。"法国学者莫兰（E. Morin）在其著作《复杂思想：自觉的科学》中论述有序和无序的关系时也说："一个严格决定论的宇宙是一个只有有序性的宇宙，在那里没有变化，没有革新，没有创造。而一个只有无序性的宇宙将不能形成任何组织，因此将不能保持新生事物，从而也不适于进化和发展。一个绝对被决定的世界和一个绝对随机的世界是片面的和残缺的。前者不能进化，而后者不能产生新事物。"因此，有序和无序都有其局限性。"我们需要以复杂的方式重新思维，以便重新思索有序和无序的问题，而重新思索这个问题应该有助于我们以复杂的方式重新思维。"

宇宙万物就是不断从无序向有序演进的，无序是有序的母体，有序是无序的产儿。包括人的创造性，也是在无序到有序、有序到无序不断变化中展开的。人的知识结构处在不断调整变化中。一段时间内可能会知识结构固定，形成固定观念，可算有序吧，但不至于停止了思考。在固定观念下，还会有种种探索和思考，甚至怀疑已有观念，一旦接触到了新情况、新知识，又有新想法，产生新的活力。有序和无序之间处在相互转化之中，一种理论和认识的有序，总会随着时间的发展，新技术、新理论的出现而走向它的无序状态，形成更高层面的理论和认识，科学总是不断变化和螺旋式发展的。

2）确定性和随机性的对立统一

牛顿力学描述的运动规律是简单的、决定论的，用确立性方程可以得出确定的结果。根据这种理论知道世界的现在，就可以决定世界的未来。19 世纪发展起来的统计力学和概率论开始研究随机性，力图从大量的偶然事件中去把握统计规律。认为单个的事件仍然服从决定论的牛顿力学定律，但大量事件服从统计性的大数定律。随机性对于确定性方程而言是一种外在的干扰，是一种噪声或涨落。个体运动服从牛顿定律，多个个体构成群体的运动服从统计定律。确定性方程得出确定的结果，而随机性方程得出统计的结论。这表明确定性和随机性、必定性和偶然性的关系仍然是外在的、并列的。

混沌的发现表明，确定性方程得出了不确定的结果。这种情况是确定性的非线性方程内涵的行为，并不是由于外界的干扰或噪声所致。由于混沌运动对初始状态的高度敏感依赖性，当初值有一极微小的变化时，例如改变10^{-6}或10^{-7}，它在短时间内的结果还可以预测，这一点不同于随机过程，但经过长时间演化后，它的状态就根本无法确定了，造成了确定性方程得出了不确定的结果。这种情况是由于非线性因素、大量确定性及其相互作用可以涌现不确定性的结果，人们把这种表面上看起来的不确定性称为伪随机性，有时又把混沌定义为确定性系统的内在随机性。因此，混沌现象的发现，在更高层次上将确定性和随机性、决定论和非决定论统一起来。

3）分析与综合的对立统一

长期以来，传统科学一直认为，认识了事物各个部分的性质，总合起来就能还原成整体的性质，基本上采取了单纯的分析方法。例如，在物理领域，它使人类对物质的认识由分子到原子，由原子到基本粒子，由较大基本粒子到较小基本粒子，如夸克。在生物领域，人的认识由器官到细胞，由细胞到生物大分子，并深入到 DNA 内部找到遗传密码。分析法（或还原论法）运用逻辑思维的定量分析，为科学理论的严密性、精确化提供了保证。但是有分析而没有综合，认识就可能囿于枝节之间，不能统观全局。事实上，任何分析总要从其整体出发，总不能离开关于对象的整体性认识的指导，否则分析就会有很大盲目性。总之，分析本身不是科学研究的最终目的，只是认识事物的一种手段。因此，我们对事物的研究和认识不能停留在分析阶段，需要继续前进，还要进行综合，以便揭示出事物的本质和规律。

复杂性科学把事物视为各个部分相互联系、相互制约、协调统一的有机体；把它同周围环境千丝万缕的联系视为一个复杂完整的系统，这就是整体论，强调事物系统的综合研究。整体论认为宇宙世界的一切事物，只有从宏观、整体的角度去考察、认识才能把握它的本质。一旦把事物整体分解成为部分，撇开同其他部分的联系，事物就会从“活”的状态变成“死”的状态，整体拥有而部分不拥有的属性就丧失了。同样，把事物从环境中脱离出来，就割断了它与周围其他事物的联系，破坏了它们共同形成的一个复杂完整的系统，事务本身也就失去本来的面目。

但是，综合法运用的思维方式是形象思维，强调从宏观上以经验为基础的体验、顿悟、直觉、灵感来认识事物，这样的认识具有一定的模糊性、不精确性，一般情况下所得到的结论是定性的。因此，综合必须以分析为基础，没有分析，认识不能深入，对具体的认识只能是抽象的、空洞的。

显然，只有把分析法与综合法，或者还原论与整体论结合起来才能克服各自不足，达到优势互补，这是未来发展的必然趋势。其实，这正是人们把精确思维与模糊思维辩证地统一起来的实践形式，在“分析——综合——再分析——再综合”的过程中不断前进。

复杂性科学的兴起对传统科学的思维方式产生了重要影响。传统科学的简单性思维在处理很多实际问题时，可以在一定范围内得到满意的结果。然而这却是以舍弃实际系统的各种非线性因素为代价的，或者只是考虑了弱非线性问题。简单性思维的局限性在于它把生命和社会的复杂性还原为线性、有序、单一、可逆和决定的东西；把自然连接在一起的东西分割成互不相干的东西，采取一种条块分割的观点看待世界。简单性思维在人类科学史上做出过重大贡献，但对简单性的东西按照我们对事物可解的测度来看，它的测度几乎为零。所以，简单性好比一个孤岛，而复杂性才是一个海洋。

复杂性思维是依据现代非线性科学，对客观事物的非线性本质做出不忽略各种非线性因素的简化解释的新思维，它表达了一种不可还原、超越还原的关联综合分析的思维，更多关注事物之间的关联性、多样性和差异性，关注事物的临界状态和涨落，关注事物的不平衡性和不可逆性，关注混沌性和涌现性，关注分岔和演化，等等。

复杂性思维比简单性思维更真实、更全面、更高明。但复杂性并不排斥简化，它是从另外一个维度、另外一个视角、另外一种方法做了简化，这种简化的描述当还原为原来的对象时更真实。复杂性是一个很重要的概念，是人们对客观世界认识进一步深入的必然趋势。但复杂性并非万能的钥匙，不能把复杂性故意搞复杂，故弄玄虚，弄成一种伪复杂性，这不是真正探索复杂性的科学态度。人类学家克利福德·吉尔慈（Clifford Geertz）在其著作《文化的解释》中曾朴素冷静地说过：“努力在可以应用、可以拓展的地方，应用它、拓展它；在不能应用、不能拓展的地方，就停下来。”这应该是我们面对一个新领域或新概念时应有的态度。

1.2　复杂性形成的一种计算模式——规则计算

1.2.1　计算复杂性

任何人的生活、学习和工作都离不开计算，我们遇到实际问题时常常会说需要“算一算”。数学的诞生就是从实际问题的计算开始的。数学家则更是追求解决问题的一般算法。从简单的三角形面积算法到描述各种自然和社会现象的复杂方程求解，定量化的方法已经渗透到各行各业。在复杂性科学中，计算和算法有着特别重要的意义。

计算是一个物理的操作运行过程，完成这一过程需要起码的计算时间和计算空间。所谓计算复杂性是指解决一个问题所耗费的计算机资源的多少，是衡量算法效率的一种指标。一般地说，计算机解决一个问题的程序需要多少步骤，叫做时间复杂性；需要多少记忆容量或存储量，叫做空间复杂性。时间复杂性与空间复杂性的存在告诉我们，时间和空间是计算最基本的物理限制因素，计算时间与空间都是有限的，且与人类活动的合理的时间与空间尺度密切相关，如果超出这一合理时空尺度，计算就是不现实的，也是不可能的。比如，计算时间高达几年或几十年，其计算就不现实，而且还不能保证在这计算期间是否不出现新的问题。

计算复杂性是由算法的复杂性决定的。判断一个问题是否属于难解的复杂性问题，就是考察问题是否具有算法，即运行时间和所占空间是否超过了合理尺度。所以，计算复杂性是把系统的复杂性转化为解决一个问题所需耗费的时间或空间的问题。因此，我们可以看出，计算复杂性所研究的问题都是有关算法的问题，同一个计算问题往往可以用多种不同的算法来求解。对于大量的数据，寻找出最优的算法就可以大量节约计算所需要的时间与空间。

算法是解一类问题的计算方法，传统科学认为计算并不能发现什么新东西，因而计算方法只是一种辅助性的方法。但是复杂性研究改变了人们的陈旧观念，复杂性的许多现象和规律都是通过计算发现的，复杂性理论的许多分支，例如，元胞自动机、生命游戏、人工生命、复杂适应系统等都是建立在计算或算法的基础上，都是运用计算方法的典型案例。因此，计算方法（或计算模式）是研究复杂性的重要方法。

1.2.2 复杂性研究的两种计算模式

1. 数学方程的解析求解方法

大家知道，数学是研究现实世界的数量关系和空间形式的科学。相应地，数学最基本的问题大体上有两类，一类是求解，另一类是求证。求解就是算法构造与计算；求证就是逻辑推理与演绎证明。二者对人类精密思维的发展都是不可或缺。对“计算”大家更是容易感受，因为它是人们从事科学研究和工程设计时的基本活动，可以说，在人类的生活和工作中无处不在，例如：

当你凝视着夜空，是否认识到无数天体的行踪可以通过数学方程来描绘、计算？

当你倾听新闻广播，是否了解漫空飞舞的电磁波的最初发现，应归功于一组微分方程的求解？

当你去医院检查身体，是否想到一些使用广泛的医疗诊断仪器的发明，所依赖的数学原理？

当你彷徨商海股市，是否相信借助数学可以帮助你避险赢利，运筹制胜？

……

总之，人类文明的进步充分印证了，唯有数学恰恰能以其不可比拟的、无法替代的语言（概念、公式、定理、算法、模型等）对科学的现象和规律进行精确而简洁的描述。正如大科学伽利略（G. Galilei）有一句名言：大自然这本书是用数学语言写成的。

但是，科学进步是那么迅速，到了 20 世纪中叶，几乎所有简单的问题都有了答案。广义相对论和量子力学解释了宇宙在大尺度与小尺度中的运行机制，而对核酸分子 DNA 的结构及它们在遗传复制机制中的了解，使得生命现象可以在分子层次（比细胞更微观的层次）上简单地被解释。当简单的问题被解答后，很自然地，科学家就会试图挑战更复杂的问题。数学作为人类探索未知自然规律的重要研究方法，同样面临复杂性的挑战。我们知道，自然演化遵循着一种奇妙的规律，这一规律截然不同于人类自己发明的数学解析方法。例如，人体36.8 ℃的恒定体温是至关重要的，0.5 ℃的偏差足以使人产生病态。那么在0 ℃～100 ℃这样大的范围内，人体是如何求出如此精确的最佳体温的呢?这绝对不是梯度下降等解析方法能算出的，而我们也相信目前的解析方法远远无法完整描述体温、人体结构与环境间错综复杂的关系。

为了弥补解析方法之不足，科学家们需要扩充计算的概念，关键是建立一种新的计算模式来扩展但不是取代以数学方程式为主的解析方法。

2. 简单规则反复迭代的计算机模拟方法

复杂性研究表明，最简单的元素、最简单的关系和最简单的规则，在一定条件下反复迭代就可以模拟生命，甚至可能穷尽地模拟宇宙已有的一切复杂性和多样性。也就是说，重复使用简单规则，可能形成极为复杂的行为。我们可以归结为一个公式：复杂性=简单性+迭代。这不禁使我们想起中国的围棋和易经。围棋的规则很简单，变化却很复杂；易经的道理很朴素，但其阴、阳的排列组合却是无穷无尽，变幻莫测。同样，在人类社会中，个人与个人之间简单的对决，只要重复（迭代的）博弈就会产生各种复杂的社会合作和社会结构。

正如史蒂芬（K. Steven）所说，“每当你观察物理和生物方面非常复杂系统时，你会发现它们的基本组成因素和基本法则非常简单。复杂性的出现是因为这些简单因素自动地、不断地在相互发生作用。”

迭代对于复杂系统研究具有重要的作用，它是对系统的行为状态反复施加作用的一种运算。我们可以用函数的语言来表达系统状态的变换，假定由一种状态（a_0，t_0）变换到另一状态（a_1，t_1），是某个算子作用的结果，即$a_1=T(a_0)$，则a_0称为运算原象（对象），a_1称为变换象（映像），T称为算子。显然，在算子的接连作用下，必须把前次运算中得到的变换象再看成原象来施加算子的作用。这种对某对象的状态反复施加一个算子的作用，叫做迭代。在相继变换过程中得到的状态a_0，a_1，a_2，…，就可以看做连续对系统状态施加算子作用的结果，算子作用步骤进行n次，就有

$$a_n=T^n(a_0)$$

从系统科学的观点看，迭代是什么意思？它说的是，对于某一个事物或一个系统，反复地运用同样的规律来支配它。而迭代研究的结果表明：这个事物或这个系统即使受一些十分简单的规则支配和决定，也会产生出十分复杂的甚至是混沌而不可预测的结果。迭代在生命世界中，对应着繁殖；在复杂系统中扩展到包含经济系统的增长、免疫系统抗体的增加、人脑中某些神经突触的加强及系统中某种相互联结的形式的持续性等。所以有学者将系统迭代看做与多样性和适应性并列的复杂系统行为相互作用的三大特征之一。

复杂适应系统理论的创始人霍兰德（J. H. Holland）正是抓住了这一点，他认为：涌现生成过程的关键就是由少数几条简单的规则支配的个体在其大量的相互作用和反复迭代中产生出巨大的复杂性和涌现性、不可预测的新颖性与不可还原的整体性的过程。据此，霍兰德提出了复杂系统涌现的受约束生成过程的精确描述。

首先，将系统中的适应性个体的功能表达为简单的行为规则，即转换函数：$f: I \times S \to S$，f 是以输入和状态为自变量的函数，不过 f 是由上一个状态来生成下一个状态而已，即

$$S(t+1)=f(I(t), s(t))$$

这里，S 表示个体的有限个可能的状态，即 $S=\{S_1, S_2, \cdots\}$；I 表示许多可能的输入，即 $I=\{I_1, I_2, \cdots, I_j, \cdots, I_k\}$，而每一个输入又有许多可能的状态值，即 $I_j=\{I_{j1}, I_{j2}, \cdots, I_{jh}, \cdots\}$。$I_{jh}$ 就是第 j 个输入的第 h 个可能状态值。

其次，将个体之间的相互作用表达为界面函数：

$$I_{ij}(t)=g_{ij}(S_h(t))$$

即个体 h，在时刻 t，由它的状态 $S_h(t)$，通过界面函数 g 确定输入 j，从而与个体 i 联系起来。个体状态转换、个体间的相互作用可以是局域的，并且是简单的，但通过将时间 $t=0$，1，2 迭代计算之后就生成极为复杂的系统模式、结构与功能。

以上分析思路是通过建立简单规则，再借助计算机的反复迭代实现了对系统演化过程的分析，而不是通过建立系统的精确数学方程式进行解析分析。

3. 规则计算（或迭代）的内涵

何谓规则计算？

它不是用严格定义的数学方程或函数建立的模型，而是用一系列规则构成的模型，通过计算机反复地计算极其简单的规则，那么就可以使之发展成为复杂的模型，并可以解释自然界中的绝大多数现象。

规则计算的基本观点：自然界和人类社会的许多复杂结构、复杂现象和复杂过程，归根结底只是由大量基本组成元素的简单相互作用所引起。我们可能仅仅用一些简单模型（或单纯的程序代码）就可以模拟。

大家都观察过一群大雁在空间展翅飞舞，它们会时聚时散，表现出非常优美和谐的动态，一会儿排成个“一”字，一会儿排成个“人”字。大雁的飞行显然是一种有序行为，然而这种秩序是从哪里来的呢？一种解释是秩序来源于某只领头大雁的命令和协调。领导者可以通过直接对其他大雁发号施令让整个群体具有优美的秩序排列。也有人认为自然进化使得每只大雁的头脑中都预存了整个大雁飞行队列的姿态。事实上，非线性科学的研究结果告诉我们，答案在于每只飞行的大雁都遵循三条简单的行动规则：① 分隔，尽量避免与邻近伙伴碰撞；② 匹配，尽量与邻近伙伴的平均方向一致；③ 吸引，尽量朝邻近伙伴的中心移动。而正是在这种简单规则的共同制约下，大雁之间的相互作用导致了群体秩序和谐的自然出现。在一个系统中虽然每个个体可能非常简单，然而它们通过非线性的相互作用组合到一起的时候，一些整体具有而个体不具有的行为、功能和结构方面的奇妙的属性就会自下而上地“冒出来”，这种“冒出来”的过程叫做涌现（emergency）。

自然界中，这样的例子比比皆是。如鱼群能快速地进行有序的大规模迁徙，蚂蚁遵循一些非常简单的规则就能发现最优的通向食物的路径，一群萤火虫能够节奏一致地进行闪烁。这类系统一般都由大量数目的个体组成，但是个体本身却非常简单，它们没有中央控制器，没有监督者，只具有检测局部信息的能力，信息的获取和交换也只是在部分个体之间进行，而且可能是动态变化的。但是就是基于这些局部信息的简单作用或控制却能产生一些人们所期望的宏观行为。这就好像战场上没有一个统一的计划与指挥，没有一个英明的统帅与专业的智囊，却能打出一场大获全胜的战斗一样。这怎么可能呢？这就是自然界中自组织的力量。这样我们就可以给复杂系统一个定义：具有涌现和自组织行为的系统。复杂性研究的核心问题是“涌现和自组织行为是如何产生的？”

4. 规则计算蕴含的科学思想

1）重复使用简单规则，可能形成极为复杂的行为或图形

一维非线性函数的迭代导致混沌，是一个熟知的例子。对于一维迭代：

$$x_{n+1}=f(x_n) \tag{1-1}$$

在这里只有一个变量 x，$f(x)$是一个已知函数，给定初始值 x。利用 $x=f(x_0)$，可求得 x_1，再将 x_1 代入前面的式子可得到 x_2，以此类推，可求出 x_3，x_4，…，x_n 作为一般形式，可表示为

$$x_n=f(x_{n-1})=f^{(n)}(x_0)$$

$$f^{(n)}(x_0)=f\{f\{\cdots f\{f(x_0)\}\cdots\}\}$$

式中，x_n 是从 x_0 起，以 f 函数连续 n 次作用的结果，一个数代进去，另一个数跳出来；一个新数再代进去，又有一个数跳出来，如此继续下去……。即使像 $x_{n+1}=f(x_n)=a-x_n^2$ 这样简单的抛物线函数，每迭代一次，指数增加，函数形状越来越复杂，通过迭代把非线性函数的复杂性给放大了。一旦参数 a 大于某个值，$f(x)$ 随 n 而起伏变化的规律就变得惊人复杂，从而难以把握和认识。可见，函数的复杂解的产生是它反复迭代的结果。因此，复杂性不在于一次求解方程，而在于千万次地重复简单计算。事实上，不少复杂的事物或现象，其背后确实存在简单的规律或规则，其复杂性乃是某种简单的东西不断重复、长期演变的结果。尽管自然界中复杂结构无处不在，但这并不一定意味着塑造实体原理的复杂性。与其说宇宙从一开始就是复杂的，不如说宇宙和生命中包含着某种简单公式，正是这个公式作为反馈回路的无穷迭代，才造就了今日世界如此绚丽多彩的万千气象。基于规则计算的元胞自动机正是抓住了客观世界中的简单性与复杂性这一对主要矛盾，揭示着人们：自然界中呈现的丰富多彩的事物和现象，并不表示基本定律应该是复杂的，而只要简单定律（或规则）的多次重复使用，就可以造成事物在不同层次上出现不同的性质。也就是说，基本定律简单性并不意味着只能得到平

凡的结果。相反，简单的基本定律在大量元素组成的系统中进行长时间的作用，将会出现极端的复杂性，从而体现出事物许多属性：线性与非线性，确定性与随机性，有序与无序，他组织与自组织，等等。

2）采用由底向上的建模方法，可能得到一个逼真的复杂系统仿真模型

对于简单系统，人们认为其组成元素是静止的、被动的、没有演化的，这样的系统不会涌现出新的质，不会形成新的有序结构。但复杂系统具有涌现性、动态性、自适应性、不可预测性等特征，面对这样的系统，人们应该如何进行分析与研究？我们应该把系统的组成元素理解为“活”的个体，因为具有适应能力的个体才是宏观系统发展、演化的原动力。例如，生物组织中的细胞、股市中的股民、城市交通系统中的司机、生态系统中的动植物、……这些个体都可以根据自身所处的环境和接收的信息，通过自己的规则进行自适应的判断或决策。我们利用计算机仿真的方法模拟复杂系统中个体的行为，让一群这样的个体在计算机所营造的虚拟环境下进行相互作用并演化，从而让整体系统的复杂性行为自下而上地涌现出来。

3）规则计算扩展了计算的概念和方法，成为复杂系统研究的重要工具

为了探索自然与社会的复杂性，科学家们从不同的角度、不同的方法建立各种复杂系统模型。用数学解析方法所建立的微分方程模型，其时间和状态都是连续的，这是建立在时空连续的哲学认识基础上的，一大批重要的科学规律就是利用微分方程来推理和表达的。但现代计算机是建立在离散的基础上，微分方程在计算时不得不对自身进行离散化，建立差分方程；或者展开成幂系列方程，截取部分展开式；或者采用某种转换用离散结构来表示连续变量。这个改造过程不仅是繁杂的，而且失去了微分方程最重要的特性——精确性和连续性。从实际系统抽取规则所建立的模型，其时间、状态都是离散的，不需要预先离散化，很适合于计算机建模与模拟。霍兰德在评价计算机模型时说：“计算机模型同时具有抽象和具体两个特性。这些模型的定义是抽象的，同数学模型一样，是用一些数字、数字之间的联系及数字随时间的变化来定义的。同时，这些数字被确切地‘写进’计算机的寄存器中，而不只是象征性地表现出来。我们能够得到这些具体的记录，

这些记录非常接近在实验室中认真执行操作所得到的实验记录。这样一来，计算机模型同时具备了理论和实验的特征。”正因为计算机模型具有这样的特点，所以他认为，计算机模型是“一种对涌现进行科学研究的主要工具”。复杂性研究中的许多模型，例如霍兰德的涌现模型、康威（J. H. Conway）的“生命游戏”模型，兰顿（C. Langton）的“人工生命”模型等都是规则计算模型，都需要在计算机中模拟实现，都是超越解析方法而建立的新模型。在现代计算机的计算环境下，基于规则迭代的离散计算方式在求解方面，尤其是复杂的动态系统模拟方面有着更大的优势。

1.3 复杂性形成的一种离散动力学模型——元胞自动机

复杂系统通常是由许多同类型的并且相对简单的部分或元素组成的。部分和元素的行为通常是易于理解的，而整体或系统的行为则难于做简单的解释，而且从部分行为的理解中不可预测整体的系统行为。这意味着，对于整体的复杂行为没有一个明确的总体算法，更难建立一个整体的数学方程。为什么会是这样的呢？复杂性是怎样形成的呢？过去我们对于这个问题没有很好的解释。直到 20 世纪 50 年代，计算机之父冯•诺依曼提出一个没有固定的数学公式的模型，即元胞自动机（Cellular Automata，CA），为人们给出了最简单和最标准的案例，清楚地说明复杂性和复杂性行为是怎样从元素的简单性中产生出来和发展起来的。因为这种研究是对模型的研究，使我们可以回避这样的问题：免疫系统虽然是复杂性的，但其组成元素淋巴细胞也不是简单的；生态系统是复杂的，但其组元的物种群体也不是简单的；股票市场是复杂的，但投机商并不是简单的。这样，我们就可以假定系统的组成元素是完全简单的，用规则模型来表达这种简单性和用计算机模拟这种简单性，看复杂性怎样会由此而形成。现在我们有了一个抽象的计算系统，它在时间上和空间上都是离散的，而其元素的状态及支配这些状态的规则在计算上是极为简单的，但由此组成的总体模式和构形却可以模拟现实世界的全部复杂性。这样，我们就可以借助这种工具（元胞自动机）对复杂性的形成及其行为进行离散动力学的分析。

元胞自动机是一个理想化的复杂系统，结构完全不同于现代计算机，示例如

图 1-1 所示。它好像在一块板上排列着许多灯泡，每个灯泡与四周及对角线上的灯泡连在一起。在图中只画了一个灯泡的连线作为示范。灯泡的状态可以是亮或灭。假设边沿是回绕连在一起，也就是认为最左边的与最右边的灯泡相邻、最下面的与最上面的灯泡相邻，等等。

图 1-1　灯泡阵列

图 1-2 中，左边灯泡板表示灯泡的初始设置，为了简洁，在图中没有画灯泡的连线。开始时有些灯泡已经点亮，然后各个灯泡按规则不断地“更新状态”——选择开或关，所有灯泡都同步变化。你可以将这个灯泡阵列看做萤火虫发光的模型，每只萤火虫都根据周围萤火虫的闪灭来调整自己是亮还是灭；也可以看做神经元的激发模型，各个神经元受周围神经元的状态激发或抑制。

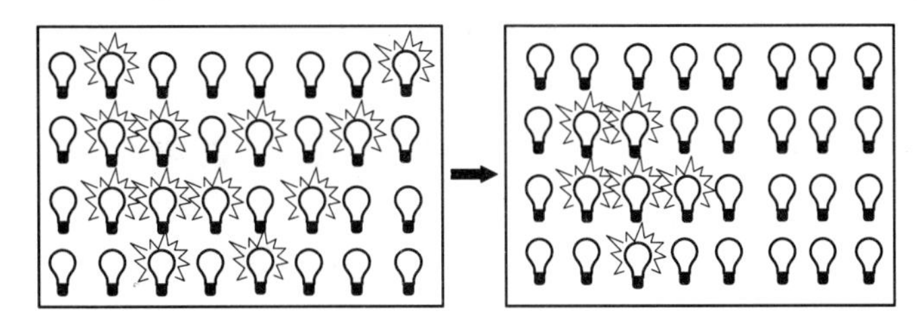

图 1-2　灯泡状态变化

在前面说过，为了让每个灯泡都有 8 个邻居，灯泡阵列的四边是回绕相连的。可以想象成上边和下边合到一起，左边和右边合到一起，形成一个面包圈形状。

这样每个灯泡就都有 8 个邻居。

灯泡每一步如何“决定”是开还是关呢？它们都遵循一些规则，要根据邻域内灯泡的状态——也就是相邻的 8 个灯泡和它自己的状态——来决定下一步的状态（是开还是关）。

例如，规则可以这样：“如果邻域内的灯泡（包括自己）点亮的超过一半，就点亮（如果本来就是亮的，则不变），否则就熄灭（如果本来就是灭的，则不变）。”也就是说，邻域中 9 个灯泡，如果有 5 个或 5 个以上是亮的，中间的灯泡下一步就是亮的。

我们来看看灯泡阵列下一步会怎么变。根据以上规则：“采用邻域占多数的状态”。那么，灯泡由初始设定的开关状态（图 1-2 左板），变化一次之后的状态即为图 1-2 右板所示的状态。

我们也可以使用更复杂的规则，例如，“如果邻域中点亮的灯泡不少于 2 个，不多于 7 个，就点亮，否则就熄灭”，这样灯泡阵列的变化就会不一样。或者是，“如果刚好 1 个灯泡是灭的，或者 4 个是亮的，就点亮，否则就熄灭”。可能的规则非常之多。

到底有多少种可能的规则呢？以后我们会讲到，要定义一条规则，就必须说明对于邻域内灯泡下一步的状态是什么。邻域包括周围 8 个灯泡和中间的灯泡本身，每个灯泡的状态都可以是开或关，因此可能的状态组合的数量为 $2^9=512$。而对每种状态组合，都可以用“开”或“关”作为中间灯泡下一步的状态，因此对全部 512 种组合可能给出的规则配置数量就为 $2^{512}\approx 1.3\times 10^{154}$。这个数字极大，比宇宙中的原子数量还大许多倍。因此，为了研究各种元胞计算规则，就必须对这些规则进行分类。分类问题以后会专门讨论。

上述灯泡阵列其实就是一个元胞自动机。元胞自动机是由元胞组成的网格，每个元胞都根据邻域的状态来选择开或关（广义上，元胞的状态可以随便设定多少种，但是这里我们只讨论开/关状态）。所有的元胞遵循同样的规则，也称为元胞的更新规则，规则根据各元胞邻域的当前状态决定元胞的下一步状态。

为什么说这么简单的系统会是复杂系统的理想化模型呢？同自然界的复杂系统一样，元胞自动机也是由大量简单个体（元胞）组成，不存在中央控制，每个个体都只与少量其他个体交互，通过简单运作规则产生出复杂的集体行为和复杂的信息处理，而且它们的行为很难甚至不可能通过其更新规则来预测。

参 考 文 献

[1] SHOUSE B. Getting the behavior of social insects to compute. Science，2002，295(5564)：2357-2357.

[2] PATON R，BOLOURI H，HOLCOMBE W M L，et al. Computation in cell and tissues：perspectives and tools of thought. Berlin：Springer-Verlag，2004.

[3] MITCHELL M. Complexity：A guided tour. 唐璐，译. 长沙：湖南科学技术出版社，2011.

[4] 吴今培，李学伟. 系统科学发展概论. 北京：清华大学出版社，2010.

[5] 黄欣荣. 复杂性科学的方法论研究 [D]. 北京：清华大学，2005.

[6] 曹南燕. 在清华听讲座：之二. 北京：清华大学出版社，2005.

[7] 胡守钧. 科学精神. 上海：上海科技出版社，2010.

第 2 章

元胞自动机的工作原理

2.1　元胞自动机的创立

生命到底是什么，如何界定生命系统和非生命系统的本质区别呢？这是科学研究的一个经久不衰的问题。20 世纪 50 年代，著名数学家和计算机科学家冯·诺依曼（Von Neumann）提出自我复制乃是有生命的物体的独一无二的特征，也是被称之为生命的必要条件。当时生物自我复制的机制还没有被完全理解，这显示了冯·诺伊曼天才的洞察力。

冯·诺依曼是最早深刻认识计算和生物之间联系的科学家之一，一直致力于解决机器如何才能复制自身的问题。为了设计出能够繁殖自己的机器，冯·诺依曼在他的同事斯坦尼斯洛·乌拉姆（Stanislaw Ulam）建议下，他放弃了实现这种机器的具体元素及其运行问题，集中解决在怎样的数学框架下构建一部机器、使用它能复制自身的信息、从而产生新的机器的问题。冯·诺依曼开始考虑在由许多元胞构成的时空离散的框架下处理这个问题。元胞空间中的每个元胞都具有其内在的状态，并且由有限个离散值组成；只要利用简单的规则，就可以计算出元胞在新时刻的内在状态；并且每个元胞的状态只随邻近元胞的状态而变化，主要反映近距离内元胞间的相互作用；每个元胞遵循同样的规则同步进行状态更新；

大量元胞通过简单的相互作用而构成系统的动态演化。冯·诺依曼提出的这个时空离散的动力系统被称之为元胞自动机（Cellular Automata，CA）。冯·诺依曼在去世前证明了“至少有一种能够繁衍、进化的元胞自动机存在”。成功地解决了机器的自我复制问题。1966年，冯·诺依曼的同事巴克斯（Arthur Burks）将全部成果编辑成为著作《自复制自动机理论》（*Theory of Self-Reproducing Automata*）出版。

当初，冯·诺依曼提出的元胞自动机模型极其复杂，它由数千个二维的元胞，而每个元胞由29个状态组成。这是任何现有计算机的模拟功能无法胜任的。但这种模型确实存在的事实，总算解决了数学上的难题。而且，后来研究证明其与生物的自我复制机制惊人的相似。冯·诺依曼成为人工生命科学真正的先驱之一。

人们对“机器能否复制自身”的问题得到肯定回答后，由元胞自动机来构造具有生命特征的机器成为科学研究的一个崭新方向。一些学者遵循冯·诺依曼的研究路线，继续研究这个问题，取得了标志性的成果。

在20世纪70年代，剑桥大学数学家约翰·霍顿·康威（John Horton Conway）创立了“生命游戏”，这并不是一种普通的游戏。它的规则远远简单于象棋的规则。这个游戏没有胜方，也没有负方。发明者康威想用它来演示最复杂的事物——可能甚至是活生生的生命，是如何从最简单的规则中演化而来的。

冯·诺依曼创造的元胞自动机十分复杂，每个元胞有29种可能的状态，康威则想看看在极为简单的虚拟世界中会发生怎样的变化过程，他设计了一个类似围棋的二维方形网格，每个方格称为一个元胞，它仅仅拥有两种状态：“存活”与“死亡”，或者用“黑色”和“白色”来表达。每个元胞都受它周围的8个元胞影响，并且只依据一套极为简单的规则做出反应。主要的规则有3条：

（1）如果元胞周围邻居存活的元胞数目为2，则该元胞的现有状态不变（也就是说，如果它原来是活着的，它现在依然活着；如果它原先是死亡的，现在它依然死亡）；

（2）如果元胞周围邻居存活的元胞数目为3，则当前的元胞将存活，即使它原先是死亡状态；

（3）如果元胞周围邻居存活的元胞数目既不是2也不是3，那么这个元胞将死亡，即使原先是存活状态。

上述规则虽然简单，但其演化则接近生物群体的生存繁殖规则：在生命密度很小，即状态为“生”的邻居元胞数小于2时，因为孤独并缺乏互助和配种繁殖机会，往往会出现生命危机，元胞的状态由生变为死；在生命密度很大，即状态为“生”的邻居元胞数大于3时，因为资源短缺，环境恶劣及互相竞争而导致出现生存危机，元胞的状态由生变为死；只有处于个体数量适中，即状态为“生”的邻居元胞数为2或3时，生物才能保持良好的生存环境，才能保持元胞的状态继续为生，并且繁衍后代，即元胞的状态由死变为生。因为该模型能够模拟生命活动中的生存、竞争、灭绝等复杂的生物现象，因而得名为“生命游戏”。

生命游戏能够很简易地转换成计算机程序，在计算机屏幕上演示网络内元胞的生长模式。其中最著名的一种称之为“滑翔机”的生命模式。该模式能够不断地生成新的“滑翔机”，就像生出新的生命一样。

通过简单的生命游戏，我们可以看到元胞自动机设计的一个崭新领域，现在已开始转化为技术，在许多方面得到应用。同时，它也成为人们理解生命的新视角，为一种新的科学——“人工生命”铺开道路。

从20世纪80年代开始，以数学家和计算科学家克利斯朵夫・兰顿（Christopchr Langton）为首的一批科学家，以冯・诺依曼创立的拥有29种状态的元胞自动机为原型，经计算机专家科德（E. F. Codd）将其简化为仅仅只有8种状态的元胞自动机，开展在计算机虚拟环境中创造人工生命的研究。人工生命就是人造的生命，而不是由碳水化合物有机形成的自然生命。兰顿认为：人工生命是关于显示自然生命系统行为特征的人造系统的科学。在计算机虚拟环境中创造人工生命模型应具有如下基本特征：

（1）人工生命由简单的程序或设定了行为的单个个体的群体组成；

（2）没有一个主控程序，各程序呈松散耦合的结构；

（3）每一个程序详述环境中一个简单个体局部反应于其他个体的方式；

（4）系统中不包含任何指定全局行为的规则；

（5）任何高于个体层面的全局行为都是自行涌现的，是不可预测。

由此可见，兰顿提出的生命进化模型，应该从一些类似于细菌的简单东西开始，而不是从类似于数学的复杂方程开始。通过简单元素和简单的行为规则反复迭代，就会形成虚拟生命的各种各样的复杂结构。

兰顿提出一个创造虚拟生命的核心问题：什么让生命——自然的或人工的，

得以生生不息地繁衍？他认为信息流至少是生命得以成功延续的一个十分重要的方面。为此，他研究了在什么条件下元胞自动机的信息动态行为会自发“涌现”出生命特征，并在计算机上创建一个能自我繁衍的元胞自动机。对于一维元胞自动机，兰顿找到了一个信息量参数λ，要让生命系统良好运行，信息量的λ参数值必须设定得恰到好处才行。如果λ参数值太低，上一代的所有信息都原封不动地传给下一代，那么这个系统就会相对静止，不会变化，就像晶体一样。如果λ参数值太高，上一代和下一代之间的信息传递就会十分无序，结果呈现混沌状态，失去了原有的可解释的生命模式。而一个相对适中的λ参数值，就能既提供适当的变化，又保持相对的稳定，能够创造出类似生命的现象。他认为，进化只不过是生命越来越善于控制自己的参数，以使自己越来越能够在边缘上保持平衡的过程。兰顿创造了一个非常著名的“混沌边缘生命”的概念来描述这种十分重要的状态。当一个系统处于混沌边缘状态时，系统会表现为复杂行为：在这个层次的行为中，该系统的组成元素从未完全锁定在一处，但也从未解体到骚乱的地步。这样的系统既有足够的稳定性来存储信息，又有足够的流动性来传递信息。这样的系统具有自组织和自复制的基本性质。兰顿认为，生命等复杂现象存在和产生于“混沌边缘”。有序不是复杂，无序同样也不是复杂，复杂存在于无序的边缘。

目前，“混沌边缘”已经成为复杂性科学研究的一个重要成果和标志性口号。一些科学家认为：“混沌边缘”上的复杂动力学被认为是自然和社会进化行为的理想解释。

总之，元胞自动机理论的发展催生了人工生命科学的问世。今天，基于人工生命研究而发展起来的各种技术已经渗入到世界的方方面面，从在线角色游戏的各种复杂人物的设计，到复杂机器人的研究，再到疾病控制中心运用模拟系统演示世界流感大流行以便能够提前调控，无不体现人工生命的思想和技术。可以预料，兰顿的工作必将激励人们试图理解生命本质的意愿更加强烈，其研究的脚步也会永不停歇。

20 世纪 90 年代，著名数学物理学家斯蒂芬·沃尔夫勒姆（Stephen Wolfram）集中精力研究了一种单维元胞自动机（称之为初等元胞自动机）。他研究的不是一个，而是数百个这样的元胞自动机。他研究的元胞自动机越多，他看到的模式也越多，他也就越来越坚信他所观察到的现象具有广泛的适应性。沃尔夫勒姆最终决定他想做的事情：用计算机去探索和模拟如何从简单的运算法则涌现出惊人复杂的行为。他认为，在物理学和宇宙学中研究过的复杂结构不可能用复杂的数学方程来完美地表达；相反，计算机能够帮他走上一条完全不同的解决道路。通过10 年深入而孤独的研究，沃尔夫勒姆于 2002 年出版了有关元胞自动机的 1 280 页的学术著作：《一种新的科学》（*A New Kind of Science*）。他用自己的研究和思想向现有的科学提出了广泛的挑战。他认为：通过对观察数据的计算得出方程的方式对于研究自然现象可能不太合适；自然很可能是通过一些简单规则的集合而完成复杂行为的涌现，我们需要寻找这些简单的规则，以及探究它们如何涌现出复杂的行为。最终沃尔夫勒姆认为，自然就像一台计算机，仅仅运用许多简单的但是强有力的程序就能衍生出一切复杂行为，整个宇宙不过就是一个很大的元胞自动机。沃尔夫勒姆开始用这种方式来研究自然，试图引起一场新的科学革命。

沃尔夫勒姆的"新科学"引起学术界激烈的争论，他的理论和观点还没有被广泛接受。不管怎样，他的研究成果有力地推动了元胞自动机理论和应用的发展，虽然"新科学"不能简单地取代现有的科学（基于公式和方程表达的科学），但可能会让传统的科学更加丰富和繁荣，它可能会给科学家提供一种新的工具，而不是"一种新的科学"。

2.2 元胞自动机的定义

元胞自动机是物理学家、数学家、计算机科学家和生物学家共同工作的结果。因此，我们可以从不同视角去理解元胞自动机的含义。物理学家将其视为离散的、无穷维的动力学系统；数学家将其视为描述连续现象的偏微分方程的对立体，是一个时空离散的数学模型；计算机科学家将其视为新兴的人工智能、人工生命的分支，它对信息的处理是同步进行的，特别适合于并行计算，可能成为下一代并行计算机的雏形；而生物学家将其视为生命现象的一种抽象。下面主要给出元胞自动机的数学定义和物理定义。

2.2.1 数学定义

为叙述和理解上方便起见，这里只讨论一维元胞自动机的定义，而高维元胞自动机的定义可由一维元胞自动机的定义推广得到。

设在双侧无穷直线上有无限多个分布在整数格点上的元胞，每个元胞有 k 个状态，用符号 $0,1,\cdots,k-1$ 表示。

令 $S=\{0,1,\cdots,k-1\}$ 代表每个元胞的状态集合。双侧无穷序列

$$x=\cdots x_{-2}x_{-1}x_0x_1x_2\cdots \qquad x_i\in S$$

称为元胞自动机的构形，所有构形集合称为构形空间，记为 $S^{\mathbf{Z}}$，这里 $\mathbf{Z}$ 为一个整数集。

我们假定时间是离散的，对一个构形来说，每一个元胞都同时发生变化。设 x_i^{t+1} 为时刻 $t+1$ 的第 i 个元胞的状态，它完全由时刻 t 的第 i 个元胞及相邻距离不超过 r 的 $2r$ 个元胞的状态所决定，用公式表示即

$$x_i^{t+1}=f(x_{i-r}^t,\cdots,x_{i-1}^t,x_i^t,x_{i+1}^t,\cdots x_{i+r}^t)$$

其中，f 与 i，t 无关。事实上，f 是 S_t^{2r+1} 到 S_{t+1} 的一个映射

$$f:S_t^{2r+1}\to S_{t+1}$$

元胞自动机的动态演化又由各个元胞的局部演化规则 f 所决定，即

$$F:S_t^z\to S_{t+1}^z$$

我们把上面的论述写成如下定义，即

定义：映射 $F:S_t^z\to S_{t+1}^z$ 称为一个元胞自动机，若存在 $r>0$ 及 $f:S_t^{2r+1}\to S_{t+1}$ 使得对于任意的构形 $x=\cdots x_{-1}x_0x_1\cdots$，满足

$$F(x)_i=f(x_{i-r},\cdots,x_{i-1},x_i,x_{i+1},\cdots x_{i+r})$$

式中，f 称为元胞自动机的局部规则，r 称为邻居半径，F 称为元胞自动机的全局规则。至此，我们就得到了一个元胞自动机模型。

如果把元胞自动机看成某一现象的演化，那么它存在局部规则可以解释成：一件事情会不会发生只与周围有限范围内的条件有关，与时间、地点无关，这表明了元胞自动机的局域性、定常性与空间齐性的性质。

若元胞自动机的邻居半径 $r=1$，状态个数 $k=2$，即状态集只有两个元素 $\{0,1\}$，这样设置的元胞自动机称之为初等元胞自动机，其局部映射为

$$x_i^{t+1}=f(x_{i-1}^t,x_i^t,x_{i+1}^t) \qquad \forall\, i\in\mathbf{Z}$$

上式表示一维二值三邻居元胞自动机的演化公式，即每一个元胞在下一时刻

的状态，是由当前时刻的这个元胞和与它邻接的 $2r = 2$ 个元胞的状态所决定的。

由此我们看到，一维初等元胞自动机具有两个显著的特点：

（1）元胞之间的相互作用是最邻近的局域作用；

（2）元胞只取 0，1 两个值，任何时刻只能取其中的一个。

2.2.2 物理定义

元胞自动机是定义在一个具有离散、有限状态的元胞组成的元胞空间上，并按照一定局部规则，在离散的时间维上演化的动力学系统。

具体讲，构成元胞自动机的部件称为“元胞”，每个元胞具有一个状态，这个状态只能取某个有限状态集中的一个，例如，或“生”或“死”，或者是 7 种颜色中的 1 种，等等。所有元胞整齐地排列在一个空间网格上，网格是离散的，且每个格子只能容纳一个元胞。元胞的状态会随时间变化，而且一个元胞的状态变化只受周围少数几个元胞状态的影响，所有元胞依据同样的规则同步地进行状态更新。大量元胞通过简单的相互作用而构成元胞自动机的动态演化。

我们知道，一个系统，无论大至银河系，小到亚核粒子，只要它是随时间而变化的，我们便称它为动力系统（或动态系统）。它广泛地存在于自然与社会之中，例如：

- 太阳系（行星位置随时间变化）；
- 心脏（周期性跳动）；
- 大脑（神经元不断激发）；
- 股票市场（股价涨落）；

……

研究动力系统的目的就在于理解现在，预测未来。对于一般的动力系统，它的模型是由严格定义的物理方程或函数确定的。然而在复杂系统的研究中，由于变量复杂多样，而且是非线性的和不连续的，有时甚至不可度量而只能加以定性表达，所以状态变化常常是离散的。元胞自动机就是一种离散的动力系统，其模型的构建没有固定的数学公式，而是由一系列的演化规则构成的。元胞自动机涌现生成过程的关键就是在若干条简单的规则支配下，大量元胞相互作用和反复迭代中产生出巨大的复杂性和突现性、不可预测的新颖性和不可还原的整体性的过程。例如，元胞自动机中滑翔机的生成过程，一个蚂蚁群的生成过程，一个股票市场的生成过程，等等。这是为什么呢？这是因为自然界有许多系统都有相似的微观机制，元胞自动机通过模拟这些简单的微观机制就能产生相关的宏观整体上的复杂行为。

总之，物理学是从运动和演化的视角去研究系统，而元胞自动机是一种时空离散的局部动力系统，很容易描述元胞间的相互作用，不需要建立和求解复杂的微分方程，只需要确定简单的局部规则，所以非常适合于模拟复杂系统的时空演化过程，是复杂性科学的一种重要研究方法，为复杂性现象的理论探索和计算机模拟提供了有效的手段。

2.3　元胞自动机的构成

元胞自动机是由元胞（格子）、元胞空间（网络）、邻居（邻近元胞 r ）、元胞演化规则（状态变换函数）和元胞状态（ $S_1,S_2,\cdots,S_k$ ，有限个）组成，如图 2-1 所示。

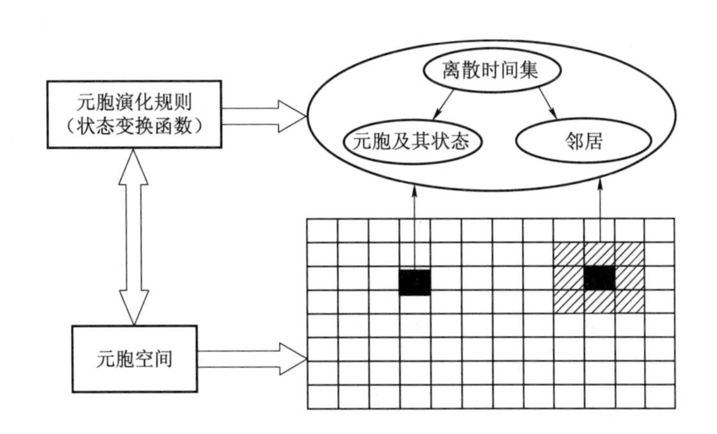

图 2-1　元胞自动机构成示意图

可见，元胞自动机是一个由大量的简单元素、简单链接、简单规则、有限状态和局域作用所组成的信息处理系统。但是，它可以模拟世界的绝大多数复杂现象，所以理论上和实用上的潜力都是非常巨大的。

2.3.1 元胞

元胞又可称为细胞、单元或基元，是元胞自动机的最基本组成部分。元胞分布在离散的一维、二维或多维欧几里德空间的网格上。

元胞的状态可以是{生，死}、{黑，白}、{开，关}等二进制形式，也可以是$\{S_1,S_2,\cdots,S_i,\cdots,S_k\}$整数形式的离散集。严格意义上，元胞自动机的元胞只能有一个状态变量，但在实际应用中，往往将其进行了扩展。例如，高自友等人在研究车辆交通的元胞自动机模型中，对于被车辆所占据的元胞，其状态参量还包含车辆的位置和车辆的速度等变量。

2.3.2 元胞空间

元胞所分布在空间上的网格点的集合就是元胞空间。

1. 元胞空间的几何划分

理论上，元胞空间可以是任意维数的欧几里德空间的规则划分。目前的研究工作主要集中在一维和二维元胞自动机上。对于一维元胞自动机，元胞空间的划分只有一种，而二维元胞自动机的元胞空间通常可按三角形、四方形或六边形三种网格排列，如图 2-2 所示。

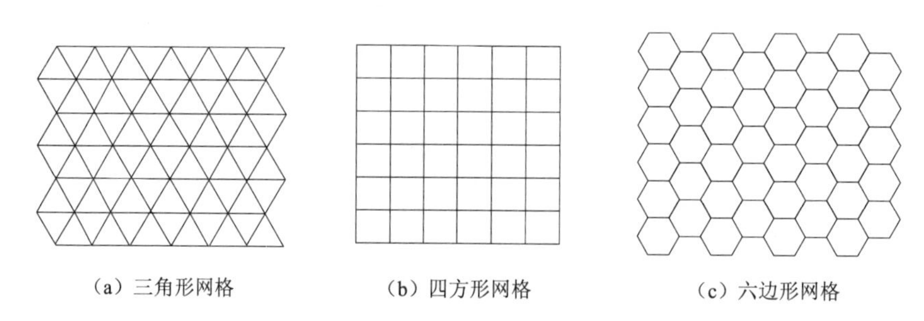

图 2-2　二维元胞自动机的三种网格划分

以上三种元胞空间的几何划分，在模型构建时各有优缺点。

（1）三角形网格的优点是拥有相对较少的相邻元胞数目，并且易于处理复杂边界，这在某些场合很有用；其缺点是计算机的表达与显示不方便，需要转换为四方形网格。

（2）四方形网格的优点是直观且简单，而且特别适合于现有计算机环境下进行表达显示；其缺点是不能较好地模拟各向同性的现象，例如格子气自动机中 HPP 模型。

（3）六边形网格的优点是能较好地模拟各向同性的现象，因此，模型能更加自然而真实，如格子气自动机中的 FHP 模型；其缺点同三角形网格一样，在计算机上表达显示较为困难、复杂。

2. 边界条件

在理论上，元胞空间可以在各维向上无限延展，以利于理论研究和推理。但是在实际应用时，我们无法在计算机上实现这一理想条件。因为不可能处理无限的网络，元胞空间必须是有限的、有边界的。归纳起来，边界条件主要有三种类型：周期型、反射型和定值型。在应用中，有时为了更加客观、自然地模拟实际现象，还可能采用随机型，即在边界实时产生随机值。

（1）周期型（periodic boundary）：是指相对边界连接起来的元胞空间。对于一维空间，元胞空间表现为一个首尾相接的“圈”。对于二维空间，上下相接，左右相接，从而形成一个拓扑圆环面（torus），形似车胎或甜点圈。周期型空间与无限空间最为接近，因而在理论探讨时，常以此类空间作为试验，进行相关的理论分析和模拟。

（2）反射型（reflective boundary）：是指边界外邻居的元胞状态是以边界为轴的镜面反射。例如，在一维空间中，当邻居半径 $r=1$ 时的边界情形，如图 2-3 所示。

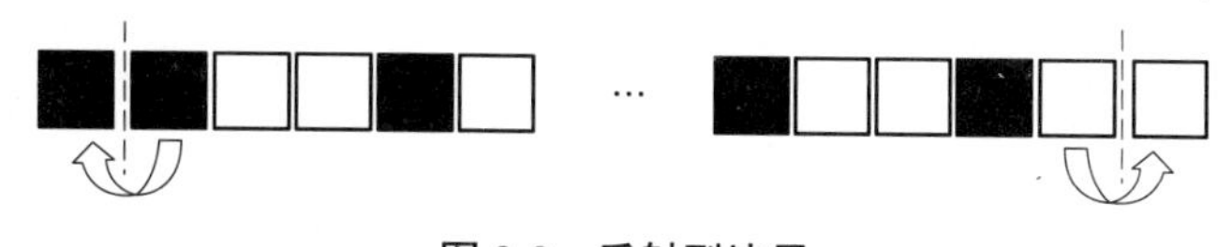

图 2-3 反射型边界

（3）定值型（constant boundary）：是指所有边界外元胞均取某一固定值，如 0，1 等。

需要指出的是，这三种边界类型在实际应用中，尤其是二维或更高维数的元胞自动机建模时，它们可以相互结合。如在二维空间中，上下边界采用反射型，而左右边界可采用周期型。

3. 构形

构形是在某个时刻，在元胞空间上所有元胞状态的空间分布组合。通常，在数学上可以表示为一个多维的整数矩阵 $\mathbf{Z}^d$。这里 d 代表元胞空间维数，**Z** 是一个整数集。也就是说，所有元胞位于 d 维空间上，其位置可以用一个 d 元的整数矩阵来确定。

2.3.3 邻居

元胞及元胞空间只表示了元胞自动机的静态成分，为了将“动态”引入系统，必须加入演化规则。在元胞自动机中，演化规则是定义在局部范围内的，即一个元胞在下一时刻的状态取决于本身状态和它的邻居元胞的状态。因而，在确定规则之前，必须定义邻居大小，明确哪些元胞属于该元胞的邻居。某一元胞状态更新所要搜索的空间域叫做该元胞的邻居。在一维元胞自动机中，通常以半径 r 来确定邻居，距离一个元胞半径内的所有元胞，均被认为是该元胞的邻居。二维元胞自动机的邻居定义较为复杂，但通常有以下几种形式。

1. 冯·诺依曼（Von Neumann）型

一个元胞的上、下、左、右相邻的四个元胞为该元胞的邻居。这里，邻居半径 $r=1$，相当于图像处理中的四邻域、四方向，如图 2-4（a）所示。

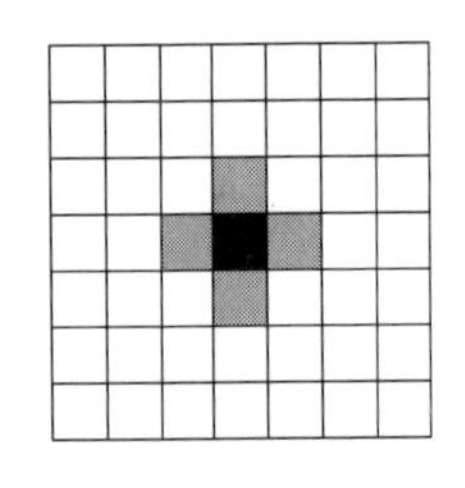

（a）Von Neumann 型

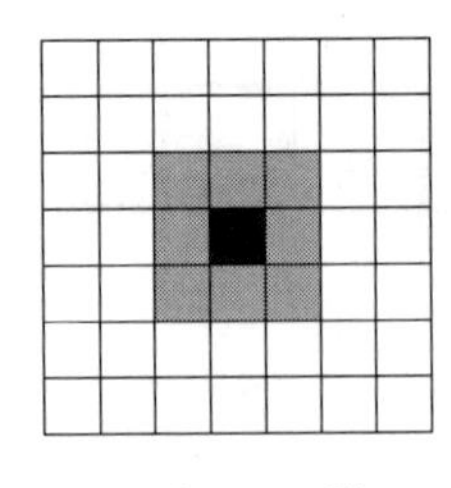

（b）Moore 型

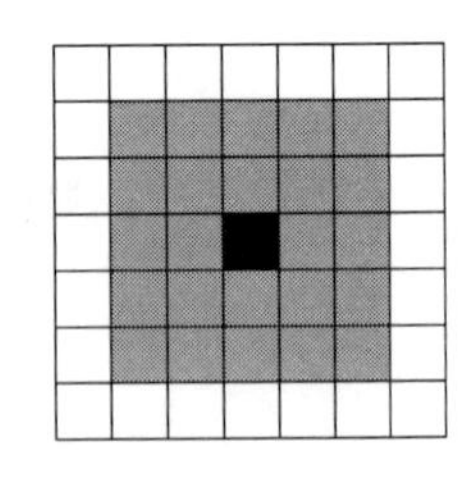

（c）扩展的 Moore 型

图 2-4　元胞自动机的常用邻居类型

2. 摩尔（Moore）型

一个元胞的上、下、左、右、左上、右上、左下、右下相邻八个元胞为该元胞的邻居。邻居半径同样为 1，相当于图像处理中的八邻域、八方向，如图 2-4（b）所示。

3. 扩展的摩尔型

将摩尔型邻居的半径 r 扩展为 2 或者更大，即得到所谓扩展的摩尔型邻居，如图 2-4（c）所示。

在图 2-4 中，黑色元胞表示中心元胞，灰色为其邻居元胞，以它们的状态一起来计算中心元胞在下一时刻的状态。

4. 马哥勒斯（Margolus）型

这是一种同以上邻居模型迥然不同的邻居类型，它不是考虑单个元胞，而是将相邻的 2×2 个元胞作为一个元胞单元块，也就是说，当元胞状态更新时，单元块内元胞只依据该单元块的状态演化，与邻近单元的元胞块状态没有直接联系，即元胞只对左上、右上、左下和右下的邻居状态敏感。将空间进行分块的方法可以使规则的复杂性降低，同时还可以防止长距离影响的发生。网络分块的方式随时间的演化而变化：奇数时间步的分块和偶数时间步的分块方式交替变化，以便信息可以跨越块的边界进行传播，如图 2-5 所示。图中以实线和虚线表示两种分块方式之间的交替变化。单元块内各元胞分别记作 ul（左上）、ur（右上）、ll（左下）和 lr（右下）。在下一个时间步，因分块方式改变，图中标为 lr 的元胞将变成 ul。

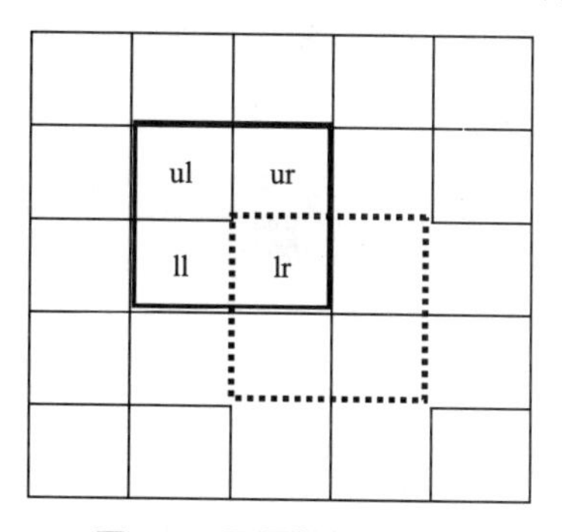

图 2-5　马哥勒斯型邻居

2.3.4 演化规则

根据元胞当前状态及其邻居状态确定下一时刻该元胞状态的动力学函数称之为演化规则。简单地讲，就是一个状态转移函数，可记为

$$f : S_i^{t+1} = f(S_i^t, S_N^t)$$

这里，f 表示状态转移函数（或演化规则）；S_i^t 表示 t 时刻 i 元胞的状态；S_N^t 表示 t 时刻 i 元胞的邻居元胞的状态。

元胞自动机是一个动态系统，尽管随着时间的变化，系统物理结构的本身每次都不发展，但是状态在变化，如果用一个数学公式来表示元胞自动机，它可概括为一个四元组，即

$$A = (L_d, S, N, f)$$

这里，A 代表一个元胞自动机系统；L_d 表示元胞空间，d 为空间维数；S 是有限的、离散的元胞状态集合；N 表示邻域内所有元胞的组合（包括中心元胞在内）；f 是状态转移函数，也就是演化规则。

演化规则是我们事先给出的用来约束元胞自动机状态的条件集合。在实际应用中，一个元胞自动机模型是否成功，关键在于规则设计得是否合理，能否客观地反映实际系统内在的本质特征。因此，演化规则的设计是整个元胞自动机分析的核心。

2.4 元胞自动机的工作过程

设想取出元胞空间中的一条网格，每一个格子就是一个元胞，每个元胞有 k 个有限的可能状态中的一个状态 S_i。不但网格是一格一格的离散（空间离散），而且时间也是一步一步跳着走（时间离散），由…，$t-1$，到 t，再到 $t+1$，…，由时间维向下伸展，如图 2-6 所示。

设第 i 个元胞在 $t-1$ 时刻的状态为 S_i^{t-1}，于是在它左边有 r 个邻居，记为 S_{i-1}^{t-1}，S_{i-2}^{t-1}，…，S_{i-r}^{t-1}，右边也有 r 个邻居，记为 S_{i+1}^{t-1}，S_{i+2}^{t-1}，…，S_{i+r}^{t-1}。

那么元胞 S_i^{t-1} 的下一个状态 S_i^t 怎样决定呢？

$$S_i^t = f(S_{i-r}^{t-1}, \cdots, S_{i-1}^{t-1}, S_i^{t-1}, S_{i+1}^{t-1}, \cdots, S_{i+r}^{t-1})$$

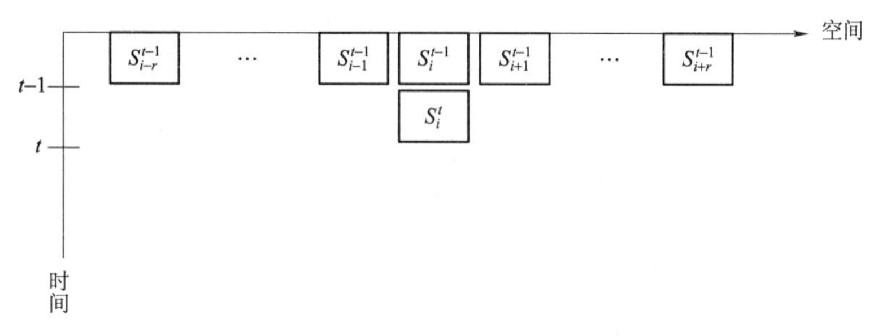

图 2-6　一维元胞自动机工作过程

现在，我们考察最简单、最常用的一种情况，设元胞状态个数 $k=2$，即元胞只有两种可能状态 $\{S_1,S_2\}$，由于 S 中具体采用什么符号并不重要，它可取{静止，运动}，{生，死}，{黑，白}，等等，一般将其记为 $\{0,1\}$；邻居半径 $r=1$，即任何一个元胞只有两个邻居（左邻，右舍）。元胞自动机的工作过程是：元胞状态的更新（由 $t-1$ 时刻 $\rightarrow t$ 时刻）是由其身和邻居在前一刻的状态共同决定的。所以

$$S_i^t = f(S_{i-1}^{t-1}, S_i^{t-1}, S_{i+1}^{t-1})$$

或者

$$S_i^{t+1} = f(S_{i-1}^{t}, S_i^{t}, S_{i+1}^{t})$$

即每一元胞在下一时刻的状态，是由当前时刻本身状态和与它邻接的 $2r=2$ 个元胞的状态所决定的。

可见，由 S、r 和 f 完全确定一个元胞自动机。变换函数中含有三个状态变量，每个状态变量有 2 种状态，所以共有 $2^3=8$ 种组合方式，只要给定 f 在这 8 个自变量组合上的值，f 就完全确定了。图 2-7 是用黑白两种颜色表示的一维元胞自动机输入状态的 8 种可能组合，也可以用数字来表示，如图 2-8 所示。

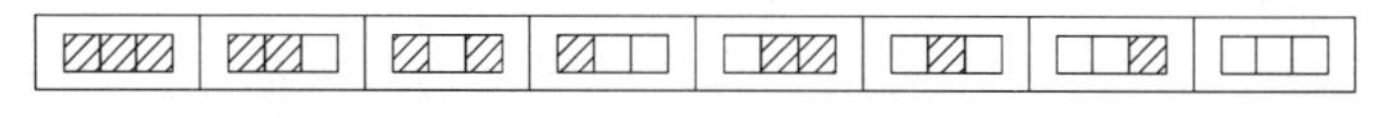

图 2-7　一维元胞自动机可能的 8 种输入状态组合（黑白颜色表示）

111　110　101　100　011　010　001　000

图 2-8　一维元胞自动机可能的 8 种输入状态组合（数字表示）

每一个输入条件都对应着两种输出状态 0 或 1，可见，总共存在着 $2^8=256$ 个输出状态组合。也就是说，对一维元胞自动机而言总共有 256 种规则，如图 2-9 所示。

t	→	111	110	101	100	011	010	001	000
		↓	↓	↓	↓	↓	↓	↓	↓
		1	1	1	1	1	1	1	1
$t+1$	→	或	或	或	或	或	或	或	或
		0	0	0	0	0	0	0	0
		a_7	a_6	a_5	a_4	a_3	a_2	a_1	a_0

图 2-9　一维元胞自动机可能的输出状态

每一个组合记作 a_i，其中 $i=0,1,\cdots,7$。它们按顺序 $a_7a_6a_5a_4a_3a_2a_1a_0$ 排列，表示一个二进制数，它所对应的十进制数为

$$R=\sum_{i=0}^{7}a_i 2^i$$

R 的大小代表着规则的编号数。

现在，我们举出一个可能的规则：01111110。

计算　$R_{126}=a_7a_6\cdots a_1a_0$

$$=0\times2^0+1\times2^1+1\times2^2+1\times2^3+1\times2^4+1\times2^5+1\times2^6+0\times2^7=126$$

所以这是 126 号规则 R_{126}。按该规则的 8 种组合决定 S_i^{t+1} 的取值，如图 2-10 所示。

t	→	111	110	101	100	011	010	001	000
		↓	↓	↓	↓	↓	↓	↓	↓
$t+1$	→	0	1	1	1	1	1	1	0

图 2-10　R_{126} 规则

只要给出元胞自动机的初始状态，便可以依据 R_{126} 研究元胞自动机状态的演化。当然我们可以使用代数方法解析地计算出一些结果，但多演化几步，解析计算就相当困难。所以大多数情况下，要研究元胞自动机的演化，一般都采取数值迭代的方法求解，并用计算机进行运算。现在我们假定在一维元胞自动机上，只有两个元胞的状态为 1，即 $S_1=1$，$S_2=1$，其余两边所有元胞状态 $S_3,S_4,\cdots$ 和 $S_{-1},S_{-2},\cdots$ 都为 0。这里用黑色表示状态 1，白色表示状态 0。运用 R_{126} 规则于这个初始状态，我们可以写出最初几个时步的元胞状态演化图，如图 2-11 所示。但是模拟 R_{126} 及从状态“11”开始的较长时步的演化，就只有依靠计算机了。现在运用元胞自动机软件会很容易做到这件事。

图 2-11　模拟 R_{126} 和初始状态“11”的最初几个时步演化

综上所述，元胞自动机模型是建立在一个简单状态集和一套本地交互规则基础上的，它是可以自我发展、自我完善和不断扩展的系统。在实际应用中，除了一维元胞自动机之外，按照元胞空间维数还可以建立二维、三维和高维元胞自动机，它们都是按这样一个简单的方法建立起来的。

2.5　元胞自动机中的信息处理

从计算角度看，凡是信息的变换都是计算。显然，元胞自动机每一个元胞的状态变化都是一种计算。我们完全可以把元胞自动机看做一种信息处理或计算的系统。

在传统计算机中的信息处理或计算，一切都是根据程序进行的。我们可以从两个层面来看：机器码层面和编程语言层面。在机器码层面上，程序是由具体的让机器一步一步执行的低级指令组成。例如，“将内存中地址 *n* 的数据移到 CPU 的寄存器 *j*”，“对 CPU 寄存器 *j* 和 *i* 中的数据执行或逻辑操作，将结果存入内存中地址 *m* 处”，等等。而在编程语言层面上，程序是由 BASIC 或 Java 这样的高级语言的指令组成，让人更容易理解。例如，“将某个变量乘以 2，并将结果赋给另一个变量”，等等。一个高级语言指令通常要用几个低级指令来实现，不同的计算机类型可能有不同的实现方式。因此，高级语言程序可以用不同的方式实现为机器码；高级语言是对信息处理更抽象的描述。但这种高级语言描述让我们能容易理解在机器码或硬件层面所进行的信息处理或计算。

元胞自动机中的信息处理，如果与传统计算机类比，我们可以说元胞自动机的信息就是元胞格子在每一步的状态组合。输入信息就是初始状态组合，输出信息则是最终状态的组合，在每一个中间步骤产生的信息则根据元胞自动机规则在邻域内进行传递和处理。信息处理的意义来自人们对所执行的任务的认识，以及对从输入到输出的映射的解读。例如，“元胞最终都变成白色，这意味着初始状态组合中的白色元胞占多数”。

在这个层面描述信息处理就类似于在“机器码层面”进行描述，并不能帮助人们理解计算是如何完成的。同传统计算机的情形一样，在这里我们也需要一种高级语言来理解中间步骤的计算，对元胞自动机底层的具体细节进行抽象描述。

传统计算机的计算之所以容易描述，一个原因是编程语言层面和机器码层面可以毫无歧义地相互转化，因为计算机的设计让这种转化可以很容易做到。计算机科学提供了自动编译和反编译的工具，让我们可以理解具体的程序是如何处理信息的。而元胞自动机则不存在这样的编译和反编译工具，也没有实用和通用的设计“程序”的高级语言。也就是说，当我们给定一个具体的计算任务，元胞自动机不可能通过传统的编程直接告诉计算机如何实现，这就是现在理解元胞自动机信息处理的困难所在。但是，近年来科学家们提出了一种“粒子”计算方法，试图通过粒子与粒子的相互作用来描述元胞自动机的信息处理，类似于高级语言。信息通过粒子的运动来传递，粒子的碰撞则是对信息进行处理。这样，信息处理的中间步骤就通过人们对粒子行为的解释获得了意义。实质上，这种描述是为元胞自动机提供了一种高级语言。

粒子描述让我们看到了仅仅观察元胞自动机规则或是其时空演化图案变化看不到的东西：它们让我们能从信息处理的角度来解释元胞自动机是如何执行计算的。粒子是我们强加给元胞自动机的描述，而不是元胞自动机中确实发生的事情。幸运的是，美国伯克利的物理学家克鲁奇菲尔德（J. P. Crutchfied）运用遗传算法演化出了元胞自动机的行为可以用粒子信息处理解释的规则。他的研究告诉我们：元胞自动机的每个元胞都只能完成简单的运算，但是这些元胞通过相互作用完成了全局的运算。为什么？克鲁奇菲尔德的研究进一步指出，这些简单的并行相互作用的元胞之所以能够完成全局运算，其中一个最重要的因素就是它们可以通过"粒子"进行跨区域的通信，从而使不同区域的两个或多个元胞之间能够发生相互作用而实现整体的协调与合作。只有真正让本来相互分散的个体连接成一个整体，才能完成复杂的信息处理或计算任务。

沃尔夫勒姆曾提出《元胞自动机理论的二十个问题》，其中最后一个问题是："对元胞自动机的信息处理能不能给出高层的描述？"，他想要的可能就是粒子及它们之间相互作用可以作为一种语言，用来解释以一维元胞自动机为背景的分布式计算。

事实上，绝大多数复杂系统都有微粒化结构，它们由大量相对比较简单的个体组成，个体以高度并行的方式协同工作。因此用"粒子"这种方法理解信息处理，虽然不符合常规，却对没有中央控制、分布在大量简单个体中的计算会有用。

用粒子计算来帮助理解元胞自动机高级信息处理的思想是最近才出现的，它还远没有形成计算理论体系，尚需要继续深入研究。

2.6　元胞自动机的基本特征

1. 基本特点

元胞自动机的特点是空间、时间、状态都是离散的，每个元胞只取有限多个状态，状态更新的规则是局部且同步进行的，其特点如下。

（1）空间离散：各元胞分散在按一定规则划分的离散的网格点上，元胞的状态变化都是由确定性规则表示，元胞的分布方式相合，大小形状相合，空间分布规则整齐。

（2）时间离散：系统的演化是按照等时间间隔的步长进行，并且 t 时刻的状态布局只对下一时刻 $t+1$ 的状态布局产生影响。

（3）有限的状态离散：元胞自动机的状态参量只能取有限（k）个离散值 S_1，S_2，$\cdots$，S_k。相对于连续状态的动力系统，它不需要经过粗粒化处理就可以直接转化为符号序列。

（4）并行性：各个元胞在时刻 $t+i(i=1, 2, \cdots)$ 的状态变化是独立的行为，不需要按什么标准来统一排队，各元胞的行为是并行的，相互没有影响。若将元胞自动机的状态变化看成是数据处理，则元胞自动机的处理是同步进行的，特别适合于并行运算。

（5）时空局域性：每个元胞在某一时刻的状态，取决于其周围半径为 r 的邻域中的元胞在前一时刻的状态，主要反映近距离内元胞间的相互作用，即局域作用。

（6）高维性：若元胞的状态有 k 种，状态的更新由自身及其四周邻近的 n 个元胞状态共同决定，那么可能有的演化规则数为 k^{k^n} 种，它一般是很大的数目，这正是模拟复杂现象所必须具备的条件。因此，高维数是元胞自动机研究中的一个特点。

2. 主要优点

下面介绍是元胞自动机（CA）的优点。

1）CA 适合于非结构化问题的信息处理和系统建模

何谓结构化问题？能够通过形式化（或公式化）方法描述和求解的问题称为结构化问题。求解结构化问题的路径是已知的，或者是比较容易获取的。例如。求解一个一元二次方程就是一个结构化问题；应用运筹学求解资源优化也是一个结构化问题。

非结构化问题是难以用明确的数学公式来描述，其求解过程和求解方法没有固定的规律可以遵循。例如，心理咨询问题就是一个定义不完善的非结构化问题。

在实际工作中，难以观测、边界模糊、目标不明确、定义不完善、不便建模的信息处理问题比比皆是，这时用数学解析方法难以奏效，但可以借助 CA 方法来解决。因为 CA 具有很好的适应性，而且其规则很容易被计算机描述，因此它很适合对于离散现象的计算机模拟。

2）CA 在模拟仿真中没有误差积累

传统的模拟仿真随着时间的增长误差也会积累，而 CA 在无数次的迭代过程中是没有误差积累的。因此我们可以对一个复杂系统进行长期的模拟，从而发现其中的规律。

3）CA 不需要预先离散化

CA 是直接从实际系统抽取规则建立离散模型的，而传统系统的数字计算方法来自连续方程的离散化，一般要变换成差分方程，或者展开成幂系列方程，再截取部分展开式。这样的改造过程不仅繁杂，甚至是不可能解决的。但是 CA 借助计算机进行计算，却非常自然而合理，甚至它还是下一代并行计算机的原型。

4）CA 是并行操作

在 CA 中每一个元胞状态的更新是依据规则同步进行的，也就是说 CA 中各个元胞的信息处理，并不需要按什么标准或协议来排队，它是并行的分布式地信息处理，这正是计算机未来的发展方向。

5）元胞相互作用的局域性

CA 中每个元胞状态的更新，除了根据自身的状态之外，只与周围元胞有关，受邻近元胞状态的影响，属于短程通信（短程交互）。如果每一个元胞视为一个 CPU，在一块半导体芯片上集成许多元胞，只有相邻 CPU 才需要通信，这样可以节省成本和减少系统复杂性。

总之，CA 在科学方法论上提供了一种新范式：利用简单的、局部规则的、离散的方法去描述复杂的、全局的、连续的系统。所以，CA 在信息系统科学及许多相关领域产生了巨大影响，得到了极其广泛的应用，几乎涉及自然科学和社会科学的各个领域。

但是，在实际应用中，要用好元胞自动机的关键是元胞规则的确定，可以认为，元胞的演化规则是元胞自动机的灵魂，一个元胞自动机模型是否成功，关键在于规则设计的是否合理，是否客观地反映了真实系统内在的本质特征。如果遇到规则难以确定的情形，可以试验几种规则，以观察系统的宏观演化结果是否与真实过程一致。

让我们来看一个通俗的例子，教师为了提高教学质量，对课堂教学可以确定规则。有一位特级教师定下了“三不教”原则：① 凡学生自己看书能懂，不教；② 凡学生看书不懂但自己想想能够弄懂，也不教；③ 自己想想也不懂但经过学生之间讨论能够弄懂，也不教。这实际上是教与学的关系定下了三条规则，最终能导致学生自学成才能力的显著增强。长期的教学实践实际上传下了许多成文或不成文的规则，不妨从新的视角反思这些规则，并尝试调整修改既定规则或者打破常规另立规则。

2.7 三种经典的元胞自动机

2.7.1 沃尔夫勒姆的初等元胞自动机

被誉为物理学界天才性人物的沃尔夫勒姆，他于 1979 年 20 岁时获得了美国加州理工学院的理论物理学博士学位，2 年后又获得美国著名的麦克阿瑟“天才奖”（Macarthur Genius Fellowship），成为该奖最年轻的获得者。后来，他领导开发出著名的数学应用软件“Mathematic”，在数学和工程科学领域得到广泛应用。

从 20 世纪 80 年代开始，沃尔夫勒姆致力于用计算机去探索和模拟如何从简单的运算法则涌现出惊人的复杂行为问题。他集中精力对一种单维的元胞自动机进行了综合系统的研究，发现他曾经在物理学和宇宙学中研究过的复杂性结构不可能用复杂的数学方程来完美的表达，相反，通过简单的规则系统可以产生各种惊人复杂的模式，坚信元胞自动机能够帮助他走上一条完全不同的解决道路。

1. 典型的沃尔夫勒姆规则

假设一个元胞所具有的状态数为k，即$S=(S_1,S_2,\cdots,S_k)$，邻居半径为r，即邻域中含有$2r+1$个元胞，这样可能的输入条件的个数为

$$N_{输入}=k^{2r+1}$$

每一个输入条件都对应着k种输出状态，所以总的规则数为

$$N_{规则}=k^{k^{2r+1}}$$

对初等元胞自动机，状态个数$k=2$，邻居半径$r=1$，所以总共存在$2^{2^3}=256$种输出状态组合，也就是说初等元胞自动机总共有 256 种规则。

沃尔夫勒姆在研究这些元胞自动机的时候，对它们进行了编号。那么，他是怎样来进行编号的呢？在前面曾讲过，他把每一种输入条件的输出状态a_i按顺序$a_7a_6a_5a_4a_3a_2a_1a_0$排列，并把它看做是一个 8 位的二进制数，这样一个演化规则的

编号可用下式来计算，即

$$R=\sum_{i=0}^{7}2^{i}a_{i}$$

这样的 8 位二进制数所对应的十进制数即为该规则的编号数。显然，初等元胞自动机的规则编号有 256 种，即 R 在 $[0,255]$ 内。一个可能的演化规则：$R=01101110$，即 $a_7=0$，$a_6=1$，$a_5=1$，$a_4=0$，$a_3=1$，$a_2=1$，$a_1=1$，$a_0=0$，该规则的编号数为

$$R=0\times2^0+1\times2^1+1\times2^2+1\times2^3+0\times2^4+1\times2^5+1\times2^6+0\times2^7=110$$

所以称这个规则为沃尔夫勒姆的 110 号规则，记为 R_{110}，如图 2-12 所示，如果用黑白两种颜色代表数字 $\{1,0\}$，则 110 号元胞自动机的规则可用文字描述为：如果在 t 时刻，一个元胞和它的两个邻居的颜色是一致的或者该元胞和其右侧邻居都是白色的，那么该元胞在 $t+1$ 时刻取白色；否则该元胞取黑色。

t →	111	110	101	100	011	101	001	000
	↓	↓	↓	↓	↓	↓	↓	↓
$t+1$ →	0	1	1	0	1	1	1	0

（a）数字表示

t →
$t+1$ →

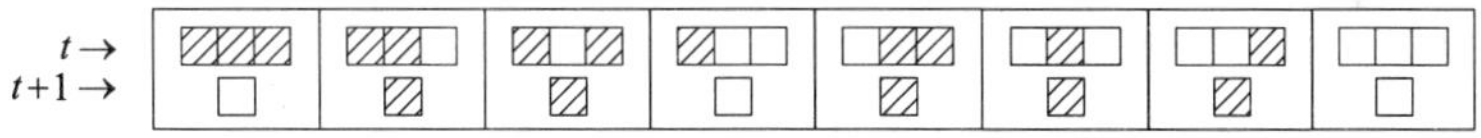

（b）黑白表示

图 2-12　沃尔夫勒姆 110 号规则

下面介绍三种初等元胞自动机演化规则，在仿真研究中，我们发现，演化结果与演化时间及参与演化的元胞规模均有关。

1）90 号规则

演化规则以映射方式描述如下：

t →	111	110	101	100	011	010	001	000
$t+1$ →	0	1	0	1	1	0	1	0

黑白表示：

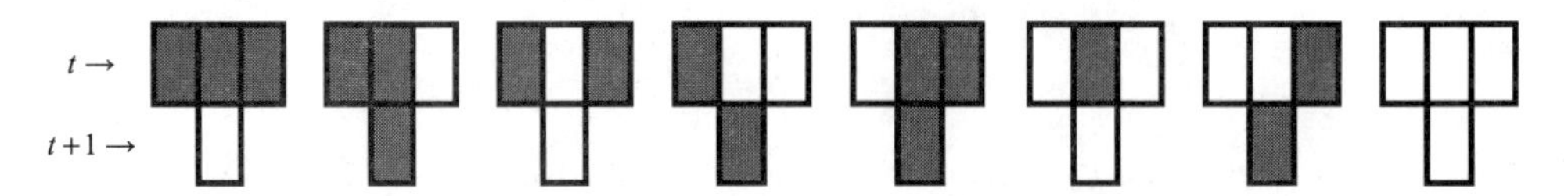

R_{90} 规则可用文字描述为：如果在 t 时刻一个元胞的邻居只有一个是白色的，那么该元胞在 $t+1$ 时刻就是黑色的；否则它就是白色的。演化结果如图 2-13 所示。

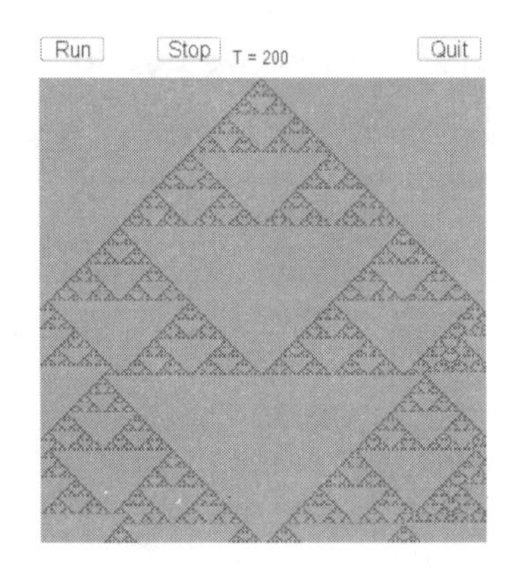

（a）元胞数量 100×100；演化时间 200 步

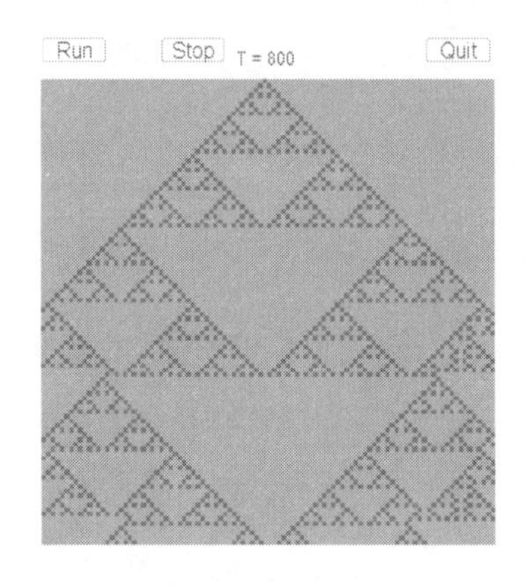

（b）元胞数量 100×100；演化时间 800 步

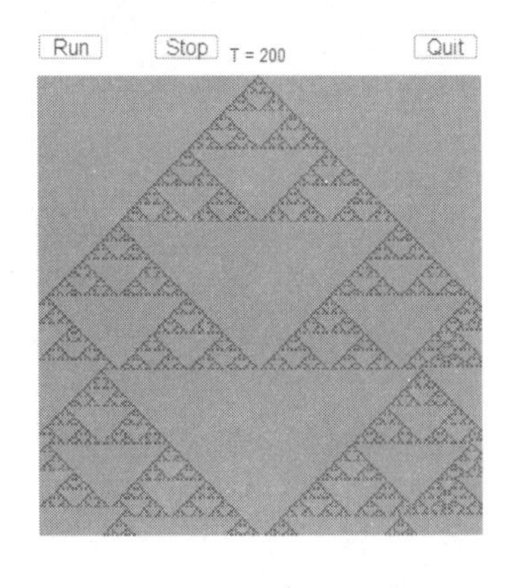

（c）元胞数量 200×200；演化时间 200 步

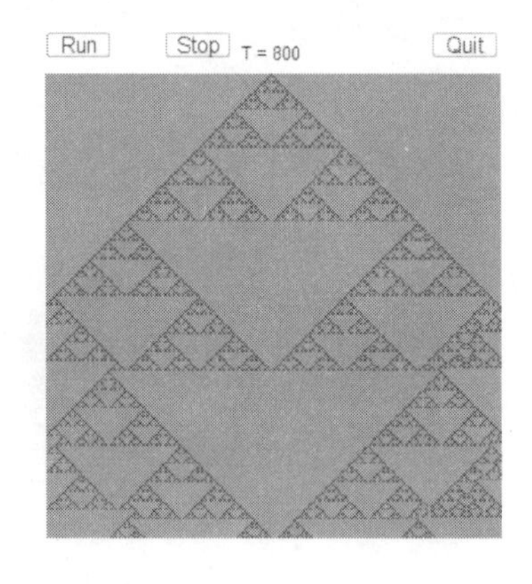

（d）元胞数量 200×200；演化时间 800 步

图 2-13　90 号规则演化结果

在 90 号规则下，初值取第一行中央的格子为 1，其余为 0，则元胞的扩散式增长演化呈现出复杂图案，当元胞数量与演化时间均增加后，图案会更加复杂，但这一复杂图案又是很有规律的。实际上，图案是由许多嵌套的三角形结构组成的，每一个三角形都是整体图案的一个小的缩影。通常这种结构被称为“分形”或“自相似”结构，这种演化结构是可预测的。

2）30 号规则

演化规则以映射方式描述如下：

t	→	111	110	101	100	011	010	001	000
$t+1$	→	0	0	0	1	1	1	1	0

黑白表示：

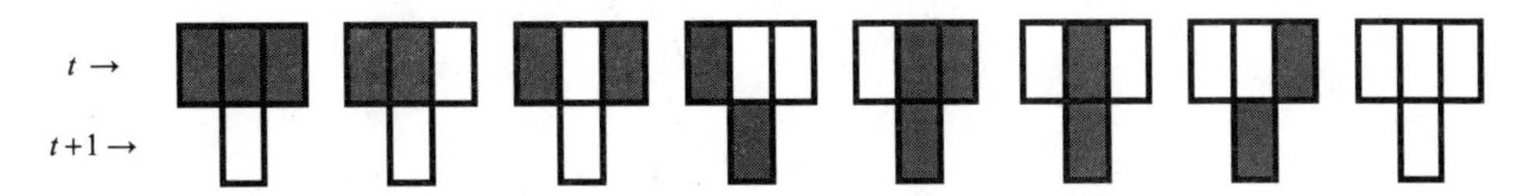

R_{30} 规则用文字可描述为：首先检查一个元胞自身及其右侧邻居在 t 时刻的状态，如果它们都是白色的，则该元胞在 $t+1$ 时刻取其左侧邻居在 t 时刻的颜色；否则，就取其左侧邻居在 t 时刻颜色的反颜色。演化结果如图 2-14 所示。

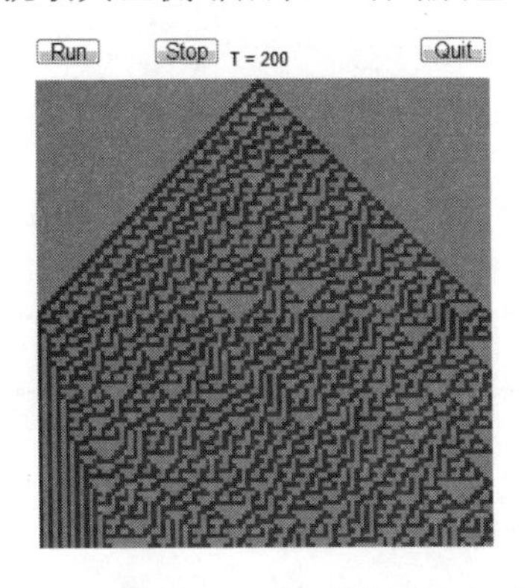

（a）元胞数量 100×100；演化时间 200 步

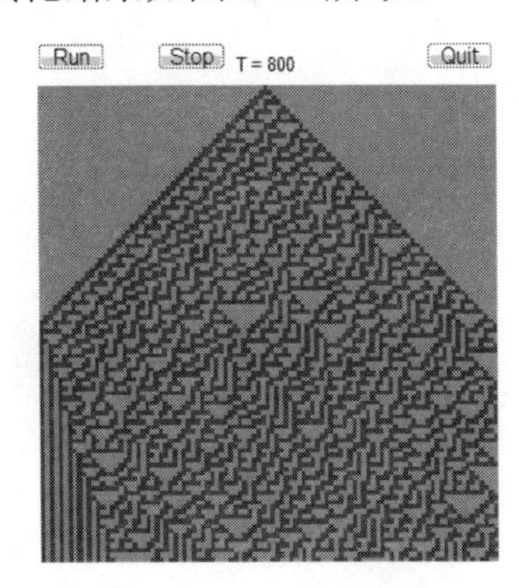

（b）元胞数量 100×100；演化时间 800 步

图 2-14 30 号规则演化结果（一）

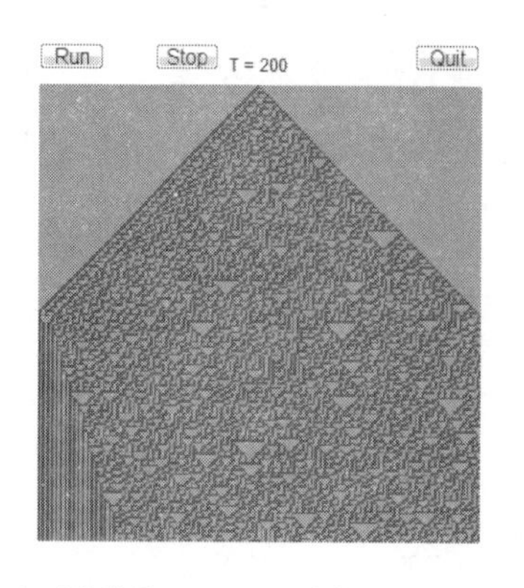

（c）元胞数量 200×200；演化时间 200 步

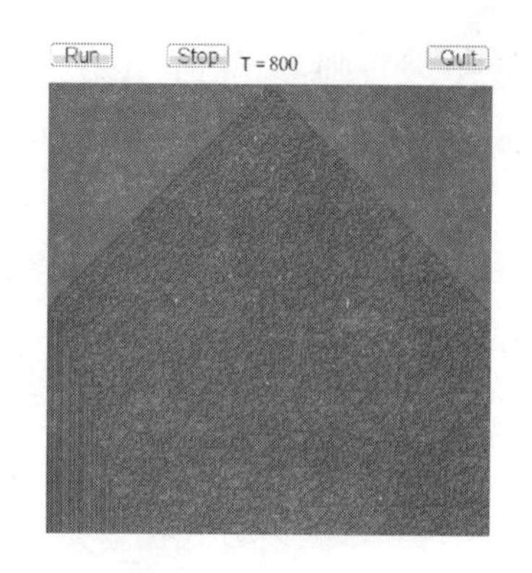

（d）元胞数量 200×200；演化时间 800 步

图 2-14　30 号规则演化结果（二）

在 30 号规则下，初值取第一行中央的格子为 1，其余为 0，则元胞呈现由上至下的扩散生长式演化，生长方式呈现无序状态，一段时间后，所有元胞状态稳定，不难发现，当元胞数量增加后，这种扩散式生长的演化方式保持不变，尽管我们无法预测在某一个特定的时间步元胞会呈现什么颜色，但从总体来看，两种颜色的元胞产生的概率大致相等。

3）110 号规则

演化规则以映射方式描述如下：

t	→	111	110	101	100	011	010	001	000
$t+1$	→	0	1	1	0	1	1	1	0

黑白表示：

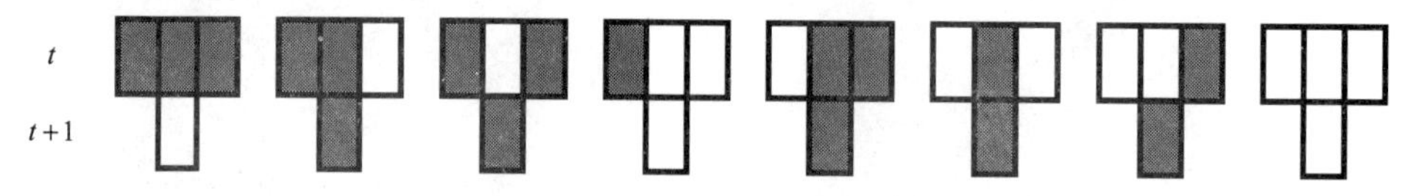

演化结果如图 2-15 所示。

在 110 号规则下，初值取第一行最右的格子为 1，其余为 0，则元胞呈现由上至下的扩散生长式演化，一段时间后，所有元胞状态稳定，观察图 2-15（c）、（d）不难发现，当元胞数量增加后，得到的演化图案是规律性与随机性的结合。在靠近左侧的部分，每隔一定时间步就会出现一个对角方向的条纹，而在图案的右侧就显得杂乱无章，基本上是一个随机的图案。因此，无法预测 110 号规则演化到一定步数后的图案会出现什么样的结构。

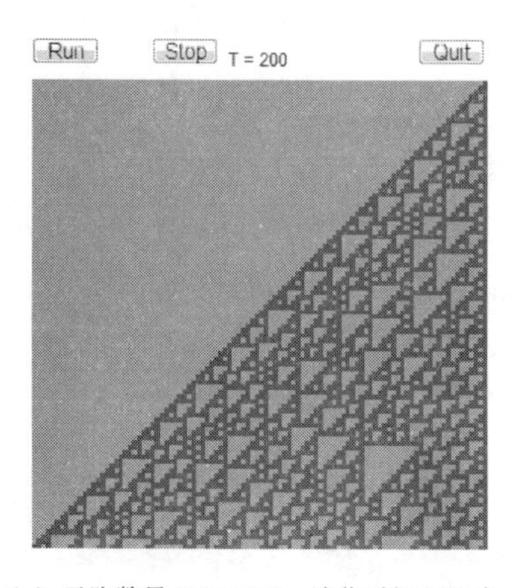

（a）元胞数量 100×100；演化时间 200 步

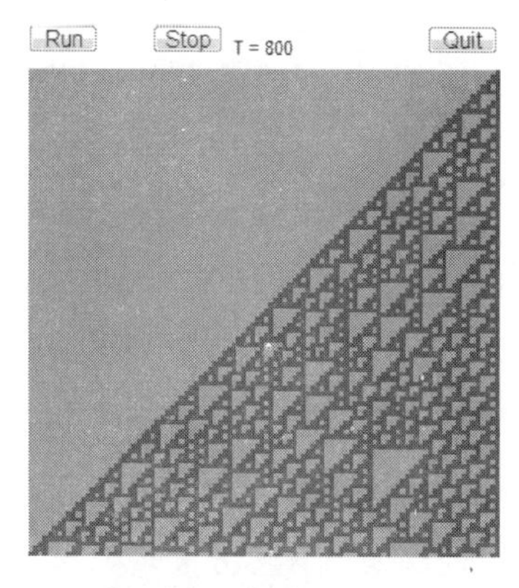

（b）元胞数量 100×100；演化时间 800 步

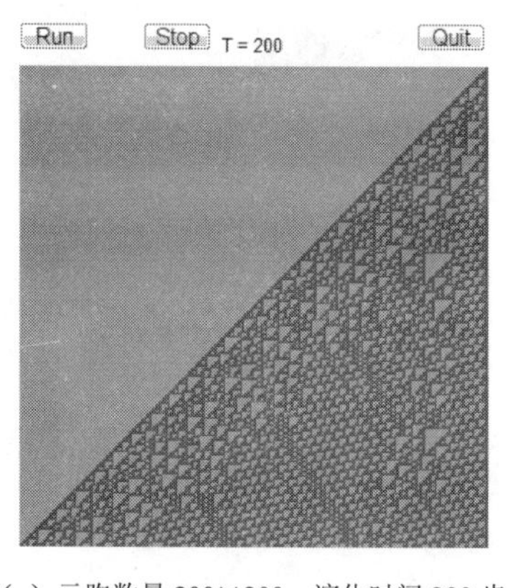

（c）元胞数量 200×200；演化时间 200 步

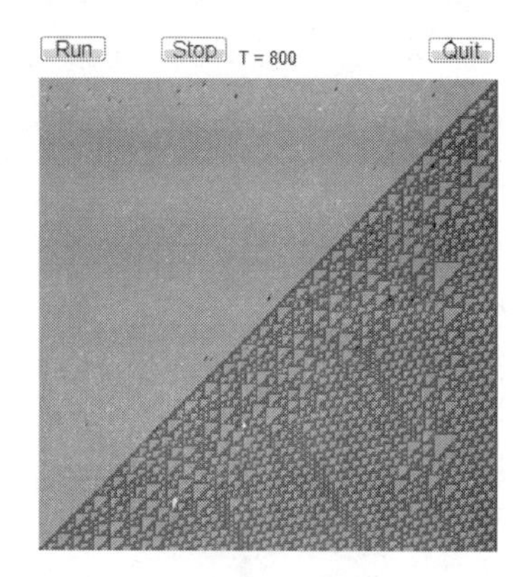

（d）元胞数量 200×200；演化时间 800 步

图 2-15　110 号规则演化结果

我们对三种规则的元胞自动机的演化情况进行比较可以得出以下结论。

（1）R_{30} 和 R_{90} 规则都很简单，初始状态都是从一个黑色元胞开始，但 R_{30} 产生的演化图案比 R_{90} 要复杂得多。这种复杂性从何而来呢？尽管我们没有以任何方式向系统中添加产生复杂性的条件。沃尔夫勒姆在他研究过程中多次发现类似的现象：即使系统的内在规律非常简单，初始状态也非常简单，系统也可能展现非常复杂的行为。因此，沃尔夫勒姆认为，简单的规则涌现出如此的复杂性，这简直就是奇迹。他后来说，“规则 30 号元胞自动机是我在科学中所遇到的最让人惊异的事物，……，我花了几年时间来理解它的重要性。最后，我意识到这幅图包含了所有科学长久以来的一个谜团的线索：自然界的复杂性到底从何而来”。

（2）R_{110} 规则的元胞自动机的演化行为更为复杂，得到的演化图案既不是完全规则的，也不是完全随机的，而是二者相互融合在一起的。沃尔夫勒姆认为 110 号元胞自动机是普适的，等价于一台普适图灵机（universal turing machine）。通过 110 号元胞自动机可以实现从简单的规则和简单的初始条件产生出复杂的图形模式。

沃尔夫勒姆对元胞自动机的研究，始终贯穿着一条主线，那就是：宇宙的一切过程都仅仅遵循非常简单的运算，而且这个运算很可能就是规则 110 号元胞自动机。他认为，自然界的现象虽然千奇百怪，但大多数复杂现象都是由一些内在的简单规则决定的。如果让计算机反复迭代极其简单的规则，那么就可以使之发展成为异常复杂的模型，并可以解释自然界中的绝大多数的复杂现象。

附：110 号规则的 MATLAB 仿真程序：

```
w=100;
m=2;
for i=1:w
    for j=1:w
        if i==1&j==w
            cell(i,j)=1;
        else
            cell(i,j)=0;
        end
    end
end
cellx=zeros(w+m,w+m);
for i=1:w
    for j=1:w
```

```
        cellx(i+m/2,j+m/2)=cell(i,j);
    end
end
for i=1:w
    for j=1:w
         if(cellx(i,j)==1&&cellx(i,j+1)==1&&cellx(i,j+2)==0)
         ||(cellx(i,j)==1&&cellx(i,j+1)==0&&cellx(i,j+2)==1)
         ||(cellx(i,j)==0&&cellx(i,j+1)==1&&cellx(i,j+2)==1)
         ||(cellx(i,j)==0&&cellx(i,j+1)==1&&cellx(i,j+2)==0)
         ||(cellx(i,j)==0&&cellx(i,j+1)==0&&cellx(i,j+2)==1)
        cell(i,j)=1;
        end
    end
end
for i=1:w
    for j=1:w
        cellx(i+m/2,j+m/2)=cell(i,j);
    end
end
```

2. 沃尔夫勒姆对元胞自动机的分类

我们知道，任何一门科学的分类对学科的深入研究是非常必要的，分门别类能够对科学起到促进和发展作用。但由于元胞自动机的建模没有固定的数学公式，构成方式很多，行为复杂。因此，元胞自动机的分类难度也较大，除了基于元胞空间维数的分类方法之外，长期以来还没有一个公认的统一分类方法。

沃尔夫勒姆提出："从某种意义上，对元胞自动机进行分类，类似于把物质分为固体、液体和气体，把生物分为动物和植物。最初，分类仅仅建立在表面，但是后来，当更多的属性被发现后，这些属性被发现与分类密切相关"。因此，沃尔夫勒姆认为，可以用这些细节性的属性去重新对原有的分类定义进行精确化。他通过大量反复的计算机实验，对全部 256 种初等元胞自动机进行了彻底研究。

沃尔夫勒姆从各种不同的初始状态开始，让元胞自动机运行较长一段时间，观察它们的变化，直至元胞自动机的变化稳定下来。他发现最后都进入了 4 种类型的演化情况。

（1）平稳型：不管初始状态如何，经过一定的时间运行后，元胞自动机几乎都停止在不变的最终图案，比如全黑、全白的图形，如 8 号规则。演化导致一个同质的状态，不再变化了。它相当于在系统动力学中，向着一个固定点吸引子演化。

（2）周期型：不管初始状态如何，经过一定的时间运行后，最终元胞自动机要么停止在不变的图案，要么在几个图案之间循环。具体的最终图案依赖于初始状态，如 56 号规则。它相当于系统动力学中，向着极限环演化。

（3）混沌型：自任何初始状态开始，经过一定的时间运行后，元胞自动机产生非周期图案，或自相似的分形图案，具有明显的随机性，就像不正常的电视频道不断发出干扰的雪花那样，元胞自动机演化到混沌状态，如 30 号规则。它相当于在系统动力学中，向着奇异吸引子演化。

（4）复杂型：自任何初始状态开始，经过一定的时间运行后，元胞自动机会演化成一种有序与随机相结合的混合结构：局部结构相当简单，但这些结构会移动，并以复杂的方式与其他结构发生相互作用，从如 110 号规则。它相当于在系统动力学中，向着“混沌边缘”演化。系统的行为既不是完全随机的，也不是完全有序的，这是复杂性的基本特征。

自元胞自动机问世以来，对于元胞自动分类的研究一直是元胞自动机的一个重要课题和核心理论。沃尔夫勒姆首次用系统动力学理论来刻画元胞自动机的演化行为，发现了元胞自动机的动力学分类规律，指出几乎所有元胞自动机的动力学行为可归结为数量如此之少的四类，这是非常有意义的发现。它反映出这种分类可能具有某种普适性，很可能有许多物理系统或生命系统可以按照这样的分类方法来研究，尽管在细节上可以不同，但每一类中的行为在定性上是相同的。

3. 沃尔夫勒姆的“新科学”

沃尔夫勒姆花费 10 年心血于 2002 年出版了一部鸿篇巨著《一种新科学》（*A*

new kind of Sciene），在学术界与社会引起了轰动。该书很快位居亚马逊网站的畅销书榜首，并在之后很久都留在畅销书榜中。

在《一种新科学》的前言中，沃尔夫勒姆做了一些大胆的宣言与预测。他宣称他的工作将导致一场新的科学革命：三个世纪以前，人们认为可以用数学方程来描述自然世界，在这个观念的指引下，科学发生了剧烈的转变。现在我写这本书的目的就是想发动另一场类似的转变，我想引入一种新的科学。这种新科学基于这样的观念：许多复杂的一般性规则都可以具体表达为简单的计算机程序。

作者在这里所指的三个世纪前那场发生在科学上的转变就是我们常说的“科学革命”，那场革命从哥白尼发表《天体运行论》为开端，到牛顿出版的《自然哲学的数学原理》达到高潮。沃尔夫勒姆认为“传统科学”未能建立解释宇宙复杂性的理论，靠数学方程做不到这一点。所以他要发动一场新的“科学革命”，革命的内容就是要用简单的电脑程序取代数学方程。沃尔夫勒姆所钟情的这种简单的电脑程序的核心就是元胞自动机。

人们对《一种新科学》的评价可谓毁誉参半。出现了两种极端看法：一些读者认为这本书棒极了，是革命性的；另一些人认为这本书盲目自大，缺乏实质和原创性。例如，批评者们指出物理学家祖斯（K. Zuse）和弗瑞德金（E. Fredkin）早在 20 世纪 60 年代就提出了宇宙是元胞自动机的理论。

沃尔夫勒姆在大量的数值模拟和理论分析基础上，把元胞自动机与周围的真实世界联系起来，例如：弹子球、纸牌游戏、布朗运动、三体问题等当中的随机性都可以用元胞自动机来解释；流体的湍流、晶体生长的规律、华尔街股票的涨落也都可以用元胞自动机来模拟；还有自然界中的树木、树叶、贝壳、雪花及几乎所有东西的形状，元胞自动机都能生成与它们一模一样的图案和形态，并能解释这些东西的形状为什么会那个样子的问题。沃尔大勒姆甚至认为凡解析计算能做的事情，规则计算也都能做。于是他大胆预言：

“50 年内，更多的技术，将基于我的科学而不是传统科学，被创造出来。人们在学习代数之前将先学元胞自动机理论。”

沃尔夫勒姆的观点引起国际学术界的激烈争论与质疑。沃尔勒姆继续坚持他的“新科学”主张，认为他的新科学“能够渗透到现存的每一个科学领域，极少例外”。因此，争论与质疑还将继续。

我们究竟该怎样看待“传统科学”与“新科学”之间的关系呢？前面曾说过，沃尔夫勒姆的第四类元胞自动机的一个重要属性就是它们生成的图案是不可预测的。既然属于第四类的规则 110 号元胞自动机是普适的，按照他的“计算等价原理”，任何相当复杂的系统又都等价于规则 110 号元胞自动机。因此，大到宇宙，小到一桶生锈的铁钉，所有这些系统的行为都不可能被预测。人们要想知道规则 110 号元胞自动机的第 30 000 步会是什么结果？那么只有等它运行到 30 000 步才能知道。或者，想要知道明天的月亮在哪里？那么耐心地等到明天吧。沃尔夫勒姆自己也坦言，在有些情况下，如果有人想要知道明天的月亮在哪里，那只需要用基于牛顿定律的简单公式就能够得到一个很满意的答案。人类正是靠数学方程一步一个脚印地推进了对宇宙本质的认识。因为真正的科学应该是有预测能力的，而不只是描述性的。方程仍然提供着最简易的途径让我们理解更加一般的概念，比如力、速度、振动或者摩擦。方程还能帮助科学家根据已经被理解的现象去认识新的问题。沃尔夫勒姆要用元胞自动机作为“新科学”的语言来取代“传统科学”的语言——数学公式，那就没有足够的经验和理论证据来证明他的思想有多大的适应性了。

其实，对于复杂系统的描述存在两种方法：一种是建立精确的数学方程的演绎方法；另一种是通过计算机反复迭代简单规则的归纳方法。元胞自动机则是通过反复计算单纯的程序代码，可以说是归纳方法得到的结果。演绎与归纳，是人类认识世界的两种基本方法，它们相互支持，相互补充，不存在谁取代谁的问题。

人的认识一般是从研究个别对象开始的，从大量事实出发总结出一般规律。比如，我们看到铜加热体积会增大、铝加热体积会增大，铁加热体积也会增大，……，便形成一种看法：所有金属加热之后，体积都会膨胀。这就是归纳推理的方法。

归纳法广泛应用于自然科学的研究，特别是物理学的研究。科学家总是从有限次实验与观察中做出关于无穷多对象的判断，即由个别到一般（或普遍）。结果却常常是对的。沃尔夫勒姆把元胞自动机应用于树叶、雪花、贝壳、湍流、弹子球、……的模拟，其结果也都是对的，于是得出结论：从大尺度到小尺度几乎所有东西的形态和图案都可以用元胞自动机来模拟；几乎所有达到一定复杂程度的系统都等价于规则 110 号元胞自动机，也即等价于一台普适图灵机。沃尔夫勒姆在元胞自动机理论研究中所采用的方法就是归纳推理。

不过，我们不禁要问归纳法得出的结论可靠吗？犹如前面所举金属加热体积会增大的例子，我们并没有对所有种类的金属无一遗漏地进行加热试验，你仅仅试验了全体金属中极小极小的一部分，怎能从这一小部分的性质推出全体金属的性质呢？怎么办呢？这就必须用演绎推理的方法作指导才能作出正确的判断。

演绎方法是从一般到个别的推理，演绎推理是一种必然性推理。因为推理的前提是一般，推出的结论是个别，一般中概括个别，凡是一类事物所共同的属性，其中的每一个别事物必然具有，所以从一般中必然能够推出个别。由此，我们可以作这样一个推理：自然界中，金属加热之后分子之间的凝聚力减弱，分子间距离增大，所以金属体积会膨胀。这就是演绎推理得出的结论。又如，自然界中，一切物质都是可分的，基本粒子是自然界中的一种物质。因此，基本粒子是可分的。在几何学里，只有从公理或公设出发经过演绎推理而证明了的命题，才被认为是真理。公理或公设（如："一条有限直线可以不断延长"、"等量加等量和相等"等）都是人们根据长期实践经验而认为无需证明的基本事实，从几条不言自明公理出发，通过逻辑的链条，推导出成百上千条定理，这就是演绎推理的逻辑思维模式。在数学王国里只承认演绎推理，认为由观察得到的知识还不是真理，个别例子再多也没有用，必须依靠演绎得出的结论才是必然的、普遍的。

为了获得知识，认识真理，究竟应该用什么方法？归纳，还是演绎？这是西方哲学史上有过激烈争论的课题。两种观点展开了长期的反复的争论，其结果是双方观点相互补充，逐渐接近：归纳与演绎是对立的统一。归纳法重视感性认识，以科学实验、经验事实为基础，是切实可靠的获得知识的方法；演绎法重视理性认识，揭示出事物的内在联系，使我们看到现象背后的本质，增加了认识的深度。归纳与演绎分别是获得真理的两种方法，它们既有区别又联系密切，相互依赖，相互补充，使我们的认识越来越接近真理。

传统数学方程（如微分方程）是演绎推导出来的，其优势是：理论完备、严密、精确。元胞自动机是一种时空离散的数学模型，借助计算机进行计算，非常自然而合理。但是，满足特定目的的构形尚无完备的理论支持，其构造往往是一个直觉过程。微分方程和元胞自动机所对应的计算模式：解析求解与规则迭代是一对相对的计算方法。相对的并不一定是矛盾的，有可能是相互补充和相互完善的。二者互有优缺点，都有其存在的理由。面对自然和社会的复杂性问题，人们建立的两种科学描述体系和计算模式，它们的基础不同、内容不同、方法和形式不同，但却是平等的伴侣，同样重要，同样有用，都是复杂系统研究的有力工具。不过，在现代计算机环境下，对于元胞自动机这一类相对处于年幼阶段的离散计算方式，它在理论上和实用上的潜力都是非常巨大的，需要予以更多的关注和支持。

2.7.2 康威的“生命游戏”

前面曾讲过，冯·诺依曼虽然成功地设计了自我繁殖的元胞自动机，可是他用了几千个有 29 个状态的元胞，设计书写了 150 多页。康威旨在重构这个工作。如果能用一种最简单的元胞自动机实现机器的自我复制岂不更好吗？他用的是二维元胞自动机，这种元胞自动机就像一个广大无边的棋盘，每一格是一个元胞，每个元胞只有两个状态，即 $k=2$：“活”与“死”，“1”与“0”。每个元胞以相邻的上、下、左、右和对角线方向上的 8 个元胞为邻居，即采用 Moore 型邻居形式。

决定一个元胞状态的演化规则异常简单：

（1）如果一个活元胞小于二个活邻居，则它就“死亡”（孤独者死）；

（2）如果一个活元胞有超过三个活邻居，则它“死亡”（拥挤者死）；

（3）如果一个死元胞精确地有三个活邻居时，它变为活的（繁殖）；

（4）如果精确地有两个活邻居，则元胞状态保持原状（不变）。

生命游戏中的演化规则可以用下面的数学表达式来描述

$$\text{if}\quad S^t=1\quad \text{then}\quad S^{t+1}=\begin{cases}1, & S=2,3\\ 0, & S\neq 2,3\end{cases}$$

$$\text{if}\quad S^t=0\quad \text{then}\quad S^{t+1}=\begin{cases}1, & S=3\\ 0, & S\neq 3\end{cases}$$

康威二维元胞的状态及这个模拟生态原理的行为规则是非常简单的。但是谁能想到这么简单的行为通过相互作用和迭代运作，却能模拟出可能的与现实的、自然的与人工的生命的各种形态和现象，起到通用计算机的作用呢？下面我们用生命游戏的演化图像简要说明这一点。

我们设想从一个随机分布着的死的或活的元胞大棋盘出发，开动电脑程序，使元胞按上述演化规则行事。经过一段运行时间后，你会发现许多“生命形式”，下面仅列举其中三种。

（1）“生命游戏”演化图像（见图 2-16）。

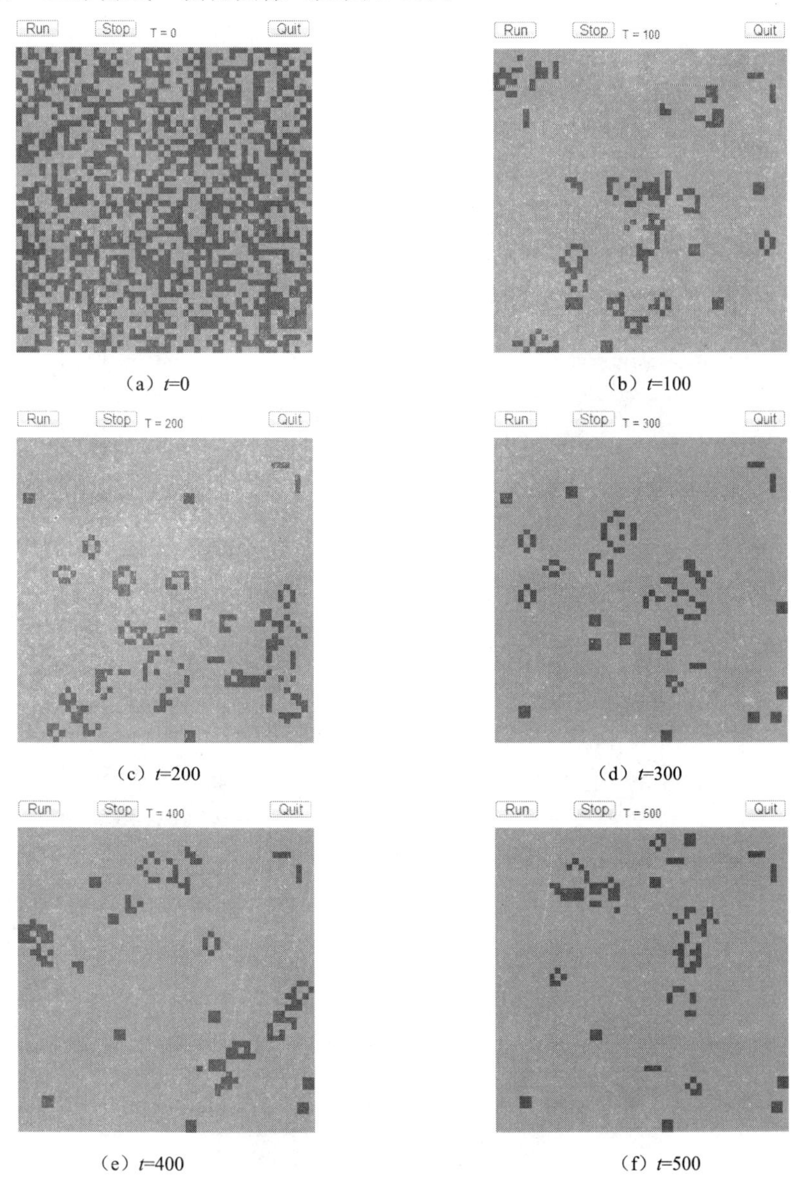

（a）t=0　（b）t=100　（c）t=200　（d）t=300　（e）t=400　（f）t=500

图 2-16　生命游戏演化图像

观察图 2-16 不难发现，在生命游戏演化规则的作用下，元胞成活率逐渐降低，但不会全部死亡，最终，在经历一定的演化步数后，存活的元胞呈现出稳定状态。

（2）闪光灯图像（见图 2-17）

图 2-17 所示的“闪光灯”是一个简单的周期性变化的图形，每次演化，中心元胞左右两端的元胞死亡，上下两端的元胞存活，周而复始。

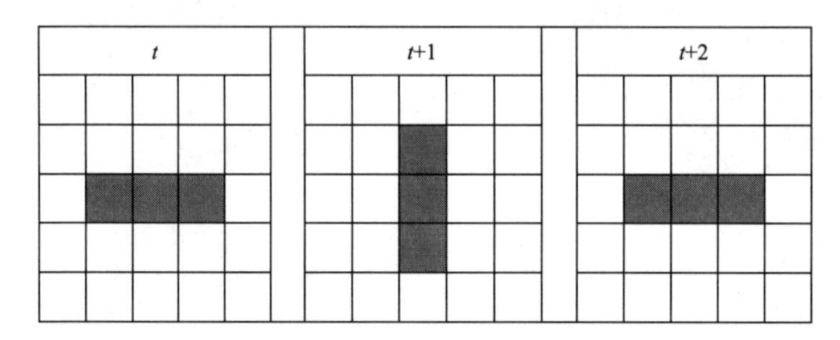

图 2-17　闪光灯图像

（3）滑翔机图像（见图 2-18）

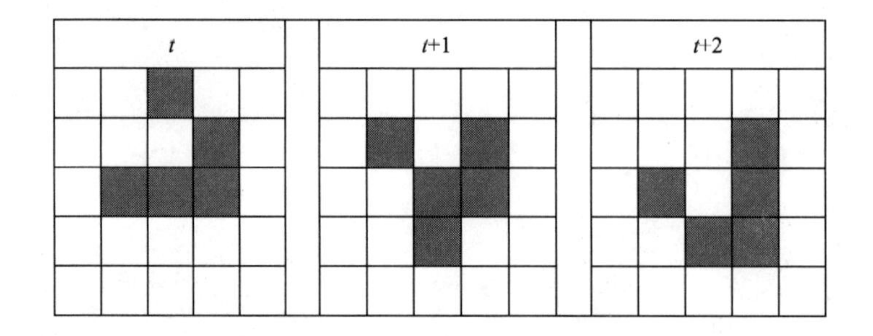

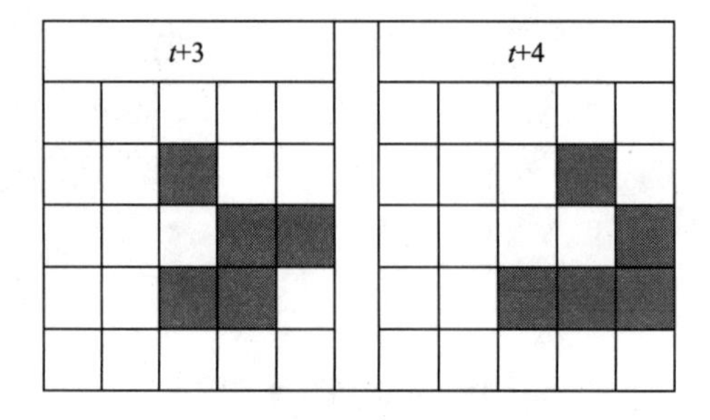

图 2-18　滑翔机图像

图 2-18 是著名的“滑翔机”演化图像，这是一种能在空间中运动的由元胞组成的模式，像小爬虫一样跨越元胞空间运动。在演化的过程中，初始构形通过变形沿着元胞空间的对角线运动，经过一段时间后，元胞构形又恢复初始构形，整个过程类似于滑翔机在空中滑过，故因此得名。图中可以看到有一个滑翔机向东南方移动，当然，元胞并没有动，它们是固定的。移动的是由活状态元胞形成的一个不消散的形状。

康威开辟了研究二维元胞自动机的新路，以很简单的方式实现了冯·诺依曼自我繁殖机器的理想。生长、代谢、繁殖、多样性，这些生命复杂功能都从最简单的元胞、最简单的行为规则通过迭代运作而模拟出来了。更进一步，通过这类简单的生命游戏，我们可以看到元胞自动机设计的一个崭新领域，它也为新的“人工生命”实验和关于涌现行为的综合理论研究铺平了道路。

附：“生命游戏”的 MATLAB 仿真程序：

```
w=50;
m=2;
cell=randsrc(w,w,[0 1]);
cellx=zeros(w+m,w+m);
for i=1:w
    for j=1:w
        cellx(i+m/2,j+m/2)=cell(i,j);
    end
end
for i=1:w
for j=1:w
    if cell(i,j)==1
          if cellx(i,j+1)+cellx(i+2,j+1)+cellx(i+1,j)+cellx(i+1,
            j+2)+cellx(i,j)+cellx(i,j+2)+cellx(i+2,j)+cellx(i+2,j+2)
            ==2||cellx(i,j+1)+cellx(i+2,j+1)+cellx(i+1,j)+cellx(i+
            1,j+2)+cellx(i,j)+cellx(i,j+2)+cellx(i+2,j)+cellx(i+2,j+
            2)==3
```

```
            cell(i,j)=1;
            else
              cell(i,j)=0;
            end
     elseif cell(i,j)==0
         if cellx(i,j+1)+cellx(i+2,j+1)+cellx(i+1,j)+cellx(i+1,
          j+2)+cellx(i,j)+cellx(i,j+2)+cellx(i+2,j)+cellx(i+2,j+2)
          ==3
               cell(i,j)=1;
        else
               cell(i,j)=0;
            end
         end
      end
   end
   for i=1:w
  for j=1:w
     cellx(i+m/2,j+m/2)=cell(i,j);
      end
   end
```

2.7.3 兰顿的“虚拟蚂蚁”

单个蚂蚁的行为是很简单的，生物学家指出它只有十几种行为规则，如遇到食物时散播出某种气味（外激素）、其他蚂蚁按这气味行动等，可是蚁群的系统行为是十分复杂而有序：行走最短的距离到达食物所在地，在非洲平地上筑起几米高的蚁巢，最合理地使用建筑材料，最大限度地繁殖自己的物种，以至于在野生动物中，它的总量占了 1/3 等。这种突现现象怎么可能呢？克里斯·兰顿（Chris Langton）运用元胞自动机来模拟蚂蚁行为。这种模拟蚂蚁又称为虚拟蚂蚁（virtual ants）或叫做 Vants。Vants 是 Langton 发明的一个新字，过去的字典上是没有的。

它所处的环境是：

（1）有限无界棋盘方格子，像我们上节所讲的“生命游戏”的元胞格子那样；

（2）各个格子的颜色可以是白的，也可以是黑的；

（3）每只模拟蚂蚁面临可以走的东、西、南、北四个邻格。

行为规则是：

（1）蚂蚁向前运动着；

（2）当蚂蚁进入白元胞时，左转 90° 并将该元胞涂成黑色；

（3）当蚂蚁进入黑元胞时，右转 90° 并将该元胞涂成白色。

这几条规则可能是受到蚂蚁留下的激源导引和改变其他蚂蚁的行动的启示而创立的。

图 2-19 说明了单个蚂蚁的行为规则是何等简单，并且这种运动在时间上又是可逆的（图 2-19 第 8 步图可以逆返回第 1 步图），所以个体自主行动者在行为规则上和时空结构上都是简单的。但一旦单只蚂蚁与自己过去的行为留下的影响发生相互作用，总体的简单性就被彻底打破了。

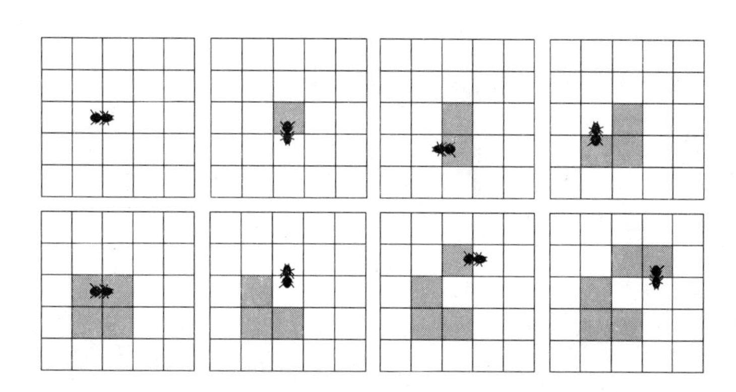

图 2-19　模拟蚂蚁在元胞格子中从初始空格开始走了 8 步

假设单个蚂蚁从完全白色的空间网格出发，走了 500 个时步，便实质上返回原位，这时由于蚂蚁的行动与自己过去行动留下来的（使空间格子变黑、变白的）影响发生相互作用，很快便进入一个混沌状态，其行为是不可预测的。假设我们在初始条件上改变一点点，例如在某处去掉一个黑格，整个行为以后会发生戏剧性的变化，刚才说到的不可预测性就与这种对初始条件的极度敏感性有关。但是如果我们在图 2-19 上继续模拟 10 000 个时步之后，蚂蚁突然表现出极其规则和有序的行为，它逃出了“混沌初开”的阶段，开始了詹姆斯·普罗普（James Propp）所说的修筑高速公路。普罗普首次发现了这种高速公路与网格空间呈 45° 角，可以有四个方向。从图 2-20 可以看出，刚开始演化的时候，这个蚂蚁表现出非常复杂的行为，其运动行为是不可预测的，然而，经过 10 000 个时间步后，蚂蚁又表现出极其规则的运动，远离初始位置，建筑了一条“高速公路”，这条高速公路与网格方向呈 45° 角。如果网格空间为无限大，则蚂蚁会沿高速公路走向无限远；而由于我们的元胞空间是“有限无界”的爱因斯坦宇宙，元胞空间四边卷起，高速公路终将与蚂蚁曾活动过的格子空间相交，这又迫使蚂蚁返回混沌状态；但它在混沌区停留若干时间后，又会自发地开辟另一条高速公路。一旦公路建成，其他蚂蚁可利用该公路快速行动。

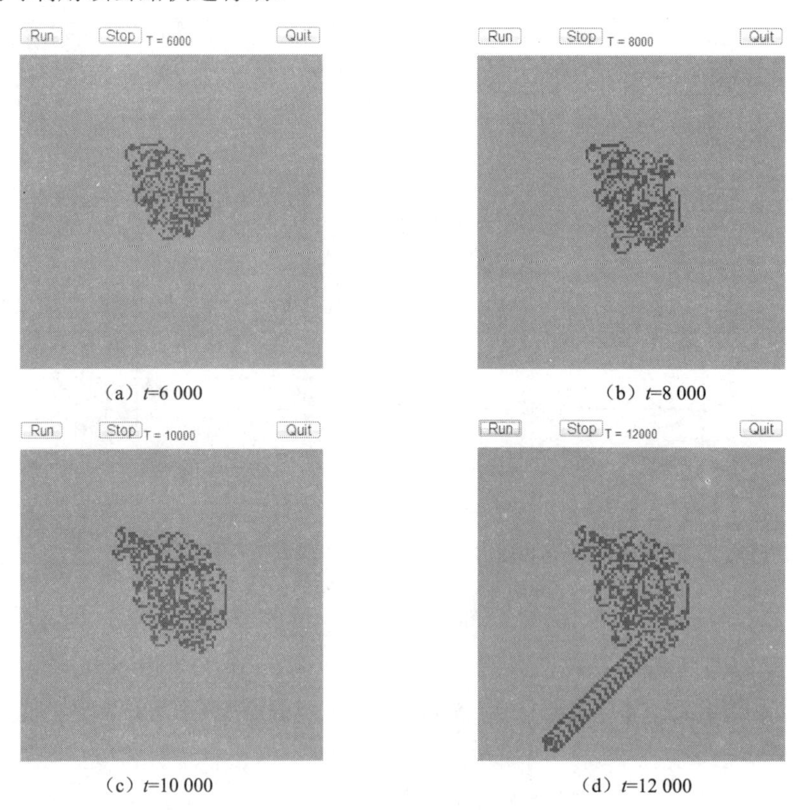

（a）t=6 000　　（b）t=8 000

（c）t=10 000　　（d）t=12 000

图 2-20 “Langton”蚂蚁演化过程

关于兰顿蚂蚁，乔巴德（B. Chopard）与迪奥兹（M. Deoz）在1998年出版的《物理系统元胞自动机模拟》书中说了一段很有哲理性的话。他们说："兰顿蚂蚁是元胞自动机的另一例子。兰顿蚂蚁元胞自动机的规则虽然极简单，却能产生出超乎想象的复杂行为。不知何故，这实乃典型的元胞自动机方法：虽然我们知道所有有关控制系统的基本法则（因为是我们自己制订的规则），但往往不能解释其宏观行为。与平常的科学方法不同的是：一般地，物理学家只理解（通过试验）系统的总体性质，根据这些性质，试图寻找出普遍法则。元胞自动机例子表明，从哲学的观点看，基本法则是非常重要的，但并不完备，物理过程的完整知识需要微观和宏观水平的认识"。这就是说，兰顿用计算机模拟探索动物世界的那些自主自在、各行其是的行动主体，如蚂蚁的自组织问题，光靠传统科学的还原论是无法解释清楚的，还需用突现论来补充。

兰顿蚂蚁元胞自动机表明，通过群体中个体之间的相互作用，个体在低级组织中的集合常可产生新特征。该特征不仅仅是个体的叠加，而是总体上新"突现"的特征。这样的现象可见于自然界的所有领域，但在生命系统中更为明显。生命本身确有"突现"性质，当总体分解为它们的组成部分时，相互作用所产生的"突现"性质将全部消失。因此，用还原论的分析方法难以获得生命的"突现"性质。人工生命是把组织视为简单机器的大群体，由简单、有可控规则、有交互作用的大量对象组成，采用自底向上的综合方法来研究生命的新领域。

附：兰顿蚂蚁的MATLAB仿真程序：

```
width=120;
length=120;
cell=zeros(width,length);
%存储蚂蚁方向，"1"代表北；"2"代表东；"3"代表南；"4"代表西
direction=zeros(width,length);
%==========蚂蚁出发点=========
a=width/2;
b=length/2;
direction(a,b)=2;          %一开始向东走
%=========开始演化=============
```

```
 while (t<=T)
if cell(a,b)==0
        cell(a,b)=1;
        if direction(a,b)==1;
            a=a;
            b=b-1;
            direction(a,b)=4;
        elseif direction(a,b)==2;
            a=a-1;
            b=b;
            direction(a,b)=1;
        elseif direction(a,b)==3;
            a=a;
            b=b+1;
            direction(a,b)=2;
        elseif direction(a,b)==4;
            a=a+1;
            b=b;
            direction(a,b)=3;
        end
    elseif cell(a,b)==1
        cell(a,b)=0;
        if cell(a,b)==1;
            a=a;
            b=b+1;
            direction(a,b)=2;
        elseif direction(a,b)==2;
            a=a+1;
            b=b;
```

```
            direction(a,b)=3;
        elseif direction(a,b)==3;
            a=a;
            b=b-1;
            direction(a,b)=4;
        elseif direction(a,b)==4;
            a=a-1;
            b=b;
            direction(a,b)=1;
        end
    end
```

2.8　元胞自动机的哲学启示

1. 必然与偶然

准确地给出必然和偶然（或者说确定性与随机性）这两个概念，是哲学家面临的困难问题之一。正如微积分学的发明者之一莱布尼兹（G. W. Leibniz）所说，世界有两个谜使理性迷惑：一是必然与自由如何协调的问题，二是连续性与不可分割性如何统一的问题。

长期以来，必然性与偶然性之间的关系，形成了两种对立的科学观。混沌现象的发现表明：一些完全确定性的系统，不外加任何随机因素，初始条件也是确定的，但系统自身会内在地产生随机行为。混沌现象揭示的随机性存在于确定性之中这一科学事实，最有力地说明客观实体可以兼有确定性和随机性。从而使“世界到底是确定的还是随机的？是必然的还是偶然的？是有序的还是无序的？可否将世界分成一半一半？”这个长期争论的问题有科学的回答。辩证唯物主义哲学认为：客观世界中既存在着必然性，也存在着偶然性，两者之间并没有不可逾越的鸿沟，而是辩证统一的。元胞自动机的行为再次提供了一个绝好的佐证。

一方面，我们看到，对于某些初等元胞自动机来说，其初始构形是随机生成的，但是只要规则确定了，其演化规律就是一定的。这说明，随机性当中可以产生确定性。另一方面，我们也能够发现，大量确定性的相互作用可以涌现不确定性，表面上看起来是随机的现象，其本质却是遵循着确定性的规则。比如第 3 类元胞自动机，就是一个确定运作的系统，它有着确定的规则，然而其在系统中的演化却产生了完全不确定的、随机的行为。严格说来，它是一种确定性和随机性统一的混沌系统。

2. 简单与复杂

世界终究是“复杂”的，还是从本质来说它是“简单”的？寻找这个问题的答案，一直是科学追求的最高目标。

从物理学来看，把物理过程从高维空间投影到低维空间，就会变复杂；反过来，如果对物理过程增加新的参数或变量，可使复杂变简单。认识方法的使用不当也会使简单事物变复杂。

于是，自然会产生这样一个问题，事物所表现出来的“复杂性”，究竟是事物本身具有的呢？还是由于人们的认识水平不足或方法不当导致的？

混沌理论与分形理论表明，复杂性现象的背后可能是由非常简单的规律所支配的。事物在简单的规则下可以形成复杂的行为或现象，这启示我们通过简单的规则模拟复杂的事物或过程。

从演化的逻辑来看，一般认为，世界从简单到复杂是逐渐生成的。那么是否可以说，世界的本质是简单的，复杂性只是后来才演化出来的？正如美国物理学家、诺贝尔奖获得者盖尔曼（Gell Mann）所说：“极度复杂的非线性系统的行为通常也确实会显示出简单性，但这种简单性是典型生成型的，而非一开始就会显现出来”。

元胞自动机理论让我们惊奇地发现，最简单的元素、最简单的关系和最简单的规则，在一定条件下反复迭代可以形成极为复杂的行为或性状。元胞状态是如此简单，规则也是如此简单，然而它竟然能够模拟任意的复杂过程。从生物进化到股市涨落，到雪花形成，到铁钉生锈……这使我们进一步领悟到，自然界里许多复杂结构和过程，归根结底只是大量基本组成单元的简单相互作用所引起。这更加深了我们“表面上看起来复杂的事物其本质可能很简单”这一信念，从而激发我们为从复杂性中发现简单性而锲而不舍，以便更好地认识客观世界的真实面目。

3. 存在与演化

传统科学以研究存在为主要目标，随着科学的发展，我们不仅要研究事物的存在，还要研究事物的演化。

从哲学讲，宇宙存在是一种确定性，宇宙演化是一种随机性。非线性科学一再揭示，存在是演化的存在，演化是存在的演化，而物质的本质是存在，物质不生不灭，即反映出物质演化性。

传统科学以状态为主研究事物的存在，现代科学认为，要真正深入理解一个事物，就需要理解它的整个演化史及其所处环境的整个动态。也就是说，我们应该考察系统的演化行为，不仅仅是此时的状态，而是树立以过程为视角的思维方式。在许多情况下，事物的终极状态是什么并不知道，甚至是否存在这样的终极状态也并不是明确的。哲学家黑格尔（G. W. F. Hegel）曾说过，了解一门科学的历史，也就了解了这门科学本身。兰顿也曾说过：“你应该观察系统是如何运作的，而不是观察它是由什么组成的”。

元胞自动机具有时间维，所以它表现为一个过程。在某一个静止的时刻，元胞自动机的特性是显示不出来的，只能在动态的演化过程中显示出其特性。在对其特性进行分析的时候，比如对其进行动力学分类的时候，对某些元胞自动机，这个观察过程还必须足够长，才能真正找到其规律。

4. 集中与分散

何谓集中控制？

一般而言，一个有高度组织性的系统一定是一个具有集中控制的系统：生命由它的 DNA 蓝图来控制；动物由它的各级神经系统来集中控制；人类行为由他们的大脑来统一控制；国家则有一个政府首脑对政府部门进行领导。这样的控制方式称为集中式控制。

但是，在自然界和人类社会中，集中控制并非是唯一的控制方式。例如蜜蜂建造蜂房，蚂蚁筑成蚁丘，并不是由蜂皇或蚁后发号施令或发出信息集中控制蜜蜂或蚂蚁进行的，而只是每只参与其中的蜜蜂、蚂蚁各自依照其相对简单的行为规则分散地对这个整体行为加以控制的，因而叫做分布式或分散式控制。如果说这里存在“控制者”，则个个都是控制者，自然也就没有一个集中的控制者了。同样，一个由为数众多的独立生产者和独立消费者组成的自由而非垄断的市场里，某种产品的价格并不是集中控制的，也是不可能集中控制的。它是由每一个生产者或者消费者分散控制的，虽然每个当事人都不一定意识到他们有意控制商品价格，因为它是自然形成的，而不是集中控制的。一旦由政府强制实行某个价格，或者有垄断集团施加垄断力量抬高或压低价格，那就不是市场经济了。

元胞自动机是由大量的元胞组成，其行为是这些元胞个体演化行为的一种涌现，这些元胞的地位是平等的。它们按规则并行的演化，而不需要中央的控制。在这种没有中央集中控制情况下，它们能够有效地实现自组织的分散控制，从而在整体上涌现出各种各样复杂新颖的行为。这就启发我们：集中控制并不是操纵系统实现某种目的的唯一手段。尤其在复杂系统中，分散控制是不可阻挡的趋势，它具有鲁棒性、坚韧性和自主性等优势。

诚然，集中控制也有其优势。人们在决策机制的设计过程中，既要体现系统中控制的分散性，调动各子系统的积极性和创造性，对快速多变的外部环境及时做出反应，使系统整体充满活力与竞争力；又要在不确定条件下发挥集中控制的优势，达到分散控制的总体效果最优。

5. 连续与离散

世界上的事物在不停地变化。但我们仍能知道甲是甲，乙是乙，这是因为事物的变化大多是一点一点改变的，通常不会一下子突然变个样。这就给我们一个感觉：事物的变化是连续的。我们可以认为：时间的变化是连续的；运动是连续的；一个点从一条线段的这一端达到另一端，它应当经过线段上的一切点。连续性的问题与无穷问题密切相关。但如何建立“连续性”概念，曾经是哲学家面前的难题。

事物变化的连续性是我们的感觉，但感觉不一定准确。电影实际上是由许多不同的画面构成的，它不是连续变化的。但因为相继的两个画面相差甚微，我们便以为它是连续的了。事实上，如果物质由分子、原子组成，事物的长成是不可能连续进行的。还有，某个人一天的活动，例如起床、早操、上课、下课、吃饭、午睡、打球、……，可能是他一天的状态集合，它们是离散的。基于上述原因，在现代数学中，变量包括连续量和离散量，包括可表达为数值的和不可表达为数值的两种变量。

有着三百多年历史的微分方程是建立在“连续性”概念基础上的，它已经成为现代科学的语言，也是科学研究中最为重要的工具之一。现实世界的许多复杂现象，它们是完全不同的，但它们却具有相同的数学形式，通常可以用微分方程表示。正如恩格斯所说：“自然界的统一性，显示在关于各种现象利用微分方程的惊人类似之中”。一大批重要的科学规律就是利用微分方程来推理和表达的。

微分方程是建立在时间连续的哲学认识基础上的，其理论完备、严密、精确。在人工计算的情况下，由符号组成的微分方程可以灵活地进行约简符号等运算，而得到精确的定量解，这是其优势。现代计算机是建立在离散基础上的一种数字信息处理系统，微分方程在应用计算机进行计算时却遇到了一个尴尬的问题，它不得不对自身进行离散化。元胞自动机是一种时空离散模型，很适合计算机仿真，甚至它还是下一代并行计算机的原型。因此，在现代计算机的计算环境下，以元胞自动机为代表的离散计算方式在求解方面，尤其是复杂的动态系统模拟方面有着更大的优势。

微分方程和元胞自动机所对应的计算模式：连续的解析求解与离散的规则迭代是一对相对的计算方式，诚如物理学家玻尔（N. H. D. Bohr）所说，“相对的并不一定是矛盾的，有可能是相互补充和相互完善的”。二者都是科学研究特别是复杂系统研究的有力工具。

从哲学意义上讲，元胞自动机的出现，促进了人们对连续与离散的重新认识。

参 考 文 献

[1] WOLFRAM S. A new kind of science. Champaign Illinois: Wolfram Media, 2002.

[2] JOHN VON NEUMANN. Theory of self-reproducing automata. Urbana: University

of Illinois Press, 1966.

[3] HEIMS S J, JOHN NEUMANN, NORRBERT WEINER. From mathematics to the technologies of life and death. Cambridge, MA: MIT Press, 1980.

[4] WOLFRAM S. Cellular automata. Los Alamos Science, 1983 (9): 2-21.

[5] WOLFRAM S. Statistical mechanics of cellular automata. Rev. Mod. Phys, 1983 (55): 601-644.

[6] WOLFRAM S. Cellular automata as models of complexity. Nature, 1984(311): 419-424.

[7] BERLEKAMP E, CONWAY J H & GUY R. Winning ways for your mathematical plays, volume 2. San Diego: Academic Press, 1982.

[8] POUNDSTONE W. The recursive universe. William Morrow, 1984.

[9] RENDELL P. Turing universality of the game of life. Collision-based computing, 2002: 513-539.

[10] COOK M. Universality in elementary cellular automata. Complex systems, 2004, 15(1): 1-40.

[11] WOLFRAM S. Twenty problems in the theory of cellular automata. Physica scripta, 1985 (T9): 170-183.

[12] MITCHELL M. Complex systems: network thinking. Artificial intelligence, 2006, 170(18) : 1194-1212.

[13] CHOPARD B, DROZ M. Cellular automata modeling of physical systems. 祝玉学，赵学龙，译. 北京：清华大学出版社，2003.

[14] 贾斌，高自友，李克平，等. 基于元胞自动机的交通系统建模与模拟. 北京：科学出版社，2007.

[15] 甘涛. 元胞自动机与现代科学中的计算主义[D]. 北京：中国人民大学，2005.

[16] 涂序彦，尹怡欣. 人工生命及应用. 北京：北京邮电大学出版社，2004.

第 3 章

元胞自动机的建模方法

3.1 计算机模型

什么是数学模型呢？

数学模型是用数学思维方法将要解决的问题进行简化、抽象处理，用数学符号、公式、图形等刻画事物的本质属性及其内在规律。人们在解决一个具体问题时，不是依靠对这个问题进行观察与实验，而是将它转换为数学问题，通过数学解析来得出答案。例如，一个电路系统的电流、电压的变化，可以不通过实际测量来得到，而是依据电磁学规律建立微分方程的数学模型，将一些已知数据代进去求解而得到。

一般讲，简单系统往往是易于数学处理的理想化系统，复杂系统很难单独用数学进行处理。不过，现在的计算机性能越来越先进，速度越来越快，价格也越来越便宜，已经有可能构造复杂系统的计算机模型并进行模拟实验。图灵（Alan Turing）、冯·诺依曼、维纳（Norbert Wiener）等计算机科学先驱都希望用计算机模拟能繁衍、发育、思维、学习和进化的系统。随着计算机的迅速发展，一门新的科学诞生了。在理论科学和实验科学之外又产生了一个新的科学门类：计算科学。

在计算机出现之前，实验和理论这两种创造知识的方法一直在科学研究中占主导地位。伽利略和牛顿分别奠定了科学实验方法和科学理论方法，对人类科学技术发展起到极为重要的作用。

理论科学主要是对各种自然现象的内在规律进行研究，试图用严密的数学模型描述这些规律（如牛顿运动定律等），并在一定的条件下求出准确解，得出的结果又用来判明所建立的数学模型是否真实地反映了自然现象，是否有需要改进的地方。

实验科学主要是研究和制造出各种仪器、设备，模拟各种自然条件，设计出可以控制的、反复实现的实验，对实验结果进行分析，判断实验结果是否符合实际，实验结果是否满足要求。

计算科学完全是搭上了计算机这条顺风船而发展起来的，它借助计算机这一超级工具，在计算机上模拟客观物质世界的种种现象。尤其在复杂性探索中，计算机使得许多复杂系统第一次成为科学的研究对象，美国圣塔菲研究所从事的人工生命研究就是最有名的例子。

虽然实验和理论这两大科学方法在过去、现在和将来都有着十分重要的作用，但它们也有局限性。在现实生活中，许多需要研究的对象，不是太大便是太小，不是太快就是太慢，而且有些东西是根本不能精确地用理论描述出来的，用实验手段实现它们也是不可能的。如核武器研制中，要测量一次核试验中核武器的细致反应过程是十分困难的，因为核爆炸和核反应过程都是在高温、高压下进行的，温度高达几千万摄氏度，而压力高达几百万个大气压。根本就没有这样的仪器设备去测量核武器内部的各种变化。而描述核反应的物理过程的数学模型是非常复杂的非线性偏微分方程组，根本就没有办法得出精确解，只能在计算机上进行物理过程的数值模拟。因此，计算科学突破了实验和理论科学的局限性。

在复杂系统研究中的一个主要方向就是研究理想模型：通过相对简单的模型来理解普遍性的概念。例如，遗传算法是用来研究适应性概念的理想模型，或者作为达尔文（E. Darwin）进化论的理想模型；科赫（H. V. Koch）曲线是用来研究海岸线、雪花等分形结构的理想模型；元胞自动机是用来研究一般性的复杂系统的理想模型，它在时间上和空间上都是离散的，而其元胞的状态及支配这些状态的规则在计算上是极为简单的，但由此组成的总体模式和构形可以模拟现实世界的全部复杂性。对于大多数复杂系统来说，不可能对其进行真正的实验，用数学研究也非常困难，这个时候计算机模型就是研究它们的唯一可行途径。可以认为，研究复杂系统的主要方法是计算机模型方法。霍兰德在评价计算机模型时说："计算机模型同时具有抽象和具体两个特性。这些模型的定义是抽象的，同数学模型一样，是用一些数字、数字之间的联系及数字随时间的变化来定义的。同时，这些数字被确切地'写进'计算机的寄存器中，而不只是象征性地表现出来，……，我们能够得到这些具体的记录，这些记录非常接近在实验室中认真执行操作所得到的记录。这样一来，计算机模型同时具备了理论和实验的特征。"正因为计算机模型具有这样的特点，所以他认为，计算机模型是"一种对涌现进行科学研究的主要工具。"

审视一个计算机模型是否正确，最好的方法就是看看计算机模型所得到的结果是不是可以重复。也就是说，其他人重新构造所提出的模型要能得到同样的结果。正如阿克塞尔罗（R. Axelrod）所说："可重复性是科学积累的基石。"可重复性可以检验仿真结果是否可靠，也就是说可以从头进行复制；否则，计算机模型所得结果歪曲了所仿真的对象。可重复性对于检验模型结论的稳健性也很有用。

3.2　元胞自动机模型

元胞自动机模型是模拟复杂结构和过程的一种新的计算机模型，它主要采纳了现代系统分析思想，即系统元胞化思想作为应用基础。同时，它又将系统演化的客观规律融入了算法的核心，即在系统模型被分割成许多极小的元胞之后，每个元胞的性质和表现总是受其相邻元胞性质和表现的影响，或者说一个元胞的状态演化由周围少数几个元胞的状态所确定。

元胞自动机模型为研究复杂性提供了新的思路和方法。传统方法总是试图运用数学模型去描述复杂性，以及解决复杂性所引起的问题。例如，对实际系统再三施加简化，直到能做精确数学分析的地步。这种自上而下的系统分析方法常常从系统表述开始，已经去掉了复杂性的本质。元胞自动机的基本信念是：一个系统复杂性不存在于单个元素中，而是存在于元素的组合及其相互作用中。正如人类生命的复杂性并不是来自于基因的复杂性，人类基因的复杂性并不比许多低等生物大。人的个性特征主要并不是来自基因的特征。基因是作为单独的个体存在的，但是它们的相互作用及相互影响会显示出极为复杂的情况。由此可以得出一个简要结论：一个系统的复杂行为是从大量简单元素的交互中涌（突）现出来的。人们在日常生活中已经认识到，当一些事物聚在一起的时候，总会涌现出一些新的、不是从它们的原有性质中可以明显推出的现象。元胞自动机就是一种众多元素在简单规则相互作用下，形成各种各样复杂系统的模型。正如，克劳斯·迈因莱尔（K. Mainzor）在其《复杂性中的思维》一书中指出："元胞自动机不仅仅是优美的计算机游戏。它们还是描述了其动力学演化的非线性偏微分方程复杂系统的离散化和量子化模型。""当非线性系统的复杂性增加，以及由求解微分方程或甚至由计算数值近似来确定其行为变得越来越无望时，元胞自动机是非常灵活有效的建模工具。"

元胞自动机是不可判定的，也就是说，不能用有限的程序步骤对元胞自动机演化图形的终态给出一般性的答案。但是元胞自动机具有强大的计算功能，它的并行运算方式为复杂系统建模展示了美好的前景。元胞自动机模型的特点可归结为三个方向：抽象性、适应性和自组织性。

3.2.1 元胞自动机模型的抽象性

元胞自动机是系统分析方法的重要补充。元胞自动机主要通过对一个复杂系统的抽象化、模型化来定义一个系统的状态，例如股票系统就是一例。元胞自动机能让我们以新的眼光审视一些传统研究方法，它不像一般的数学物理方法那样死板地描述或仿真一个系统。用数学物理方法分析一个较为复杂的系统时，可能是十分困难的，甚至是不可能的。而元胞自动机方法采用了一些新的思想来简化分析过程，同时可以达到较好的计算机仿真效果，还可能成为稳定可靠的方法。

许多实际的复杂系统可抽象为元胞自动机系统。例如，人工生命仿真研究，则是通过对生命特征的基本动力学加以抽象，进行生命科学的研究。牛津大学的进化论学者道金斯（R. Dawkins）主张用元胞自动机模仿生命的进化。他构造出模仿昆虫进化的元胞自动机，在电脑屏幕上观察昆虫的变异、繁殖和互相吞噬，居然在计算机上描绘出与真实生物界惊人相似的生命演化和灭绝的过程。当然，并不是实际的复杂系统均是元胞自动机系统，如超大规模集成电路的测试与综合问题、大型并行计算机的运算问题及复杂动力学系统的预测和仿真问题，等等。如果这些问题所建立的数学模型未能反映出系统的复杂特征，其结果往往是与实际不符，而用元胞自动机模型不但可以减小系统分析的难度，而且提高了解决问题的效率。

3.2.2 元胞自动机模型的适应性

因为世界的资源有限，不同类的生命有机体、行动主体和复杂系统远非都有机会复制自己、再生自己，因此不可避免地存在着环境的选择及“最适者生存”问题。一个系统能做到对环境的适应，我们便称该系统具有适应性。

20 世纪 60 年代初期，霍兰德开始致力于适应性理论的研究，他借鉴达尔文（E. Darwin）的生物进化论和孟德尔（G. Mendel）的遗传定律的基本思想，并将其进行提取、简化与抽象，提出了对生物遗传和自然选择进行计算机模拟的算法——遗传算法（Genetic Algorithm）。它能适应不同的环境、不同的问题，并且在大多数情况下都能得到比较有效的满意解。在遗传算法中，将需要研究的问题表达为由某种有限的固定字符集形成的字符串（或称代码串）。该算法启动时先随机生成一批字符串，然后计算当前字符串中各串的适应度，依据所得结果的质量（适应度大小）对每个串进行评分。质量高（适应度大）的串用以繁衍后代，质量低（适应度变小）的串自动消亡，如此一代代地下去，能圆满解决问题的字符串最终占据优势。遗传算法看似简单，但是它已被用于解决科学和工程领域的许多难题，甚至应用到艺术、音乐和建筑。后来，许多学者在实际应用这种算法时，对它又进行了多方面的改进。

但是，遗传算法仍存在以下不足。

（1）适应性度量函数是预先定义好的，而真正的适应性应该是局部的，是个体与环境做生存斗争时自然形成的，是随着环境变化而变化的。遗传算法中的自然选择机制，充其量来说，只是一个人工选择，而非真正的自然选择。

（2）只考虑生物之间的竞争，而没有考虑生物之间协作的可能性，真实情况是竞争与协作并存。也就是所谓的协同演化。生物学证据表明协同演化大大加快了生物进化的历程。在遗传算法中，所有生物的结构形式都是预先定义好的字符串。这样的系统不能实现无穷无尽的演化，系统所能发生的一切均在设计者的掌握之中。

（3）复制与杂交机制过于简单。所谓的复制，就是一个精确的拷贝，而杂交则是各取被杂交个体的一部分拼凑出下一代。

20 世纪 70 年代末期，霍兰德又提出了基于遗传算法的认知模型——分类器系统。分类器系统遵循三个基本原则：① 知识能够以类似规则的结构表达，这些规则始终处于竞争之中；② 经验使得有用的规则越来越强，无用的规则越来越弱；③ 新规则产生于旧规则的组合之中。

遗传算法和分类器算法是自然界复杂适应系统的进化适应性与学习适应性的模拟。这种模拟之所以能如此有效地解决科学与工程问题，以及各种管理系统的问题，说明所有自然界和人工系统中有共同的规律：适应性进化规律。从某种程度上看，进化是一个适应的过程，因为自然选择在每一代中都起作用。元胞自动机完全可以作为适应性进化模拟的最好例证。例如，二维的元胞自动机，它的"黑"或"白"、"0"或"1"，就是它的状态，只要确定了元胞状态的转换规则，再加上初始条件的自由输入，只要有一定数量的元胞，它们依简单规则约束的相互作用、状态转变，就能产生出不可穷尽的复杂系统和涌现的生成过程，如元胞自动机中滑翔机的成长过程，一个蚂蚁群的生成过程，一个股票市场的生成过程，等等。对于进化适应性的研究，最令人感兴趣的事物莫过于由简单的初始状态出发，演化出逐步增长的复杂性。正如老子在道德经中所云：道生一，一生二，二生三，三生万物。进化的观点，从最一般的意义上来说，意味着要从研究对象的历史和发展变化中把握对象的实质，而不应将现实与历史割裂开来。这对复杂性的研究有着重大的指导意义。

3.2.3 元胞自动机模型的自组织性

在自然界、人类社会特别是生命世界中，我们处处看到相对稳定的系统组织、结构、形态和模式。比如，天上的星星，地上的山川，人间的家庭、社区和市场，物理世界的雪花晶体与云层，生物世界的各种物种，它们很有秩序，但却是自发地在一定环境条件下依靠内部的相互作用而获得秩序的，没有外界强加特定的干预，不由外部的特定指令而形成。我们将这种现象称为自组织。

相反，依赖于外部因素的控制与主宰而形成的组织称为他组织。这种模式可能使我们远离自然，甚至站到自然的对立面，引发严重的环境和生态问题。他组织系统的运动方式是“中央控制”、“统一管理”、“全局通信”、“宏观决策”和“串行操作”。

如何解读自组织现象呢？一些新兴的学说给予了解释。

（1）耗散结构论认为：一个远离平衡态的非线性开放系统通过与外界交换物质和能量，可以提高自身的有序度，降低熵含量，这一理论认为“非平衡是有序之源”。

（2）协同学认为：由大量微小单元组成的系统，在一定的外部条件下，通过各单元的相互作用，可以自发地协调各单元的行为，出现宏观的空间结构、时间结构与功能结构。这一学说认为，在临界状态上，偶然的涨落经过放大，将起到推进有序的作用。

元胞自动机表明，冯•诺依曼把活的有机体设想为细胞的自繁殖网络，从而首次提出为其建立数学模型的思想。这种思想由约翰•康威等人进一步发展为计算机建模和仿真方法，研究由类似生物细胞的大量并行个体所组成的系统的宏观行为与规律。元胞自动机形象地表明，随机的初始布局是如何经过元胞之间的局域作用、微观决策、并行协调和反复迭代最后演化成稳定的、有序的空间结构的。

我们知道，元胞自动机的动力学行为大致可以归纳为四大类：

（1）元胞自动机的演化达到均匀的，不随时间变化的定态，即每个元胞处于相同状态；

（2）元胞自动机的演化导致周期性结构，通过有限个不变数目的状态无限循环下去；

（3）元胞自动机的演化导致混沌行为的出现，这是一种非周期性的随机式的模式；

（4）元胞自动机的演化导致复杂的局域结构，它是一种有序与随机相结合的混合结构。

以上四种发展前景属于元胞自动机在随机初始条件下演化的“吸引子”。前面三种大致可与连续动力系统的固定吸引子、极限环与奇异吸引子相类比。四种结构虽然不同，但都属于有序结构。每一类结构的形式与特点要由它们各自对应的吸引子的性质来决定。

从无序的初始状态发展成为有序结构，这意味着元胞自动机的演化完全可以用于描述自组织过程。

前面介绍过，兰顿蚂蚁元胞自动机的规则虽然极其简单，却能产生超乎想象的复杂行为。在自然界中我们常常可以看到类似的情形。如果你观察过动物群体的行为，鱼群在水中，飞鸟在空中，走兽在陆上，它们的集体行为显示了整体的最优化和行为的多样性，仿佛是一头巨大的怪兽在行动。这是为什么呢？这就是自然界，特别是生命世界中的自组织力量。

1987 年，计算机科学家、进化计算研究者考克莱格·雷罗尔德（Craig Reynolds）受兰顿思想的启发，建立了一个计算机模型来研究动物群体的自组织行为。他给动物群体中的个体起了一个名字叫做 Boids，这是一个在字典上没有的词儿。Boids 可译成“群伴”。在群体行动中，群伴的目标与行为规则极其简单，具体描述如下。

（1）防撞：诸群伴在共同飞行中保持一定的距离，避免因挤拥而相互撞倒。

（2）模仿：为了列队飞行，群伴模仿着它附近的同伴的平均速度与方向飞行。

（3）聚中：尽可能向群伴中心运动，结果是群伴外部暴露最小。

（4）视野：从妨碍视野的群伴中移开一点，以便尽可能看到其他群伴。

在以上四条规则的共同制约作用下，结果就创造出一个虚拟的鸟群，它和真实的鸟群一样，能够在飞越各种障碍物时保持步调一致，并且造成了“人”字形的飞行群集。

上述模拟表明，鸟类群集的形成并不需要一个领头者，只需要每只鸟遵循一些简单的相互作用规则即可，然后群集现象作为整体模式从个体的局部相互作用中“涌现”出来。一个复杂系统的整体模式不仅仅是个体的简单叠加，而是总体上新“涌现”的特征。这样的现象可见于自然与社会的许多领域。萤火虫群的闪光、蟋蟀群的鸣叫、心脏里起搏细胞的跳动，所有这些是怎样在没有集中指挥的情况下达到同步协调的？个别的病例是怎样发展成为疫病大流行的？个别的想法是如何发展成为社会时尚的？即个体行为是如何集成为集体行为的？这是整个科学最基本的、无处不在的问题之一。用传统还原论的分析方法难以获得复杂系统的“涌现”性质。以元胞自动机为基础的模型提供了完全不同的另外一种方法。在这个方法中，时间空间以至描述系统状态的变量都是分立的，采用自底向上的综合方法，它所展示的自组织过程的“涌现”性质完全可以和微分方程或迭代映射所提供的相媲美。

3.2.4　元胞自动机模型的构成

元胞自动机是元胞阵列和演化规则所组成的离散动态系统。元胞自动机将模型空间以某种网络形式划分为许多单元（元胞）。每个元胞的状态以离散值表示。如果每一个元胞被赋予一个初始状态，并定义一组演化规则，就可以研究系统随时间的演化过程。

简化来说，元胞自动机＝空间网格化+演化规则。因此，构造一个元胞自动机模型，主要包括：对系统进行网格分割、确定初始状态及构造演化规则。

（1）对系统进行格状分割：元胞自动机用来模拟一个复杂系统时，时间被分成一系列离散的瞬间，空间被分为一种规则的格子，每个格子在简单情况下可取 0 或 1 状态，在复杂情况下可以取多值。不同的格子形状、不同的状态集和不同的演化规则将构成不同的元胞自动机模型。在一维元胞自动机模型中，是把直线分成相等的许多等分，分别代表元胞；二维元胞自动机模型是把平面分成许多正方形或六边形网络；三维元胞自动机模型把空间划分出许多立体网络。

（2）确定初始状态：初始状态指已经确定的、经过分割的各元胞的演化初始值，它是影响元胞自动机演化布局的源头。假使我们在开始时给出另一种初始状态，那么整个演化的结局将是完全不同的。这说明初始状态是影响一个系统状态的因素。

（3）确定演化规则：简单地讲，根据元胞当前状态及其邻居状态确定下一时刻该元胞状态的动力学函数就是规则。它可以记为

$$f : S_i^{t+1} = f(S_i^t, S_N^t)$$

式中，S_i^t 表示 t 时刻中心元胞 i 的状态，S_N^t 为 t 时刻的邻居元胞的状态组合，我们称 f 为元胞自动机的局部映射或局部规则。

不同于一般的动力学模型，元胞自动机模型不是由严格定义的物理方程或函数确定，而是由一系列规则构成的模型。因此规则的确定及完善是整个系统元胞自动机分析的核心，它关系到系统状态的演化结果。

为了得到系统状态有意义的演化结果，必须对演化规则有所限制，此时需要遵循以下原则。

（1）演化规则必须满足静息条件。若初始时刻各元胞的状态都是零，则以后各元胞的状态智能是零；否则，就是“无中生有”，没有播种，就能开花结果。这当然是不合法的。这叫做元胞自动机的静息条件。

（2）演化规则必须是反射对称的。这可以定义邻域 00011 和 11000 是一样的，也就是对于中间的元胞 0 来说，不管它的“左边是 00，右边是 11”还是“左边是 11，右边是 00”,它的下一步状态都是一样的。这条限制保证了元胞自动机的各向同性和均匀性。按这样的方式进行映射，可以使得规则减少一半。

（3）演化规则必须遵循总和原则。它规定每个元胞的状态，只与其邻域状态和有关。那么，邻域 11010 和 10011 是一样的，因为对于中间的元胞 0 来说，它的邻域内各元胞的状态总和都等于 3。这样很符合现实中某些事物的特征，比如“生命游戏”采用的便是总和规则。按这种方式进行映射，可以使规则数量由指数级减少为多项式级。沃尔夫勒姆证明：总和规则描述的元胞自动机可以展现所有元胞自动机可能表现的动态行为。

（4）元胞在直线上的分布总是有限的。因此还需要一定的边界条件。可以在 $t-1$ 时刻元胞左右边界以外分别置零，按事先确定的运算规则找出 t 时刻的边值，还可以使两端衔接，形成周期性边界条件，等等。

3.3 元胞自动机的建模过程

元胞自动机采用自下而上的自组织建模方法，主要包括以下几个方面的内容。

3.3.1 确定被研究系统的性质

1. 系统是否是一个自组织系统？

若系统是自组织系统，即在系统内部只有本地交互因素，而无外界相关因素（不变的，固定的关联因素）。那么，此系统将表现出一种相对稳定性。这样将有利于整个系统的综合分析。例如，城市交通信号控制是由有限个路口构成的系统，路口之间产生了相互依赖、相互作用的特定的不可分割的联系，整个系统具有自组织的基本特征，因此我们可以将元胞自动机自组织的思想应用于城市交通控制建模之中。

2. 系统是一个静态还是一个动态系统？

确定系统是动态还是静态是涉及系统模型的重要因素。因为静态系统和动态系统的建模是完全不同的，静态系统的内部结构是稳定的，而动态系统是不稳定的，但可能其系统特性是收敛的。例如，城市交通控制系统是一个动态系统，其交通流量、车辆运行速度、车辆密度等随时发生变化；各路口之间的协调、配合关系也要随时进行调整。

3. 系统是一维、二维还是三维或多维系统？

系统的状态与系统的维数关系密切，同时维数不同的元胞自动机方法的应用也不同，而且还可能包括整数维和分形维。例如，城市交通控制系统将各路口划分成单元，因此交通系统是一个单元之间相互联系的二维系统。

另外，维数也是确定演化规则的基本要素，只有确定系统维数后，才能考虑从什么样的基本规则入手，才能考虑某一元胞是受线性影响，还是受非线性或复合影响。

3.3.2　对系统进行格状分割

这个过程的关键是将整个系统进行分割，分解成无数个小个体，并将个体分类抽象成元胞，而且每个元胞应具有可选状态。当我们取定初始状态进行分析时，一定要注意每个元胞与其他元胞的相互作用。即应选定中心元胞和相互作用的邻居元胞数，同时保证此元胞数远远小于整个元胞自动机系统的元胞总数。

对系统进行格状分割之后，便确定了元胞及元胞空间 $(n \times n)$ 的网格。当然，这个网格的大小要根据具体情况及计算机的处理能力来决定。

3.3.3　确定元胞的初始状态

初始状态指已经确定的、经过划分的各元胞的演化初始值。正如，在日常生活中，有些棋类就是给出一种初始状态和一系列规则，然后，对弈者根据当前棋局状态选择不同的规则做出下一个棋局状态的预测后，再做决定。由此可见，我们给出的初始状态只是不同的棋子布局，这种布局将是影响以后布局的源头。元胞自动机的初始状态可以是布尔值或者一段连续变量值，关键是应注意其初始状态要具有代表性和全面性。

3.3.4 确定系统的演化规则

在确定元胞规则时，要考虑以下内容。

（1）元胞邻居。一般在用元胞自动机进行分析时都要确定元胞的邻居形式，也就是元胞对哪些相邻元胞状态的刺激进行响应，它们的范围怎样。例如，一维元胞自动机半径就是影响其他元胞状态的前几个和后几个元胞所在的范围，而二维元胞自动机可以确立圆形或方形半径范围。

（2）元胞响应及属性。一般情况下，本地元胞下一时刻的状态受到其邻居元胞状态及自身状态的影响，有可能本地元胞是多重状态响应及多重属性叠加下做出的响应，这时需要将每一种响应和属性关系进行综合。

（3）元胞规则的时间和空间的处理。元胞自动机处理系统并做出系统状态演化时，需要考虑时间段和空间段的处理。因元胞响应与时空有关，所以最终系统演化的状态也是与时间和空间相关的。元胞自动机在时间维度上的演化过程，采用了仿真钟的方法来模拟时间维的推进，仿真钟 t 是区间 $[0, T]$ 的整数取值，初始值为 0，步长为 1，结束值为 T，仿真钟的每一次推进，元胞自动机状态都会根据规则产生相应的变化。

元胞自动机的时间和空间处理具有同步性和局部性。例如，城市交通系统中所有路口信息在一个时间步内并行处理，具有节拍同步性；以局部规则作用于整个系统，达到系统空间最优。

（4）元胞规则的构造源。规则如何得出是整个规则构造的核心。规则确定得正确与否，直接关系到系统状态演化结果。在分析一个较为复杂的系统时，我们一般先选取一个有代表性的、较小的、不是太复杂的系统来分析，通过实验观察等方法来确定一系列有用的关系网（规则）。一般我们可以认为这种分析是正确的，然后将这种规则应用于那些较复杂的系统，这样分析复杂系统时就较为容易。

总之，元胞自动机的研究可归结为两类问题：其一是给定元胞自动机的规则，如何对其性质和行为进行研究，这是从局部规则出发演化出全局的动力学行为的问题；其二是寻找具有给定功能的元胞自动机规则，这是元胞自动机的反问题。反问题研究比较复杂和困难，目前尚未提出一个可普遍接受的构造规则的方法。规则的确定往往需要依赖经验，而缺乏有效的理论指导。

规则确定是一个学习和完善的过程，近年来许多学者认为，大多数反问题的求解（即确定规则）可以借助于进化计算。

Mitchell 提出了利用遗传算法求解元胞规则的方法。因为遗传算法染色体的结构和元胞自动机规则的定义形式基本是一致的。因此，只需要将元胞自动机的二进制规则作为染色体，构建相应的适应度函数，便可有效地对问题求解。这里的关键是能够将反问题转化成一个优化问题，构建合适的适应度函数来找到指定功能的元胞自动机。

3.4　股票市场投资策略演化模拟

根据元胞自动机的建模方法，构建基于元胞自动机的股票市场投资策略的二维演化模型的步骤如下。

1. 建模背景

作为复杂系统的典型例子，股票市场一直是研究的热点，其基本原理就是投资者的局部行为带来市场整体的复杂行为。在股票市场中，往往存在两类投资者——基本面投资者与技术面投资者。当然，这种划分并不是一成不变的，交易策略的选择也会受到身边投资者的影响，投资者往往会依据周围人的获利情况确定自己未来的策略选择，这样一来，便产生了策略演化现象。虽然这种作用机制比较简单，但是经过一定的时间后，市场会产生复杂而有趣的整体行为，且其具体演化结果无法预测。

元胞自动机具有空间离散化、时间离散化、状态离散化、演化同步性等特点，能够逼真地反映大量个体相互作用的细致结构模式。它能通过简单的元胞和规则产生复杂现象，从而具备模拟股票市场这一复杂系统的能力。

2. 系统分析

系统分析就是要确定系统的性质是什么，可从三个方面考虑。

第一，股票市场是不是一个自组织系统？如果这个系统是自组织系统，那么这个系统的交互因素就只存在于系统内部，无外界因素影响，这样的系统会表现出一种稳定性，有利于系统的综合分析。严格意义上来讲，股票市场并不是一个完全的自组织系统，因为在系统运行演化的过程中，受到了股票价格的指导性影响，对复杂性的形成起到了重要作用。

第二，系统是静态的还是动态的？静态系统内部结构是稳定的，动态系统内部结构是不稳定的，但可能其系统特性是收敛的。显然，股票市场是典型的动态系统，每一个投资者不同时刻的状态是丰富变化的；此外，系统的输出——价格，也是随时间变化的。

第三，这个系统的维数？系统的状态与系统的维数关系密切，维数不同的元胞自动机方法的应用也不同。股票市场的投资者分布可以形象地映射到二维元胞自动机中。

3. 元胞自动机模型的构建

1）对系统进行格状分割

股票市场中的投资者群体可以看做无数个小元胞，每个小元胞应具有可选状态。此外，要注意每个元胞与其他元胞的相互作用。同时，与每个元胞有相互作用的元胞数目一定要远小于元胞自动机系统的元胞总数。

对系统进行格状分割后，便也确定了元胞（股票投资者）及元胞空间（$n\times n$）的网格。当然，这个网格的大小要根据具体情况及计算机的处理能力来决定。网络空间越大，则计算机模拟的速度越慢；但太小又看不出明显的模拟结果。这里我们取 50×50 的网格。

2）确定初始状态

在对系统进行格状分割后，要进行元胞初始状态的确定。元胞状态是考察元胞某方面特征时的取值，我们可以依据投资者的性质建立二维元胞状态空间，确定其属性和状态。

市场上共有两类投资者（基本面、技术面）。但除此之外，还对投资者的属性做了较为细致的刻画，涉及的离散状态变量较多，因此统一用一个状态集合来表示

$$S_{i,t}^{h}=(h_{i,t},D_{i,t}^{h},U_{i,t}^{h},\pi_{i,t}^{h},L_{i}^{c}) \tag{3.1}$$

其中，$h_{i,t}\in\{f,c\}$ 表示投资者类型，f 表示基本面，c 表示技术面；$D_{i,t}^{h}$ 表示投资者 i 在 t 时刻的风险资产需求（订单）；$U_{i,t}^{h}$ 表示投资者 i 在 t 时刻的策略演化效用；$\pi_{i,t}^{h}$ 表示投资者 i 在 t 时刻的利润，L_{i}^{c} 表示当投资者 i 变为技术面投资者时所采用的移动均线长度。

3）系统动力模型

（1）投资者

这里沿用 Carl Chiarella 等人提出的资产定价模型经典框架，对于基本面投资者，其风险资产需求函数定义为

$$D_{i,t}^{f}=\alpha(P_{i,t}^{*}-P_{t}) \tag{3.2}$$

式中，P_t 是 t 时刻的股票价格。

对于技术面投资者，其风险资产需求函数定义为

$$D_{i,t}^{c}=\tanh\left[a\left(P_{t}-ma_{i,t}^{L_{i}^{c}}\right)\right] \tag{3.3}$$

式（3.3）是 Carl Chiarella 的模型（通用）。

其中，对于离散元胞空间内的投资者群体来讲，$P_{i,t}^{*}$ 可理解为基本面投资者的股票基本价值信念；参数 α 是投资者对错误定价的风险容忍因子；当然，投资者的个体信念与真实信息必然存在偏差，这种偏差由下式表示

$$P_{i,t}^{*}=P_{t}^{*}(1+\delta_{\varepsilon}\varepsilon_{i,t}) \tag{3.4}$$

其中，$\delta_{\varepsilon}\geqslant 0$，为一常量；$\varepsilon_{i,t}\sim N(0,1)$。与基本面投资者不同，技术面投资者利用如对历史价格的移动平均法等技术手段做出决策。这里，技术面投资者采用移动平均法，t 时刻，窗口长度为 L_{i}^{c} 的移动平均结果为

$$ma_{i,t}^{L_i^c}=\frac{1}{L_i^c}\sum_{i=0}^{L_i^c-1}P_{t-i} \tag{3.5}$$

式（3.3）和式（3.5）中，当a很小的时候，技术面投资者对长期或短期的投资信号颇为谨慎，更倾向于等待信号变化的稳定状态，也就是说，如果短时间内投资信号变化频率很高的话，他们会尽量使自己的交易成本最小化。

（2）做市商

在Carl Chiarella等人提出的资产定价模型框架中，以P_t来表示t时刻的股票价格；以$n_{h,t}$来表示h类投资者在t时刻的人数比例（$h_{i,t}\in\{f,c\}$），且$\sum_{h=1}^{H}n_{h,t}=1$；以D_t^h表示t时刻h类投资者的需求；在做市商定价机制下，每一时刻的股票价格根据总的需求来确定

$$\begin{aligned}P_{t+1}&=P_t\left(1+\sigma_\varepsilon\varepsilon_t\right)+\mu D_t\\&=P_t\left(1+\sigma_\varepsilon\varepsilon_t\right)+\mu\sum_{h=1}^{H}n_{h,t}D_t^h\end{aligned} \tag{3.6}$$

其中，$\varepsilon_t\sim N(0,1)$，表示未知信息或者噪声投资者带来的价格随机波动；$\sigma_\varepsilon\geqslant 0$，为一常量；参数$\mu>0$表示做市商根据需求对价格的调整速率；$D_t$为$t$时刻的市场订单总量。

这里则利用元胞自动机模型将该解析模型离散化，弃用Carl Chiarella原模型中“人数比例”$n_{h,t}$的表示，转而以元胞空间中“真实”的不同类型投资者人数及订单总量作为价格更新的动力，研究对象由“一类人”细化到“一个人”，股票价格更新表示如下

$$P_{t+1}=P_t(1+\sigma_\varepsilon\varepsilon_t)+\mu\left\{\sum_{i=1}^{N_t^f}D_{i,t}^f+\sum_{i=1}^{N_t^c}D_{i,t}^c\right\} \tag{3.7}$$

其中，N_t^f与N_t^c分别表示t时刻元胞空间内基本面与技术面投资者的个数；此外，股票的基本价值随时间变化如下

$$P_{t+1}^*=P_t^*(1+\delta_\lambda\lambda_t) \tag{3.8}$$

其中，$\lambda_t\sim N(0,1)$；$\delta_\lambda\geqslant 0$，为一常量。

（3）利润

利用状态变量 $\pi_{i,t}^{f}$ 与 $\pi_{i,t}^{c}$ 来表示基本面投资者 i 与技术面投资者 i 在 t 时刻的利润，则有

$$\left.\begin{aligned}\pi_{i,t}^{f} &= D_{i,t-1}^{f}(P_t - P_{t-1})\\ \pi_{i,t}^{c} &= D_{i,t-1}^{c}(P_t - P_{t-1})\end{aligned}\right\} \tag{3.9}$$

4）演化规则构造

演化规则与上面的系统动力模型不同，演化规则是一个从中心元胞的邻居状态到中心元胞下一时刻状态的映射，重点在于元胞状态的改变，在确定元胞自动机演化规则时，要考虑以下内容。

（1）元胞响应半径：即元胞的邻居形式，也就是元胞对哪些相邻元胞状态的刺激进行反应，范围怎样，这里我们使用 Moore 型邻居形式，每个元胞与周围 8 个邻居发生作用，如图 3-1 所示。

$(a-1,b-1)$	$(a-1,b)$	$(a-1,b+1)$
$(a,b-1)$	(a,b)	$(a,b+1)$
$(a+1,b-1)$	$(a+1,b)$	$(a+1,b+1)$

图 3-1　Moore 型邻居

（2）响应及属性：一般情况下，元胞下一时刻的状态受到其邻居元胞状态、自身状态和控制变量的影响，用公式表示为：

$$S_{i,t+1}^{h} = F(S_{i,t}^{h}, S_{iL}^{t}, R) \tag{3.10}$$

$$S_{iL}^{t} = (S_{iL(1)}^{t}, \cdots, S_{iL(n)}^{t}) \tag{3.11}$$

其中，$S_{i,t+1}^{h}$ 表示元胞空间中位置为 i 的元胞在 $t+1$ 时刻的状态；向量 S_{iL}^{t} 表示位置为 i 的元胞的邻居 L 在 t 时刻的状态；R 是控制变量；F 表示元胞自动机的演化规则；n 是邻居元胞的个数。

（3）规则描述：在 Carl Chiarella 等人及 Henrik Amilon 的解析模型研究中，两类投资者的策略调整被视作一种市场整体行为，并且设计了“策略演化效用函数”来决定两类投资者占据市场的比例，此处则将这一策略演化效用函数引入基于 Moore 型邻居的元胞空间内，使投资者个体具备对利润大小的判断能力，指导其策略选择。对于投资者 i，其“策略演化效用”表示如下：

$$\left.\begin{aligned} U_{i,t}^{f} &= \pi_{i,t}^{f} + \eta U_{i,t-1}^{f} \\ U_{i,t}^{c} &= \pi_{i,t}^{c} + \eta U_{i,t-1}^{c} \end{aligned}\right\} \tag{3.12}$$

其中，$\eta \in [0,1]$，表示投资者对过去效用的记忆因子，投资者下一时刻采取何种行动，取决于对周围邻居及自身共九人利润状况的判断，令中心元胞 i 的坐标为 (a,b)，则 t 时刻，中心元胞自身及其周围八个邻居（共 9 人）中，选择基本面策略的投资者的总效用为 $\sum_{m=a-1}^{a+1}\sum_{n=b-1}^{b+1} U_{m,n}^{f,t}$；选择技术面策略的投资者的总效用为 $\sum_{m=a-1}^{a+1}\sum_{n=b-1}^{b+1} U_{m,n}^{c,t}$。

（4）具体规则：中心元胞 i 在 $t+1$ 时刻以概率 $p_{i,t}^{f}$ 变为基本面投资者；以概率 $p_{i,t}^{c}$ 变为技术面投资者，其中

$$p_{i,t}^{f} = \frac{\mathrm{e}^{\beta \sum_{m=a-1}^{a+1}\sum_{n=b-1}^{b+1} U_{m,n}^{f,t}}}{\mathrm{e}^{\beta \sum_{m=a-1}^{a+1}\sum_{n=b-1}^{b+1} U_{m,n}^{f,t}} + \mathrm{e}^{\beta \sum_{m=a-1}^{a+1}\sum_{n=b-1}^{b+1} U_{m,n}^{c,t}}} \tag{3.13}$$

$$p_{i,t}^{c} = \frac{\mathrm{e}^{\beta \sum_{m=a-1}^{a+1}\sum_{n=b-1}^{b+1} U_{m,n}^{c,t}}}{\mathrm{e}^{\beta \sum_{m=a-1}^{a+1}\sum_{n=b-1}^{b+1} U_{m,n}^{f,t}} + \mathrm{e}^{\beta \sum_{m=a-1}^{a+1}\sum_{n=b-1}^{b+1} U_{m,n}^{c,t}}} \tag{3.14}$$

其中，$\beta \geqslant 0$，表示投资者在两种策略间的调整强度，特别的，如果 $\beta = 0$，意味着两种策略间不存在转换，$\beta = \infty$ 则所有的投资者总是立即选择最优的投资策略。

4. 计算机仿真

1）仿真参数设定

如无特别说明，仿真参数均按表 3-1 取值。

表 3-1　仿真参数设定

参数符号	参数含义	取值
N	投资者数目	900
μ	价格调整速度	0.1
α	基本面投资者风险容忍因子	0.01
a	技术面投资者对价格变化的敏感度	0.01
β	策略演化强度	0.5
η	策略演化效用记忆因子	0.3
P_1	股票初始价格	10
T	演化时间	200
L_i^c	技术面投资者移动平均窗口长度	[5,30]
σ_ε	价格噪声	0.01

2）初始状态（如图 3-2 所示）

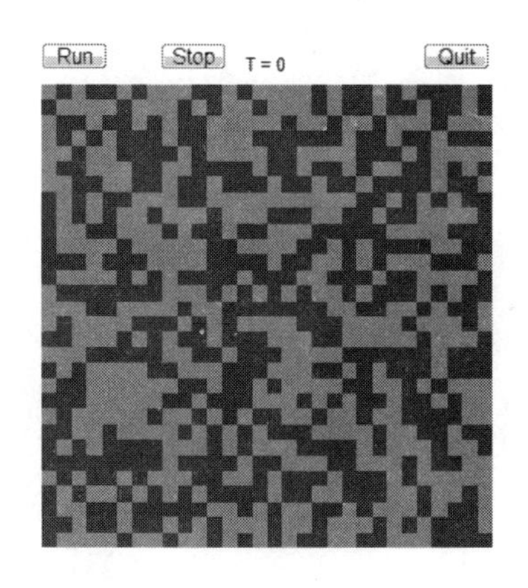

图 3-2　元胞空间初始状态

（深色，基本面投资者；浅色，技术面投资者）

3）演化过程及结果（如图 3-3 所示）

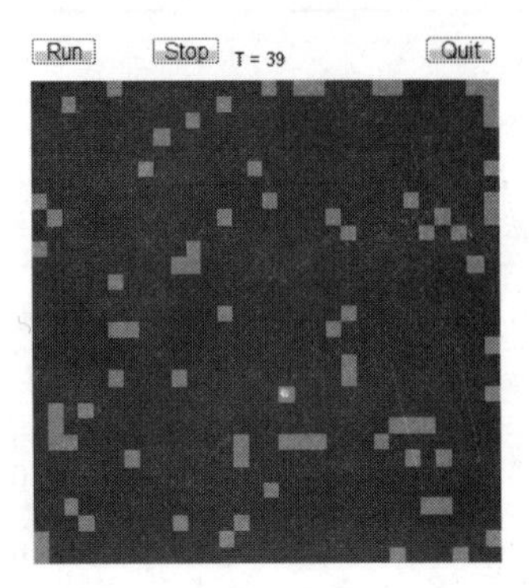

（a）基本面占优势时

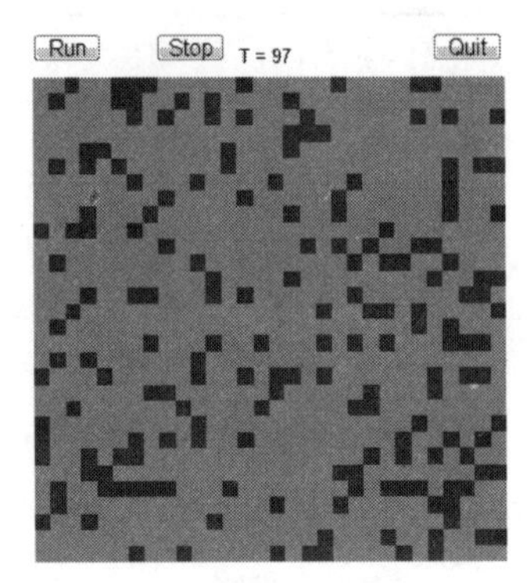

（b）技术面占优势时

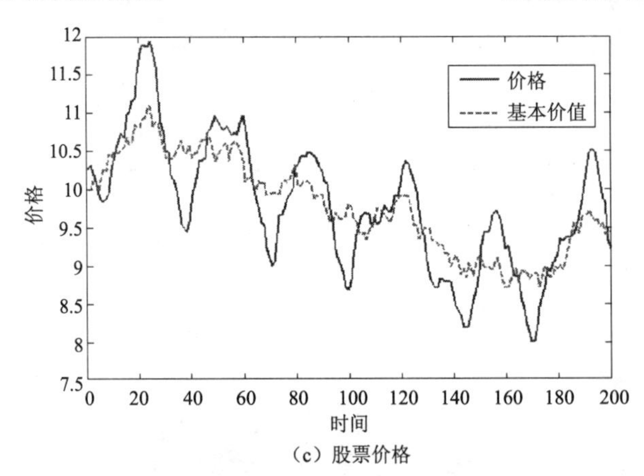

（c）股票价格

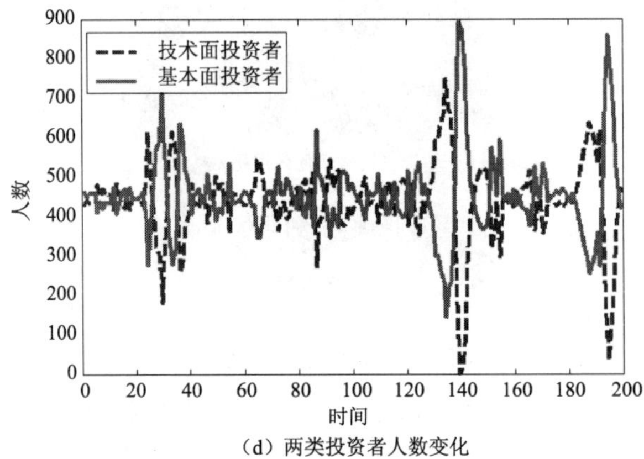

（d）两类投资者人数变化

图 3-3　演化结果

这里，我们特地设计一个对照组，即投资者的类型不随时间变化（无演化规则），来对比加入演化规则前后市场上投资者平均利润变化，如图 3-4 所示。

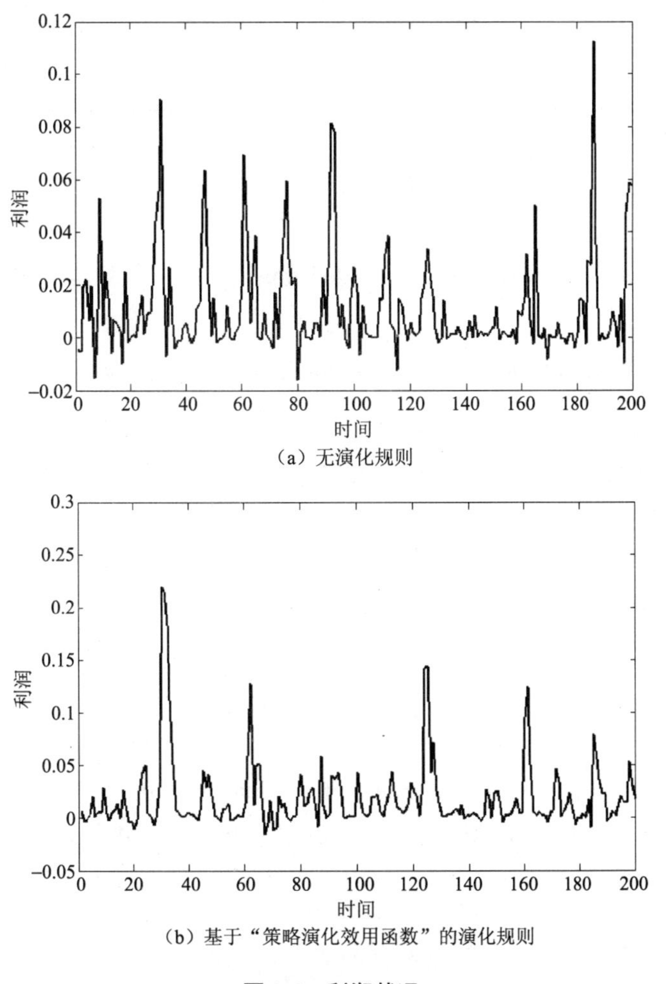

（a）无演化规则

（b）基于“策略演化效用函数”的演化规则

图 3-4　利润状况

不难发现，基于“策略演化效用函数”的演化规则使投资者对策略在利润判断的基础上进行交替使用，两种策略相互穿插影响价格，市场平均利润水平较策略不变时发生了明显提升，如表 3-2 所示。

表 3-2　投资者平均利润

演化机制	最小值	最大值	平均值	均方差
无演化规则	0.022	0.137	0.057	0.020
基于策略演化效用函数	0.029	0.265	0.083	0.031

参 考 文 献

[1] MITCHELL M. Complexity：a guided tour. 唐璐，译. 长沙：湖南科学技术出版社，2011.

[2] AXELROD R. Advancing the art of simulation in the social sciences. Complexity, 1997, 3(2)：16-22.

[3] 石忠慈. 第三种科学方法：计算机时代的科学计算. 北京：清华大学出版社, 2000.

[4] 王安麟. 复杂系统的分析与建模. 上海：上海交通大学出版社, 2004.

[5] CARL CHIARELLA, HE XUE-ZHONG, CARS HOMMES. A dynamic analysis of moving average rules. Journal of economic dynamics & control, 2006, 30(9, 10): 1729-1753.

[6] HENRIK AMILON. Estimation of an adaptive stock market model with heterogeneous agents. Journal of empirical finance, 2008, 15(2), 342-362.

[7] ZHU MEI, CARL CHIARELLA, HE XUE-ZHONG, et al. Does the market maker stabilize the market？Physica A. 2009, 388(15-16), 3164-3180.

第 4 章

元胞自动机的复杂性

引言

自然界存在着许许多多的复杂系统，这些系统的每一部分的结构可能非常简单，但由于各部分之间存在着一定的关联（或称耦合），因此最后表现出的整体状态极其复杂。元胞自动机便是研究复杂系统的理想化的数学模型。通过建立基于元胞自动机复杂系统的仿真，可以获得复杂系统的演化现象与机制，但从更深一个层次讲，元胞自动机的演化虽然模拟了复杂系统的发展变化的现象，但是，就建模本身而言，没有解析出复杂系统产生复杂性的根本原因，复杂性产生的机制依然是未知的、不可描述的，只有通过进一步分析和描述元胞自动机复杂性的产生机理，才能够对不同系统的复杂性进行深入解释与分析。

4.1 自然界复杂性与形式语言

4.1.1 粗粒化描述与符号序列

科学研究不能从定义而要从对事实的分析出发。直观地看，从原子、分子、晶态和非晶态固体，到高分子、液晶这些“软”物质，到组成生物的“活”物质，乃至人脑、意识和思维，科学研究的对象确实是在沿着复杂性的阶梯上升，同时也变得愈发特殊。唯其特殊，才有丰富的内容。这再次提醒人们，复杂性的研究切忌泛泛议论。下面的观察，会有助于构造出分析复杂性的一种有效框架。研究基本粒子结构的人，看见 u、d、c、s、b、t 这六个小写字母，会立即认出它们是六种夸克的名字，并且从字母联想到质量、电荷和其他性质。更多的学者用 p、n、e 这几个符号，表示质子、中子和电子，知道它们的电荷、质量、自旋、磁矩等特征，但并不关心质子和中子分别由哪三个夸克组成。

化学家们看到 H、C、N、O、P、S 这些元素符号时，会想到它们的原子序数、离子半径、化学价和亲和力等。看到用元素符号写出的化合物的分子式，如 H_2O、NO、CO_2 等，会联想到它们具有一定的分子量，是透明液体或无色无嗅气体。然而，即使在遇到还不算太大的核苷酸分子时，如果每次都把三四十个原子的元素符号写出来，则既不方便也无必要。

人们用 a、t、c、g 代表四种不同的核苷酸，更注意到它们在组成 DNA 双螺旋时，a 和 t 由两个氢键相连，而 c 和 g 由三个氢键相连，分别称为弱偶合和强偶合。地球上各种各样生物的遗传基因都是由这四个核苷酸以不同的顺序排列“编码”的。小小的大肠杆菌的遗传信息乃是由 4 639 221 个符号排成的一个长字，其中只有 a、c、g、t 四个字母，而人的全部基因分别组织在 23 对染色体中，估计有 30 亿个字母。一切蛋白质都是根据编码于基因中的信息在细胞中合成的。每个蛋白质是一条由 20 种氨基酸按特定的顺序排列成的大分子。单个氨基酸比核苷酸小一些，有 10 到 27 个原子，又可以用一个字母表示。胰岛素是一种相当小的蛋白质，研究其三维立体结构时需要知道上千个原子的位置，比较人、牛、猪的胰岛素时可以考察由 51 个符号组成的大同小异的序列，而讨论葡萄糖代谢过程时胰岛素又往往用一个记号代表。

这类叙述还可以继续延伸几个层次。倒过来说，“从头算起”，企图由夸克出发阐明生物圈，或者把宇宙称为一个“复杂巨系统”，都并未真正深化对自然界的认识，不能丰富人类的科学知识。以上观察启示了一个深刻的研究纲领：

（1）研究自然现象时必须瞄准一定层次进行粗粒化描述，更精细层次上的差异，在所关注的层次中表现为某些特征量，例如热传导系数；

（2）粗粒化描述不可避免地要使用符号和符号序列，很多情形下形成一维符号序列；其实，对于有限个符号组成的序列，“高维”可以归结为具有远邻关系的一维序列；

（3）符号序列可以自然地纳入“形式语言”的框架；

（4）形式语言可按语法复杂性的阶梯分类，各种符号序列的具体研究又能丰富语法复杂性的内容。

4.1.2　形式语言和语法复杂性

先简单介绍一下语言和语法复杂性的概念。首先要有一个特定的字母集，例如前面提到的 R 和 L 两个字母，或者 0 和 1 两个数字，都可以构成两个符号的字母集。26 个大写和小写拉丁字母，加上 13 个标点符号，可以构成 65 个符号的字母集。字母集里面的符号，本身不再具有任何含义。通常考虑由有限个符号组成的字母集。取给定字母集里的符号，组成一切可能的符号串，包括不含符号的空串，它们构成有无穷多元素的大集合。这个集合的任何一个子集合，称为一种语言。这就是形式语言的定义。

从如此普遍而抽象的定义出发，走不了多远。必须指出，我们所关心的语言是由那些字符串或“字”组成的。有限个字组成的语言原则上可以用穷举法描述。有些无穷语言也很容易表述，如集合 $\{R_nL_n, n\geqslant 1\}$ 就是一种基于字母集 $\{R, L\}$ 的语言。更有效的办法是，指定一个或几个初始字母和一组“生成规则”，把生成规则反复使用到初始字母和新生成的字上，产生出整个语言，这就是由“生成语法”定义的语言。

生成规则可以是串行或并行的。乔姆斯基（N. Chomsky）在 20 世纪 50 年代给出了串行生成语法的完全的分类。原来一切串行生成的语言，包括人们熟悉的许多程序设计语言，可以分成四大类，每类语言可由一类自动机来接受（或者叫执行、识别）。这四类语言分别是：

（1）正规语言（RGL），由不需存储器的有限自动机接受；

（2）上下文无关语言（CFL），由带堆栈（又称后进先出区）存储器的计算机接受，常用的算法语言，例如 FORTRAN，就属于这一类；

（3）上下文有关语言（CSF），由存储器容量比例于输入量的“线性有界自动机”接受；

（4）递归可数语言（REL），由存储器无限大的图灵计算机接受。

从上往下的分类，给出了由简单到复杂的乔姆斯基阶梯。由物理观察经粗粒化所得的符号序列，如果可以阐明其生成语法，就有了一个有严格数学背景的复杂性尺度。乔姆斯基阶梯并不是一成不变的标准。对具体问题的具体分析，往往可以丰富其内容，在某些阶梯中作出更细的划分。

不难看出，一维抛物线映射中的周期和最终周期轨道，对应最简单的正规语言。我国学者谢惠民等证明了更困难的逆命题，即对应正规语言的轨道只有这两大类。许多对应正规语言的轨道族的极限，例如倍周期分岔序列的无穷极限，跳过上下文无关语言，达到上下文有关语言的复杂程度。于是出现猜测：一维抛物线映射导致的符号序列中没有上下文无关语言。还可以引用语法或自动机的更细致的性质（例如，允许字或禁止字的数目、有限自动机的结点数目，特别是它们的增长速率），来比较符号序列的复杂程度。符号序列的演化可以用转移矩阵描述。无穷大的转移矩阵的块结构，提供了考察超出正规语言复杂性的另一种途径。于是，关于抛物线映射中轨道复杂性分类的知识，已经远远超过 20 世纪 90 年代初期的水平。

20 世纪 60 年代，荷兰发育生物学家林登梅耶（L. Lindenmayer）观察了某些多细胞藻类植物的发育过程。其中有种项圈藻属的串珠藻（anabaena catenula），它的细胞具有分裂方向的极性。小细胞长大后进行分裂，把极性传给新出生的小细胞，自己的极性反向，下一次在另一头分裂出一个小细胞。这样，从一个具有某种极性的小细胞开始，若干次分裂后就成为一株大小和极性具有特定排列图案的项圈藻。林登梅耶用 4 个字母代表极性向左向右的大小细胞，写下它们之间的变化规则。反复使用这些规则，得到的结果同显微镜观察完全一致。不久，人们认识到这种做法可以推广成一套并行生成语法，并对它进行了分类，得到不同于乔姆斯基的另一种形式语言分类体系，特称为 L 系统。L 系统很可能对生物学问题有更多应用。

林登梅耶分类中较为简单的一个层次，可能跨越乔姆斯基分类的几个复杂性阶梯。有些看起来“简单”的语言，可能处于相当高的复杂性层次。例如，

$\{R_nL_n, n\geqslant 1\}$ 不是正规语言，而是上下文无关语言，$\{R_nL_nM_n, n\geqslant 1\}$ 进而达到上下文有关语言。这从另一个侧面说明前文的论断，即不存在复杂性的绝对度量。形式语言的分类，当然也不限于这里介绍的两个体系。

4.1.3 形式语言与自动机等价性理论

根据上文中的形式语言与复杂性的关系，可以发现形式语言语法复杂性层次与元胞自动机的复杂性之间可以建立一定相关关系。考虑到元胞自动机作为自动机理论的发展，需要梳理形式语言与自动机的等价关系。

1. 正则语言 RL 与有限状态自动机 DFA（或 NFA）等价

正则语言有 5 种等价模型：正则文法 RG，正则表达式 RE，确定的有限状态自动机 DFA，不确定的有限状态自动机 NFA，带 ε 动作的有限状态自动机 ε-NFA 。正则语言的 5 种等价模型的转换关系可以用图 4-1 表示。

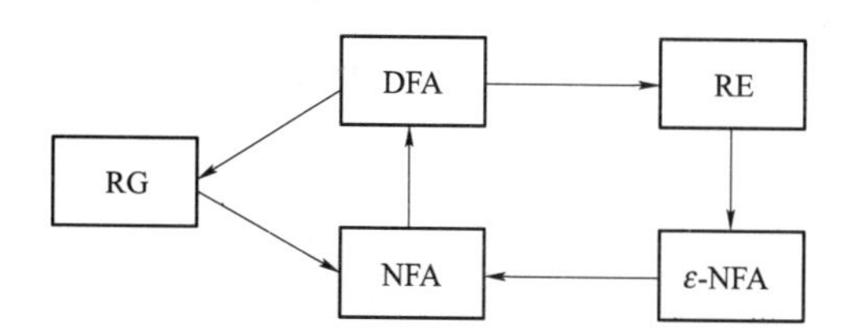

图 4-1 正则语言的 5 种等价模型的转换关系

正则语言的 5 种等价模型的直接转换可以归纳为以下 6 种情况。

1）确定的有限状态自动机 DFA 转换为正则文法 RG

假设 L 是有限状态语言 FSL，且 L=L(DFA)，令

$$\text{DFA}=(Q,\Sigma,\delta,q_0,F)$$

将自动机的状态当做是文法的非终结符，构造右线性文法

$$\text{RG}=(\Sigma,Q,q_0,p)$$

其中，p 为 $\{q\to xq' | \delta(q,x)=q'\}\cup\{q\to x\,|\,\delta(q,x)\in F\}$ 。特别地，若开始状态也是接收状态，则有 $q_0\to\varepsilon$ 。

2）正则文法 RG 转换为不确定的有限状态自动机 NFA

假设 L 是正则语言，且 $L=L(G)$，令 $G=(\Sigma,V,S,P)$，构造 NFA，将文法的非终结符当做 NFA 的状态，并且增加一个接收状态 q（若文法 G 中有 $S\rightarrow\varepsilon$，即 $\varepsilon\in L$，则开始状态 S 也是接收状态）使得

$$\text{DFA}=(Q,\Sigma,\delta,Q_0,F)$$

其中，$Q=V\cup\{q\}$，$F=\{q\}$，$\delta(A,x)=\{B\mid B\in V,且A\rightarrow xB在P中\}\cup\{q|A\rightarrow x在P中\}$，$Q_0=\{S\}$。

3）确定的有限状态自动机 DFA 转换为正则表达式 RE

对 DFA 的状态转换图进行适当的处理：增加标记为 X 和 Y 的两个状态：X 状态为新的开始状态，且入度为 0；Y 状态是新的唯一接收状态；然后，对状态图进行相应的处理，直到整个图最后只剩下 X 和 Y 的两个状态，以及从 X 状态到 Y 状态的可能的唯一一条弧；而这条弧上标记的正则表达式，就是所求的 DFA 所接收语言对应的正则表达式；当该弧不存在时，DFA 所接收语言为 $\varnothing$，对应的正则表达式为 $\varnothing$。

4）正则表达式 RE 转换为带 ε 动作的有限状态自动机 ε-NFA

正则语言对于联合、连接和闭包三种运算是有效封闭的，则对于正则表达式 R，存在一个等价的带 ε 动作的有限状态自动机 ε-NFA。

5）带 ε 动作的有限状态自动机 ε-NFA 转换为不确定的有限状态自动机 NFA

假设语言 L 被一个带空移动的有限状态自动机 ε-NFA 接收，令

$$\varepsilon\text{-NFA}=(Q,\Sigma,\delta,\mathrm{q}_0,F)$$

构造一个不带动作 ε 的有限状态自动机 NFA

$$\text{NFA}=(Q,\Sigma,\delta_1,\mathrm{q}_0,F_1)$$

其中，$\delta_1(q,a)=\delta^*(q,a)$；$F_1\begin{cases}F\cup\{q_0\}\ldots s.t.F\cap\varepsilon-\text{CLOSURE}(q_0)\neq\varnothing\\F\ldots\ldots\ldots\ldots s.t.F\cap\varepsilon-\text{CLOSURE}(q_0)=\varnothing\end{cases}$。

6）不确定的有限状态自动机 NFA 转换为确定的有限状态自动机 DFA

假设语言由 NFA 接收，令

$$\text{NFA}=(Q,\Sigma,\delta,\text{Q}_0,F)$$

构造

$$\text{NFA}'=(Q',\Sigma,\delta',q_0',F')$$

其中，$Q'=2^Q$；$\delta'(p,x)=\bigcup\{\delta(q,x)|q\in p\};p\in \text{Q}',x\in\Sigma$；$q_0'=Q_0\in Q'$；　$F'=\{p'\mid p'\in Q'\text{且}p'\cap F\neq\varnothing\}\subset Q'$。

2. 下推自动机接收上下文无关语言

下推自动机可以和上下文无关文法相互进行转换，它们都对应于上下文无关语言。

假设上下文无关文法是 GNF 范式（若不是，则先将文法改造为 GNF 范式的形式），可以构造一个单态的 PDA 来接收语言 L。GNF 范式有 3 种形式的产生式，它们分别对应 PDA 的 3 种状态转换函数。若 GNF 范式有产生式 $S\rightarrow\varepsilon$，则单态的 PDA 有状态转换函数 $<\varepsilon,S,\varepsilon>$。若 GNF 范式有产生式 $A\rightarrow b$ 则单态的 PDA 有状态转换函数 $<b,A,\varepsilon>$。若 GNF 范式有产生式 $A\rightarrow bW$，则单态的 PDA 有状态转换函数 $<b,A,W>$，其中，$A\in V$，$W\in V^+$。

3. 线性有界的图灵机与上下文相关语言

线性有界的图灵机可以和上下文相关文法相互进行转换，它们都对应于上下文相关语言。

4. 图灵机与短语结构语言

图灵机可以和短语结构文法进行相互转换，它们都对应于短语结构语言。

4.1.4　元胞自动机通用计算与图灵机

从广义上讲，计算就是输入到输出的一种变换。如果把一切看作信息，那么计算就是对信息的变换。具体来讲，从一个已知的输入量 INPUT 开始，按照一定的规则，经过有限步骤演化，最后得到一个输出量 OUTPUT，这种变换过程就是计算。比如，从字符串“1+1”变换成“2”是一个加法计算，从“1+1=2”变换为“True”是一个逻辑计算，语言的翻译也是计算，由 x 经过函数变化为 $F(x)$也是计算，甚至把一个小球扔到地上从地上弹起来这个过程，也是一个计算，这是因为把大地当成一个系统，扔下去的小球是一个输入，弹回来的小球便是一个输出。

可计算性理论是研究计算的一般性质的数学理论。计算的过程就是执行算法的过程。可计算性理论的中心问题是设计计算的数学模型，进而研究哪些是可计算的，哪些是不可计算的。由于计算是和算法联系在一起的，所以可计算性理论又称为算法理论。1936 年，图灵给出了图灵机模型，并提出图灵机可以等同于各种储存指令的计算机系统。或者说，图灵机等价于直观意义下的算法。然而，对直观意义下的算法，只能列出有限性、机械可执行性、确定性、终止性等特征，这些还不足以给出算法的形式化描述，因此还无法证明图灵机与直观意义下的算法的等价性。但是，图灵机作为人们普遍接受的计算模型，使得我们将算法集中在可以用图灵机描述的计算上。因此，可计算问题可以等同于图灵可计算问题。只要用某个有穷字母表上的字符串对问题进行编码，就可以将此问题变成判定一个语言是否是递归语言的问题。一个问题，如果它的语言是递归的，则称此问题是可判定的，否则此问题是不可判定的。在上文中，已经论证了元胞自动机演化语言都是上下文有关语言，属于递归语言，因此从理论上讲元胞自动机都可以使用通用图灵机进行计算。

图灵机被证明能描述任何算法，下面通过构造 110 规则元胞自动机的图灵机，说明元胞自动机的可计算性问题。设一维元胞自动机在有限元胞上进行演化。元胞个数为 N，边界条件为恒“J”值（同样的可以讨论其他边界条件）。设三元组基本图灵机为 $A=\{0,1,\beta_L,\beta_R\}$， $Q=\{q_0,q_1,q_2,q_3,\cdots,q_9,q_F\}$， $V=\{l,r,h\}$，基本图灵机 $M=\{Q,A,V,\delta,q_0,q_F\}$，其中 A 表示字母集，四个字母中 β_L 作为“1”值左边界条件，β_R 作为“1”值右边界条件，Q 为状态集合，十一个内部状态中，q_0 为起始状态，q_F 为终止状态。V 为动作集，l 表示读写头左移一格，r 表示读写头右移一格，h 表示读写头不动。δ 表示该图灵机的移动函数。图灵机带子上格子的个数可取为 $N+2$，各格子的计算顺序为从左到右，当把 N 个格子处理完毕后

读写头重新回到左端的起始处，这个过程可写作

$$\begin{array}{cc} \downarrow q_0 & \downarrow q_F \\ \beta_L S \beta_R \Rightarrow \beta_L S' \beta_R \end{array}$$

式中，S、S'分别代表原位形与新位形；“$\Rightarrow$”代表所有的计算过程，处理完N个格子所需要的步数不多于$4N+3$步，若要继续进行下一次计算、只需将q_F置为q_0。图灵指令形式表示为

$$q_i, a', v, q'$$

其中，$a' \in A$，$v \in V$，$q' \in Q$。

模拟恒“1”值左右边界的 110 规则元胞自动机演化的图灵机，可取以下指令：q_0,β_L,r,q_1；$q_1,1,r,q_2$；$q_1,0,r,q_3$；q_1,β_R,h,q_F；$q_2,1,r,q_2$；$q_2,0,r,q_3$；q_2,β_R,h,q_F；$q_3,1,l,q_4$；$q_3,0,l,q_5$；q_3,β_R,l,q_9；$q_4,1,r,q_6$；$q_4,0,r,q_6$；$q_5,1,r,q_7$　$q_5,0,r,q_7$；$q_7,1,l,q_4$；$q_7,0,r,q_7$；q_7,β_R,l,q_9；$q_6,0,r,q_3$；$q_6,1,l,q_8$；q_6,β_R,l,q_9　$q_8,1,r,q_2$；$q_8,0,r,q_2$；q_9,β_R,r,q_F

上面的T程序，对任何初始位形计算一次的结果等同于 110 规则对该初始位形演化一步，这种计算可用图 4-2 表示。

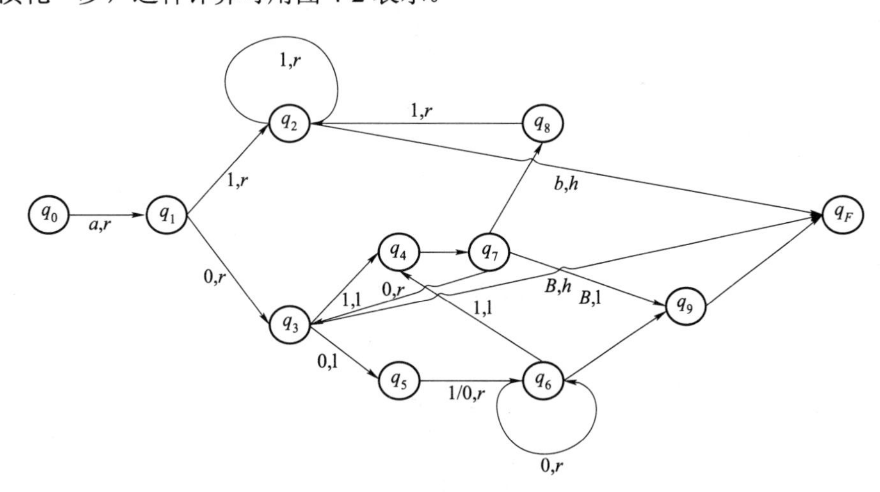

图 4-2　模拟元胞自动机 110 的图灵机状态转移图

对于通用图灵机 UT，不但可以输入某些带计算的初始位形S，也可以输入某个具体的T程序，因此我们可以看到通用图灵机实际上能够模拟出所有的元胞自

动机演化，同时由于图灵机与短语结构文法的等价性，这样就从计算的角度证明元胞自动机可接受的语言语法层次在乔姆斯基体系中不会高于递归可枚举语言。

而元胞自动机是一种特殊的计算模型，表现为离散性和动态性，它可以模拟自组织、自繁殖、信号传播和信息储存等现象，同时其计算能力相当于通用图灵机，因此被广泛应用在生命系统的研究中。

冯·诺依曼在著名数学家乌拉姆（Stanislaw Ulam）的建议下，设计使用了 29 状态 5 邻居型的元胞自动机，首先提出了元胞自动机的通用计算概念，其概要如图 4-3 所示。该模型有 3 个组成部分：一是存储带（tape），包含被建造机器的描述。如果是自繁殖的情况，那么存储带包含的是建构器自身的描述。二是通用建构器（universal constructor）本身，一个非常复杂的能够解读存储带内容的机器。三是受建构器指导的建构臂（construction arm），用来建构存储带所描述的机器后代。建构臂穿过空间移动，同时设定后代组成部分的值。

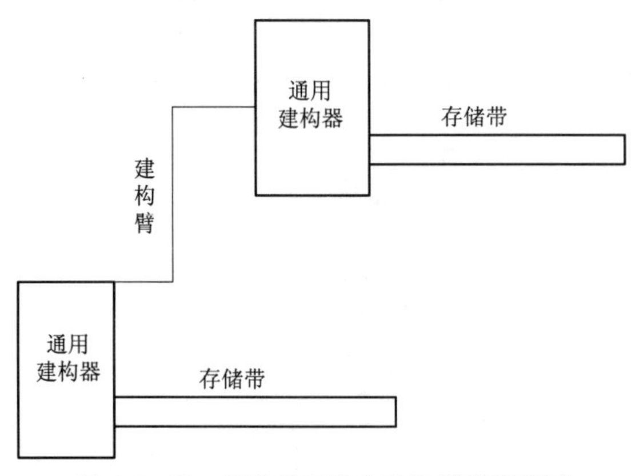

图 4-3　冯·诺依曼元胞自动机模型概要图

4.2　元胞自动机演化位型复杂性

4.2.1　元胞自动机的语言复杂性

元胞自动机是一种模型，可以让大量的简单元胞在某些简单的本体规则作用下产生各种复杂的系统状态。通常，元胞自动机是一套格子的 n 维组合（n 为自然数)，每个格子驻留了一个有限状态自动机，每个自动机以其相邻的，具有有限状态的元胞格的状态作为输入。然后输出一个处于同一有限状态集合的状态，可以表示为如下

$$\{s_1, s_2, \cdots, s_n\}^{\Sigma} \Rightarrow \{s_1, s_2, \cdots, s_n\}$$

式中：$\sum$ 表示有限状态 $s_1, s_2, \cdots, s_n$ 组成的子集；n 为有限状态的个数。即元胞自动机的状态是与其相互作用的自动机状态交互作用的结果。

元胞自动机模型是建立在一个简单状态机和一套本地交互规则基础上的，是可以自我发展、自我完善的，可以不断演化发展并可以按一定的规则描述系统状态和预测系统未来的自动机器。将“生命游戏”的元胞自动机模型化后，任意时刻 t 某元胞的取值 a 由下式确定

$$a_{i,j}^{t} = f(a_{i,j}^{t-1}, a_{i-1,j}^{t-1}, a_{i-1,j-1}^{t-1}, a_{i+1,j}^{t-1}, a_{i,j+1}^{t-1}, a_{i-1,j+1}^{t-1}, a_{i,j+1}^{t-1}, a_{i+1,j}^{t-1}, a_{i+1,j+1}^{t-1})$$

由该局部演化规则定义的元胞自动机为二维元胞自动机。同理，可以定义一、二、三维和多维元胞自动机模型。由此可以发现，元胞自动机由一个简单的方法建立起来，但是能够模拟仿真大型的复杂系统。同时，从算术关系的角度来看，元胞自动机模型实际上是从有限状态机演绎而来的，但元胞自动机可以在更高层次上处理一维、二维甚至多维的复杂系统的演化状态。

1. 元胞自动机的极限语言

1984 年，沃尔夫勒姆首先引进形式语言与元胞自动机理论来对元胞自动机进行研究。从而开始了对元胞自动机语言复杂性方面的研究。这里首先引入动态语言的概念，然后介绍极限语言的基本概念及相关背景。

定义 4.1　语言 L 被称为动态语言，如果 L 满足如下两条：

（1）如果 $x \in L$，则 x 的任意一个子串都在 L 中；

（2）如果 $x \in L$，则存在 $a,b \in S$，使得 $axb \in L$。

定义 4.2　设 L 为一个动态语言，串 d 被称为 L 的一个禁止字，如果 d 满足如下两条：

（1）$d \notin L$；

（2）d 的任何一个真子串都在 L 中。

禁止字是用来刻画一个永远不会出现在语言中的字，但其任何真子串却必定出现在语言中。

记 $\Omega_0=S^Z,\Omega_{t+1}=F(\Omega_t)$，这里 $t\geqslant 0$。容易看出，对任意 $t\geqslant 0$，有如下关系

$$\Omega_{t+1}\subset\Omega_t$$

记 $\Omega=\bigcap_{t=0}^{\infty}\Omega_t$ 和 $L_t=\ell(\Omega_t),L=\ell(\Omega)$，其中 $\ell(\Omega)$ 是 Ω 中的每一个构形的所有有限长子串组成的集合。类似地，$\ell(\Omega_t)$ 是 Ω_t 中的每一个构形的所有有限长子串组成的集合。已经证明，Ω 必定非空，而且是最大的不变集，从而 L 是一个非空的动态语言，而且有以下命题。

命题 4.1　设 L_t，L 如上定义，则

$$L=\bigcap_{t=0}^{\infty}L_t$$

定义 4.3　称 Ω 为元胞自动机的极限构形，L 为元胞自动机的极限语言，L_t 为元胞自动机的有限步语言。

从定义可以看出，在极限语言中的符号串恰好就是在该元胞自动机的任何次演化后都会保留下来的符号串。因此，在近似意义上说，极限语言反映了元胞自动机在时间充分大之后所能表现出来的形态。沃尔夫勒姆证明了元胞自动机的有限步语言 L_t 都是正规语言，他运用自动机理论，将接受元胞自动机的有限步语言 L_t 的最小有限自动机的状态个数定义为元胞自动机的正规复杂性。他从这个正规复杂性的变化情况来推断这个元胞自动机的极限语言。首先，从简单的情形看，如果这个复杂性度量随着 t 的变化是以多项式（如线性多项式和二次多项式）的形式增长，则猜测它的极限语言是正规语言；如果这个复杂性度量随着 t 的增长超过了多项式增长（或许是以指数增长），则猜测它的极限语言为非正规的。

沃尔夫勒姆研究了许多元胞自动机，其中包括 256 个初等元胞自动机，发现有许多元胞自动机的有限步语言的正规复杂性增长是以指数增长的，如 104 号、164 号、94 号、18 号、22 号等元胞自动机。从而，他猜测在初等元胞自动机中，存在非正规的极限语言。1900 年，赫德给出了两个非初等元胞自动机，证明了它们的极限语言分别是上下文无关语言和上下文有关语言。后来，有人甚至构造了一些元胞自动机，证明了它们的极限语言是递归可枚举的和非递归可枚举的。但

是，对初等元胞自动机的极限语言是否一定存在非正规语言长时间未被严格证明。

对于一个符号串 x，要判定 $x \in L$ 是否成立，就需要无数次验证 $x \in L_i, \forall i>0$。因此极限语言的 Membership 问题一般而言不是一个平凡的问题。

从 Kari 等人的工作可以知道，对一般元胞自动机来说，Membership 问题肯定是不可判定的，而且关于元胞自动机的任何一个非平凡命题都是不可判定的。这里，不可判定问题的含义是不存在一种算法，它可以对一切元胞自动机在这个问题上作出“是”或“否”的回答。但是，这并不排除可以对一个或一类元胞自动机在相同的问题上作出彻底的分析。

但是，对任意符号串 $x \in S^*/L$，则存在一个自然数 n，使得 $x \notin L_n$，即有限次即可判定 x 在元胞自动机极限语言的补集中，从而 S^*/L 是图灵机可接受的递归可枚举语言。可见，尽管元胞自动机的极限语言可能不是递归可枚举语言，但它的补语言却在递归可枚举语言之内。利用斜周期（也叫 s-周期）等思想可以证明 94 号和 22 号元胞自动机的极限语言都是非正规的，还可以证明 122 号元胞自动机的极限语言不是上下文无关语言。

2. 元胞自动机的演化语言

在 20 世纪 20 年代，M. Morse 首先成功地应用符号动力系统去研究数学问题。之后，这种方法被应用于遍历论、微分动力系统和其他一些自然科学中。逐渐地，这个被物理学家称为粗粒化的思想已成为研究动力系统的一种重要方法，一个非常著名的例子便是 Smale 马蹄，另一个很典型的例子是单峰映射的粗粒化，这种方法已被证明是相当成功的。

对一个系统恰当地进行粗粒化是非常重要的。这种恰当性主要依赖于这个系统及我们所要研究的目标。如果在粗粒化过程中所丢失的信息对我们研究的目标无关，那么这样的粗粒化就比较合适。它们帮助我们除掉许多无用的干扰信息，更加容易地抓住问题的本质。反之，如果粗粒化过程中丢失的信息太多，那么这个符号系统有时会变得太简单，得到的结论也可能是很平凡的。

元胞自动机可以看成是复杂系统的离散化（粗粒化）模型，下面我们将其演化轨道再次粗粒化，即像单峰映射的粗粒化那样，用一个单侧无穷符号序列代表一条轨道。

设 S^Z 表示构形集，$x = \cdots x_{-1}x_0x_1x_2\cdots$ 为 S^Z 的一个构形，记为

$$S_0=\{x_0=0\mid x\in S^Z\},\quad S_1=\{x_0=1\mid x\in S^Z\}$$

则 S_0、S_1 为 S^Z 的两个不相交的既开又闭的集合（在乘积拓扑下），且 $S^Z=S_0\cup S_1$。

将轨道 $(x,F(x),F^2(x),\cdots)$ 粗粒化为 $a_0a_1a_2\cdots$，其中

$$a_i=\begin{cases}0, & 如果F^i(x)\in S_0\\ 1, & 如果F^i(x)\in S_1\end{cases}$$

以上称为宽度为 1 的粗粒化。

一般的，考虑宽度为 n 的粗粒化，设

$$S^n=\{\alpha_0\alpha_1\alpha_2\cdots\alpha_{n-1}\mid \alpha_i\in S,0\leqslant i\leqslant n-1\}$$

其中 $\alpha_0\alpha_1\alpha_2\cdots\alpha_{n-1}$ 被看做是一个新的符号，即 S^n 为一个符号集，因此，这些符号的全体所构成的集合记为 S^n。在 S^n 中共有 2^n 个不同的符号，然后将构形集 S^Z 分成 2^n 个不同的既开又闭的集合

$$S_{\alpha_0\alpha_1\alpha_2\cdots\alpha_{n-1}}=\{x_0x_1\cdots x_{n-1}=\alpha_0\alpha_1\alpha_2\cdots\alpha_{n-1}\mid x\in S^Z\}$$

这里 $\alpha_0\alpha_1\alpha_2\cdots\alpha_{n-1}\in S^n$。

类似地，轨道 $(x,F(x),F^2(x),\cdots)$ 被粗粒化为 $a_0a_1a_2\cdots$，这里 $a_i=\alpha_0\alpha_1\alpha_2\cdots\alpha_{n-1}$，如果 $F^i(x)\in S_{\alpha_0\alpha_1\alpha_2\cdots\alpha_{n-1}}$。

定义粗粒化函数 $T_n:x\rightarrow a_0a_1a_2\cdots$，$T_n$ 的定义域为 S^Z，且 $T_n(x)$ 为符号集 S^n 上的一个单侧无穷列。

定义 给定一个元胞自动机 $F:S^Z\rightarrow S^Z$。设

$$A_n=\{T_n(x)\mid x\in S^n\}$$

$$E_n=\{u\in(S^n)^*\mid u是y的一个有限长字串，这里y\in A_n\}$$

这里称 A_n 中的每一个单侧无穷列是宽度为 n 的演化序列（简称 n-演化序列），E_n 是宽度为 n 的演化语言，简称 n-演化语言。上面定义中的 $(S^n)^*$ 为所有 S^n 的有限长符号串（包括空串 ε）。

从另外一个观点来看，上面经过粗粒化后得到的演化序列事实上与吉尔曼（R. H. Gilman）等人提出的观察窗口序列相一致。观察窗口的宽度即为上面提到的。许多专家包括吉尔曼（R. H. Gilman）等人已经做了许多关于元胞自动机演化语言复杂性方面的工作，其中吉尔曼（R. H. Gilman）证明如下命题，相当于给出了演化语言的一个上界。

命题 4.2　元胞自动机的演化语言都是上下文有关语言。

事实上，要证明一个元胞自动机（哪怕是初等元胞自动机）的演化语言是非正规的并非易事。Gilman 给出了一个非初等的元胞自动机，指出了它的演化语言不是正规的，也不是上下文无关的。

在初等元胞自动机中，存在许多的元胞自动机，它们的演化语言为正规的，但同样也存在许多元胞自动机，它们的演化语言为非正规的。然而，这些非正规性还未被严格证明。在后文中，将会继续讨论具有重要使用价值的 110 号元胞自动机与 126 号元胞自动机的演化语言复杂性。

4.2.2　几类元胞自动机复杂性层次证明

在本节中，使用上文中的元胞自动机所对应的几种形式语言描述方法，分别选取具有代表性的、经常使用的元胞自动机规则并对其进行语言复杂度的论述，其中包括语言复杂度的证明与分析、计算复杂度的说明性分析，从几个不同的方面阐述元胞自动机的复杂性，在沃尔夫勒姆的元胞自动机分类中，7, 9, 22, 25, 26, 37, 41, 54, 56, 62, 73, 74, 110 号都被归为第四类，而元胞自动机中比较复杂、能够模拟大部分复杂系统的规则也基本出现在第四类中，因此选取较有代表性的 164 号规则，同时选取复杂度较低的属于第三类的 126 号规则。

1. 126 号元胞自动机的语言复杂性分析

本节中我们主要研究 126 号初等元胞自动机的复杂性，其局部规则定义如下

$111,000 \to 0$；　$001,100,010,110,011,011 \to 1$

对于初等元胞自动机的研究，可以分别从三个角度进行。首先，可以从普适语言的角度进行，分别研究 126 号元胞自动机的极限语言与演化语言；然后，从应用元胞自动机模型出发，研究一维 N 元元胞自动机的演化位形复杂性，从而从形式语言方面论证元胞自动机的复杂性，为元胞自动机的应用奠定理论基础。

定理 4.1　126 号初等元胞自动机的 1-演化语言为正规语言。

定理 4.2　$n \geqslant 2$ 时，126 号初等元胞自动机的 n-演化语言不是正规语言。

要证明定理 4.1，只要证明对任意 $x \in A^*$，存在 $a \in A^*$，使 $a \in CP_1(x)$。

对任意 $aa \in (00+11)$，$a \in A$，定义加法运算：

$$00+00=00，\ 00+11=11，\ 11+11=00，\ 11+00=11$$

则对任意 $aa,bb,cc\in(00+11)$，易证 $aa+bb\in(00+11)$，且由局部规则 M 可得，若 $f(bbcc)=aa$，则

$$f(bbcc)=bb+cc=aa \tag{4.1}$$

即由任意两个可确定第三个，而且对 $(00+11)^*$ 中任意符号串的演化都满足式（4.1）。下面证明定理 4.1

证明　对任何 $x\in A^*$，设 $|x|=n$，令 $x=x_n^0\cdots x_2^0x_1^0$，其中 $x_i^0\in A$。

若 i 为奇数，在 x_i^0 右边添加符号 x_i^0；

若 i 为偶数，在 x_i^0 左边添加符号 x_i^0。

根据式（4.1）可得：由 $x_1^0x_1^0$ 和 $x_2^0x_2^0$ 确定 $x_2^1x_2^1$，由 $x_2^0x_2^0$ 和 $x_3^0x_3^0$ 确定 $x_3^{-1}x_3^{-1}$；由 $x_2^1x_2^1$ 和 $x_3^0x_3^0$ 确定 $x_3^1x_3^1$；同理，依次可确定 $x_4^{-1}x_4^{-1}$，$x_4^1x_4^1$，$x_4^2x_4^2$，$x_5^{-1}x_5^{-1}$，$x_5^{-2}x_5^{-2}$。因此，依次向上可得到 $x_1^0x_2^0\cdots x_n^0$ 的一个中心右限制原象 $\mathrm{CRP}_1(x_n^0\cdots x_2^0x_1^0)$，不妨把它记为 d。

若 n 为偶数，设 $n=2k$，则 $d=x_{2k}^{-(k-1)}x_{2k}^{-(k-1)}\cdots x_{2k}^0x_{2k}^0\cdots x_{2k}^{k-1}x_{2k}^{k-1}x_{2k}^kx_{2k}^k$；

若 n 为奇数，设 $n=2k^{-1}$，则 $d=x_{2k-1}^{-(k-1)}x_{2k-1}^{-(k-1)}\cdots x_{2k-1}^0x_{2k-1}^0\cdots x_{2k-1}^{k-1}x_{2k-1}^{k-1}$；

故 $\mathrm{CP}_1(x_n^0\cdots x_2^0x_1^0)\neq\varnothing$。所以 E_1 为正规语言。证毕。

命题 4.3　对每个正整数 n，在乔姆斯基层次结构中，E_n 不比 E_{n+1} 复杂。

理论上，如果我们能解决 E_2 的成员资格问题：即对 A 中任一符号串，判定它是否属于 E_2，就能确定 E_n 确切的语法层次。事实上完全解决此问题很难，因为在非平凡情况下这牵扯到元胞自动机演化的相当多步。但并非需要完全解决成员资格问题才能确定一个语言在乔姆斯基层次结构中的层次。考虑 E_2 的特殊子集（00+11）*，即仅由 A2 中的 00 和 11 构成的有限符号串的集合。我们将证明在（00+11）*中 R_{E_2} 有无限多个等价类，即 R_{E_2} 的指标为无限的。则由 Myh ill-Nerode 定理可知 E_2 是非正规语言。

通过研究 126 号初等元胞自动机的演化语言的语法复杂性，发现在研究元胞自动机的演化语言时，其语法层次往往是难以确定的，这正说明了元胞自动机作为一种计算模型而非理论演绎模型的特点，单独从抽象演绎的角度分析元胞自动机是困难的，因此在元胞自动机的研究中应当以实际应用为导向，理论分析服务于实际计算的应用。

2. 164 号元胞自动机的极限语言复杂性

20 世纪 80 年代，Wolfram 首先将形式语言和自动机理论用于研究元胞自动机，并对元胞自动机的极限语言下了许多断言和猜测，但绝大多数缺乏严格的数学证明。然而要想完全确定一个元胞自动机的极限语言绝非易事。即使对某些规则简单、状态只有两个的初等元胞自动机也是如此。

初等元胞自动机是邻域半径为 1、状态个数为 2 （一般用符号 0 和 1 来表示这两个状态）的一维元胞自动机。164 号元胞自动机的演化规则 f 定义为

$$000 \to 0, 001 \to 0, 100 \to 0, 110 \to 0$$
$$011 \to 0, 101 \to 1, 010 \to 1, 111 \to 1$$

以下简单介绍一些形式语言的常用概念与记号。记 $A=\{0,1\}$， $A^*=(0+1)^*$ 为由 A 中符号构成的所有有限长符号串。用 ε 表示空串，空串当然在 A^* 中。将 f 的定义域拓广至 A^*,即 $A^* \to A^*$。任一符号串 $x=x_1x_2x_3\cdots x_n$ 被 f 作用为

$$\begin{cases} \varepsilon \\ f(x_1x_2x_3)f(x_2x_3x_4)\cdots f(x_{n-2}x_{n-1}x_n) \end{cases}$$

用符号 f^k 表示 f 的 k 次复合， $f^{-1}(x)$ 表示 x 的所有原像，$|x|$ 表示 x 的长度。显然有 $|\varepsilon|=0$ 。另外，还用到了正规表达式。

164 号元胞自动机的极限语言 L 定义为： $L=\{y\in A^* \mid \forall n, \exists x\in A^*$ 使得 $f^n(x)=y\}$ 。

从 L 的定义可知，一个串 y 是否在 L 中要看它是否有无穷多次原像，即是否存在无穷多个符号串 $\{x_{-n}\}_1^\infty$ 满足

$$\cdots\ x_{-n-1} \xrightarrow{f} x_{-n} \xrightarrow{f} x_{-n+1} \xrightarrow{f} \cdots \xrightarrow{f} x_{-1} \xrightarrow{f} y$$

这是困难所在。容易看出，L 为 D 类语言，即若 $y\in L$，则 y 的任何子串都在 L 中。这一点，包括其逆否命题，本文经常用到。

设 $a=a_1a_2\cdots a_n$，则 $a_n\cdots a_2a_1$ 称为 a 的镜像，记作 a^R 。从 L 的演化规则可以看出 $f(x)=y \Leftrightarrow f(x)^R=y^R$ 。这个性质被称为元胞自动机的镜像性质。这表明 164 号元胞自动机具有镜像性质。而具有镜像性质的元胞自动机一定有如下结论：$a\in L \Leftrightarrow a^R\in L$ 。

设 $n\geqslant 1, j\geqslant 2$，称 $10(11)^n10$ 为第一型基本粒子，10^j1 为第二型基本粒子，统

称基本粒子。而$101^i0^j1^k01(i+j+k$为偶数)被称为第一型粒子团，另外，$101^i0^j1^k01$ $(i+j+k$为奇数)称为第二型粒子团或称缺陷粒子（简称缺陷）。显然，第一型粒子团和缺陷都以第二型基本粒子为其子串。用$\#(x)$表示串x中基本粒子的个数。如串010110101001中，仅仅包含两个基本粒子，101101，1001，故#(010110101001)=2。

若串x满足$f(a_1xa_2)=x(\forall a_1,a_2\in A)$，则称$x$为不变串。显然，若$x$为不变串，则$x\in L$。

利用L的定义，可直接验证以下结论。

引理 1 对任意的正整数k，成立

$$f^{-1}(10(11)^k01)=10(11)^{k+1}01$$

引理 2 设串X以00为前后缀，且X不含11和101，则X是不变串，且所有不变串都在L中。

证明 此时对X来说，起作用的局部规则仅有：$000\to 0,001\to 0$，$100\to 0$，$010\to 1$，故容易验证X为不变串。而不变串至少有一个原像是不变串，从而不变串必定在L中。

注：通过细致的讨论，可以证明所有的不变串都满足引理2的条件。从而不变串的正规表达式可以写为$00^+(100^+)^*$，而00为最短的不变串。

称不变串X为串y的局部极大不变串，如果串X同时满足如下条件：（1）X为y的子串；（2）X为不变串；（3）y的任意不变串不以X为其子串。

如串101001000100的不变串有许多，如00，000，000100和001000100等，显然只有001000100为101001000100的局部极大不变串。当然，一个串的局部极大不变串可能有多个，不变串的局部极大不变串就是本身。

引理 3 设$y=x_1xx_2$，$|x_1|\geqslant 3$，$|x_2|\geqslant 3$，且x为串y的局部极大不变串，则y经过两步演化后局部极大不变串一定变长，即$f^2(y)$以x为其真子串。

证明 由于局部极大不变串X必以00为前后缀，并注意到164号元胞自动机的演化规则，故只要考虑$001ab\cdots$（$ab\neq 00$）的演化。此时可能为01，10，11，此3种情况的演化依次为

00101 …	00110 …	00111 …
0011 …	0000 …	0001 …
000…	000 …	000 …

以上每一种情况都表明两次演化后不变串已经变长。

注：后面在引用引理 3 时都用其逆否命题。

引理 4　设 $x \in (01+11)^*$，则 x 至少有两个原像都在 $(01+11)^*$ 中，且其中一个以 01 为前缀，另 一个以 11 为前缀。

证明　首先注意到以下演化：0101 0111 1101 1111 11 01 01 11。为方便，将 01 简记为 1，11 简记为 0。以上演化变为

$$\begin{matrix} 11 & 10 & 01 & 00 \\ 0 & 1 & 1 & 0 \end{matrix}$$

若 a_1, a_2 为简记符号，则有 $f(a_1a_2) = a_1 + a_2$，这里的加法是模 2 加法。

设 x 的简记形式为 $x = a_1a_2 \cdots a_n$，以下证明存在 $y = b_1b_2 \cdots b_{n+1}$（简记形式），使得 $f(b_1b_2 \cdots b_{n+1}) = a_1a_2 \cdots a_n$。即 $b_i + b_{i+1} = a_i (i = 1, 2, \cdots, n)$。显然，无论 b_1 为 0 或 1，线性方程组 $b_i + b_{i+1} = a_i (i = 1, 2, \cdots, n)$ 都有唯一解。这样总共就有两组解。将作为简记形式的两组解还原就得到结论。

事实上，若串 x 另加条件，引理的结论还可以加强。

引理 5　设 $x \in (01+11)^*$，$|x| \geqslant 4$，且 x 去掉前面两个符号后仍然有一个子串 01，则 x 恰好有两个原像，这两个原像都在 $(01+11)^*$ 中，且其中一个以 01 为前缀，另一个以 11 为前缀。

证明　首先注意到以下事实

$$\left.\begin{aligned} f^{-1}(1101) &= \{010111, 111101\} \\ f^{-1}(0101) &= \{010101, 110111\} \\ f^{-1}(01) &= \{0010, 0111, 1101\} \\ f^{-1}(11) &= \{0101, 1010, 1111\} \end{aligned}\right\} \quad (4.2)$$

式（4.2）表明 01 的原像不唯一，但是以 01 和 11 为前缀的原像是唯一的，以及以 01 和 11 为后缀的原像也是唯一的；类似地，11 的原像中以 01 和 11 为前缀的串是唯一的，11 的原像中以 01 和 11 为后缀的串是唯一的。然后对 x 的长度用数学归纳法容易证明结论。

对于引理 4 和引理 5，由 164 号元胞自动机的镜像性质，有如下对偶的结论：

引理 4′　设 $x \in (10+11)^*$，则 x 至少有两个原像都在 $(01+11)^*$ 中，且其中一个以 10 为后缀，另一个以 11 为后缀。

引理 5′ 设 $x\in(01+11)^*$，$|x|\geqslant 4$，且 x 去掉后面两个符号后仍然有一个子串，则 x 恰好有两个原像，这两个原像都在 $(01+11)^*$ 中，且其中一个以 01 为前缀，另一个以 11 为前缀。

引理 6 若串 x 含有两个第一型基本粒子，则 $x\notin L$。

证明 记 $M_n=\{101^{2k}wl^{2l}01\mid w=0\text{或}w\text{以01为前缀，以10为后缀},1\leqslant|w|\leqslant n\}$，$k,l$ 都是正整数。以下用数学归纳法证明 M_n 中的任何一个串都不在 L 中。

当 $n=1$ 时，$M_1=\{101^{2k}01^{2l}01\}$，此时利用引理 1，容易证明结论成立。

当 $n=2$ 时，此时 $1\leqslant|w|\leqslant 2$，w 必须为 0，即 $M_1=M_2$，结论也成立。

假设 $n=m-1$ 时结论成立，则当 $n=m+1$ 时，注意到，M_{m+1} 中的任一串都以第一型基本粒子为前后缀，而由引理 1，第一型基本粒子的原像仍然是第一型基本粒子，仅仅是长度增加，则 M_{m+1} 中的任一元 $101^{2k}wl^{2l}01$ 的原像可以写为 $101^{2k+2}w'1^{2l+2}01$，这里的 w' 以 01 为前缀，以 10 为后缀，或者 $w'=0$，且 $|w|-2=|w'|$。表明 $101^{2k+2}w'1^{2l+2}01$ 是 M_{m-1} 中的元，由归纳法假设知 $101^{2k+2}wl^{2l+2}01$ 不在 L 中，从而 M_{m+1} 中的任一元都不在 L 中，于是完成了证明。

为了将引理 6 推广，把不含任何基本粒子的串 x，即 $\#(x)=0$，称为标准串。利用基本粒子的定义，可以将所有标准串写成正规表达式 $0^*1^*(01+11)^*(1+\varepsilon)0^*$。若假设 $R=\{r\mid r\text{为}(01+11)^*\text{的子串}\}$，则标准串 x 也可以写为 $0^k r0^l$，其中 $k,l\leqslant 0$，$r\in R$。显然，标准串的像也是标准串，即若 $\#(x)=0$，则 $\#(f(x))=0$。

记 $R^+=\{r\mid r\text{为}(01+11)^*\text{的前缀}\}$，称 $x=r0^k$ 为右标准串，这里 $r\in R^+$，$k\geqslant 0$。关于右标准串有如下性质。

引理 7 若 x 为右标准串，则它至少有两个原像，且这两个原像都是右标准串，其中一个以 01 为前缀，另一个以 11 为前缀。

证明 设 $x=r0^k$，$r\in R^+,k\geqslant 0$。以下分两种情况讨论。

（1）若 $|r|$ 为偶数，则 $r\in(10+11)^*$，由引理 4 知存在 $y_1,y_2\in(01+11)^*$，使得 $f(y_1)=r$，$f(y_2)=r$，其中 y_1 以 01 为前缀，y_2 以 11 为前缀（这表明当 $|r|$ 为偶数，$k=0$ 时结论成立）。

① 若 y_i 以 01 为后缀，$f(y_i10^{k-1})=r0^k=x$，$i=1$ 或 2，$k\geqslant 1$。此时，y_i10^{k-1} 是右标准串；

② 若 y_i 以 11 为后缀，$f(y_i0^{k-1})=r0^k=x$，$i=1$ 或 2，$k\geqslant 0$。此时 y_i0^{k-1} 是

右标准串。这表明当$|r|$为偶数时，结论成立。

（2）若$|r|$为奇数，则$r1\in(01+11)^*$，由引理 4 知，存在$y_1,y_2\in(01+11)^*$，使得$f(y_1)=r1$，$f(y_2)=r1$，其中y_1以 01 为前缀，y_2以 11 为前缀。

① 若y_i以 01 为后缀，记$y_i=z_i01$，则$f(z_i0)=r$，故$f(z_i00^k)=r0^k=x$，$i=1$或 2；$k\geqslant 0$。此时z_i00^k是右标准串；

② 若y_i以 11 为后缀，记$y_i=z_i11$，则$f(z_i1)=r$，并注意到 21 以 1 为后缀，故$f(z_i10^k)=r0^k=x$，$i=1$或 2；$k\geqslant 0$。此时z_i10^k是右标准串。

这表明当$|r|$为奇数时，结论也成立。综上所述，引理得证。

类似地，可以定义左标准串。记$R^-=\{r\mid r为(10+11)^*的后缀\}$，称$x=0^kr$为左标准串，这里$r\in R^-$，$k\geqslant 0$。关于左标准串也有类似性质：

引理 7′　若x为左标准串，则它至少有两个原像，且这两个原像是左标准串，其中一个以 10 为后缀，另一个以 11 为后缀。

利用左、右标准串的定义，下面的引理是自然的。

引理 8　设串x不是不变串的子串，且$\#(x)=k$。

（1）若$k=0$，则x可以分解为：$x=x_11x_2$，其中x_1为左标准串，x_2为右标准串；

（2）若$k=1$，则x可以分解为：$x=x_10^jx_2$，其中x_1为左标准串，x_2为右标准串，而且当x含有缺陷时，j为奇数。

引理 9　若x为标准串，则$x\in L$。

证明　显然不变串在L中，故假设x不是不变串的子串。又因为x为标准串，即$\#(x)=0$，于是设$x=x_11x_2$，其中x_1为左标准串，x_2为右标准串。由引理 7 和引理 7′，存在y_1,y_2使得$f(y_110)=x_1$，$f(01y_2)=x_2$，且y_110为左标准串，$01y_2$为右标准串。所以必有$f(y_1101y_2)=x_11x_2$。而y_1101y_2也是含 1 的一个标准串。与上面的讨论类似，y_1101y_2至少也有一个原像是标准串，依次无限进行下去，可知x有无穷多次原像，从而$x\in L$。

引理 10　设串x不是不变串的子串，且$\#(x)=1$，x不含缺陷，则$x\in L$。

证明　由引理 8，x可以写为$x=x_10^jx_2$，其中x_1为左标准串，x_2为右标准串，且j为偶数。

当$j=0$时，x可以写为$x=x_1x_2$。由引理 7 和引理 7′，存在y_1为左标准串，y_2为右标准串，使得$f(y_111)=x_1$，$f(11y_2)=x_2$，所以$f(y_111y_2)=x_1x_2$。而记$y_111=y_1'$

为左标准串，对 $y_1'y_2$ 可以类似地重复上述步骤，存在 z_1 为左标准串，z_2 为右标准串，使得 $f(z_1z_2)=y_1'y_2$。如此无穷继续，可以发现 $x=x_1x_2$ 有无穷多次原像，所以 $x\in L$。$j=m$ 时，$x=x_1 0^{m+2}x_2$，由引理 7 和 7′，存在 y_1 为左标准串，y_2 为右标准串，使 $f(y_1 11)=x_1$，$f(11y_2)=x_2$，所以 $f(y_1 110^m 11y_2)=x_1 0^{m+2}x_2$，则由归纳法假设知 $y_1 110^m 11y_2\in L$，从而 $x=x_1 0^{m+2}x_2$ 在 L 中。这表明当 $j=m+2$ 时结论也成立。综合以上讨论可知，引理得证。

引理 11 设 $x=u10^k1$ 或者 $x=10^k1u$，$k\geqslant 2$，且 x 不是不变串的子串，$x\in L$，则 x 的某次原像必含第一型基本粒子。

证明 由于 x 不是不变串的子串，可以假设 0^k 为 x 的局部极大不变串，否则可以取 x 的一个子串来讨论。

当 $k=2$ 时，$x=u1001$。由于 1001 的原像有两个 $f^{-1}(1001)=\{101101,010010\}$。若原像取 101101，则 x 的原像已经含有第一型基本粒子，结论已经成立；若 1001 的原像取 010010，而 010010 的原像也有两个 11011011，00100100。第一个 11011011 已经含有第一型基本粒子，这表明 x 的二次原像含有第一型基本粒子；而第二个 00100100 为不变串，这必将与 $0^k(k=2)$ 是 x 的极大不变串相矛盾。于是对 $k=2$ 时引理得证。

假设当 $k\leqslant n$ 时结论成立，则当 $k=n+1$ 时，考虑 $x=u10^{n+1}1$ 的二次原像，由引理 3，x 的不变串 0^{n+1} 的二次原像必定缩短，若 x 的二次原像已经不含不变串了，则必定含有第一型基本粒子，否则可以假设 x 的二次原像为 $v10^m1v'$ $(2\leqslant m<n+1)$，此时，对 $v10^m1$ 用归纳法假设，知 $v10^m1$ 的某次原像含有第一型基本粒子，从而 x 的某次原像含有第一型基本粒子。这就是说，当 $k=n+1$ 时结论也成立。由归纳法原理知，引理得证。

引理 12 对于串 x，如果 x 不是不变串的子串，且 $\#(x)\geqslant 2$，则 $x\notin L$。

证明 由于 L 是 D 类语言，故只要证明 $\#(x)=2$ 的情形即可。

（1）若 x 中含有两个第一型基本粒子，由引理 6 知，结论已经成立。

（2）若 x 中含有一个第一型基本粒子，一个第二型基本粒子，假设 $x\in L$，则 x 有一个子串可以写为 $x'=u10^k1$ 或者 $x'=10^k1u$，由引理 11 知 x' 有限次原像必定会增加一个第一型基本粒子，而第一型基本粒子的原像还是第一型基本粒子，是不会消失的，所以 x 的某次原像必将含有两个第一型基本粒子，由引理 6 知 $x\notin L$。

（3）若 x 中含有两个第二型基本粒子，则由引基本粒子，从而也必有 $x \notin L$。

则由引理 11 有限次迭代后 x 的原像必定含有至少两个第一型基本粒子，从而也必有 $x \notin L$。

综合以上讨论可知，引理得证。

引理 13 缺陷粒子都不在 L 中。

证明 由引理 8，将所有缺陷粒子写成 0；$D_j = \{x_1 0^j x_2 \mid j为奇数\}$，其中 x_1 为左标准串，x_2 为右标准串。对 D_j 关于 j 用数学归纳法证明 D_j 中的任意元都不在 L 中。

当 $j=1$ 时，任取一个缺陷粒子可写为 $d_1 = x_1 0 x_2$，其中 x_1 为左标准串，x_2 为右标准串。设串 y_1, y_2 和单个符号 a_1, a_2, a_3，使得 $f(y_1 a_1 a_2) = x_1$，$f(a_2 a_3 y_2) = x_2$，$f(a_1 a_2 a_3) = 0$ 成立。即有如下演化

$$y_1 a_1 a_2 a_3 y_2$$
$$x_1 0 x_2$$

由引理 5 知 $a_1 a_2 \in \{11,10\}$；$a_2 a_3 \in \{11,01\}$。而这样的 a_1, a_2, a_3 是不存在的。这表明 D_1 无一次原像，所以 D_1 中的所有串都不在 L 中。

假设 $j=m$（m 为奇数）时结论成立，则当 $j=m+2$ 时，缺陷粒子可写为 $d_{m+2} = x_1 0^{m+2} x_2$，设有一个在 L 中的串 $y = y_1 z y_2$，使得 $f(y) = d_{m+2}$，或者 $f(y_1) = x_1$，$f(y_2) = x_2$。由引理 5 和引理 5′，y_1 为左标准串，y_2 为右标准串，再注意到引理 12，$z = 0^m$ 否则 $\#(y) \geqslant 2$，必有 $y = y_1 0^m y_2$ 不在 L 中，由归纳法假设知这样的 $y = y_1 0^m y_2$ 不在 L 中。从而 $d_{m+2} = x_1 0^{m+2} x_2$ 也不在 L 中。这样就证明了引理。

用粒子的语言，可以给出 164 号元胞自动机的极限语言 L 的确切刻画：

定理 4.3 串 $x \in L$ 的充分必要条件是串 x 满足下列两个条件之一：

（1）串 x 是某个不变串的子串；

（2）串 x 不含缺陷粒子，且 $\#(x) \leqslant 1$。

证明 （1）充分性。由引理 2 知，所有不变串在 L 中，由引理 9 和引理 10 知，不含基本粒子，或仅仅包含一个基本粒子，且不含缺陷的串必定在 L 中。（2）必要性。对于所有串 $x \in L$，记 $\#(x) = k$。若 $k=0$，则串 x 属于定理 1 中的第二类；若 $k=1$，由引理 13，串 x 也属于定理 1 中的第二类；若 $k \geqslant 2$，由引理 12，知 x 必定是不变串属于定理 1 中的第一类。

定理 4.4 164 号元胞自动机的极限语言 L 是正规语言。

证明 根据定理 4.3，可以将极限语言 L 写成

（1）不变串及其子串；

（2）$\{x \mid x = x_1 1 x_2\}$，其中 x_1 为左标准串，x_2 为右标准串；

（3）$\{x \mid x = x_1 0^j x_2\}$，其中 x_1 为左标准串，x_2 为右标准串，j 为偶数。

每个集合都是正规语言，从而它们的并集即极限语言 L 也是正规语言。

4.3 元胞自动机的复杂性度量

要对元胞自动机的演化行为进行研究，仅仅对其形式语言进行笼统描述是不足的。随着元胞自动机被广泛应用于各个领域，其理论就需要进一步的完善，从而更好地拓展它的理论深度和应用范围。形式语言是从语言识别角度对元胞自动机的复杂度进行描述，但这种方法应用于规模较大的元胞自动机时，由于相应计算复杂度非线性的急剧增加，使得研究变得十分困难，很难得到有效的结论指导元胞自动机应用的研究。在本节中将以熵概念为核心，对元胞自动机的动力学行为和元胞规则的性质进行分析。

4.3.1 熵与信息熵

普里高津讲过："什么是熵?没有什么问题在科学史的进程中曾被更为频繁地讨论过"。熵理论的提出已有近 150 年的历史，在这段时间里，各个学派的代表人物纷纷提出自己的观点，在熵理论的丰碑上铭刻着数十位著名科学家的名字，其中贡献最大的几位是克劳修斯、玻耳兹曼、普利高津、申农。

熵是克劳修斯于 1855 年在定量描述热力学第二定律时正式引入；1877 年玻耳兹曼赋予了熵的统计解释，丰富了其物理内涵，明确了它的应用范围；1929 年，申农又发现了熵与信息的关系，把熵含义提高到了一个新的层面，并进一步扩大了熵的应用；1958 年，Kolmogorov 将动力学的熵引入到非线性动力学中，使其成为处理复杂性问题的重要工具。

在熵的概念不断发展的过程中，1854 年克劳修斯（Clausius）发表了《力学的热理论的第二定律的另一种形式》，给出了可逆循环过程中热力学第二定律的数学表示形式：$\oint \frac{\mathrm{d}Q}{T} = 0$，而引入了一个新的后来定名为熵的态参量。1865 年他发

表了《力学的热理论的主要方程之便于应用的形式》的论文，把这一新的态参量正式定名为熵，并将上述积分推广到更一般的循环过程，得出了热力学第二定律的数学表示形式：$\oint \frac{\mathrm{d}Q}{T} \leqslant 0$，等号对应于可逆过程，不等号对应于不可逆过程。由此熵 S 的定义为

$$\mathrm{d}S \geqslant \frac{\mathrm{d}Q}{T} \tag{4.3}$$

或

$$S_a - S_b \geqslant \int_a^b \frac{\mathrm{d}Q}{T} \tag{4.4}$$

式（4.4）中的表示始末两个状态，S_a、S_b 为始末两个状态的熵，$\mathrm{d}Q$ 为系统吸收的热量，T 为热源的温度，可逆过程中 T 也是系统的温度。当系统经历绝热过程或系统是孤立的时候，$\mathrm{d}Q = 0$，此时有

$$\mathrm{d}S \geqslant 0 \tag{4.5}$$

或

$$S_a - S_b \geqslant 0 \tag{4.6}$$

即熵增原理：孤立系统或绝热过程熵总是增加的。由此定义的熵称克劳修斯熵，或热力学熵。熵是一个态函数，是热力学宏观量。对绝热过程和孤立系统中所发生的过程，由熵函数的数值可判定过程进行的方向和限度。

1896 年玻尔兹曼（Boltamann）建立了熵 S 和系统宏观态所对应的可能的微观态数目 W（即热力学概率）的联系：$S \propto \ln W$。1900 年普朗克（Planck）引进了比例系数 k——称为玻尔兹曼常量，写出了玻尔兹曼-普朗克公式

$$S = k \ln W \tag{4.7}$$

式（4.7）所定义的熵称为玻尔兹曼熵，或统计熵。由此玻尔兹曼表明了熵 S 是同热力学概率 W 相联系的，揭示了宏观态与微观态之间的联系，指出了热力学第二定律的统计本质：熵增加原理所表示的孤立系统中热力学过程的方向性，正相应于系统从热力学概率小的状态向热力学概率大的状态过渡，平衡态热力学概率最大，对应于 S 取极大值的状态；熵自发地减小的过程不是绝对不可能的，不过概率非常小而已。

1948 年香农（Shanonn）发表了《通信的数学理论》，使用概率方法，奠定了现代信息论的基础。香农引入了信源的信息熵

$$H(X) = -\sum_i P(a_i) \log_2 P(a_i)$$

它代表了信源输出后每个消息所提供的平均信息量，或信源输出前的平均不确定度。a_i为信源可能取的消息（符号），$P(a_i)$为选择信源符号a_i作为消息的先验概率。

1957年詹尼斯将信息熵引入统计力学，并提出了最大信息熵原理。詹尼斯的信息熵定义为

$$S=-k\sum_i P_i \ln P_i \tag{4.8}$$

式（4.8）的定义只比香农熵的原定义式差一比例系数。当研究的系统为热力学系统时，式（4.8）中的P_i为系统的第i个微观态出现的概率；而一般情况P_i为信息源的第i个信息基元出现的概率。这样定义的信息熵表示的是系统（信息源或热力学系统——也是信息源）的不确定性。信息熵也称为广义熵。

信息熵的提出与发展，使得熵的基本性质逐渐浮现出来。从熵的定义可知，熵是随机实验不确定程度的度量。它具有如下三种基本性质：

（1）当且仅当P_i，$i=1,2,3,\cdots,n$之中有一个等于1时，熵$H=0$，其他情况下，熵恒为正；

（2）在有n个可能结果的实验中，等概率具有最大的熵，其值为$\lg n$；

（3）若实验α与实验β独立，其概率向量分别为P、Q，则

$$H(PQ)=H(P)+H(Q) \tag{4.9}$$

下面，就以信息熵的定义为核心概念来研究元胞自动机的有关性质。

4.3.2 元胞自动机与熵

熵理论已经成为研究元胞自动机性质的有效工具。元胞自动机的空间熵反映的是固定时刻元胞自动机构形空间上的复杂性，并不反映时间意义上的动力学行为。拓扑熵能刻画元胞自动机在空间和时间意义上的演化行为，但计算复杂，而且下面三个否定性结论限制了其应用：

（1）不存在一种算法能判断任一元胞自动机的拓扑熵是否为0；

（2）$\forall\varepsilon>0$，不存在一种速算法能判别任一元胞自动机的拓扑熵能否大于ε；

（3）$\forall\varepsilon>0$，不存在一种算法使其计算的任一元胞自动机的拓扑熵近似值的误差小于等于ε。

从该理论中可以发现，使用熵作为研究元胞自动机复杂性的工具，很难从时间与空间两个维度同时进行度量，因此可以从单独的某个方面对元胞自动机复杂度进行描述。在本文中主要研究的是元胞自动机的演化复杂性，所以强调的是时间意义上的复杂行为，可以采用元胞演化熵来度量元胞自动机演化过程中的复杂度。

根据参考文献中的定义，结合本节的主要研究内容，给出简单元胞自动机的元胞演化信息熵和元胞演化文字熵的定义。

定义 4.4　元胞演化信息熵（CA Information Entropy，CAIE）元胞自动机演化信息熵可通过以下公式来定义，即

$$\mathrm{CAIE}=-\frac{1}{N}\sum_{i=0}^{N}\sum_{j=0}^{1}p_i(s_j)\bullet\log_2 p_i(s_j) \tag{4.10}$$

其中，$p_i(s_j)$ 表示元胞 i 在演化的过程中，状态 s_j 出现的概率。元胞自动机的文字是指在演化过程中不考虑元胞状态的情况下，如果出现连续状态的演化代数和为 l，那么就称之为文字 $-l$。其中，最长的文字就是演化总时间 T，即文字。

定义 4.5　元胞演化文字熵（CA Word Entropy, CAWE）　元胞自动机的文字熵可通过下式定义，即

$$\mathrm{CAWE}=-\frac{1}{N}\sum_{i=1}^{N}\sum_{j=1}^{T}p_i(w_j)\bullet\log_2 p_i(w_j) \tag{4.11}$$

其中，$p_i(s_j)$ 表示元胞 i 在演化过程中长度为 l 的文字 w_l 在已出现文字（不是所有可能文字）中的概率，T 表示统计演化时间。

从上面的定义可知，元胞演化信息熵通过计算元胞自动机演化过程中元胞 i 的状态 s 出现的概率来描述元胞自动机演化行为的多样性，而元胞演化文字熵则通过计算元胞 i 在演化过程中相同状态的不同区块出现的概率来描述其演化行为的多样性。元胞演化信息熵和元胞演化文字熵统称为元胞演化熵。

4.3.3　元胞自动机演化行为复杂性度量

本节中通过建立一维二值元胞自动机演化过程的信息熵-文字熵平面来确定不同区域内元胞自动机的演化行为的类型。

实验半径选取 1，初始构形以概率为 0.5 随机产生，元胞规模 100，演化时间

取为 400，取后 200 次迭代进行统计，然后在 256 种规则下，每个规则取 10 个样本，构建该实验的信息熵-文字熵平面。在信息熵-文字熵平面内随机抽取样本点进行演化，观察其演化行为，然后根据 Wolfram 元胞自动机分类，给出各类型元胞自动机的分布，其中平稳型元胞自动机分布在信息熵-文字熵的左下角和右下角，混沌型元胞自动机分布在信息熵-文字熵平面的右上角，信息熵-文字熵平面的左上部分和下部分以复杂型元胞自动机为主，其余部分往往是周期或准周期型元胞自动机，如图 4-5 所示。

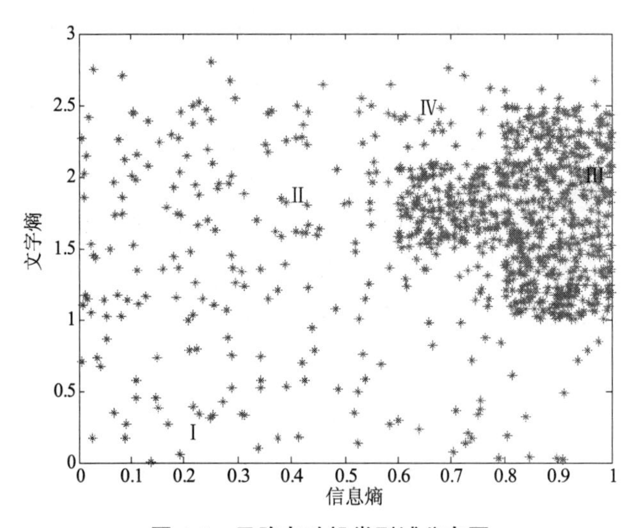

图 4-5　元胞自动机类型域分布图

图中的标号Ⅰ、Ⅱ、Ⅲ、Ⅳ分别代表四类元胞自动机的类型。

如果要对所得的元胞自动机复杂性度量结果进行进一步数理分析，需要给出如下的两个定义。

（1）第 i 类元胞自动机类型域：在元胞自动机演化信息熵-文字熵平面内，如果某区域内第 i 类元胞自动机所占的比例最大，那么就可以称该区域为第 i 类元胞自动机类型域。

（2）第 i 类元胞自动机类型域可信度：第 i 类元胞自动机类型域可信度可定义为

$$C_i = \frac{N_{ii}}{N_i} \tag{4.12}$$

其中，N_{ii} 表示第 i 类元胞自动机类型域中第 i 类元胞自动机的个数，N_i 表示第 i 类元胞自动机类型域中所有元胞自动机的个数。根据实验演化结果，统计出了样本中四类元胞自动机各自所占比例。由文献中各类型元胞自动机信息熵和文字熵的范围，给出了信息熵-文字熵平面内不同的类型区域，并通过随机实验验证相应的元胞自动机类型域可信度，结果如表 4-1 所示。

表 4-1　元胞自动机类型域可信度分布表

类型	Ⅰ	Ⅱ	Ⅲ	Ⅳ
比例	8.50%	11.70%	70.50%	9.30%
类型域	IE=0 或 WE=0	Ⅰ、Ⅲ、Ⅳ区域的补区域	0.8<IE<1&1.5<WE<2.3	0.7<IE<0.8&2<WE<2.5 或 0.9<IE<1&1<WE<1.5
可信度	100%	83%	85%	78%

由表的数据可知：从各类型元胞自动机所占比例来看，混沌型元胞自动机所占比例最大，复杂型元胞自动机所占比例最小。从类型域面积来看，周期型占面积最大，平稳型的面积为零，混沌型元胞自动机的面积约为复杂型的两倍。从类型域可信度来看，除平稳型外，其他三种类型之间并没有明显的界限，这是由于元胞自动机的演化行为受初始构形的影响很大及元胞自动机类型的不可判定原理所决定的。元胞自动机类型域为智能研究元胞自动机规则与其动力学行为关系提供了定量标准，便于计算机程序实现。

4.4　小结

本章主要从形式语言角度对元胞自动机的复杂性进行描述，分析了元胞自动机的演化语言与极限语言两个方面的复杂性，并对元胞自动机接受语言的语法层次进行了推断。在元胞自动机语言分析之后，又给出了元胞自动机另一种复杂性的判断方式——基于熵的元胞自动机演化复杂度度量，最后以实验的方式判断简单元胞自动机的复杂度，进而对该种度量方式进行了说明。

参 考 文 献

[1] CULIK K, HURD L P, YU S. Computation theoretic aspects of cellular automata. Physica D: nonlinear phenomena, 1990, 45(1-3): 357-378.

[2] MARR C, HUTT M T. Topology regulates pattern formation capacity of binary cellular automata on graphs. Physica A: statistical mechanics and its applications, 2005, 354(15): 641-662.

[3] DELORME M, MAZOYER J. Cellular automata: a parallel model. 1st ed. Dordrecht, Boston London: Academic publishers, 1998.

[4] WOLFRAM S. Computation theory of cellular automata. Comm math phys, 1984, 96(1): 1-57.

[5] WOLFRAM S. Theory and application of cellular automata. Singapore: World scientific, 1986.

[6] WOLFRAM S. Cellular automata as models of complexity. Nature, 1984, 311(4): 419-424.

[7] JACKSON EA. Perspective of nonlinear dynamics. 2nd ed. London: Cambridge university press, 1991.

[8] JIANG Z. A complexity analysis of the elementary cellular automaton of rule 122. Chinese science bulletin, 2001, 46 (7): 600-603.

[9] XIE H M. The Complexity of limit languages of cellular automata: an example, Journal of systems sciences and complexity, 2001, 14(1): 17-30.

[10] KARI J. The nilpotency problem of on dimensional cellular automata. SIAM J Comput, 1992, 21(3): 571-586.

[11] CULIK K, YU S. Undecidability of CA classification schemes. Complex system, 1988, 2(2): 177-190.

[12] ELORANTA K, NUMMELIN. The kink of cellular automaton rule 18 performs a random walk. Journal of statistical physics, 1992, 69(5-6): 1131-1136.

[13] BOCCARA N, NASSER J, ROGER M. Particle like structures and their

interactions in spatio temporal patterns generated by one dimensional deterministic cellular automaton rules. Physical Review A, 1991, 44(2): 866-875.

[14] LIVI R, NADAL J P, PACKARD N. Complex dynamics. New York: Nova Science Publishers, 1992.

[15] HANSON J E, CRUTCHFIELD J P. The attractor-basin portrait of a cellular automaton. Journal of statistical physics, 1992, 66(5-6): 1415-1463.

[16] HOPCROFT J E, LLLMAN J D. Introduction to automata theory languages and computation. Reading MA: Addison-Wesley, 1979.

[17] 段晓东，王存睿，刘向东. 元胞自动机理论研究及其仿真应用. 北京：科学出版社，2012.

第 5 章

元胞遗传算法

引言

本章，我们介绍元胞自动机在遗传算法中的运用。

传统意义上的遗传算法（Genetic Algorithm，GA）产生于达尔文的进化论，借用生物进化中“优胜劣汰”的自然规律，通过选择、交叉、变异的遗传操作，使个体的适应性提高。遗传算法的一个重要特点是对优秀个体的寻优过程不依赖于梯度信息，这一特点使它尤其适用于处理一般搜索方法所难以解决的复杂和非线性问题。但需要指出的是，传统的遗传算法并不是完美无缺的，我们知道，作为种群中的一个个体，其“成长”（寻优）过程中必然伴随着与周围复杂环境的相互作用、信息交换和能量交换等，这一重要过程，恰恰是传统遗传算法所不善于模拟的，本章则将传统遗传算法中个体的“基因”或整个“个体”放在元胞自动机的二维网格中，再利用元胞自动机自身的演化规则去影响其中“个体”或“基因”的遗传操作，与传统遗传算法比起来，这一结合发现了不少有趣的结果；最后，我们以股票市场为例，给出元胞遗传算法在实际生产、生活中的应用。

5.1　传统遗传算法

5.1.1　遗传算法概述与基本思路

遗传算法（Genetic Algorithm）是在20世纪70年代初期由美国密歇根大学的霍兰德（Holland）教授提出的。1975年，Holland发表了第一本系统论述遗传算法的专著*Adaptation in Natural and Artificial System*。1989年，高德博格（Goidberg）又将遗传算法推进了一大步。

遗传算法的中心思想是“适者生存”，问题的求解过程实际上就是产生一群个体，然后让他们内部相互“PK”，之后依据问题的要求选出一个最优秀的个体作为问题的解。具体说来，就是先将要求解问题的每一个可能的解编码成一个向量，这个“向量”我们称作“染色体”，当然，对应于生物学，“向量”的每一个元素，我们称之为“基因”；对于所有“染色体”，要依据所求解的问题，计算出该“染色体”对所求解问题的“满足程度”（适应度），适应度越大，说明“染色体”越优秀；之后，通过对这批“染色体”的“选择”、“交叉”、“变异”操作，把适应度低的“染色体”淘汰掉，留下适应度较高的作为新一代个体。这样，每一次迭代，都使新个体继承了上一代的优良性质，问题便不断向着最优解的方向演化了。

不同于其他的搜索和优化方法，遗传算法的主要特点如下。

（1）化繁为简。对于一些复杂烦琐的问题，算法设计过程中一个最大的障碍就是事先需要详细描述问题的全部特点，并要说明针对问题的不同特点算法所要采取的相应措施。而遗传算法摆脱了这些烦琐的程序，直接借用和模拟大自然“优胜劣汰”的自然现象进行寻优。

（2）广泛撒网，重点培养。与传统“点对点”式的搜索方法不同，它不是从单个点，而是从一个“群体”开始搜索解，这决定了遗传算法本身非常适合大规模并行运算，例如让几百甚至数千台计算机各自进行独立的演化计算。

（3）搜索不依赖梯度信息。算法仅仅利用适应值信息评估个体的优劣，无须求导数或借助其他辅助信息。

（4）遗传算法的流程没有采用确定性规则，而是设置了“交叉概率”、“变异概率”来指导搜索方向，这更加符合真实世界中种群内个体的“成长”过程。

5.1.2 传统遗传算法的计算流程

为了方便与后文对比，这一节，我们先用一个例子来说明传统遗传算法的流程。不失一般性，考虑一个求最大值的问题，问题如下：求一个变量为 x 的函数 $f(x):R^k \to R$ 的最大值，变量 x 为域 $D=[a,b]\subseteq R$ 内的一个值，且对所有的 $x\in D$，均有 $f(x)>0$，精度要求：取自变量小数点后 n 位。

1. 编码与解码

受人类染色体结构的启发，我们可以假设目前只有“0”，“1”两种碱基，我们用一条“链”把它们有序地串联在一起，形成一条足够长的二进制数字组合，这就形成了一条“染色体”，一条足够长的染色体就能勾勒出一个个体的所有特征，这就是二进制编码法，染色体结构图示如图 5-1 所示。

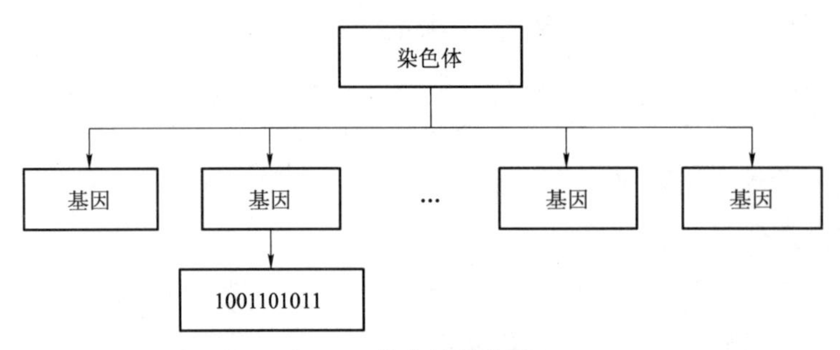

图 5-1　染色体结构图示

上面的编码方式虽然简单、直观，但是当个体特征比较复杂的时候，需要大量的编码（很长的染色体链）才能精确地描述，相应的解码过程（类似于生物学中的 DNA 翻译过程，即把基因型映射到表现型的过程）也会比较烦琐，为了改善遗传算法的计算复杂性、提高运算效率，这里特提出浮点数编码方法。

要达到问题提出的精度要求，变量 x 所属的域 D 应该被分割为 $(b-a)\cdot 10^n$ 个等尺寸的空间，这里用 m 表示使 $(b-a)\cdot 10^n \leqslant 2^m-1$ 成立的最小整数，则对域 D 内的变量 x_i，由串长为 m 的二进制编码表达即可满足其精度要求，即 x_i 可以用二进

制串表示为 $(c_{i1},c_{i2},\cdots,c_{im})$。

反过来，把一个二进制串 $(c_{i1},c_{i2},\cdots,c_{im})$ 转化为区间 $[a,b]$ 内对应的实数，则通过下面两个步骤。

（1）将二进制串 $(c_{i1},c_{i2},\cdots,c_{im})$ 代表的二进制数按下面的公式转化为十进制数 x_i'

$$(c_{i1},c_{i2},\cdots,c_{im})_2=\left(\sum_{j=1}^{m}c_{ij}\cdot 2^j\right)_{10}=x_i' \tag{5.1}$$

（2）将 x_i' 按照下面的公式变换为对应于区间 $[a,b]$ 内的实数

$$x_i=a+x_i'\cdot\frac{b-a}{2^m-1} \tag{5.2}$$

以上便完成了编码与解码操作。

2. 产生初始种群

在搜索空间 $[a,b]$ 中随机地设定若干个体，由这些个体组成一个生物集团（编码与解码方法已在上文给出）。搜索开始时，问题的解完全未知，个体的优秀程度完全未知。通常，初始种群用随机数产生，产生的个体总数为 N，这里，个体用 $V_i(i=1,2,\cdots,N)$ 表示，而 x_i 则可以视为 V_i 的染色体。

3. 计算个体的适应度

计算种群中个体 V_i 对环境的适应度 $\text{eval}(V_i)$，由于对所有的 $x\in D$，$f(x)>0$，这里，我们直接采用个体带入 $f(x)$ 所得的函数值作为标准来评价该个体的适应度，则有 $\text{eval}(V_i)=f(x_i)$。

4. 选择操作

（1）计算种群的适应度之和

$$\text{FIT}=\sum_{i=1}^{N}\text{eval}(V_i) \tag{5.3}$$

（2）计算每个个体 V_i 被选择的概率，即个体 V_i 的适应度占据种群总适应度的百分比

$$p_i=\text{eval}(V_i)/\text{FIT} \tag{5.4}$$

（3）计算每个个体的累计概率，所谓“累计概率”，就是个体 V_i 的被选择概率与

个体$V_1 \sim V_{i-1}$的被选择概率之和

$$q_i = \frac{1}{\text{FIT}}\sum_{j=1}^{i}\text{eval}(V_j) = \sum_{j=1}^{i} p_i \tag{5.5}$$

（4）产生一个在区间[0,1]内的随机数r，如果$r < q_1$，则选择第一个染色体；否则选择使$q_{i-1} < r \leqslant q_i$成立的第$i$个染色体$V_i (2 \leqslant i \leqslant N)$。

上述操作即所谓的“轮盘赌”方法，为形象起见，我们用图 5-2 表示。

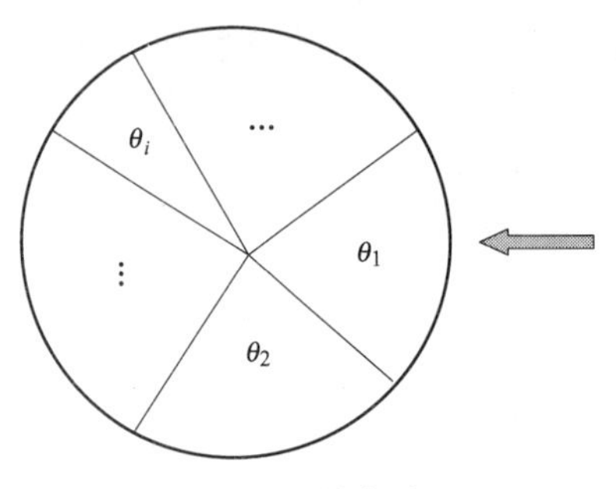

图 5-2 轮盘赌

图 5-2 中扇形的角度θ_i与对应个体的适应度成正比，每一次执行选择操作，转动轮盘N次（选出N个新个体），每一次箭头所指向区域所代表的个体被选择出来，这样，种群便通过选择操作得到N个新的个体。

5. 交叉操作

我们设置交叉概率为p_c，这个概率可以理解为进行交叉操作的个体个数为$N \cdot p_c$个，可以通过以下方式选择要进行交叉操作的个体：对于由步骤（4）选择出的每一个新个体，产生一个在区间[0,1]里的随机数r_i，若$r_i < p_c$，则对该个体进行交叉操作。

随机地给被选出进行交叉操作的个体进行配对，对每一对个体，产生一个在区间$[1,m]$中的随机数k，k代表交叉点的位置，两个个体对交叉点后的基因位进行互换，如图 5-3 所示。

图 5-3 所示的是遗传算法中最为典型的单点交叉规则，除此之外，还有下列几种交叉规则可供选择：两点交叉、多点交叉、分裂交叉、均匀交叉、混合交叉等，这里不再赘述。

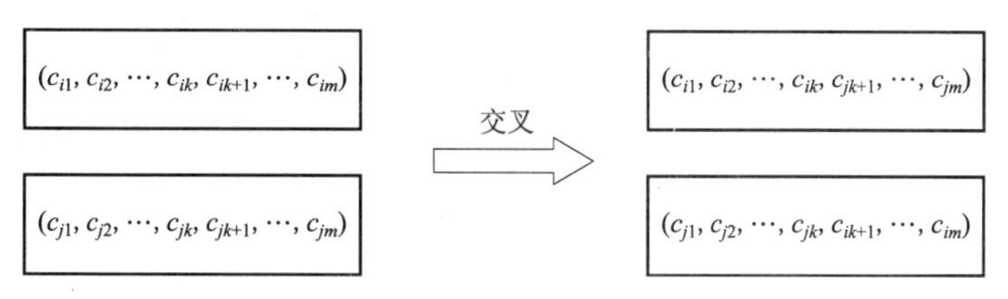

图 5-3　交叉操作

6. 变异操作

设置变异概率为 p_m，对于经历了交叉操作后产生的每一个新个体，都与之对应地产生一个在区间[0,1]里的随机数 r_i，若 $r_i < p_m$，则在该个体（染色体）中任意选择一基因位进行变异操作，示例如下：

变异前：…10011<u>0</u>0101010…

变异后：…10011<u>1</u>0101010…

一般来讲，变异概率不宜过大，否则容易使变异后的个体失去上一代的遗传特征。

7. 生物集团评价

完成上述操作后，就要评价已生成的新种群是否满足求解问题的标准，即生物集团评价，一般来讲，反复执行上面的步骤 3～6 后，遗传算法典型的结束评价基准有以下几条：

（1）种群中的最大适应度比某一设定值大；

（2）种群中的平均适应度比某一设定值大；

（3）进化达到一定次数；

（4）种群适应度增加率随着进化次数增加不再增加。

对于评价标准的选择，依据具体问题的特征决定。

综上，传统遗传算法的计算流程可以用图 5-4 来表示。

5.1.3　传统遗传算法的性能及自身存在的不足

在描述了传统遗传算法的计算流程之后，我们发现了以下问题。

第一，在传统遗传算法中，选择下一代个体时，个体被选择的可能性决定于个体的适应度，但这个选择过程是由带有概率或“运气”特点的“轮盘赌”方式决定的，如果完全服从这一基本模式，那么可能会发生某一代中具有较大适应度

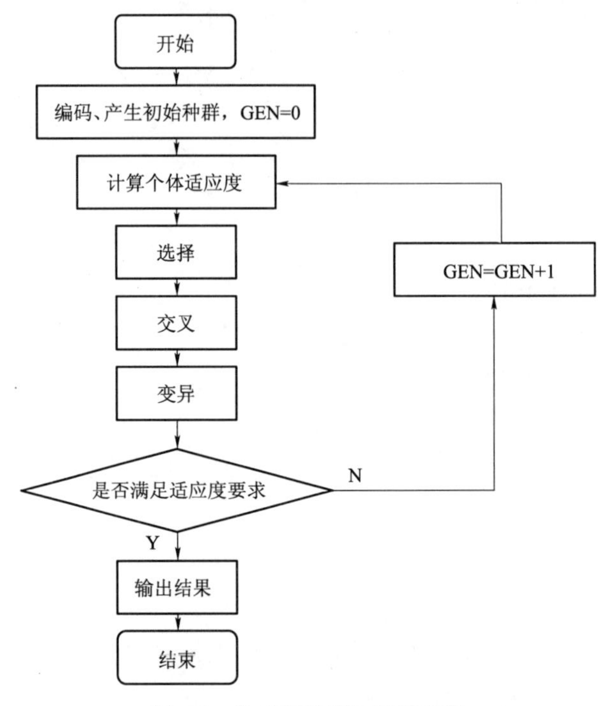

图 5-4　传统遗传算法计算流程

的个体偶然未被选中的情况；反过来，由于每次在选择过程中选出的都是种群内部的“佼佼者”(适应度高的个体)，而忽略了一些“潜力股”，则种群极有可能陷入局部最优；鉴于此，一些学者相继提出了一些新规则，例如概率淘汰法、强制保存优秀个体、比例淘汰加交叉增值等方法。但已有实验表明，这些淘汰和增值规则并不能十分有效地解决算法陷入局部最优的问题。相对于具体问题，算法的淘汰和增值规则还必须根据实际情况来确定。

第二，对于动态问题，用遗传算法求解也会比较困难，由于种群可能会过早收敛，而对以后变化的数据不再产生反应。

第三，交叉操作的作用。从传统遗传算法的角度来考虑，交叉操作可以保证不丢失某些可能的解，防止种群过早陷入局部解等。当然，也可以认为交叉操作

的作用只是为了推广变异过程所造成的更新，尤其是对于初期的种群来说，交叉几乎等效于一个非常大的变异率，但我们不妨换一个角度来思考这个问题，我们可以假设种群中的个体是具备某种“智能”的，而交叉操作则恰恰可以理解为个体之间的“信息交换”或“互相学习”行为，如果我们能够对这个“交叉”操作加以适当的引导，使个体之间可以汲取或学习对方的“优秀”成分，则可以大大改善传统遗传算法的效果。

5.1.4 小结

本节中，我们对传统遗传算法的基本思路和计算流程做了详细的叙述，提出了传统遗传算法所存在的三大问题。这三大问题，能否用元胞自动机这一探究复杂性的工具解决呢？下一节，我们便将展开这方面的尝试。

5.2 元胞遗传算法

上一节，我们介绍了传统遗传算法的计算流程，讨论了传统遗传算法的性能和不足之处。近些年，不断有对遗传算法的改进产生，一些学者将云模型、免疫机制与遗传算法结合形成新型遗传算法，取得了一定的效果；这一系列改进带给我们的启示就是：遗传算法是一种具有空间结构的算法，我们把目光扩展到二维世界，在这个二维世界里，存在着一个不断进化的种群，这个种群在进化的过程中不但会受到大自然的扰动，而且种群内的个体也会有出生、迁移、死亡的现象。更重要的是，个体之间存在复杂的交互作用，这种非常接近大自然生物进化过程的特点，恰恰是传统遗传算法所不具备的。在众多具有空间结构的遗传算法中，元胞自动机正成为研究遗传算法的一个新的工具。

元胞遗传算法（Cellular Genetic Algorithm，CGA）是遗传算法的一个分支，它将遗传算法和元胞自动机有机地结合起来作为一种新的计算工具，其设计思想主要来源于以下三个观点：第一，元胞自动机的时间、空间状态都离散，每个变量只取有限多个状态，而遗传算法也具有离散运算的特点；第二，在元胞自动机中，重复简单的运算规则能够导致复杂的系统行为，而遗传算法本身也是对选择、交叉、变异这三种简单操作的不断迭代；第三，反复进行的局部交互作用最终能实现全局计算的目的。

目前，既有的对元胞自动机应用于遗传算法的研究可大体上分为两类：第一类用元胞自动机丰富的演化规则来代替传统遗传算法中的某些遗传操作（如交叉），这一类应用也可以视为遗传算法在二维空间中的映射，单个的“元胞”被视作染色体中的“基因”；第二类则以复杂系统理论为基础，将单个的元胞视作种群中的个体，借助元胞自动机模型的邻居结构实现遗传算法的操作，进一步，还可引入元胞自动机自身的演化规则，使其更符合现实世界中的生物进化过程。下面，将重点介绍这两类算法。

5.2.1 遗传算法的元胞演化规则算法（E-CGA）

1. 理论基础——人工生命思想

人工生命（Artificial Life，AL）首先由计算机科学家克里斯托弗·兰顿（Christopher Langton）于 1987 年在 Los Alamos National Laboratory 召开的“生命系统的合成仿真国际会议”上提出，这是一门新兴的交叉科学，通过人工模拟生命系统来研究生命领域的现象，其研究对象是具有自然生命特征和生命现象的人造系统，研究重点是人造系统的模型生成方法、关键算法和实现技术，通俗来讲，就是用计算机模拟有机生命体的活动或功能。

人工生命具有以下特点：① 如生命组织一样，采用自下而上的建模方法；② 局部控制的机理，具有并行操作的特性；③ 底层单元的行为比较简单，便于计算仿真。其实，人工生命的思想与元胞自动机的运行原理有着极为相似的地方，它们均是依靠局部的简单规则来研究整体的复杂性，只是人工生命模拟站在了仿生学的角度，借鉴生物过程的某些特点，构造出在优化方面具有良好性能的计算机算法或仿真系统。

2. E-CGA 的典型规则——生命游戏

对于生命游戏，本书前面的章节已做了详细的描述，这里只针对规则做简要叙述。

元胞构成：

（1）元胞分布在规则划分的网格上；

（2）元胞具有 0，1 两种状态，0 代表“死”，1 代表“生”；

（3）邻居形式为 Moore 型，即元胞以相邻的 8 个元胞为邻居；

（4）一个元胞的生死由其本身在该时刻的生死状态和周围 8 个邻居状态的和决定。

演化规则：

（1）在当前时刻，如果一个元胞状态为“生”，且 8 个相邻元胞中有两个或三个的状态为“生”，则在下一时刻，该元胞继续保持为“生”，否则“死”去。数学表达式为

$$\text{if}\ \ S_i^t=1\ \ \text{then}\ \ S_i^{t+1}=\begin{cases}1:\ \text{if}\ \sum S_N^t=2\ \ \text{or}\ \ 3\\0:\ \text{if}\ \sum S_N^t<2\ \ \text{or}\ \ \sum S_N^t>3\end{cases}\tag{5.6}$$

（2）在当前时刻，如果一个元胞状态为“死”，且 8 个相邻元胞中正好有 3 个为“生”，则该元胞在下一时刻“复活”，否则保持为“死”

$$\text{if}\ \ S_i^t=0\ \ \text{then}\ \ S_i^{t+1}=\begin{cases}1:\ \text{if}\ \sum S_N^t=3\\0:\ \text{if}\ \sum S_N^t\neq 3\end{cases}\tag{5.7}$$

式（5.6）和式（5.7）中，S_N^t 表示 t 时刻中心元胞 i 的邻居的状态。

3. E-CGA 的典例——遗传算法的元胞自动机生命游戏算法（LG-CGA）

传统遗传算法中，我们使用了选择算子、交叉算子、变异算子对种群中的个体进行操作，其中交叉算子对整个优化过程及保证种群多样性起了重要作用。而在 LG-CGA 中，我们用元胞自动机中的“生命游戏”规则来取代这一交叉算子，即用 Moore 型邻居的元胞运行“生命游戏”这一规则来取代传统遗传算法中基因组之间的交叉操作。对于整个种群空间而言，交叉操作不再局限于配对的两条染色体链（类似于行向量操作），而是对每个不在边界上的元胞（这里，单个元胞被视为个体的基因）进行扫描，计算其邻居的存活个数，以此来判定其在下一时刻的状态。图 5-5 给出了传统遗传算法单点交叉与生命游戏交叉操作的对比。

下面介绍 LG-CGA 算法的步骤。

（1）初始化种群，编码（详见 5.1.2 节）。

（2）选择操作。计算每一个个体的适应度函数，按适应度函数大小用轮盘赌选择算法来进行选择操作（详见 5.1.2 节），选择出优秀个体进入下一代。

（3）交叉操作。种群个体构成的空间为一个二维矩阵（见图 5-5，“行”为个体，“列”为基因），以交叉概率 p_c 对矩阵中的元素即元胞（矩阵边界元胞除外）进行“生命游戏”操作，得到更新的下一代元胞矩阵。

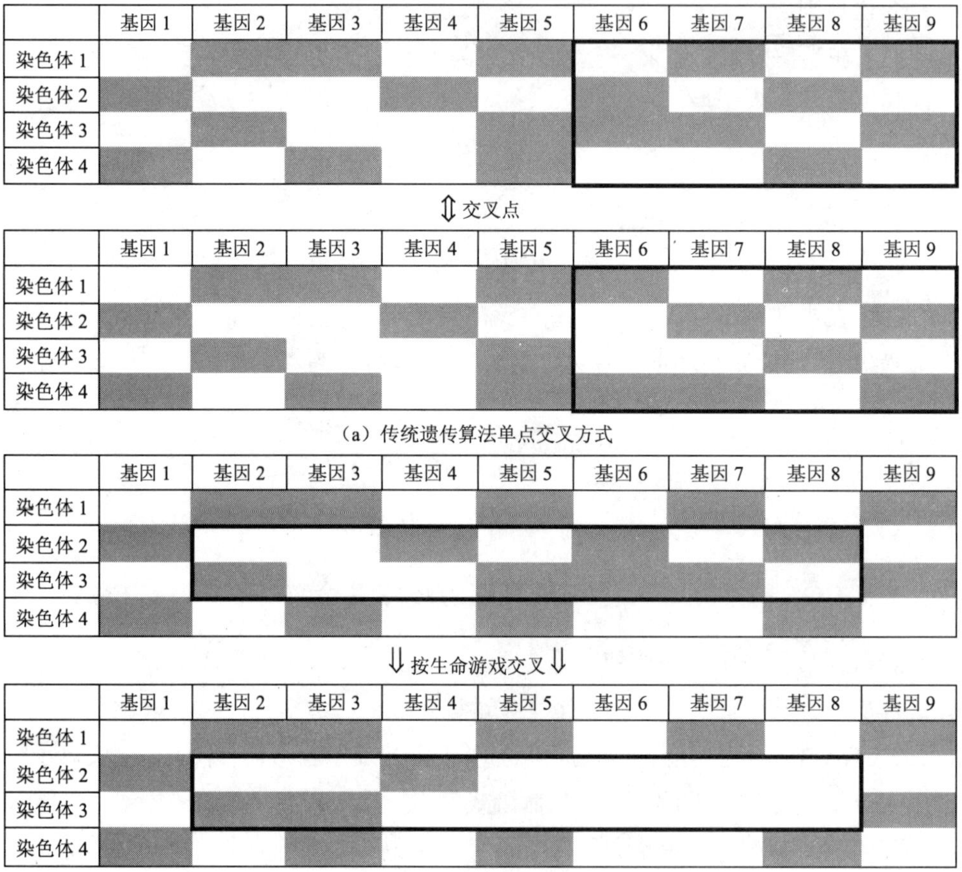

	基因 1	基因 2	基因 3	基因 4	基因 5	基因 6	基因 7	基因 8	基因 9
染色体 1									
染色体 2									
染色体 3									
染色体 4									

⇕ 交叉点

	基因 1	基因 2	基因 3	基因 4	基因 5	基因 6	基因 7	基因 8	基因 9
染色体 1									
染色体 2									
染色体 3									
染色体 4									

（a）传统遗传算法单点交叉方式

	基因 1	基因 2	基因 3	基因 4	基因 5	基因 6	基因 7	基因 8	基因 9
染色体 1									
染色体 2									
染色体 3									
染色体 4									

⇓ 按生命游戏交叉 ⇓

	基因 1	基因 2	基因 3	基因 4	基因 5	基因 6	基因 7	基因 8	基因 9
染色体 1									
染色体 2									
染色体 3									
染色体 4									

（b）生命游戏交叉方式

图 5-5　传统遗传算法单点交叉与生命游戏交叉方式对比

（4）变异操作。以变异概率 p_m 对种群中的个体进行基因位变异操作（详见 5.1.2 节）。

（5）判断是否达到生物集团评价标准（详见 5.1.2 节），若未达到标准则转到步骤（2）。

不难发现，LG-CGA 算法与传统遗传算法有些类似，不同之处就在于 LG-CGA 算法利用元胞自动机的演化规则改变了传统遗传算法习惯采用的固定模式的交叉方式，使个体之间的交互全方位、动态化，从而保证了种群的多样性。

4. LG-CGA 算法算例与演化过程

我们以典型多峰函数 $f(x)=10\sin(5x)+7\cos(4x)$（见图 5-6）为例，应用 LG-CGA 算法求解问题 $\max\{f(x)\}$，其中自变量 $x\in[0,10]$，设计种群数量 50；染色体长度 20；采用二进制编码，终止时间（迭代次数）$T=100$。

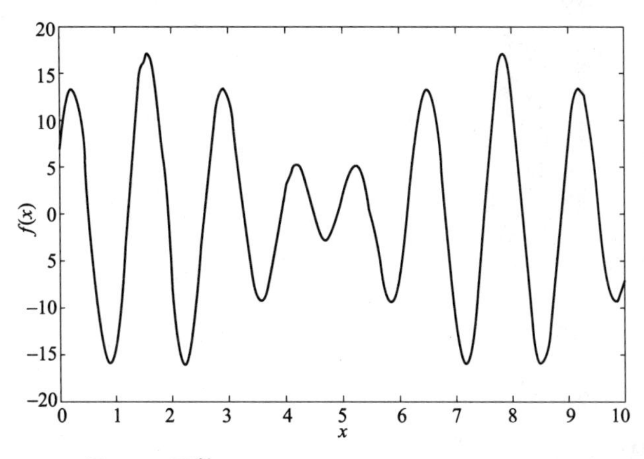

图 5-6 函数 $f(x)=10\sin(5x)+7\cos(4x)$，$x\in[0,10]$

如图 5-7 所示的由元胞组成的二维网格中，每一行代表一个个体，每一单位网格代表一个基因，不难看出，元胞自动机提供的二维世界使 LG-CGA 算法的编码方式得到更加形象直观的体现。由于这里的“交叉”操作是针对代表个体元胞的“基因”而言的，故图 5-7 的演化试验中设置了较低的交叉概率 0.1。

图 5-7 给出了 LG-CGA 算法经过数轮迭代运算在各个时间点的演化状态的仿真结果。不难看出：① 在选择操作的作用下，元胞呈现出了某种规则排列的趋势；在交叉和变异操作的作用下，一定数量的元胞又以杂乱排列的方式保证种群多样性；同时元胞状态的演化也形象地描述了解的收敛过程；②“活”元胞数量随时

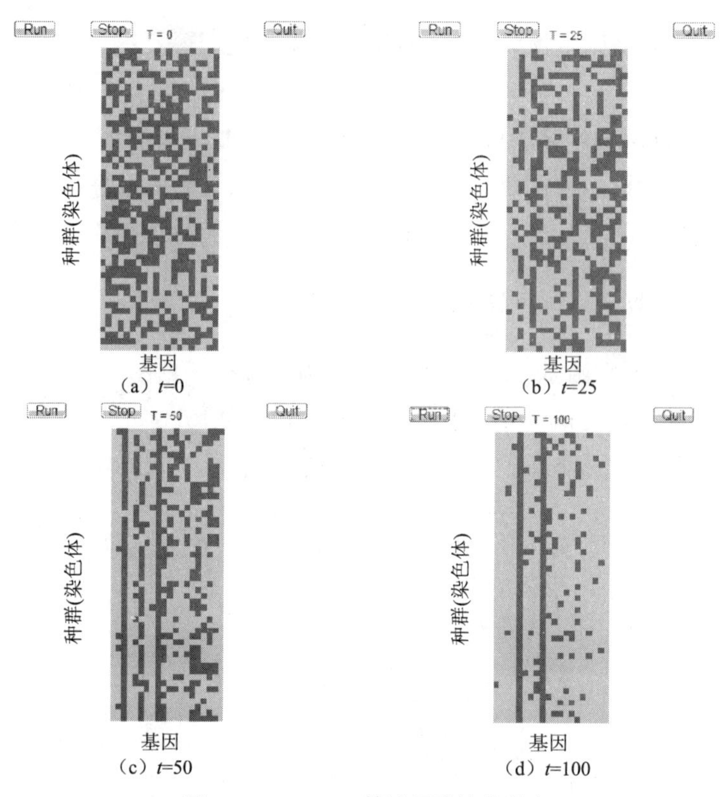

（a）t=0　（b）t=25　（c）t=50　（d）t=100

图 5-7　LG-CGA 算法元胞演化状态

间减少，说明生命游戏的机理在遗传操作中得到了体现（一般来讲，生命游戏中元胞的存活率最终会稳定在 15%左右）。

绘制求解结果（100 次迭代所得到的最大适应值，此处设置交叉概率 $p_c = 0.6$；变异概率 $p_m = 0.01$），如图 5-8 所示。

图 5-8 是专门截取的一张求解结果。不难发现，运行 LG-CGA 算法时，出现了求解结果偏离函数峰顶及收敛困难的现象。原因有二：第一，这里的“交叉（演化）”操作是针对个体元胞（基因）进行的，相对于传统遗传算法针对染色体的交叉操作而言，已经是相当大的交叉概率了；第二，活跃的生命游戏交叉方式在保证种群多样性、防止解收敛于局部最优的同时也在某种程度上破坏了对优秀个体的继承。所以，在遗传算法的演化规则算法（E-CGA）中，交叉概率应设置较低值。下面，将介绍几种应用于交叉操作的演化方式。

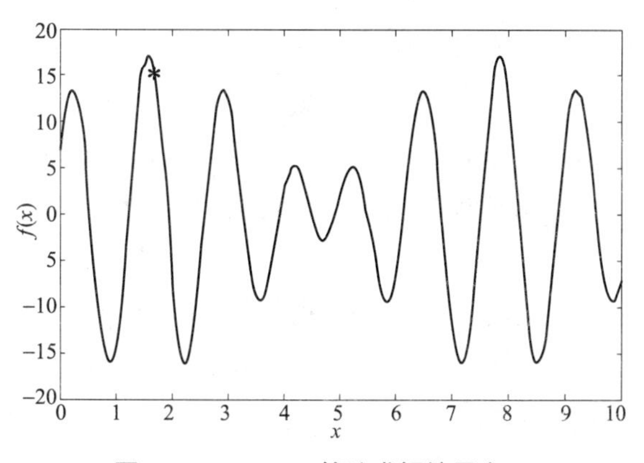

图 5-8　LG-CGA 算法求解结果之一

5. 演化规则拓展

"生命游戏"规则被认为是元胞自动机的典型代表，该演化规则近似地描述了生物模拟生命活动中的生存、灭绝、竞争等复杂现象及规律（见图 5-9）。但是，如果把它用作 E-CGA 算法中的交叉算子的话，生命游戏规则也存在着弊端。

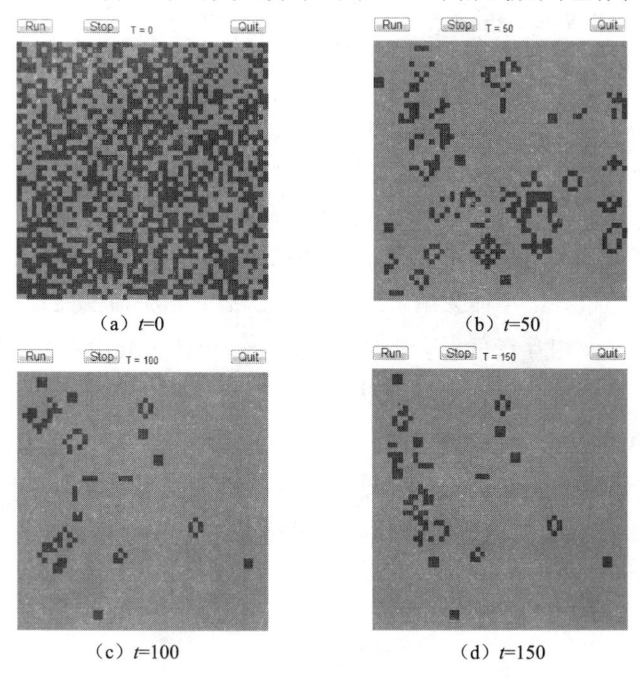

（a）t=0　（b）t=50　（c）t=100　（d）t=150

图 5-9　元胞自动机生命游戏演化

根据图 5-9 给出的元胞演化状态值分布可以看出，“生命游戏”这种演化规则对生命的要求较为苛刻，经过若干步的运算后，演化运动趋于稳定，最终表现为活着的元胞数越来越少，元胞大面积死亡，从而导致生命密度过小，生存概率降低，由于孤单，缺乏繁殖机会，最终会出现生命危机，从而破坏优秀个体的继承。

不难看出，“继承”的前提是“存在”，元胞自动机演化规则的改变会对寻优结果产生很大的影响。为了解决生命密度过小的问题，防止出现生命危机，在生命游戏规则的基础上，再提出一系列改进的演化规则，即通过改变邻居元胞的状态来提高生存概率，增加生命繁殖的机会。其中比较具有代表性的是对生命游戏规则引入四个参数 E_b、E_k、F_b、F_k。其中，E_b 表示对于一个“活”元胞，在下一个时刻继续保持“活”状态所需的最少的活邻居数；E_k 表示对于一个“死”元胞，在下一时刻复活所需要的最小的“活”邻居个数；F_b 和 F_k 分别表示上述情况的上限值，则演化规则可以表示为

$$\begin{cases} \text{if} \quad S_i^t = 1 \quad \text{then} \quad S_i^{t+1} = \begin{cases} 1: \text{ if } \; E_b \leqslant \sum S_N^t \leqslant F_b \\ 0: \text{ if } \; \sum S_N^t < E_b \; \text{ or } \; \sum S_N^t > F_b \end{cases} \\ \text{if} \quad S_i^t = 0 \quad \text{then} \quad S_i^{t+1} = \begin{cases} 1: \text{ if } \; E_k \leqslant \sum S_N^t \leqslant F_k \\ 0: \text{ if } \; \sum S_N^t < E_k \; \text{ or } \; \sum S_N^t > F_k \end{cases} \end{cases} \tag{5.8}$$

其中，S_N^t 表示 t 时刻中心元胞 i 的邻居的状态。

式（5.8）形象地体现了种群生存与环境制约的关系，生命密度过小时，由于孤单，缺乏繁殖机会，个体会由“生”变“死”；而当生命密度过大时，由于环境恶化、资源短缺及相互竞争也会出现生存危机，个体也会由“生”变“死”；只有处于个体数目适中的位置，个体才能生存和繁殖后代，从而正常地模拟真实世界里生命活动中的生存、死亡现象。

从保证个体生存密度及元胞自动机系统稳定、周期、复杂性的角度考虑演化规则，一些学者经过反复试验，严格验证参数，设计了一些具有代表性的 E-CGA 算法演化规则：

$$\text{规则 1：}\begin{cases} \text{if } S_i^t = 1 \text{ then } S_i^{t+1} = \begin{cases} 1: \text{ if } \sum S_N^t = 2 \\ 0: \text{ if } \sum S_N^t \neq 2 \end{cases} \\ \text{if } S_i^t = 0 \text{ then } S_i^{t+1} = \begin{cases} 1: \text{ if } \sum S_N^t = 3 \\ 0: \text{ if } \sum S_N^t \neq 3 \end{cases} \end{cases} \tag{5.9}$$

$$\text{规则 2：}\begin{cases} \text{if } S_i^t = 1 \text{ then } S_i^{t+1} = \begin{cases} 1: \text{ if } \sum S_N^t = 1,2 \\ 0: \text{ if } \sum S_N^t \neq 1,2 \end{cases} \\ \text{if } S_i^t = 0 \text{ then } S_i^{t+1} = \begin{cases} 1: \text{ if } \sum S_N^t = 3 \\ 0: \text{ if } \sum S_N^t \neq 3 \end{cases} \end{cases} \tag{5.10}$$

$$\text{规则 3：}\begin{cases} \text{if } S_i^t = 1 \text{ then } S_i^{t+1} = \begin{cases} 1: \text{ if } \sum S_N^t = 1,2,3,4 \\ 0: \text{ if } \sum S_N^t \neq 1,2,3,4 \end{cases} \\ \text{if } S_i^t = 0 \text{ then } S_i^{t+1} = \begin{cases} 1: \text{ if } \sum S_N^t = 4,5,6,7 \\ 0: \text{ if } \sum S_N^t \neq 4,5,6,7 \end{cases} \end{cases} \tag{5.11}$$

$$\text{规则 4：}\begin{cases} \text{if } S_i^t = 1 \text{ then } S_i^{t+1} = \begin{cases} 1: \text{ if } \sum S_N^t = 2,4,6,8 \\ 0: \text{ if } \sum S_N^t \neq 2,4,6,8 \end{cases} \\ \text{if } S_i^t = 0 \text{ then } S_i^{t+1} = \begin{cases} 1: \text{ if } \sum S_N^t = 1,3,5,7 \\ 0: \text{ if } \sum S_N^t \neq 1,3,5,7 \end{cases} \end{cases} \tag{5.12}$$

既有的研究成果及相关实验已经表明，规则 3 模拟了一种周期变化的生存状态，可使活元胞数目稳定在 51%左右；规则 4 采用了一种奇偶规则，使生物繁殖呈现杂乱性，可使活元胞数目稳定在 80%左右，采用以上规则作为 E-CGA 算法的交叉算子，将有效解决“生命游戏”交叉规则造成的种群（基因）损失问题，对于各种演化规则下的 E-CGA 算法性能，将在下一小节进行统一比较和说明。

6. 算法性能比较

交叉算子采取的运行规则不同，会对寻优结果产生影响。本节绘制一个表格，以典型多峰函数 $f(x)=10\sin(5x)+7\cos(4x)$ 为例，设置交叉概率为 0.1（传统 GA 交叉概率设置为 0.7）；变异概率为 0.01，对每种交叉规则对应的算法均独立实验 100 次来对比“演化规则”的变化对寻优结果产生的影响，结果如表 5-1 所示。

表 5-1　遗传算法的演化规则算法性能比较（独立实验 100 次）

算法	最大适应度	演化过程平均适应度	陷入局部极值次数
传统 GA	17.000	10.388	>50
LG-CGA	17.000	10.793	0
E-CGA 基于规则 1	17.000	10.089	6
E-CGA 基于规则 2	17.000	10.431	0
E-CGA 基于规则 3	17.000	10.212	0
E-CGA 基于规则 4	17.000	8.855	0

通过观察表 5-1 不难发现：相对于传统 GA、E-CGA 算法，通过对交叉方式的改进有效避免了寻优陷入局部极值。

5.2.2　自适应元胞遗传算法（SA-CGA）

上一节我们介绍的遗传算法的演化规则算法（E-CGA）重点在于将元胞自动机模型自身的一些演化规则应用于传统遗传算法的交叉操作中，借鉴生物过程的某些特点，用 Moore 邻居形式的元胞运行“生命游戏”等规则来取代传统遗传算法中染色体之间进行的交叉行为。这一改变，丰富了传统遗传算法中单调的交叉操作形式，保证了种群的多样性，并且取得了良好的实验结果。然而，在 E-CGA 算法中，我们把独立的一个元胞视为传统遗传算法中的一个基因，可以这样认为，E-CGA 算法与传统遗传算法相比，不同之处只在于采用的“算子”不同，虽然采用了元胞自动机的二维网格来表示染色体，但严格来讲，算法本身依旧局限于一维空间，并未在算法中体现出元胞的“智能”或“自适应”等特点。

1. 自适应元胞遗传算法的理论基础——复杂系统理论

1973 年，埃德加·莫兰（Edgar Morin）在《迷失的范式：人性研究》一书中正式提出了“复杂性方法”。莫兰复杂性思想的核心来自他所阐述的“来自噪声的有序”原则，我们可以这样理解这个原则：我们将一些具有磁性的小立方体散乱地搁置在一个盒子里，然后任意摇动这个盒子，最后人们看到盒子中的小立方体在充分运动之后根据磁极的取向互相连接形成一个有序的结构。在这个例子中，我们任意地摇动盒子是无序的表现，当然，仅靠摇动盒子肯定不能导致盒子内小立方体产生有序的结构，小立方体本身具有磁性，是产生有序结构的潜能，但这个潜能借助了我们“摇动盒子”这一无序因素才得以实现。这条原理率先打破了有关有序性和无序性相互对立和排斥的传统观念，初步揭示了整体效果与局部规则之间的联系。

1984年，在默里·盖尔曼（Murray Geli-Mann）和另一位诺贝尔物理学奖获得者安德逊（Philip Anderson）、诺贝尔经济学奖获得者阿罗（Kenneth Arrow）等人的支持下，一批从事物理、经济、理论生物、计算机等学科的研究人员，组织了圣塔菲研究所（Santa Fe Institute，SFI），专门从事复杂科学的研究，试图由此找到一条通过学科间的融合来解决复杂性问题的道路。圣塔菲研究所的成立，标志着复杂性科学的兴起。所谓复杂性科学，就是研究一个复杂系统中各组成部分之间相互作用的特征、机理、规律及复杂性，揭示系统的演化、混沌、涌现、自组织、自适应、自相似等机理及其内在规律的一门新兴的交叉学科。这门学科不依赖于牛顿式的宇宙观，而是采用自下而上的方法，探讨组成复杂系统的各个小部分之间通过相互作用而涌现出来的不同于微观个体特征的整体特性。俗话说，千里之堤，毁于蚁穴，大堤的崩溃是一个整体特性，但这个结果是由其内部微小的蚂蚁运动产生的。

复杂系统和复杂性是复杂性科学的两个核心概念。复杂性作为一种性状，是系统内相互作用的成分或要素形成的时空结构，复杂性的载体就是复杂系统，两者密不可分。

一般来讲，对复杂性的定义有两层含义：① 从局部来讲，指系统内部元素具有异质性、多样性和自主性，以及元素之间错综复杂的相互作用，这好比大堤内形形色色的蚂蚁；② 从整体来讲，指系统宏观奇异现象的涌现，这好比大堤最终的崩溃。

相比而言，复杂系统是存在比较广泛的系统，可以这样来定义：① 不是简单系统，也不是随机系统；② 是一个非线性系统；③ 复杂系统内部有很多子系统，这些子系统之间又是相互依赖的，子系统之间有许多协同作用，可以共同进化。

同时，复杂系统具有如下特征。

（1）个体是主动的。个体的主动性是指个体在适应环境的同时，并不是仅仅被动地接受环境的影响，而是要试图影响和改变环境来提高自己的适应能力。

（2）个体是学习进化的。个体要在系统中生存下去，就需要不断搜集信息，去伪存真，更新策略，提高自身的适应度，这就好比一个人要立足社会，就需要不断学习，提高自身的能力。

（3）具有涌现性。涌现性是复杂适应系统的本质特征，涌现简单来说就是整体大于部分之和的效果，在微观主体进化的基础上，系统在宏观方面发生了性质和结构上的改变。因为大堤的崩溃，正是由于存在于其内部的微观主体——“蚂蚁”的作用。

（4）局部信息，没有中央控制。在复杂系统中，没有哪个主体能够知道其他所有主体的状态和行为，每个主体只可以从一个相对较小的局部范围内获取信息，处理“局部信息”，做出相应的决策。这就好比我们生存在社会里，不可能认识社会上所有的人，我们获得的知识、经验等均是通过我们认识的人获得（如亲人、老师、同学、朋友等）。系统的整体行为是通过个体之间的相互竞争、协作等局部相互作用而涌现出来的。例如在一个蚂蚁王国中，每一个蚂蚁并不是根据“国王”的命令来统一行动，而是根据同伴的行为及环境调整自身行为，进而实现群体行为。

元胞自动机本身具有并行、局部规则、齐次、离散等良好特性，能够抓住系统演化的本质特征而体现复杂的系统演化行为，目前已被认为是复杂性科学研究的基本方法。

如前文所述，遗传算法是一种具有空间群体结构的算法，所以易于映射到元胞自动机的二维网格中。本节则根据这些特点，将单个的元胞视作遗传算法中种群的个体，赋予元胞个体“智能”的特点，使其具备自学习能力，借助元胞自动机模型的邻居结构及一系列复杂系统的特征实现遗传算法的操作。

2. 元胞空间描述

SA-CGA 算法中，我们设定元胞空间为 $n \times n$ 的二维网格，每个网格代表种群中的一个个体；邻居形式可采用 Von Neumann 型、Moore 型及扩展的 Moore 型，每个个体可分别有 4 个、8 个、24 个邻居，如图 5-10 所示。

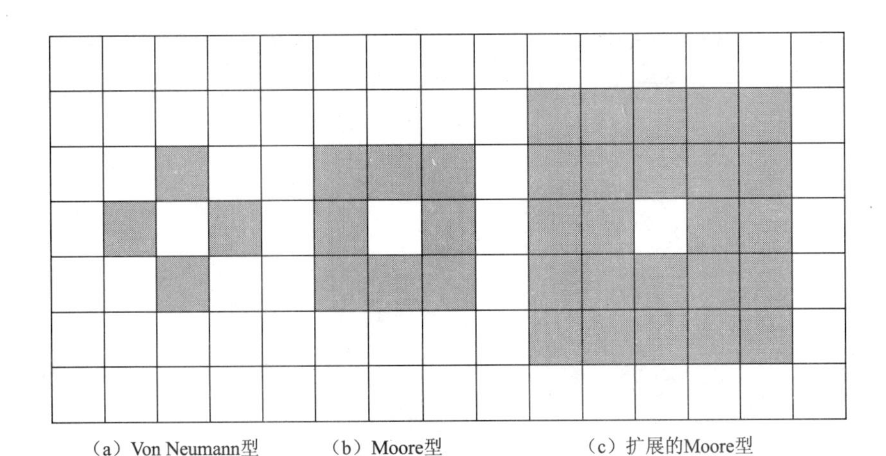

图 5-10 元胞邻居形式

3. SA-CGA 算法计算步骤

为方便对比，我们在此依旧以 5.1.2 节中求解最大值的问题为例来描述算法的计算步骤。

（1）种群初始化：在 $n \times n$ 的二维网格中，每个网格代表一个个体 $V_{i,j}$ $(i,j=1,2,\cdots,n)$，每一个个体拥有一条染色体 $x_{i,j}$，i,j 表示个体的坐标，$x_{i,j} \in [a,b]$。

（2）编码（详见 5.1.2 节），为直观和便于理解，本节直接采用十进制编码。

（3）计算适应度：计算元胞空间（种群）中个体 $V_{i,j}$ 的适应度 $\mathrm{eval}(V_{i,j})$，不失一般性，有 $\mathrm{eval}(V_{i,j}) = f(x_{i,j}) - \min(f(x_{i,j}))$。

（4）选择操作：元胞空间内每一个个体 $V_{i,j}$ 均对周围邻居中（包括自身，依据邻居形式不同，或 5 个、或 9 个、或 25 个）适应值大于或等于自身（$\mathrm{eval}(V_{a,b}) \geqslant \mathrm{eval}(V_{i,j})$）的元胞（用集合 Ω 表示）做出适应度评价

$$p_{a,b} = \frac{\mathrm{eval}(V_{a,b})}{\sum\limits_{a,b\in\Omega} \mathrm{eval}(V_{a,b})} \tag{5.13}$$

上式中的 $p_{a,b}$ 即个体 $V_{i,j}$ 的邻居 $V_{a,b}$ 被选中的概率（若 $\mathrm{eval}(V_{a,b}) < \mathrm{eval}(V_{i,j})$，则 $p_{a,b}=0$），与传统遗传算法一样，这个选择仍以轮盘赌的方式进行，但与传统

遗传算法不同的是，这里参与轮盘赌的个体，仅限于属于个体$V_{i,j}$的集合Ω。直观来讲，这是一个中心元胞向邻居“学习”的过程，如图 5-11 所示（此处以 Moore 型邻居为例，中心元胞为$V_{i,j}$）。

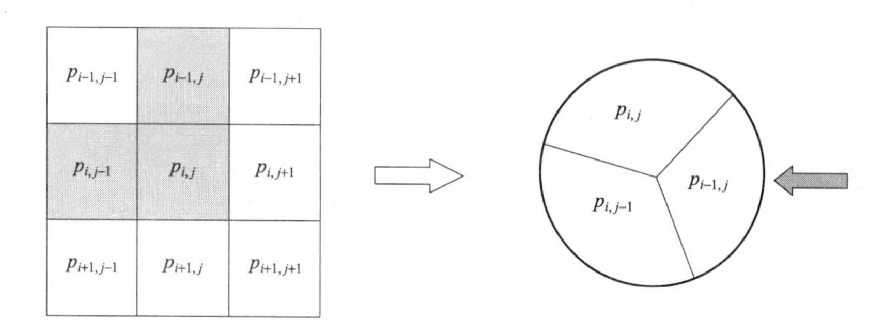

图 5-11　局部轮盘赌

图 5-11 中被阴影覆盖的元胞的适应值均大于或等于中心元胞$V_{i,j}$，依据式(5-13)，将其概率放入轮盘，轮盘转动一次，深色箭头指向的区域所代表的个体即成为被中心元胞$V_{i,j}$所选中的学习对象。

（5）交叉操作。我们仍然以 Moore 型邻居为例，假设元胞个体$V_{a,b}$（$a\in[i-1,i+1]$；$b\in[j-1,j+1]$）在选择操作中被中心元胞$V_{i,j}$选中，这里定义交叉概率为p_c，则个体$V_{i,j}$以如下交叉方式对染色体进行更新

$$x'_{i,j}=(1-p_c)x_{i,j}+p_c x_{a,b} \tag{5.14}$$

不难发现，这里就出现了与传统遗传算法不同的地方，传统遗传算法是在“轮盘赌”选择操作之后，对更新后的种群依据概率进行个体交叉。这种交叉方式在一定程度上确保了种群的多样性，但也同时会破坏优秀个体；而在 SA-CGA 算法中，交叉操作可以理解为局部区域的中心元胞向比自身优秀的个体学习的过程，二维空间结构中的“局部区域”保证了种群的多样性，“向比自身优秀的个体学习”可以防止种群中既有的优秀个体被破坏。因此，SA-CGA 算法中的交叉概率p_c不同于传统遗传算法中的交叉概率。传统遗传算法中，交叉概率表示的是个体被选中参与交叉操作的可能性（详见 5.1.2 节）；而 SA-CGA 算法中的交叉概率可看作是个体$V_{i,j}$的“自信程度”或“学习倾向性”。当$p_c=1$时，个体$V_{i,j}$毫无保留地学

习邻居中比自身优秀的个体；而当 $p_c = 0$ 时，个体 $V_{i,j}$ 完全自信，与邻居无任何信息交互。

（6）变异操作。与传统遗传算法类似，定义变异概率为 p_m，对于元胞空间中的每个个体 $V_{i,j}$，从 [0,1] 中选择随机数 r，若 $r < p_m$，则个体的染色体更新如下

$$x''_{i,j} = x'_{i,j} + \delta_\varepsilon \varepsilon \tag{5.15}$$

其中，δ_ε 为一常数；ε~N(0,1)。

（7）判断是否达到生物集团评价标准（详见 5.1.2 节），若不达标则转到步骤（3）。

上述即为 SA-CGA 算法的全部计算流程。

4. SA-CGA 算法算例与演化过程

本节依旧以典型多峰函数 $f(x) = 10\sin(5x) + 7\cos(4x)$ 为例，应用 SA-CGA 算法求解问题 $\max\{f(x)\}$，其中自变量 $x \in [0,10]$；采用十进制编码；交叉概率 0.7；变异概率 0.01；终止时间（迭代次数）$T = 100$。

1）基于 Von Neumann 型邻居的 SA-CGA 算法元胞演化过程

观察图 5-12 及图 5-13 不难发现，随着时间演化及元胞个体在邻居范围内的自学习遗传操作，种群整体的适应度呈现扩散式增长的现象，反映了局部规则作用于整体的效果。

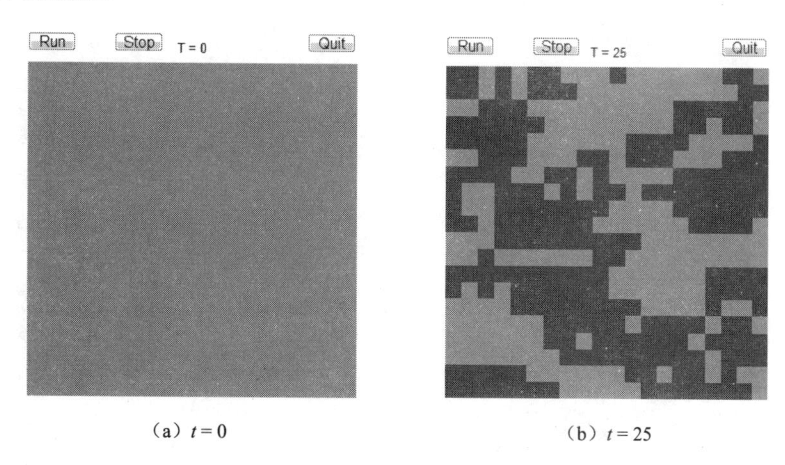

（a）$t = 0$　　　　（b）$t = 25$

图 5-12　基于 Von Neumann 型邻居的 SA-CGA 算法元胞演化过程（种群数量：400）（一）

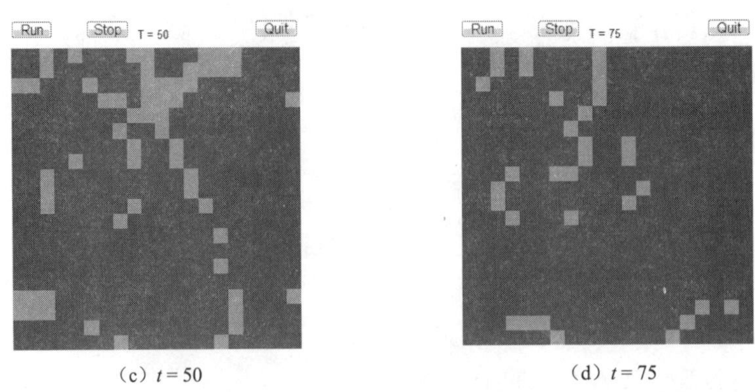

（c）$t = 50$　　（d）$t = 75$

图 5-12　基于 Von Neumann 型邻居的 SA-CGA 算法元胞演化过程（种群数量：400）（二）

注：当个体目标函数值大于等于 16 时，元胞显示为红色

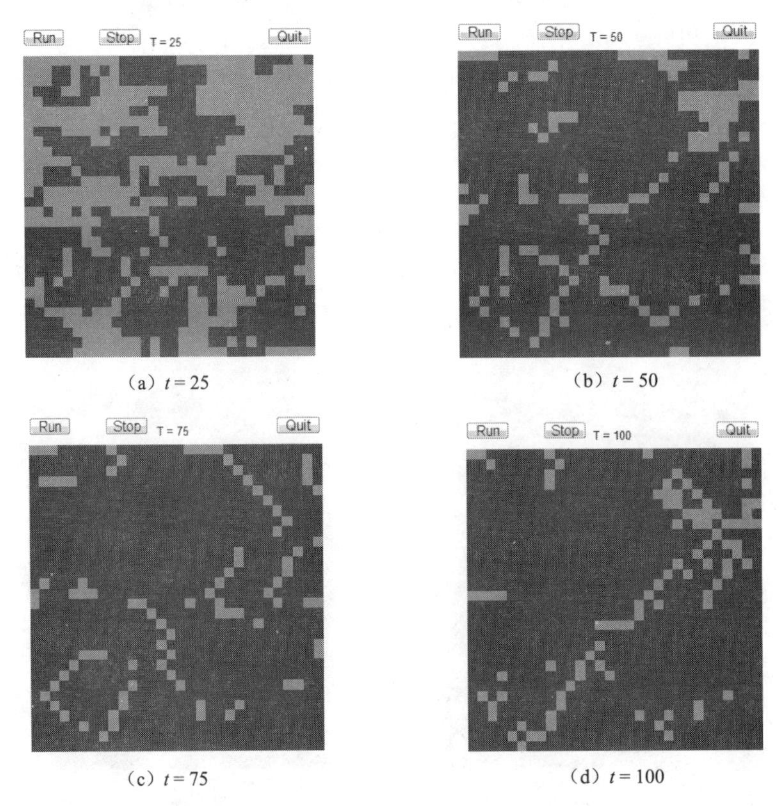

（a）$t = 25$　　（b）$t = 50$

（c）$t = 75$　　（d）$t = 100$

图 5-13　基于 Von Neumann 型邻居的 SA-CGA 算法元胞演化过程（种群数量：900）

注：当个体目标函数值大于等于 16 时，元胞显示为红色

观察图 5-14 不难发现，随着种群数量的增加，种群平均目标函数值增长曲线趋于平滑，波动性减小，这说明，在该邻居结构作用下，群体数量增加，提高了寻优过程中个体间意见的统一性。

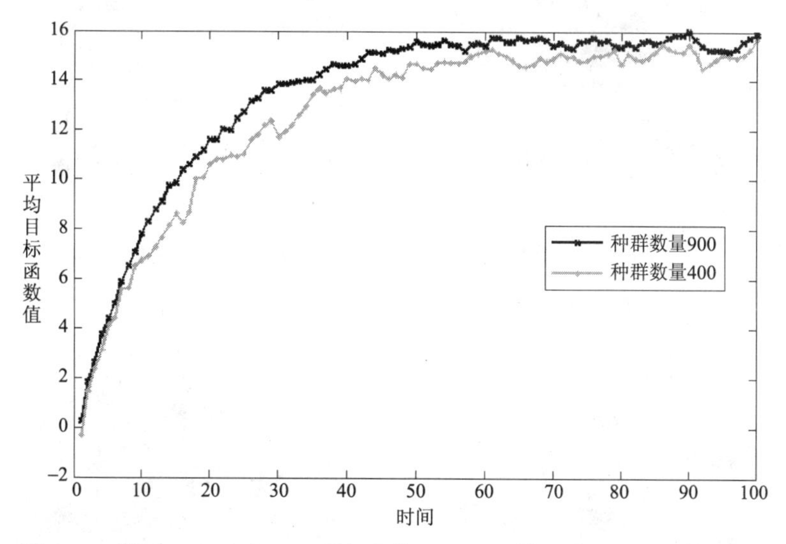

图 5-14　基于 Von. Neumann 型邻居的 SA-CGA 算法种群平均目标函数值

2）基于 Moore 型邻居的 SA-CGA 算法元胞演化过程

观察图 5-15 及图 5-16 可以发现，如同 Von Neumann 型邻居，随着时间演化

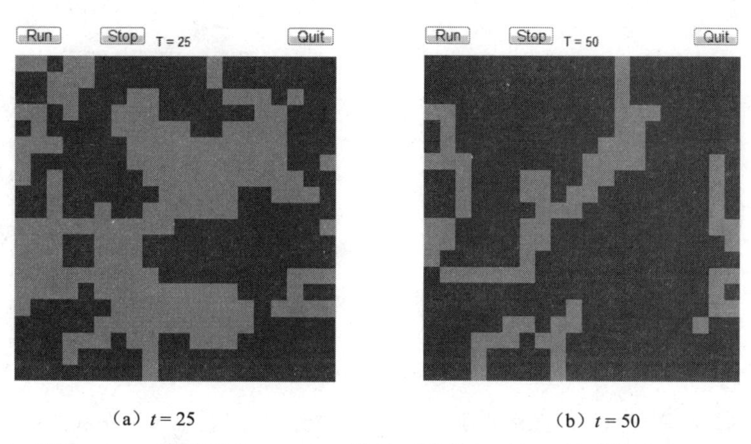

（a）$t=25$　　（b）$t=50$

图 5-15　基于 Moore 型邻居的 SA-CGA 算法元胞演化过程（种群数量：400）（一）

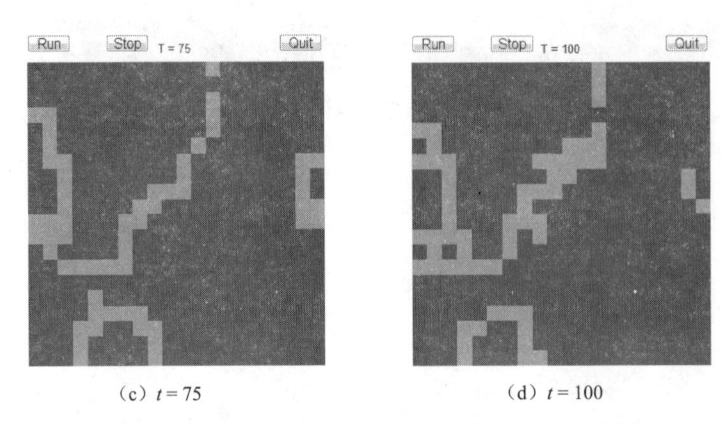

（c）$t = 75$　　（d）$t = 100$

图 5-15　基于 Moore 型邻居的 SA-CGA 算法元胞演化过程（种群数量：400）（二）

注：当个体目标函数值大于等于 16 时，元胞显示为红色

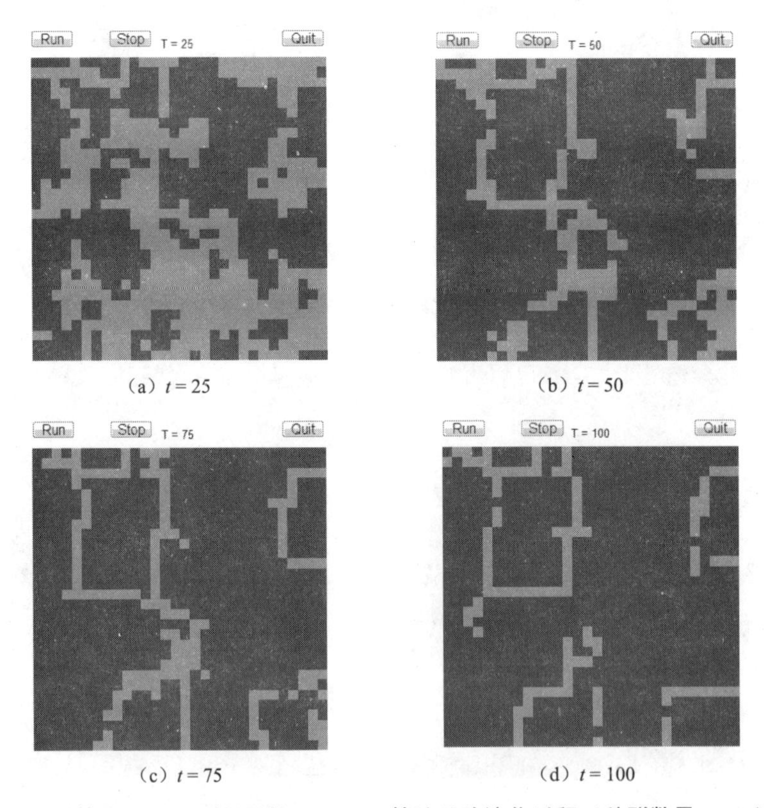

（a）$t = 25$　　（b）$t = 50$

（c）$t = 75$　　（d）$t = 100$

图 5-16　基于 Moore 型邻居的 SA-CGA 算法元胞演化过程（种群数量：900）

注：当个体目标函数值大于等于 16 时，元胞显示为红色

及元胞个体在邻居范围内的自学习遗传操作，基于 Moore 型邻居的种群整体适应度同样呈现扩散式增长的现象，但通过多次实验统计（实验数据见后文表）对比两种邻居结构下的元胞个体适应度可以发现，相同的演化时刻，Von Neumann 型邻居结构下运行得到的元胞平均适应度在大多数情况下高于 Moore 型邻居，即基于 Von Neumann 型邻居的 SA-CGA 算法效率更高，对比图 5-14 与图 5-17，也可以直观地发现这一点。

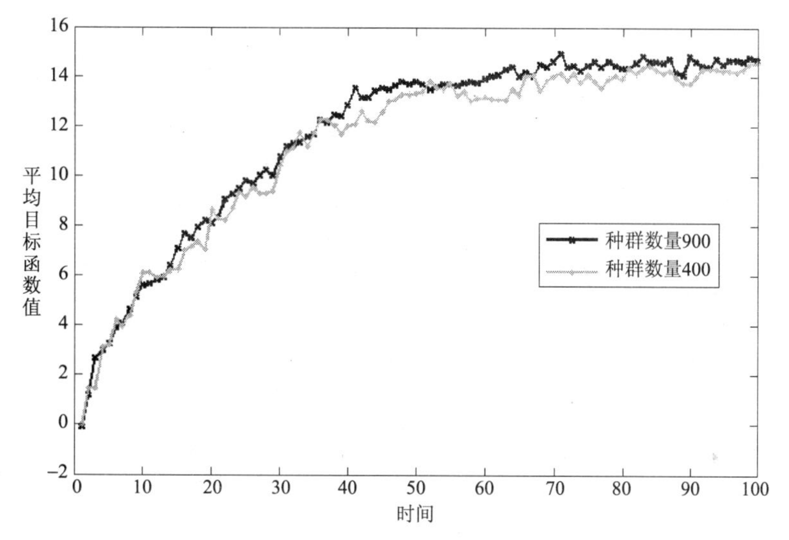

图 5-17　基于 Moore 型邻居的 SA-CGA 算法种群平均目标函数值变化

3）基于扩展 Moore 型邻居的 SA-CGA 算法元胞演化过程

相比基于 Von Neumann 型邻居（图 5-12 与图 5-13）及 Moore 型邻居（图 5-15 与图 5-16）的元胞演化过程，基于扩展 Moore 型邻居的元胞演化过程中（图 5-18 与图 5-19），红色元胞（目标函数值大于等于 16）的个数明显减少；再比较图 5-17 与图 5-20，并且通过多次试验统计（实验数据见后文表）对比两种邻居结构下的元胞个体适应度可以发现，Moore 型邻居结构下的元胞平均适应度往往高于扩展 Moore 型邻居。这说明，二者相比，基于 Moore 型邻居的 SA-CGA 算法效率更高。

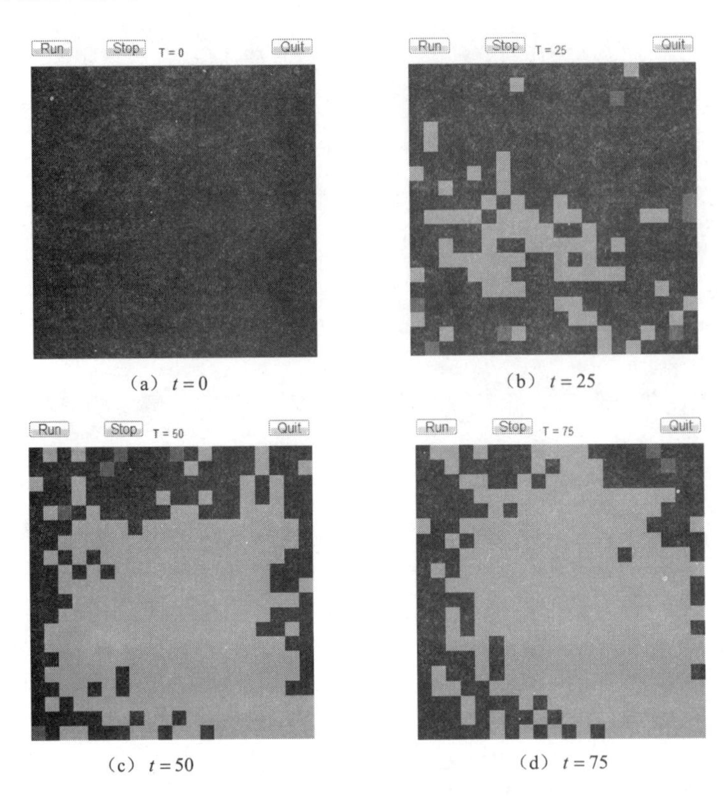

（a） $t=0$　　（b） $t=25$

（c） $t=50$　　（d） $t=75$

图 5-18　基于扩展 Moore 型邻居的 SA-CGA 算法元胞演化过程（种群数量：400）

注：当个体目标函数值大于等于 16 时，元胞显示为红色；大于等于 12 且小于 16 时，元胞显示为绿色；小于 12 时，元胞显示为蓝色。

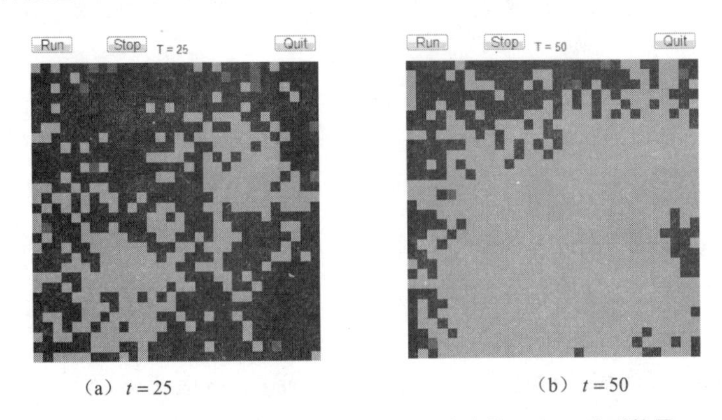

（a） $t=25$　　（b） $t=50$

图 5-19　基于扩展 Moore 型邻居的 SA-CGA 算法元胞演化过程（种群数量：900）（一）

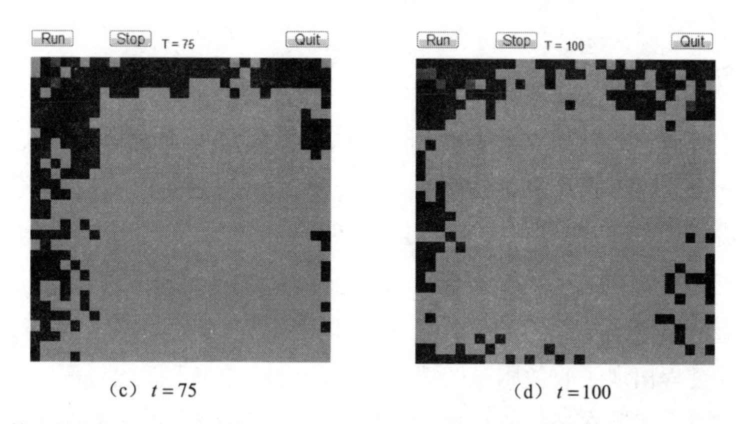

（c）$t=75$　　（d）$t=100$

图 5-19　基于扩展 Moore 型邻居的 SA-CGA 算法元胞演化过程（种群数量：900）（二）

注：当个体目标函数值大于等于 16 时，元胞显示为红色；大于等于 12 且小于 16 时，元胞显示为绿色；小于 12 时，元胞显示为蓝色。

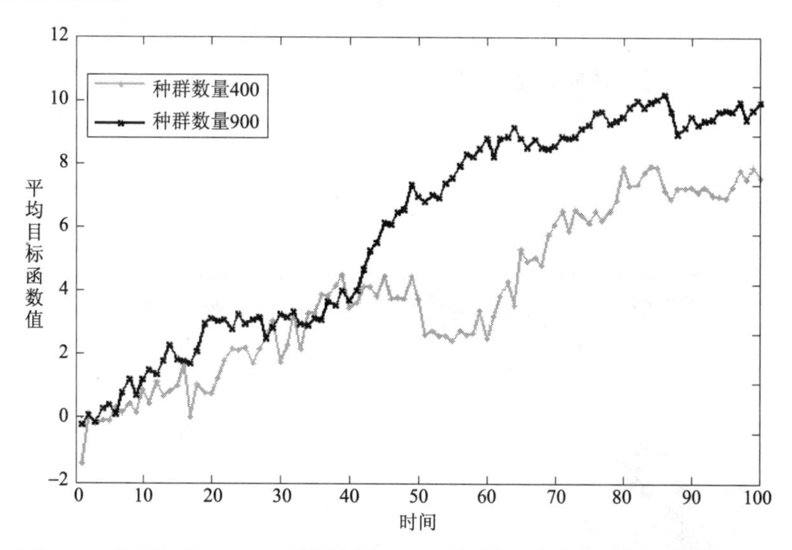

图 5-20　基于扩展 Moore 型邻居的 SA-CGA 算法种群平均目标函数值变化

上述基于不同邻居结构之间的 SA-CGA 算法元胞演化过程的比较，说明邻居范围的扩大（可供中心元胞“参考”的“学习对象”数目增加）不利于得到高质量的解。这一点可以用我们日常生活中的现象来解释，当我们面临一个决策时，过多的参考信息往往会让我们犹豫不定，思前想后，对判断形成干扰，从而影响决策的正确性。

5. 算法性能比较

自适应元胞遗传算法中，种群数量、邻居结构均会对算法寻优结果产生影响，本节绘制一个表格来比较上述条件不同的情况下，SA-CGA 算法对寻优结果的影响，依旧沿用典型多峰函数：$f(x)=10\sin(5x)+7\cos(4x)$，其中，$x\in[0,10]$。

观察表 5-2 及图 5-21 不难发现：①随着个体邻居数目增加，演化过程的平均目标函数值呈现递减的趋势，这说明收敛速度有所下降；②扩展 Moore 型邻居结构下，寻优过程出现了收敛困难的情形。上述比较说明，演化过程中，减少“邻居”数目造成了元胞在局部轮盘赌时选择压力（优秀个体的生存能力）增大，从而有利于提高寻优速度；③不同的邻居结构下，增大或减小种群数量对适应度的变化不产生一致性的影响（在 Von Neumann 型及 Moore 型邻居结构下，增加种群数量有助于稳定适应度的变化过程，而在扩展 Moore 型结构下却适得其反），这说明，种群数量要视具体问题而定。

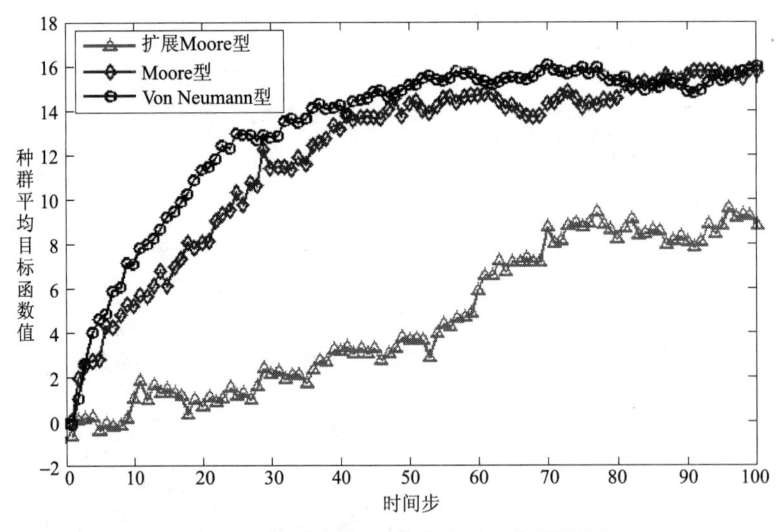

图 5-21　邻居结构与目标函数值变化（种群数量 400）

表 5-2 SA-CGA 算法性能比较（独立实验 100 次）

邻居形式	Von Neumann 型			Moore 型			扩展 Moore 型		
种群数量	100	400	900	100	400	900	100	400	900
最优解	17.000	17.000	17.000	17.000	17.000	17.000	17.000	17.000	17.000
演化过程平均目标函数值	13.248	13.242	13.050	12.342	12.103	11.867	0.549	3.738	5.315
目标函数值均方差	14.243	13.136	12.318	14.577	13.596	12.925	0.967	6.177	8.897
是否出现收敛困难	否	否	否	否	否	否	是	是	是

5.2.3 加入演化规则的自适应元胞遗传算法（ESA-CGA）

我们在 5.2.1 介绍了元胞自动机的演化规则在遗传算法操作规则中的运用（遗传算法的演化规则算法），其原理是用元胞自动机模拟出“人工生命”中自然界生物体的生存、竞争、死亡现象，再用其取代传统遗传算法中的交叉算子，元胞的演化体现在个体与个体基因的交互中，但究其根本，E-CGA 算法与传统遗传算法依然同属序列式算法，元胞演化规则在其中的运用只是为交叉操作提供多样性。而在 SA-CGA 算法中，我们将单独的元胞视作具有学习功能的个体，然后借助元胞自动机的邻居结构实现个体之间的交互，完成遗传操作。在整个过程中，元胞都是“活着”的。在现实的生态系统中，个体的状态是一个不断变化的过程，随着时间的推进，会有出生、死亡等现象，当我们要去研究一些基于真实世界的个体之间交互学习行为时，SA-CGA 算法就显得有些过于理想化了。为了更为真实地模拟自然界个体的生存繁殖状态，本节我们将元胞自动机的演化规则引入自适应元胞遗传算法（SA-CGA），形成了具有演化规则的自适应元胞遗传算法（ESA-CGA），更接近真实世界。

1. 元胞演化规则

元胞个体分布在 $n \times n$ 的网格中，元胞生死状态分别为“1”、“0”，并随机赋给 $n \times n$ 个个体；邻居形式采用 Moore 型，决定元胞“生死”状态的规则详见 5.2 节中的式（5.6）～式（5.12），此处不再赘述，本节的 ESA-CGA 算法是将上述演化规则应用于种群中的个体；而在 5.2 节中是将上述演化规则应用于遗传算法中的交叉算子。

2. ESA-CGA 算法计算步骤

（1）初始化$n\times n$个个体，将其分布在$n\times n$网格中作为初始元胞，并随机确定元胞“生”、“死”状态。

（2）选择状态为“生”的元胞作为中心元胞，依据邻居形式，与周围邻居进行遗传操作（详细步骤见 SA-CGA 算法步骤（3）～步骤（6））。

（3）所有元胞状态按照给定的演化规则同时进行更新，得到新的元胞状态。

（4）判断是否达到生物集团评价标准（详见 5.1.2 节），若未达标则转到步骤（2）。

3. ESA-CGA 算法算例与演化过程

本节依旧以典型多峰函数$f(x)=10\sin(5x)+7\cos(4x)$为例，选取两种具有代表性的元胞演化规则，应用 ESA-CGA 算法求解问题$\max\{f(x)\}$，其中自变量$x\in[0,10]$；采用十进制编码；交叉概率 0.7；变异概率 0.01；种群数量 400；终止时间（迭代次数）$T=100$。

1）当演化规则为生命游戏时

观察图 5-22，红色元胞的出现和增加反映了元胞空间内的自学习遗传操作，但由于生命游戏规则本身的限制，种群最终出现了大面积的元胞死亡现象，从而造成进化中的个体损失，但个别优秀个体依然得到了保留。

（a）$t=0$

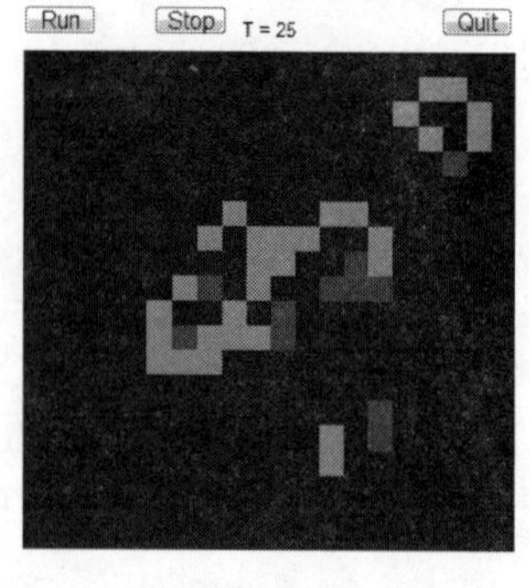

（b）$t=25$

图 5-22　基于“生命游戏”的 ESA-CGA 算法元胞演化过程（一）

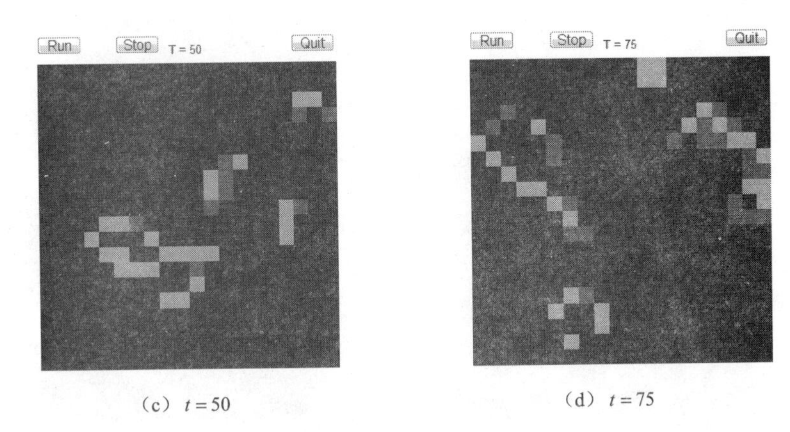

（c） $t=50$　　　　（d） $t=75$

图 5-22 基于“生命游戏”的 ESA-CGA 算法元胞演化过程（二）

注：当个体目标函数值大于等于 12 且元胞状态为“生”时，元胞显示为红色；当个体目标函数值小于 12 且元胞状态为“生”时，元胞显示为绿色；当元胞状态为“死”时，元胞显示为蓝色。

2）演化规则为“规则 4”时

观察图 5-23，如前文所述，与“生命游戏”不同，规则 4 采用了一种奇偶规则，使生物繁殖呈现杂乱性，可使活元胞数目稳定在 80%左右，存活率的保证使红色元胞（优秀个体）的数目通过自学习的遗传操作呈现扩散式增长。

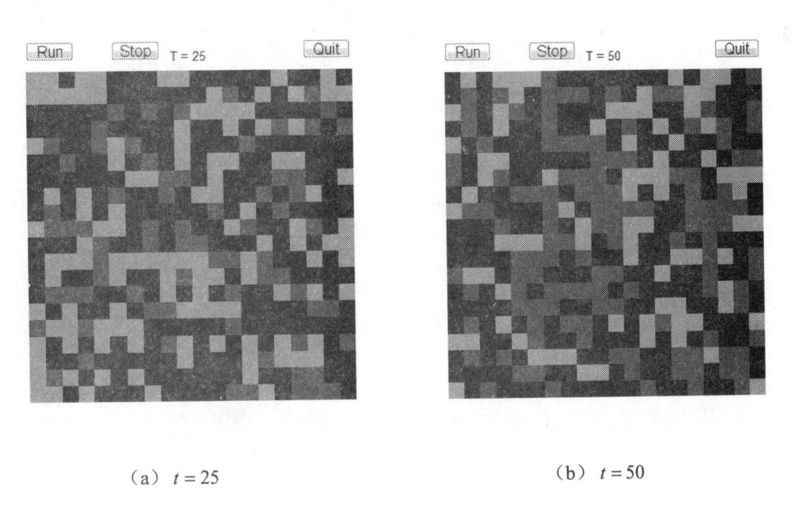

（a） $t=25$　　　　（b） $t=50$

图 5-23 基于“规则 4”的 ESA-CGA 算法元胞演化过程（一）

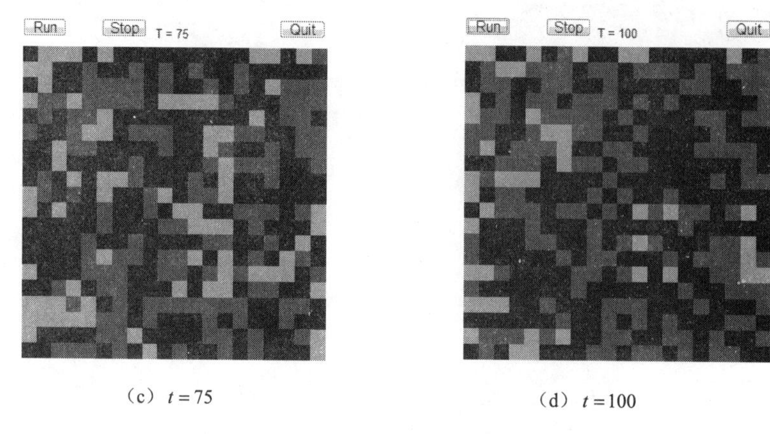

（c）$t=75$　　（d）$t=100$

图 5-23　基于“规则 4”的 ESA-CGA 算法元胞演化过程（二）

注：当个体目标函数值大于等于 12 且元胞状态为“生”时，元胞显示为红色；当个体目标函数值小于 12 且元胞状态为“生”时，元胞显示为绿色；当元胞状态为“死”时，元胞显示为蓝色。

观察图 5-24 不难发现，演化规则采用“规则 4”后，元胞存活率增大，种群的平均适应度也显著提高。

在仿真过程中，我们发现，当把“生死”变化引入元胞状态后，种群平均目标函数值的演化有时会呈现出瞬间衰减的现象，这是由于元胞生死状态的演化规则会在某些时刻将“优秀”的个体“杀死”，从而使整体目标函数值重新回到较低水平，站在这个角度考虑，ESA-CGA 算法的性能必然不如 SA-CGA 算法稳定，或者说 SA-CGA 算法是 ESA-CGA 算法的一种理想状态。但 ESA-CGA 算法的过程恰恰更接近真实世界中个体的交互作用，从而便于我们研究真实复杂世界里的微观过程。

4. 算法性能比较

本节绘制一个表格（表 5-3）来比较演化规则不同的情况下，ESA-CGA 算法对寻优结果的影响（Moore 型邻居，种群数目 900，交叉概率 0.7，变异概率 0.01）。

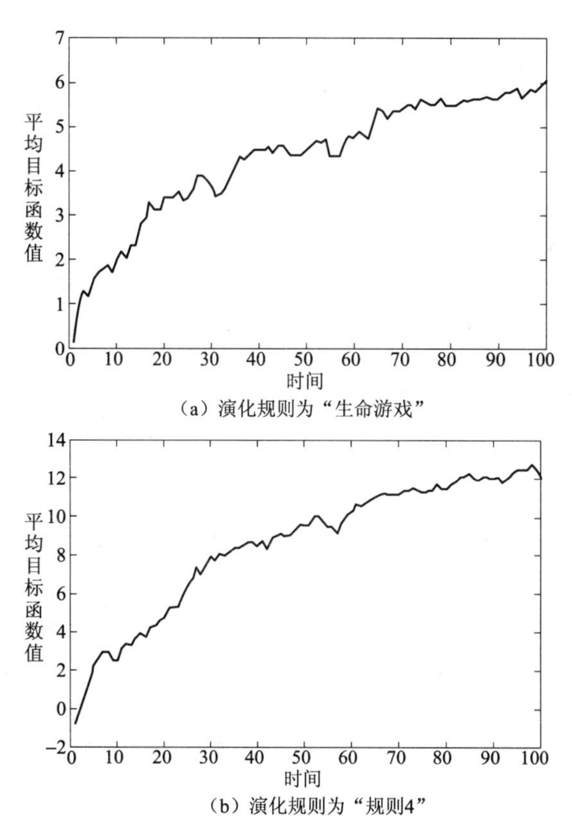

（a）演化规则为“生命游戏”

（b）演化规则为“规则4”

图 5-24 基于不同演化规则的 ESA-CGA 算法种群平均目标函数值变化

表 5-3 ESA-CGA 算法性能比较（独立实验 100 次）

算法	最优解	演化过程平均目标函数值	陷入局部极值次数
ESA-CGA 基于规则 1	17.000	0.906	0
ESA-CGA 基于规则 2	17.000	1.730	0
ESA-CGA 基于生命游戏	17.000	3.636	0
ESA-CGA 基于规则 3	17.000	6.504	0
ESA-CGA 基于规则 4	17.000	8.563	0

观察表 5-3 不难发现：① 从演化规则 1 至规则 4，随着元胞存活率的增加，演化过程平均目标函数值呈现递增趋势；② 对比表 5-2 与表 5-3，可以发现，加

入元胞生死演化规则后，由于优秀个体会随着演化规则“死亡”，演化过程平均目标函数值明显降低，虽然可以避免早熟和局部极值现象，但造成了一定程度的收敛困难（适应度过低）。

5.2.4 改进 1：基于保留精英策略的元胞遗传算法

前面几节介绍了几种基于不同演化规则及邻居形式的元胞遗传算法，通过仿真实验，我们发现，相对于传统遗传算法，元胞演化规则的引入，使得元胞遗传算法有效地避免了“局部极值”的缺点，但是，较为广阔的元胞空间及有限的邻居范围也同时决定了寻优信息在元胞空间内的传递需要一定的时间，这便间接影响了算法的收敛速度，那么，有没有办法解决这个问题？下面就介绍一种改进办法。

1. 精英保留策略

人们很早就已经证明，传统遗传算法不以概率 1 收敛到全局最优。针对这种情况，一系列改进措施相继被提出，提高了算法性能。20 世纪 90 年代，鲁道夫（Rudolph）基于马尔科夫链理论证明了保留精英的遗传算法以概率 1 收敛。所谓“保留精英”策略，是指在遗传算法的选择算子中，将种群中最好的个体置于种群的第一个，并将这个个体保留到下一代（种群的规模也同时增加了一个），不参加竞争。不难理解，之所以采取这样的办法，就是为了防止每一代中的优秀个体由于交叉和变异操作而丢失，从而陷入局部极值。

精英保留策略在本质上是为了解决遗传算法的全局收敛问题。但在采用该策略的同时，随着每一代个体都增加了一个更接近最优解的个体，也在无形中加快了算法的寻优速度，下面，将这一策略的思想引入元胞遗传算法，通过仿真实验，观察计算效果。

2. 精英保留策略在元胞遗传算法中的运用

在元胞遗传算法中，选择、交叉、变异这一系列遗传操作被限制在个体周围的邻居元胞之间进行，使得优秀个体的信息在种群中的传播速度变得较慢；全局最优解的形成是靠局部最优解之间的互相学习不断更新来完成。如果在每一代遗传操作中，个体的学习进化能够超越邻居范畴，接受当代全局最优解的影响，则势必会缩短寻优时间。下面，在将精英保留策略引入元胞遗传算法时，我们设计一种新的交叉方式来实现这种影响，算法步骤如下。

（1）种群初始化（详见 5.2.2 节）。

（2）编码（详见 5.2.2 节）。

（3）计算适应度。与之前的元胞遗传算法不同，除了计算元胞空间内每个个体的适应度 $\text{eval}(V_{i,j})$ 以外，这里还要通过比较记录种群的最大适应度 $\max\{\text{eval}(V_{i,j})\}\ (i,j=1,2,\cdots,n)$ 及对应的个体 $V_{i,j}^*$。

（4）选择操作。具体操作详见 5.2.2 节中的计算步骤，假设个体 $V_{i,j}$ 选中了邻居 $V_{a,b}$（$a\in[i-1,i+1]$；$b\in[j-1,j+1]$）。

（5）交叉操作。与之前的元胞遗传算法不同，个体元胞除了学习邻居中的优秀者以外，还要受到当代全局最优值的影响，定义交叉概率为 p_c，新的交叉方式设计为

$$x'_{i,j}=(1-p_c)x_{i,j}+p_c(1-p_c)x_{a,b}+p_c^2x^* \tag{5.16}$$

其中，x^* 表示当代种群的最大适应度 $\max\{\text{eval}(V_{i,j})\}\ (i,j=1,2,\cdots,n)$ 所对应个体的染色体。

（6）变异操作（详见 5.2.2 节）。

（7）判断是否达到生物集团评价标准，若未达标则转到步骤（3）。

可见，在步骤（5）的交叉操作中，元胞个体 $V_{i,j}$ 既受到了周围优秀邻居的影响，又受到了当代种群最优个体的影响。

3. 精英保留元胞遗传算法算例及演化过程

沿用多峰函数 $f(x)=10\sin(5x)+7\cos(4x)$，求解 $\max f(x)$，以不带精英保留策略的 SA-CGA 元胞遗传算法作为对照。其中，邻居形式为 Moore 型；种群数目 225；自变量 $x\in[0,20]$；采用十进制编码；交叉概率 0.5；变异概率 0.01；终止时间（迭代次数）$T=100$。

两种算法下种群的平均目标函数值变化过程如图 5-25 所示。

由图 5-25 可见，在元胞遗传算法中使用精英保留策略，有效提升了种群平均目标函数值的收敛速度，同时避免了陷入局部极值。

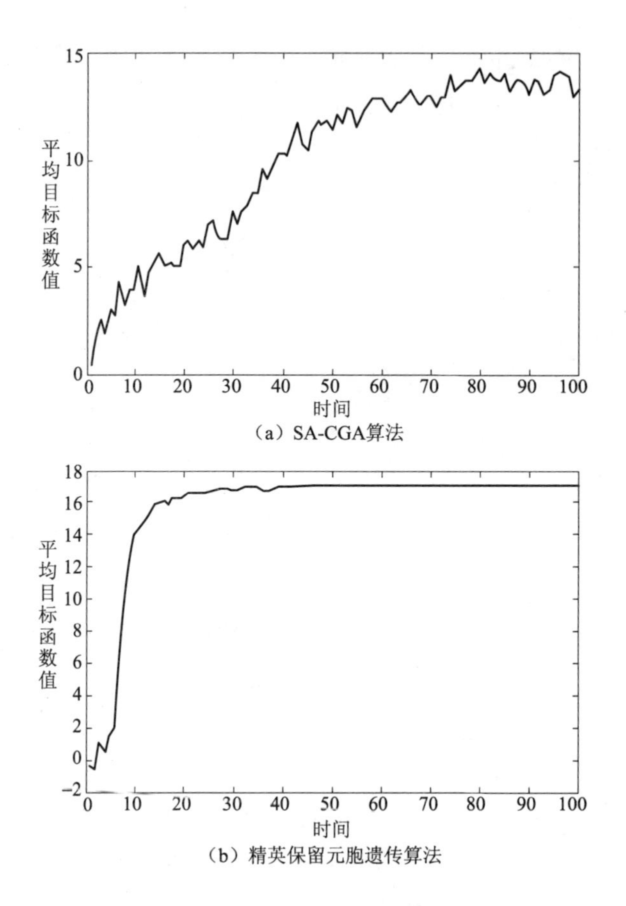

（a）SA-CGA算法

（b）精英保留元胞遗传算法

图 5-25　种群平均目标函数值变化

4. 算法性能比较（见表 5-4）

表 5-4　算法性能比较（独立实验 100 次）

算法	最优解	平均目标函数值	陷入局部极值次数	目标函数值>15 所用步数
SA-CGA	17.000	10.875	0	>100
精英保留元胞遗传算法	17.000	15.600	0	<20

由表 5-4 不难发现，用引入精英保留策略的元胞遗传算法对该多峰函数寻优，在元胞遗传算法的基础上加快了全局收敛速度，从而提升了算法的整体效率。

5.2.5　改进 2：引入自适应交叉算子的元胞遗传算法

观察上一节的式（5.16），引入精英保留策略后，个体元胞的交叉更新增加了当代全局最优个体的扰动，加快了个体朝着更优秀方向进化的速度，但是，从交叉概率的角度而言，这一交叉学习方式并不是完全自适应的，表现为：① 所有个体均采用相同的交叉概率 p_c，且 p_c 为一定值；② 无论周围“优秀”邻居的“优秀程度”如何，均采用同样的交叉概率。这样的交叉方式虽然大大提高了收敛速度，但当遇到更加复杂的问题时，无疑会影响种群的多样性，从而为算法早熟留下了一定的隐患。

1. 自适应交叉算子

日常生活中，我们向别人学习时都会有这样的经验，当我们的榜样比我们自身强很多的时候，我们往往会以很大的热情对其进行学习和借鉴；而当我们的榜样只比我们强一点或难分伯仲时，我们的学习热情往往会有所消退，甚至有时还会产生“不服气”的心理。我们把这种日常生活中的现象引入元胞遗传算法的交叉算子，对上文中的步骤 5 做如下改进

$$x'_{i,j}=(1-p_{c,i,j})x_{i,j}+p_{c,i,j}x_{a,b} \tag{5.17}$$

$$p_{c,i,j}=\begin{cases} p_c+(1-p_c)K_1\tanh\left\{\dfrac{\mathrm{eval}\left(V_{a,b}^*\right)-\mathrm{eval}\left(V_{i,j}^*\right)\cdot p_c}{K_2\left[\mathrm{eval}\left(V_{i,j}^*\right)-\mathrm{eval}\left(V_{a,b}^*\right)\right]}\right\},\left(\mathrm{eval}\left(V_{i,j}^*\right)\neq\mathrm{eval}\left(V_{a,b}^*\right)\right) \\ p_c,\left(\mathrm{eval}\left(V_{i,j}^*\right)=\mathrm{eval}\left(V_{a,b}^*\right)\right) \end{cases} \tag{5.18}$$

其中，$p_{c,i,j}$ 为元胞空间内个体 $V_{i,j}$ 自身的交叉概率，即向邻居学习的强度；p_c 为种群整体的交叉概率；$V_{a,b}^*$（$a\in[i-1,i+1]$；$b\in[j-1,j+1]$）为个体 $V_{i,j}$ 邻居中的最优个体；$V_{i,j}^*$ 为元胞空间（种群）中的最优个体；$\mathrm{eval}(V_{i,j}^*)$ 为种群当代的最大适应度，$\mathrm{eval}(V_{i,j}^*)=\max\{\mathrm{eval}(V_{i,j})\}$；$K_1$、$K_2$ 为调整系数。

可见，式（5.18）中的 $\mathrm{eval}(V_{i,j}^*)\bullet p_c$ 实际上为交叉过程提供了一个阈值。当个体周围的优秀邻居 $V_{a,b}^*$ 与整体最优 $V_{i,j}^*$ 差距较大时，则交叉概率（学习强度）$p_{c,i,j}$

较低；反之亦然。这样的设计，是基于对演化过程中局部最优与全局最优关系的考虑。

2. 算例及演化过程

这里，我们采用三个测试函数对自适应交叉算子的性能进行测试，以 SA-CGA 元胞遗传算法（固定交叉算子）作为对照，其中，邻居形式为 Moore 型；种群（元胞）数目 729；采用十进制编码；交叉概率 0.7；变异概率 0.01； K_1=0.9； K_2=2； 终止时间（迭代次数） $t=100$； 求解目标为 $\max\{f(x_1,x_2)\}$ ，三个测试函数形式如下。

1 号函数： $f(x_1,x_2)=x_1\sin(4\pi x_1)-x_2\sin(4\pi x_2+\pi+1)$ ， $x_1,x_2\in[0,1.8]$

2 号函数： $f(x_1,x_2)=0.5-\dfrac{\sin^2\sqrt{x_1^2+x_2^2}-0.5}{\left[1+0.001\left(x_1^2+x_2^2\right)\right]^2}$ ， $x_1,x_2\in[-5,5]$

3 号函数： $f(x_1,x_2)=x_1\sin(2x_1+5)-x_2\sin(2x_2+10)$ ， $x_1,x_2\in[-5,5]$

此外，定义个体适应度 $\text{eval}(V_{i,j})=f(V_{i,j})-f_{\min}$ 。其中， $f_{\min}=\min\{f(V_{i,j})\}$ ， $(i,j=1,2,\cdots,n)$ 。

元胞空间内平均求解结果演化如图 5-26 和图 5-27 所示。

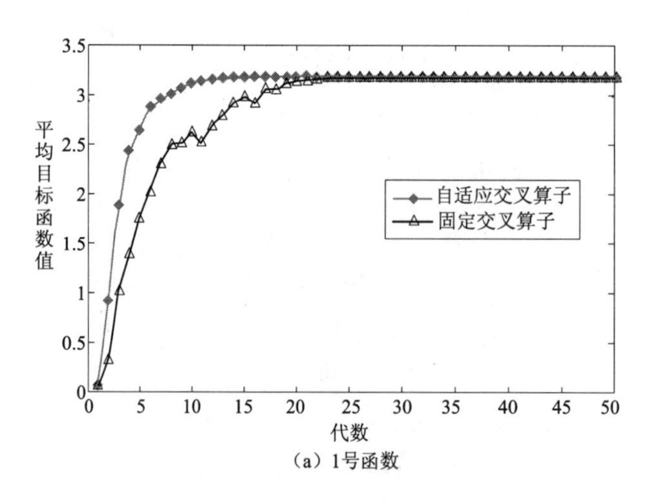

（a）1号函数

图 5-26　种群平均目标函数值变化（一）

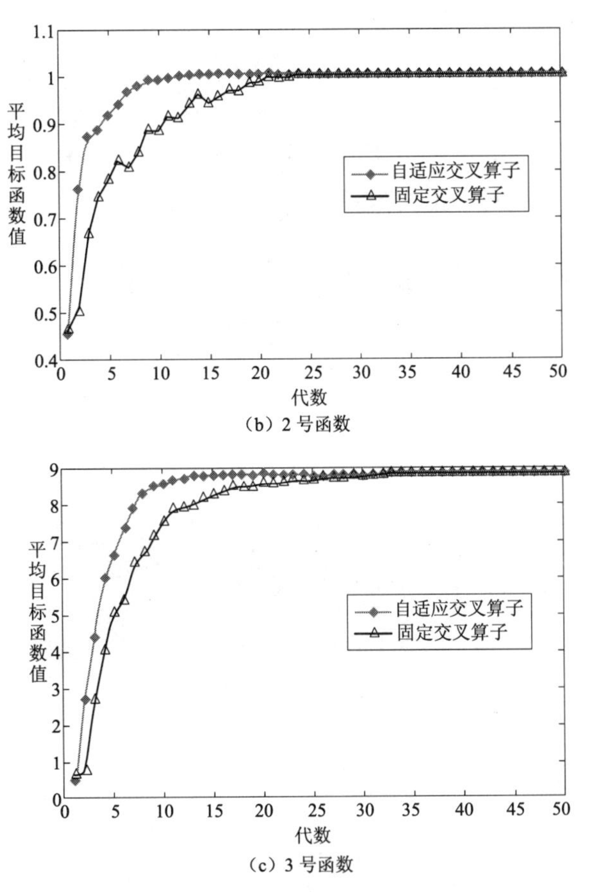

（b）2 号函数

（c）3 号函数

图 5-26　种群平均目标函数值变化（二）

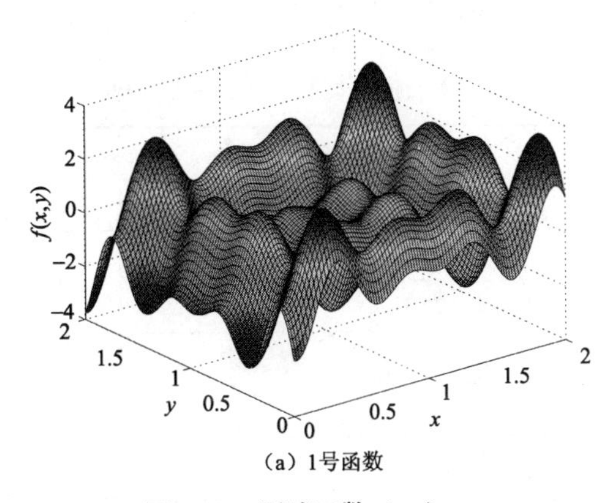

（a）1号函数

图 5-27　测试函数（一）

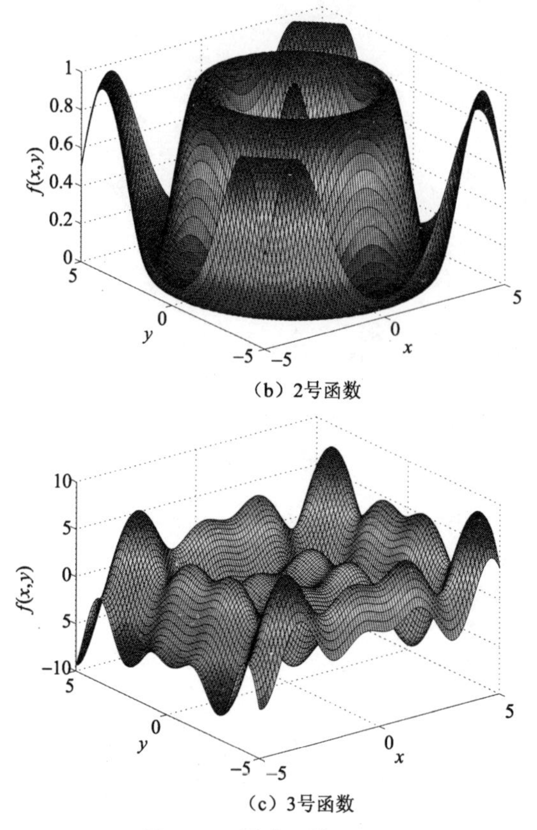

（b）2号函数

（c）3号函数

图 5-27　测试函数（二）

3. 算法性能比较（见表 5-5）

表 5-5　算法性能比较（独立实验 100 次）

函数	1 号函数		2 号函数		3 号函数	
交叉算子	固定	自适应	固定	自适应	固定	自适应
最优解	3.17	3.17	1.00	1.00	8.83	8.83
演化过程平均目标函数值	2.68	3.0	0.93	0.98	7.74	8.39
陷入局部极值次数	0	0	5	12	0	0
全局收敛所用步数	21	14	>50	33	30	16

观察图 5-26 及表 5-5 不难发现：相对于固定的交叉概率 p_c，引入自适应交叉

算子 $p_{c,i,j}$ 后，元胞遗传算法的收敛速度和求解质量得到了明显的改善；但是，在 2 号函数的实验中，引入自适应交叉算子的元胞遗传算法在大幅改善收敛速度的情况下却出现了较多次局部极值。那么，是否有更好的办法来协调收敛速度与求解精度之间的关系？

5.2.6　改进 3：三维元胞遗传算法

在大多数进化计算中，普遍存在的一个问题就是如何平衡收敛速度与种群多样性之间的关系，二者对立而统一，尤其是对于一些复杂的优化问题，提高收敛速度往往意味着陷入早熟的概率增加；而扩展种群的多样性又往往意味着减缓计算效率，在寻找“效率”与“效果”之间的平衡点上，许多学者进行了相当深入的研究。

纵观这些研究，可以总结出这样两点：第一，收敛速度往往与元胞自身的搜索能力有关，精确的搜索和定位可大大减少收敛时间；第二，健康的种群多样性的保持往往与选择交叉算子有关，选择与交叉的方式越丰富，种群多样性保持得越好。这一节，我们将在这两方面同时对元胞遗传算法作出改进。

1. 空间拓展与邻居形式

在前面的章节里，元胞遗传算法的执行与演化均是在二维元胞空间内进行，相对于二维元胞空间的平面搜索，三维元胞空间（见图 5-28）的立体式搜索可以提高元胞的“勘探”能力，这一点，在阿斯玛・艾尔纳奇（Asmaa Al-Naqi）等人的研究中已经进行了说明。

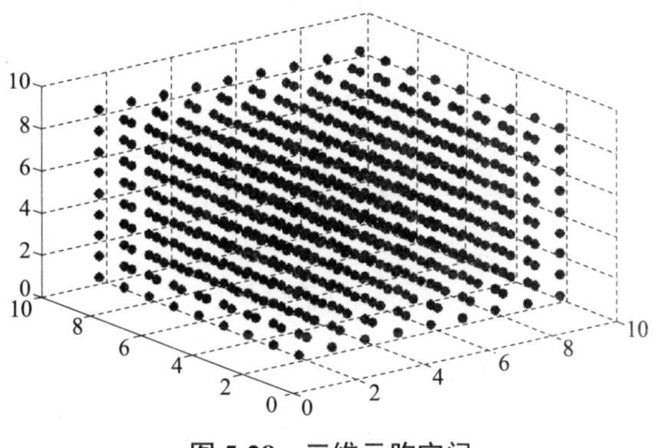

图 5-28　三维元胞空间

此外，邻居结构决定了中心元胞的搜索范围，这里，我们采用 6 个邻居的结构，即与中心元胞距离最近的六个元胞为中心元胞的邻居，如图 5-29 所示。

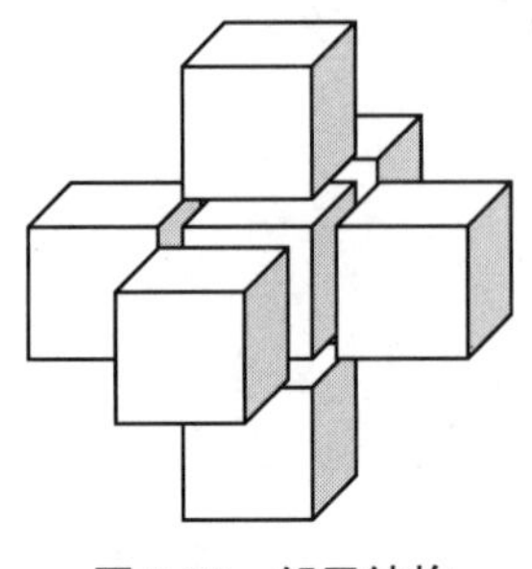

图 5-29　邻居结构

2. 选择算子设计

在之前二维空间内的元胞遗传算法的局部轮盘赌选择算子中，选择算子的功能均是仅对周围邻居中适应度大于自身的元胞进行轮盘赌操作，在信息传播速度有限的二维空间内，这样的选择方式无疑会加速算法的收敛，但在保持种群多样性方面，仍有改进余地。为了防止潜在优秀个体的丢失，在三维元胞空间内，我们不妨做这样的设计：中心元胞以一个概率 p_s 采用“局部轮盘赌”的方式选择邻居元胞（包括自身，不论适应度如何，全部参与）；以概率 $1-p_s$ 直接选取周围邻居中（包括自身）适应度最大的个体，如图 5-30 所示。

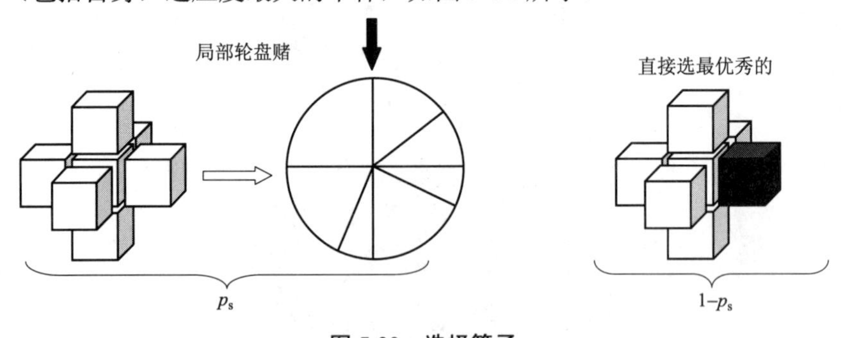

图 5-30　选择算子

3. 算法步骤简述

(1) 种群初始化。在 $n\times n\times n$ 的三维空间中，均匀分布 $n\times n\times n$ 个元胞个体（图

5-27），每个个体用 $V_{i,j,k}\ (i,j,k=1,2,\cdots,n)$ 表示，每个个体拥有 m 条染色体，表示为 $x_{i,j,k}^{l}\ (l=1,2,\cdots,m)$。

（2）计算适应度。依据所求解的问题，计算每个个体的适应度 $\text{eval}(V_{i,j,k})$。

（3）选择。针对六个邻居（$V_{i-1,j,k}$、$V_{i+1,j,k}$、$V_{i,j-1,k}$、$V_{i,j+1,k}$、$V_{i,j,k-1}$、$V_{i,j,k+1}$）及自身的适应度，个体 $V_{i,j,k}$ 以概率 p_s 对包含自身在内的 7 个个体进行“轮盘赌”选择操作；以概率 $1-p_s$ 直接选取邻居及自身中的最优个体。选择出的个体用 $V_{a,b,c}$ 表示。

（4）交叉。设置交叉概率为 p_c，则个体 $V_{i,j,k}$ 按如下方式对染色体进行更新

$$x_{i,j,k}^{\prime l}=(1-p_c)x_{i,j,k}^{l}+p_c x_{a,b,c}^{l} \tag{5.19}$$

（5）变异。设置变异概率为 p_m，对于元胞空间中的每个个体 $V_{i,j,k}$，从 $[0,1]$ 中选择随机数 r，若 $r<p_m$，则个体的染色体更新如下

$$x_{i,j,k}^{\prime\prime l}=x_{i,j,k}^{\prime l}+\delta_{\varepsilon}\varepsilon \tag{5.20}$$

其中，δ_{ε} 为一常数；$\varepsilon \sim \text{N}(0,1)$。

（6）判断是否达到生物集团评价标准，若未达标则转到步骤（2）。

4. 选择压力研究

选择压力即个体在种群中的生存能力，较高的选择压力可以在一定程度上保证优秀个体的存活率，加快收敛速度；较低的选择压力则有利于保证种群的多样性，但也有可能造成算法无法收敛。

恩里克 • 阿尔巴（Enrique Alba）曾提出两种研究选择压力的方法：占据时间（takeover time）及增长曲线（growth curves）。占据时间是指种群中最优秀的个体在种群中繁殖并且扩散，最终占满整个种群所需要的时间；增长曲线是指以算法运行的代数为横坐标，以种群中最优个体当前代占据整个种群的百分比为纵坐标而形成的曲线图。

现在，我们采用增长曲线法对二维元胞空间（27×27=729，Moore 型，8 个邻居）及三维元胞空间（9×9×9=729，6 个邻居）设计这样一个实验：对元胞空间中的个体都赋予 1 或 2 的初值（等比例），然后随机对任意一个位置赋予一个值为 3 的个体，这样就有一个优秀个体存在于整个种群之中。接下来则观察优秀个

体在元胞遗传算法下的扩散状态（只进行“选择”操作，无“交叉”和“变异”操作）。实验结果如图 5-31 所示。

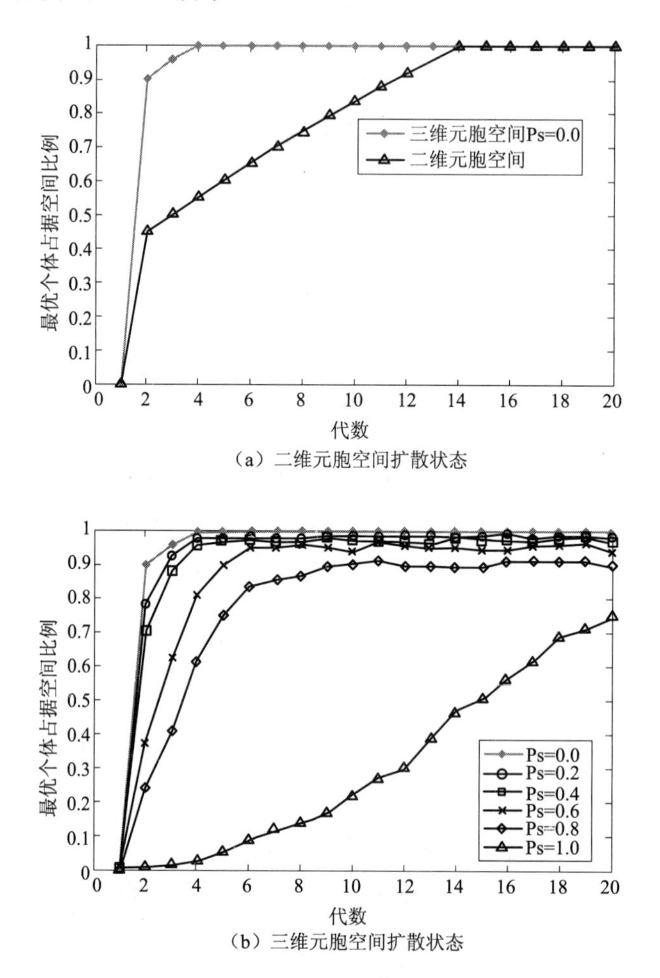

（a）二维元胞空间扩散状态

（b）三维元胞空间扩散状态

图 5-31　二维元胞空间与三维元胞空间扩散状态对比

图 5-31（a）中，二维元胞空间与三维元胞空间中的元胞均直接选择邻居中的最优秀个体，可见，在邻居更少的情形下，相对于二维元胞空间，三维元胞空间内元胞的“勘探”能力更强，优秀个体信息扩散更加迅速，故选择压力更大，这也印证了 Asmaa Al-Naqi 等人的研究。图 5-31（b）中，对于三维元胞空间而言，随着 p_s 值的不断增大，种群多样性得到提升，收敛速度明显下降。

5. 算例及演化过程

以测试函数 $f(x_1,x_2)=0.5-\dfrac{\sin^2\sqrt{x_1^2+x_2^2}-0.5}{\left[1+0.001\left(x_1^2+x_2^2\right)\right]^2}$，$x_1,x_2\in[-5,5]$ 为例，对本节的三维元胞遗传进行测试。此函数在点（0,0）取得最大值（最大值为 1），但是，在这个最大值点的周围形成了一圈“山脊”，求解时很容易将最大值点落在这一圈“山脊”（局部极值：0.9903）上，局部极值与全局最大值的差距很小，所以将这个具有相当迷惑性的典型函数作为测试函数，如图 5-32 所示。

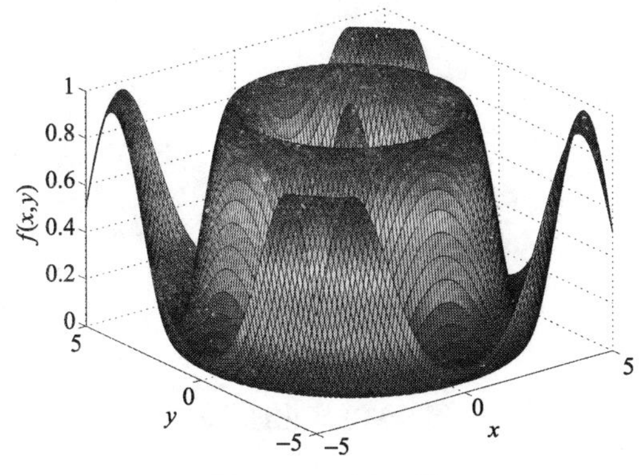

图 5-32　测试函数

设置 $p_s=0.5$（表示以多大的概率采用“轮盘赌”方式进行选择）；交叉概率 $p_c=0.7$；变异概率 $p_m=0.01$；种群数目 729（$9\times9\times9$）；三维元胞自动机演化结果如图 5-33 所示。

图中红色元胞表示个体求解函数值大于 0.9903 的元胞（即跳出局部极值的元胞），在 100 次独立实验中，求解收敛成功率（跳出局部极值，收敛至最大值 1）达到 90%以上。

6. 算法性能比较

以函数 $f(x_1,x_2)=0.5-\dfrac{\sin^2\sqrt{x_1^2+x_2^2}-0.5}{\left[1+0.001\left(x_1^2+x_2^2\right)\right]^2}$，$x_1,x_2\in[-5,5]$ 为例，设置

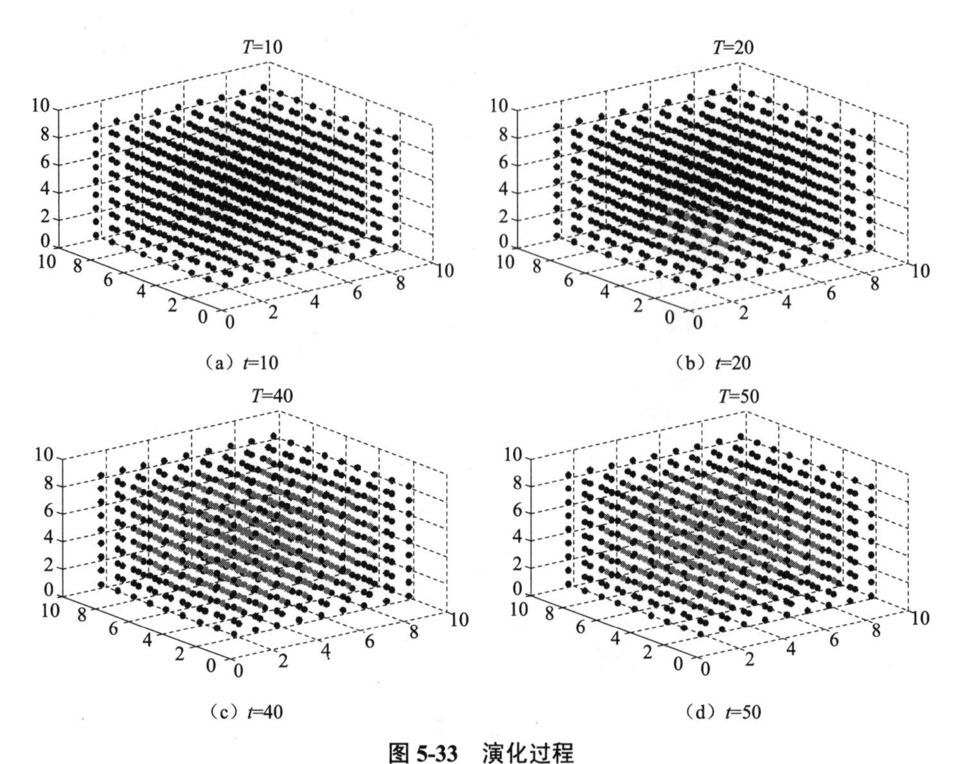

图 5-33 演化过程

$p_s = 0.5$；交叉概率 $p_c = 0.7$；变异概率 $p_m = 0.01$；种群数目 729；演化步数 100 步；将上面介绍的三维元胞遗传算法与前文的二维元胞遗传算法的性能进行对比，得到如表 5-6 所示的结果。

表 5-6 算法性能比较（独立实验 100 次）

算　法	最优解	演化过程平均目标函数值	陷入局部极值次数	平均收敛所用步数
SA-CGA	1	0.93	5	50
SA-CGA（自适应交叉算子）	1	0.98	12	33
三维元胞遗传算法	1	0.85	3	27

可见，相对于二维元胞遗传算法，本节所提出的三维元胞遗传算法对于复杂得多峰问题具有良好的收敛效果，也同时较好地避免了早熟现象。

5.2.7 小结

这一节，我们介绍了六种遗传算法与元胞自动机相结合的方式，分别是：① 遗传算法的元胞演化规则算法（E-CGA）；② 自适应元胞遗传算法（SA-CGA）；③ 加入演化规则的自适应元胞遗传算法；以及三种改进算法：④ 基于保留精英策略的元胞遗传算法；⑤ 引入自适应交叉度的元胞遗传算法；⑥ 基于选择算子改进的三维元胞遗传算法。通过比较研究发现，相对于传统遗传算法，六种算法都较好地避免了最优解陷入局部极值的情况。特别地，在算法②、③中探讨了邻居形式、种群数量、演化规则对元胞遗传算法的影响，并发现邻居数目越少、种群成活率越大，求解效果就越好；在算法④、⑤、⑥中探讨了收敛速度与求解质量之间的辩证关系，其中，算法④、⑤加快了种群向最优解收敛的速度；算法⑥在处理局部极值与收敛速度的关系中取得了较好的协调。

5.3 自适应元胞遗传算法在动态环境下的应用

在上面的章节里，我们介绍了几种元胞自动机在遗传算法中的应用，但均是以静态函数为例进行说明。这一节，我们把最具有代表性的自适应元胞遗传算法（SA-CGA）应用于股票价格行为分析这一实例中，向读者介绍自适应元胞遗传算法（SA-CGA）在动态环境中的使用效果。

5.3.1 证券投资中的决策问题

在实际生活中，如果我们亲自炒股或对股票市场有所关注的话，经常会发现股票市场会产生一些杂乱的现象，比如波动异常、羊群行为、价格大起大落等。这些现象，往往是经典的“有效市场理论”和一些基于解析范式的资产定价模型所无法解释的。很多研究都发现，股票市场是最典型的复杂适应系统之一，市场上有大量的投资者，投资者除了自己做决策之外还会相互学习，互相探讨投资买卖的经验，股票价格的最终形成，除了受一些宏观因素的影响外，很大程度上是由市场里无数投资者的交互学习作用决定的。换句话说，每个投资者自己心里都有一个“小算盘”。显然，用传统的资产定价解析模型去模拟或解释这种由复杂性所产生的股票价格行为是不可取的。

作为探索股票市场复杂性的有力工具，我们恰恰可以把元胞自动机模型里的一个个网格看做一个个投资者，而元胞自动机模型自身的演化规则，则可以视作投资者学习周围邻居的“办法”，设定了这样的情景，更改元胞自动机的演化规则也就改变了市场上投资者之间的交互模式，从而令市场呈现出不同的价格行为。

一般来讲，元胞自动机在股票市场中的应用通常表现为无约束股票市场建模和有约束市场建模。所谓无约束的股票市场模型，就是在模型中假设在股市流通的资金总量和股票总量都是无限的，许多学者利用元胞自动机系统地研究了该假设下的股票市场。当然，大多数此类模型的研究结果都认为投资者心理是市场演化的重要原因。尽管影响市场行为的投资者心理因素是多种多样的，但大多数此类模型只考虑了从众心理，投资者自己没什么主见，过分依赖“群体决策”，智慧程度低。通俗来讲，就是投资者看到周围大多数人在做什么，自己也跟着做，这种从众心理会引起投资者莫名其妙地跟风买进或卖出，引起市场的大幅波动。另一些学者针对投资者的群体行为专门进行了实证研究，有这样两点很值得参考的结论：① 证券市场上投资者的学习行为是真实存在的；② 不同类型的投资者应具备不同的投资策略，投资者应进行必要的自我管理，而不是盲目跟风。

证券投资中的决策问题非常明确，炒股票即为了赚钱，大多数正常的投资者都会以“利润”作为投资的主要目的，所以在利润导向的指引下，投资者采取不同的策略进行买卖行为。与现有模型中大多仅以“从众心理”或“模仿行为”作为演化规则相比，本节的最大不同之处就是通过使用“自适应元胞遗传算法”，使投资者具备了对“利润”这一市场现象的判断能力，提高了投资者的智能水平，由以往的“被动盲从型”转为“自主学习型”，使系统演化更接近真实市场，进而发现一系列有趣的现象。

5.3.2 问题提出

依据卡尔·查雷拉（Carl Chiarella）等人提出的做市商模型框架，我们不妨将股票市场投资决策问题抽象为如下模型：以一只股票作为研究对象，无红利，无交易费用，t 时刻，该只股票的价格表示为 P_t；基本价值表示为 P_t^*；市场上存在两种投资策略，分别是“基本面投资策略”与“技术面投资策略”，每个投资者会同时利用这两种策略作为下订单的依据，只是对这两种策略的倾向性不同，这种倾向性，我们用一个权重系数来表示，这里，用 $W_{i,t}^f$ 表示 t 时刻投资者 i 对基本面投资策略的倾向程度；$W_{i,t}^m$ 表示 t 时刻投资者 i 对技术面投资策略的倾向程度，显然，$W_{i,t}^f+W_{i,t}^m=1$。

投资者通过预测股票价格变化做出交易决策，对于基本面投资策略，t 时刻投资者 i 对股票价格变化的预测表示为

$$\Delta P_{i,t}^f=P_t^*-P_t \tag{5.21}$$

其中，有 $P_{t+1}^*=P_t^*(1+\delta_\lambda\lambda_t)$，$\lambda_t$~N(0,1)，$\delta_\lambda\geqslant 0$ 为一常量，该式代表了股票基本价值的随机游走。

对于技术面投资策略，投资者 i 对股票价格变化的预测表示为

$$\Delta P_{i,t}^m=P_t-\frac{\sum_{j=0}^{M_i-1}P_{t-j}}{M_i} \tag{5.22}$$

其中，M_i 表示投资者 i 所采用的移动平均时间窗口长度，则 t 时刻投资者 i 的订单量即可表示为

$$D_{i,t}=W_{i,t}^f\Delta P_{i,t}^f+\tanh\left(W_{i,t}^m\Delta P_{i,t}^m\right) \tag{5.23}$$

做市商定价机制下，价格方程表示为

$$P_{t+1}=P_t(1+\sigma_\varepsilon\varepsilon_t)+\mu\sum_{i=1}^N D_{i,t} \tag{5.24}$$

其中，ε_t~N(0,1)；σ_ε 为一常数；$\sigma_\varepsilon\varepsilon_t$ 表示定价过程中的噪声；μ 表示价格调整速度；N 表示市场上投资者的数量。

问题的“目标函数”即为投资者的利润，t 时刻投资者 i 的利润表示为

$$\pi_{i,t}=D_{i,t-1}\left(P_t-P_{t-1}\right) \tag{5.25}$$

投资者的目的即随着时间的演化，使自己的利润最大化。

5.3.3　传统运筹学方法求解

1. 建模

在利用自适应元胞遗传算法求解这个问题之前，我们不妨先考虑一下传统的、

不涉及多主体复杂性运算的运筹学方法，投资者只能依据目前已知的价格和订单信息做决策，上述投资问题中，决定投资者投资效果的重要参数是$W_{i,t}^{f}$与$W_{i,t}^{m}$，即对两种策略的倾向程度，投资者利用能使t时刻利润最大化的$W_{i,t-1}^{f}$与$W_{i,t-1}^{m}$来指导t时刻的策略选择继而寻求$t+1$时刻的最大利润。该问题的目标函数及约束条件可以表示为

$$\max \pi_{i,t}$$
$$\begin{cases} W_{i,t-1}^{f}+W_{i,t-1}^{m}=1 \\ W_{i,t-1}^{f} \geqslant 0; W_{i,t-1}^{m} \geqslant 0 \end{cases} \quad (5.26)$$

将式（5-26）展开，不失一般性，令$\sigma_{\varepsilon}\varepsilon_{t}\approx 0$，则

$$\max \mu\left[W_{i,t-1}^{f}\Delta P_{i,t-1}^{f}+\tanh\left(W_{i,t-1}^{m}\Delta P_{i,t-1}^{m}\right)\right]\left[W_{i,t-1}^{f}\Delta P_{i,t-1}^{f}+\tanh\left(W_{i,t-1}^{m}\Delta P_{i,t-1}^{m}\right)+\sum D_{t-1}'\right]$$
$$\begin{cases} W_{i,t-1}^{f}+W_{i,t-1}^{m}=1 \\ W_{i,t-1}^{f} \geqslant 0; W_{i,t-1}^{m} \geqslant 0 \end{cases} \quad (5.27)$$

其中，$\sum D_{t-1}'$表示$t-1$时刻市场上除了投资者i，其他人的总订单量。

式（5.27）即表示了市场上每一个投资者在每一个单位时间里所要做的决策工作。

2. 传统运筹学方法存在的缺点

我们在上一节对股票市场投资问题进行了传统的运筹学建模，最终得到了市场上每个投资者的决策表达式，观察式（5.27）及回溯整个建模过程，不难发现以下一些问题。

首先，式（5.27）体现的是在纯理性范式下投资者的决策过程，尤其是式中$\sum D_{t-1}'$的出现要求个体投资者完全知晓其他投资者的订单信息，而在实际市场中，投资者大多为有限理性，信息搜集能力有限，最优决策只能是理想化的状态。

第二，式（5.27）是针对每一位投资者的决策表达，且存在tanh(*)这样的高阶非线性项，在进行计算机仿真时，尤其是当投资者数目较多的时候，运算量和运算时间是非常大的。

第三，现实中的投资者往往会在投资决策过程中学习周围人的经验或与周围的投资者有所互动，这一点在传统运筹学方法指导下的建模过程里是无法体现的。

第四，作为典型的复杂系统，股票市场产生各种价格现象的一个重要原因就

是投资者的“异质”性，而基于式（5.27）的决策框架恰恰体现的是投资者的“同质”性，通俗来讲，就是所有人都只按照一种套路出牌，这必然是不现实的。

针对上述问题，我们可以进行如下思考：能否设计一种演化学习规则，既能让市场上的投资者按照同样的规则进行演化，又能够体现出其决策的“异质性”，还能提高其盈利水平。

5.3.4　自适应元胞遗传算法求解

1. 设置元胞自动机

（1）元胞空间：$n \times n$ 的二维网格，每个网格代表一个投资者。

（2）邻居形式：采用 Moore 型邻居，每个元胞拥有 8 个邻居。

（3）元胞状态：依据前文所述，用一个集合来表示元胞状态

$$S_{i,t} = (D_{i,t}, W_{i,t}^{f}, W_{i,t}^{m}, K_{i}, \pi_{i,t}) \tag{5.28}$$

其中，$D_{i,t}$ 表示 t 时刻投资者 i 的订单量；$W_{i,t}^{f}$ 与 $W_{i,t}^{m}$ 分别表示 t 时刻在某种策略组合模式中，投资者 i 采用两种策略的权重；K_{i} 表示投资者 i 的移动平均长度；$\pi_{i,t}$ 表示 t 时刻投资者 i 的利润。

2. 演化规则

市场中投资者的投资学习过程可简要描述如下：

（1）每个元胞（投资者）依据不同的策略权重系数决定自己的投资需求（订单量）；

（2）价格更新；

（3）投资者以实际价格为基准，计算出各自所获得的利润；

（4）投资者通过与邻居的沟通来调整自身的权重系数，进入下一轮投资，以寻求更高的利润。

当我们用自适应元胞遗传算法来表示这一过程时，演化方式可表示如下。

（1）适应度函数

定义利润评价函数如下

$$\text{eval}_{i,t}=\max_{j\in[1,N]}\left(\pi_{j,t}\right)-\pi_{i,t} \tag{5.29}$$

投资者i的适应度即为t时刻元胞空间内所有个体中的最大利润减去投资者i自身的利润，可见，$\text{eval}_{i,t}$值越小，投资者i的利润水平越高。每一个元胞i均对周围邻居中（包括自己，共9个）利润水平大于或等于自身($\text{eval}_j \leqslant \text{eval}_i$)的元胞（用集合Ω表示）作出适应度评价，首先，令

$$\text{eval}'_{j,t}=1-\frac{\text{eval}_{j,t}}{\sum_{j\in\Omega}\text{eval}_{j,t}} \tag{5.30}$$

进一步，做出适应度评价

$$\text{fit}_{j,t}=\frac{\text{eval}'_{j,t}}{\sum_{j\in\Omega}\text{eval}'_{j,t}} \tag{5.31}$$

式中，$\text{fit}_{j,t}$即为元胞i的邻居（包括自己）元胞j被选择的概率，元胞j即成为元胞i的学习对象。

（2）选择

在步骤（1）中求出了元胞i将利润水平大于等于自身的个体j列为学习对象的概率，这一概率实质上可理解为传统遗传算法中的“轮盘赌”操作，但与传统遗传算法不同的是，该“轮盘赌”是元胞空间内的所有个体在邻居范围内进行的并行操作。

（3）交叉

定义交叉概率为p_c，元胞i学习到元胞j的策略组合权重系数$W_{j,t}=(W^f_{j,t},W^m_{j,t})$后，与自身的策略组合权重系数$W_{i,t}=(W^f_{i,t},W^m_{i,t})$进行等位交叉操作，得到新的权重系数，方式如下

$$W'^{n}_{i,t+1}=(1-p_c)W^n_{i,t}+p_cW^n_{j,t} \tag{5.32}$$

其中，$n\in\{f,m\}$。

式（5.32）中的交叉概率也可理解为投资者个体的自信程度：当$p_c=0$时，投资者与周围邻居无任何信息交互；当$p_c=1$时，投资者毫无保留地学习邻居中利润水平高于自身的权重系数。

（4）变异

定义变异概率为 p_m；从[0,1]中产生随机数 r，若 $r < p_m$，则权重系数更新如下

$$W''^{n}_{i,t+1} = W'^{n}_{i,t+1} + \delta_{\varepsilon}\varepsilon_{t} \tag{5.33}$$

其中，$n \in \{f, m\}$；$\varepsilon_t \sim N(0,1)$；$\delta_{\varepsilon}$ 为一常数。

经历上述三个步骤，元胞 i 完成自学习过程。

3. 仿真结果

利用 MATLAB 2008b 对上述定价系统进行数值仿真，参数设定如表 5-7 所示。

表 5-7　仿真参数设定

参数符号	参数含义	取值
N	投资者数目	900
μ	价格调整速度	0.01
P_1	股票初始价格	10
T	演化时间	200
M_i	移动平均窗口长度	[30,50]
p_c	交叉概率	0.7
p_m	变异概率	0.01
σ_{ε}	价格噪声	0.2

仿真得到股票价格及市场投资者平均利润如图 5-34 所示。

Carl Chiarella 等人对做市商定价机制的研究中，相对于基本面投资策略，技术面投资策略更易于获得超额利润并带来市场大幅波动，图 5-34（a）中价格围绕基本价值的波幅不断增加正是体现了市场中投资者通过学习对技术面投资策略的倾向不断增加；而图 5-34（b）中市场平均利润的不断增加生动地体现了投资者的学习效果。

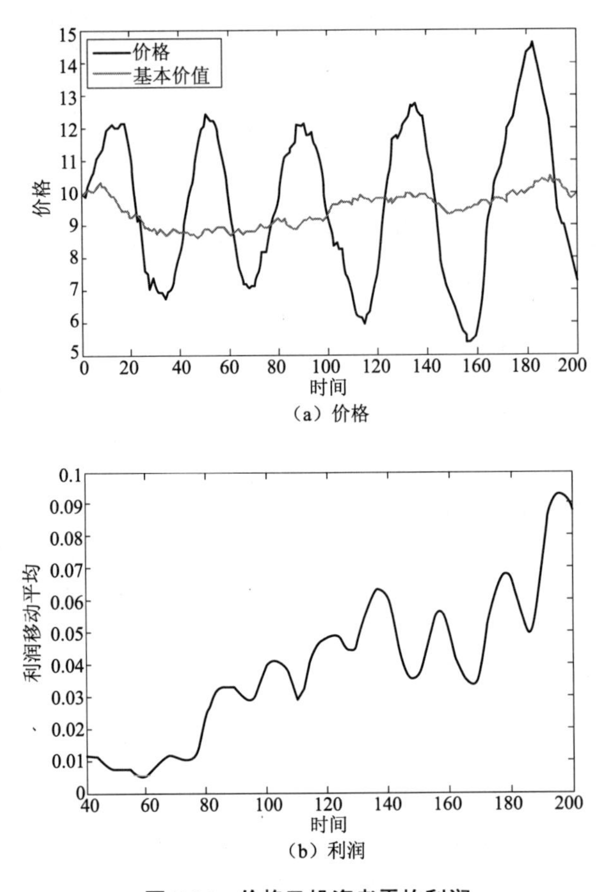

（a）价格

（b）利润

图 5-34　价格及投资者平均利润

5.3.5　小结

这一节，我们以股票市场为例，介绍了自适应元胞遗传算法（SA-CGA）在动态环境中的应用，并与传统的运筹学求解方法进行了比较，仿真结果生动地体现了随着算法规则的演化，市场上投资者在不断的“学习”过程中平均利润增加的过程，验证了自适应元胞遗传算法在复杂系统中的应用。

参 考 文 献

[1] HOLLAND J H. Adaptation in natural and artificial systems: an introductory analysis with applications to biology, control and artificial intelligence. 1st ed. Bradford：A Bradford Book, 1992.

[2] ALICIA MORALES-REYES, AHMET T, ERDGAN. Internal lattice reconfiguration for diversity tuning in cellular genetic algorithms [J]. PLOS ONE, 2012, 7(7)：1-19.

[3] KIRLEY M A. Cellular genetic algorithm with disturbance：Optimization using dynamic spatial interactions [J]. Journal of Heuristics, 2002, 8(3)：327-331.

[4] ASMAA Al-NAQI, AHMET T. ERDOGAN, TUGHRUL ARSLAN. Dynamic fault-tolerant three-dimensional cellular genetic algorithms [J]. Journal of Parallel and Distributed Computing, 2013(73)：122-136.

[5] MATSUMOTO K. Evaluation of an artificial market approach for GHG emissions trading analysis. Simulation modelling practice and theory, 2008, 16(9)：1312-1322.

[6] CARL CHIARELLA, XUE-ZHONG HE, CARS HOMMES. A dynamic analysis of moving average rules. Journal of economic dynamics & control, 2006, 30(9-10)：1729–1753.

[7] 陈森发. 复杂系统建模理论与方法. 南京：东南大学出版社，2005.

[8] 王安麟. 复杂系统的分析与建模. 2 版. 上海：上海交通大学出版社，2004.

[9] 张奇，陈国初，俞金寿. 基于人工生命的优化方法及应用. 华东理工大学学报：自然科学版，2008，34(2)：273-277.

[10] 万成，杨小芹，鲁宇明. 动态环境下的元胞遗传算法研究. 电子元器件应用，2010，12(7)：78-79.

[11] 李莉，常秉琨，卢青波. 多目标元胞遗传算法及其应用. 现代制造工程，2010(7)：46-50.

[12] 张俞，黎明，鲁宇明. 元胞遗传算法演化规则的研究. 计算机应用研究，2009，

26(10)：3635-3638.

[13] 鲁宇明，黎明，李凌. 一种具有演化规则的元胞遗传算法. 电子学报，2010，38(7)：1063-1067.

[14] 张俞，黎明，鲁宇明，等. 灾变机制下的元胞遗传算法. 南昌航空大学学报，2009，23(1)：9-12.

[15] 陈姝，鲁宇明，杨红雨，等. 灾变机制下元胞遗传算法的选择压力研究. 计算机工程与应用，2011，47(27)：32-35.

[16] 孙有发，张成科，高京广，等. 现代证券定价模型研究. 系统工程理论与实践，2007，(5)：1-15.

[17] 应尚军，魏一鸣，范英，等. 基于元胞自动机的股票市场复杂性研究：投资者心理与市场行为. 系统工程理论与实践，2003(12)：18-24.

[18] 应尚军，范英，魏一鸣，等. 基于投资分析的股票市场演化元胞自动机模型. 管理评论，2004，16(11)：4-9.

[19] 应尚军，范英，魏一鸣. 单支股票市场的元胞自动机模型及其动力学研究. 系统工程，2006，24(7)：31-36.

第 6 章

元胞神经网络

引言

在“元胞遗传算法”一章中，作为个体的元胞分别扮演了“染色体”、“基因”的角色，角色虽有不同，但无论是哪一种角色，都体现了元胞利用规则“传递信息”的功能及智能化的形态。不妨沿着这样的思路继续思考，元胞自动机是否可以继续扮演其他智能算法中某些单元的角色？从而利用元胞的规则运算实现智能算法中的一些复杂操作。如果能，那么这样的智能算法需要具备哪些特点？结合点又在什么地方？效果怎样？如果不能，困难又在哪里？是否能够为智能算法的改进提供一些思路？

沿着这样的思路，继元胞遗传算法之后，我们很容易就联想到了另外一种应用非常广泛的智能化信息处理模型——人工神经网络。因此，这一章，我们从人工神经网络开始。

6.1 人工神经网络的基本原理

浩瀚宇宙，奇妙无穷，斗转星移，万物丛生。在地球这个蔚蓝色的地球上，人为万物之灵。人类具有高度发达的大脑，大脑是人类思维活动的物质基础，而思维是人类智能的集中体现。人脑的思维有逻辑思维、形象思维和灵感思维三种基本方式。逻辑思维的基础是概念、判断与推理，功能是将信息抽象为概念，再根据规则进行逻辑推理。由于概念可用符号表示，而逻辑推理可按串行模式进行，这一过程可以事先写成串行的指令由机器来完成。计算机就是这样一种用机器模拟人脑逻辑思维的人工智能系统。

现代计算机组成单元的速度是人脑中神经元速度的几百万倍，因此，计算机处理问题的速度按理应当比人脑快得多。实际上，对于那些推理或运算规则清楚的程序化问题，计算机确实可以高速有效地求解，比如下棋。计算机在数值运算和逻辑运算方面的精确与高速极大地拓展了人脑的能力，但是在解决与形象思维和灵感思维相关的问题时，却往往显得无能为力。例如人脸识别（婴儿可从人群中认出母亲，但日本的脸谱识别计算机却经常无法显示有变化的人脸）、骑自行车、游泳等涉及联想或经验的问题，人脑可以从中体会那些只可意会、不可言传的直觉与经验，可以根据实际情况灵活掌握处理问题的规则，从而轻而易举地完成此类任务，而计算机在这方面则显十分笨拙。

这样一来，传统计算机受到了严重的挑战，这不得不使人们重新评价现有计算机体系，并寻找计算机发展的新途径。一种更加接近人脑、模仿大脑范式的神经计算应运而生——人工神经网络。

6.1.1 生物神经元

神经元是大脑组织的基本单元，人脑大约由10^{10}数量级的神经元组成，其中每个神经元又与大约10^3～10^5个其他神经元相连接，构成一个极为庞大而复杂的三维空间网络，可见这是一个巨系统。生物神经元由以下四部分构成。

（1）细胞体：由细胞核、细胞质与细胞膜等组成。

（2）轴突：由细胞体向外伸出的一条粗细均匀、表面光滑的分支，它是细胞体的输出端，相当于细胞的输出电缆，其末端有许多神经末梢，为信号的输出端子，用来传送细胞体发出的神经信息。

（3）树突：由细胞体向外伸出的很多条像树枝一样较粗、较短的分支。其作用是从四面八方收集由其他元神经元传来的信息（输入）。

（4）突触：是两个神经细胞之间连接的地方。一个细胞的轴突通过突触连至另一个细胞的树突，如果通过某个突触传来的信号起到使该细胞兴奋的作用，则称兴奋型突触；反之，称抑制型突触。两类突触传递信息的方向均是单向的。一个典型的神经元通常有10^3～10^4个突触，各神经元之间信息的传递就是通过突触进行的，突触连接的强度就代表两个神经元间信号传递时耦合的紧密程度，它是可变的，也就是说，信号通过突触时被“加权”，其权值有大小正负之分，正值表示“兴奋”作用，负值表示“抑制”作用，所有加权输入的总效果是它们之和，若其值大于或等于该神经元的门限（阈值），则该神经元激活，否则未被激活。图6-1给出上述结构的等效图示。

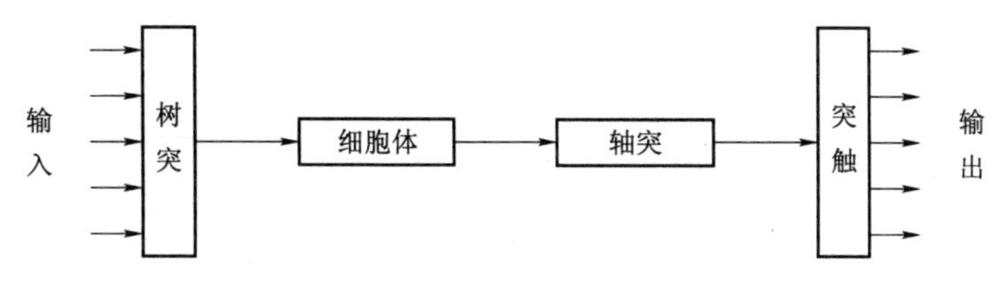

图6-1　生物神经元等效图

如图6-1所示，外部刺激信号或其他神经元传递过来的信号，经过树突输送给细胞体处理之后，再送到轴突，它相当于一根输出电缆，把信号输送到细胞体与细胞体之间的接口（突触），最后输出给下一级神经元。

综上，生物神经元具有以下基本特性：

（1）神经元是一个多输入、单输出的元件；

（2）神经元具有非线性的输入输出特性；

（3）各神经元间传递信号的强度，即耦合的紧密程度是可变的，且输入信号有兴奋作用与抑制作用之分；

（4）神经元的输出响应取决于所有输入信号迭加综合的结果，当综合输入值超过某一阈值时，该神经元被“激活”，否则将被处于“抑制”状态。

6.1.2　人工神经元

人工神经元是对生物神经元的一种功能上的逼近，是对生物神经元的结构和功能进行大大简化之后的某种抽象与模拟，它只模仿了生物神经元所具有的大约

150 多个功能中的最基本，也是最重要的三个，即

（1）一组连接：连接强度由各连接上的权值表示，权值可以取正值也可以取负值，权值为正表示激活，权值为负表示抑制。

（2）一个加法器：用于求输入信号对神经元的相应突触加权之和。

（3）一个激活函数：用来限制神经元输出振幅。激活函数也称为压制函数，因为它将输入信号压制（限制）到允许范围之内的一定值。

人工神经元模型如图 6-2 所示。

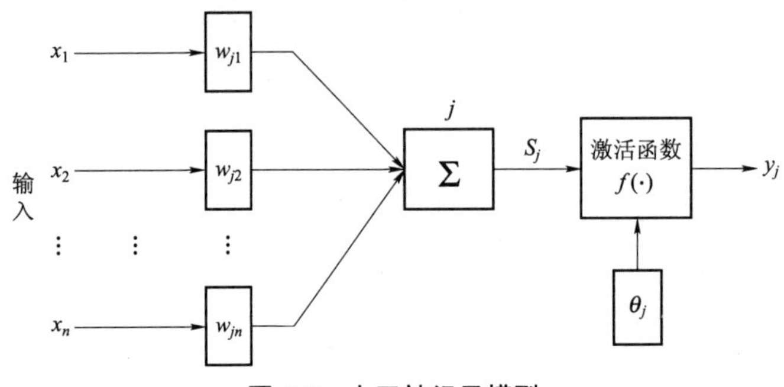

图 6-2　人工神经元模型

其中，人工神经元的输入向量为

$$X=(x_1,x_2,\cdots,x_n)$$

其相应的连接权向量为

$$W=(w_{j1},w_{j2},\cdots,w_{jn})$$

则神经元 j 的净输入为

$$S_j=\sum_{i=1}^{n}w_{ji}x_i-\theta_j \tag{6.1}$$

式（6.1）中，θ_j 表示神经元的阈值，又称门限。

净输入（含门限 θ_j）通过激活函数 $f(\bullet)$ 后，得到神经元的输出 y_j

$$\begin{aligned}y_j&=f\left(S_j\right)\\&=f\left(\sum_{i=1}^{n}w_{ji}x_i-\theta_j\right)\\&=f\left(\sum_{i=0}^{n}w_{ji}x_i\right)\end{aligned} \tag{6.2}$$

激活函数 $f(\bullet)$ 的作用是模拟生物神经元所具有的非线性转移特性，常用的激活函数如图 6-3 所示。

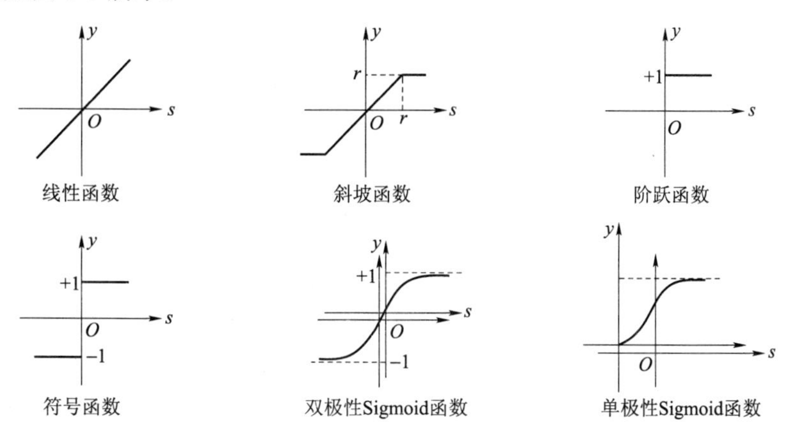

图 6-3　常用激活函数

其中，各函数解析式表示如下。

线性函数：

$$f(s)=s \tag{6.3}$$

斜坡函数：

$$f(s)=\begin{cases} r & 当 s \geqslant r \\ s & 当 |s|<r \\ -r & 当 s \leqslant -r \end{cases} \tag{6.4}$$

阶跃函数：

$$f(s)=\begin{cases} 1 & 当 s>0 \\ 0 & 当 s \leqslant 0 \end{cases} \tag{6.5}$$

符号函数：

$$f(s)=\begin{cases} 1 & 当 s>0 \\ -1 & 当 s \leqslant 0 \end{cases} \tag{6.6}$$

Sigmoid 函数简称 S 型函数，其特点是：首先它是有上、下界的；其次，它是单调递增的；最后，它是连续光滑的，即是连续可微的。最常用的是单极性

Sigmoid 函数

$$f(s)=\frac{1}{1+\mathrm{e}^{-\lambda s}} \tag{6.7}$$

它是一个上、下限分别为 1 和 0 的单极性函数，即 $0<f(s)<1$，且常取 $\lambda=1$。

6.1.3 神经网络的结构

尽管单个生物神经元的结构简单、功能有限，但由于人脑是由 100 亿以上个神经元按一定的方式联结形成的网络集体工作，并按一定的规则来调整各种神经元间的突触连接强度，从而使人脑具有记忆、联想、推理和判断等高级复杂的功能。同样的，把众多人工神经元按一定的规则连接成网络就形成了 ANN。

应该指出：虽然 ANN 力图模仿 BNN 的结构及功能，但两者间不论在神经元的数量、还是网络拓扑结构的复杂程度方面都存在很大的差距。受物理实现可能性及计算简便等因素的约束，现阶段的 ANN 在网络的智能性方面还是在极低水平上对 BNN 的模仿。

人工神经网络的连接形式，尽管其拓扑结构有一些差别，但总的来说主要有两种形式：阶层型和全连接型，如图 6-4 所示。

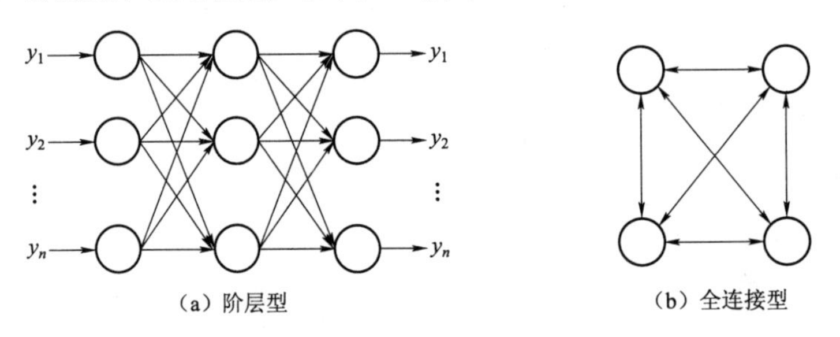

图 6-4　ANN 的拓扑结构

不论哪种形式的网络，其共同特征是：网络的学习和运行取决于各种神经元连接权的动态演化过程。

6.1.4 神经网络的学习方法

要使 ANN 具有某种智能，在 ANN 使用之前就必须对其进行训练或学习。所谓学习，就是相继给网络输入一些样本模式（或称训练样本集），并按照一定的规则（学习算法）调整网络各层的权矩阵，待网络的各权值都收敛到一定值时，学习过程便告结束。可见，学习过程的实质就是网络的权矩阵随外部环境的激励做自适应变化的过程。

1. 有教师学习

这种学习方式要求在给出输入模式 X 的同时，还要求给出与之相应的目标模式 T（期望输出模式或教师信号），两者一起称为一个训练对。通常训练一个网络需要许多训练对：$(x_1,t_1),(x_2,t_2),\cdots,(x_n,t_n)$。训练时，使用训练集中的某个输入模式，计算出网络的实际输出模式 Y，再与期望模式 T 相比，求出误差信号 ε，根据 ε，再按某种算法调整各层的权矩阵，以使误差朝着减小的方向变化。逐个使用训练集中的每一个训练对，不断地修改网络的权值。整个训练集要反复地作用于网络许多次，直到在整个训练集作用下的误差小于事前规定的容许值为止。有教师学习方式的学习过程如图 6-5 所示。

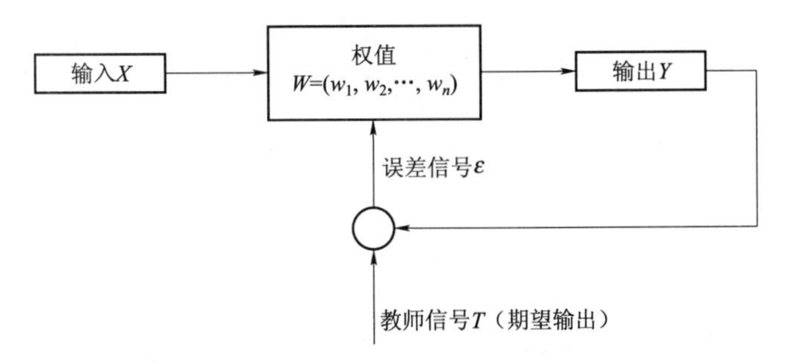

图 6-5 有教师学习方式的学习过程

2. 无教师学习

在这种学习方式中，训练集只由输入模式组成，而不提供相应的目标模式。学习算法应保证：当向网络输入类似的模式时能产生相同的输出模式。也就是说，网络能抽取训练集的统计特性，从而把输入模式按其相似程度划分为若干类，但在训练之前，无法预先知道某个输入模式将产生什么样的输出模式或属于哪一类。只有训练后的网络才能对输入模式进行正确的分类。这一学习方式就像小孩学会识别猫和狗的过程，事前头脑中并没有猫和狗这样一些目标模式，但通过对猫与狗训练输入样本的反复观察之后，便能识别（即分类）它们一样。无教师学习方式如图 6-6 所示。

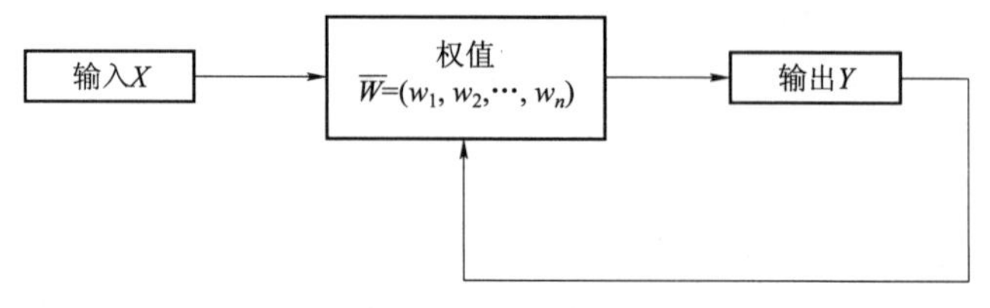

图 6-6　无教师学习方式

6.1.5　神经网络的学习算法

神经网络运算和训练的关键在于对权重的调整，调整权重的方法不同，也就衍生出了不同的学习算法，下面我们给出学习算法的一般形式，如图 6-7 所示。

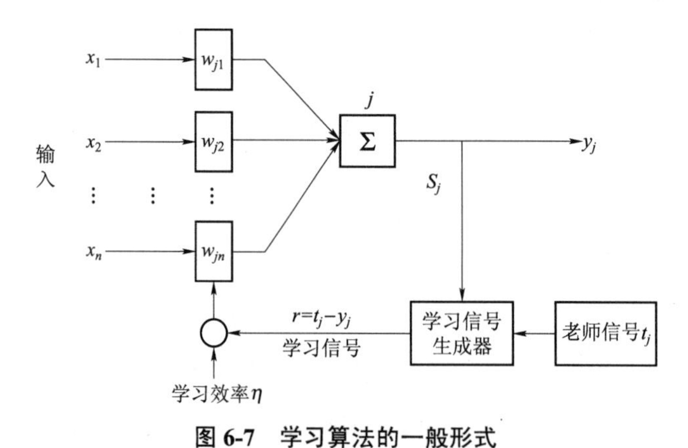

图 6-7　学习算法的一般形式

通常，取 w_j 的变化（增量）正比于输入向量 X 、学习信号 r 及学习效率 η（正数）三者之积。而学习信号 r 一般又是 w_j 及 X 的函数，有时还是教师信号 t_j 的函数，即

$$r = r(w_j, X, t_j) \tag{6.8}$$

学习规则的一般式为

$$\Delta w_j = \eta r(w_j, X, t_j) X^{\mathrm{T}} \tag{6.9}$$

所以

$$w_j(t+1)=w_j(t)+\Delta w_j(t) \tag{6.10}$$

对于离散系统

$$w_{j,n+1}=w_{j,n}+\eta r(w_{j,n},X_n,t_{j,n})X_n^{\mathrm{T}} \tag{6.11}$$

比如常见的 Hebb 学习规则中，取神经元的输出为学习信号，即

$$r=y_j=f(w_jX) \tag{6.12}$$

代入学习规则一般式（6.9），得 Hebb 学习规则的向量表达式

$$\Delta w_j=\eta f(w_jX)X^{\mathrm{T}} \tag{6.13}$$

相应的元素表达式为

$$\Delta W_j=\eta f(W_jX)X^{\mathrm{T}} \tag{6.14}$$

或简单表示为

$$\Delta w_{ji}=\eta y_i x_i \qquad i=1,2,\cdots,n \tag{6.15}$$

式（6.15）所表达的 Hebb 规则符合心理学中条件反射的机理，即如果两个神经元同时兴奋（也就是输出同时为“1”态）时，则它们之间的联络（权值）应增强，否则，应减弱。

常见的学习算法还有 δ 学习算法、随机学习算法、竞争学习算法等，其不同之处就在于对神经元权值调整的表达不同，这里不再一一赘述，有兴趣的读者可自行研读相关文献或书籍。

6.2　元胞自动机与神经网络结合的可行性

在 6.1 节中，我们以较大篇幅把神经网络的基本原理进行了梳理和介绍，在神经网络的基本原理中，我们可以发现两个关键点，一个是“神经元”，其拓扑结构决定了神经网络的输入输出方式；另一个则是“权重”，对权重的调整是整个神经网络进行学习和训练的核心，结合一些实例去体会上述两点，不难看出，神经网络算法的形成，并非全部由解析范式构成，算法同时具有离散、并行的特点。

再说元胞自动机，在本书开篇的章节中，我们已经知道，元胞自动机具有离

散、并行及规则运算这三个重要的特点，那么，自然而然地，可以做这样的思考：是否能够建立某种映射，将具有邻居结构的元胞自动机与神经网络连接起来，实现一些功能，而构成这个映射的纽带，正是元胞自动机的运算规则，如图 6-8 所示。

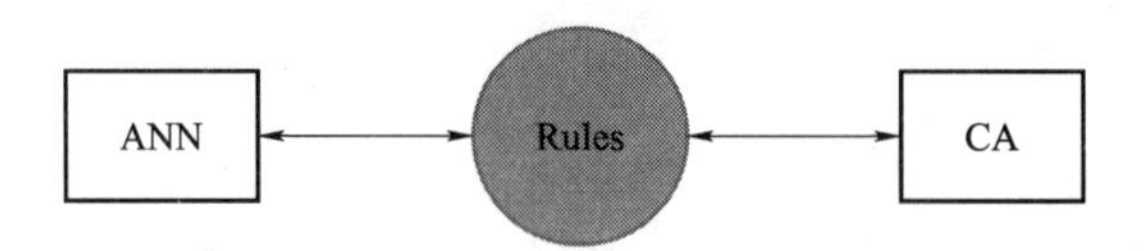

图 6-8　规则：ANN 与 CA 连接的纽带

那么，如果这种映射是存在并且可行的，又会有哪些实际意义呢？对于神经网络和元胞自动机自身的运算又有哪些影响？当然，本章接下来所介绍的结合方式必然不能囊括所有可能存在的映射，读者可以依据图 6-8 发散思维，构造一些规则，自行设计出有效的映射。

6.2.1　为什么要结合？

在“元胞遗传算法”一章中，我们先后用元胞去代替遗传算法中的基因和染色体，并且借助元胞自动机规则改进了其遗传操作方式，最终改善了“局部极值”问题，在该章中，我们的出发点是算法本身，其思想是对算法的优化与再设计。

再说神经网络，就目前的文献而言，用元胞自动机去优化或对神经网络进行再设计的成果少之又少，本书的作者曾设计了一种元胞网络模型，用元胞替换传统人工神经网络中的神经元，以局部连接取代相邻层级元胞之间的全连接，用规则演化算法替代 BP 算法，并且还内嵌了遗传算法以强化寻优，模型较为复杂，但在对红酒分类的试验中，效果却不尽如人意（精度为 94.4%），反而低于单纯用人工神经网络求解得的精度（96.1%）。只能说，就算法改进而言，这个结果是建设性的。

那么，我们不妨跳出算法本身，从另一个角度——“演化”出发来思考二者结合的问题，我们知道，元胞自动机一个最大的特点就是能够模拟真实世界里一些复杂的演化现象，而整体演化的结果又依赖于简单的、不断重复的、一成不变的局部规则。也就是说，可以通过一个元胞在 t 时刻邻居的状态来确定该元胞在 $t+1$ 时刻的状态，但是，当个体元胞在未来时刻的状态变化需要考虑历史数据及各方面综合因素时，主导其演化的规则就不再是那么简单了，甚至有时这样的“规则”本身就是“不规则”的，演化的不确定性便大大增加了。

然而，正是“复杂的系统”+“复杂的规则”构成了这个丰富多彩的世界，这时，就要考虑：能否用人工神经网络的算法去“挖掘”出这样“不规则”的“规则”，构成如图 6-8 所示的映射，从而使元胞自动机的演化结果起到真正的预测作用。

6.2.2　结合思想：“帮助”和“取代”

1. 帮助

上面说到复杂的演化规则，就国内的文献而言，将元胞自动机与神经网络相结合多是用在模拟土地利用的变迁上。众所周知，土地的利用变化是复杂的动态系统，其内在的演变规律是人类难以掌握和解析描述的，之所以选用元胞自动机来研究土地利用的演变，正是由于元胞自动机能够用来定义“土地元胞”的演化规则，但是，这种演化规则不同于前面章节所介绍的“生命游戏”、“110 号规则”等，这种演化规则虽然也是元胞状态和邻居关系的函数，但却是“模糊”的、“动态”的、“非线性”的，换句话说，就是一个元胞在 t 时刻与 $t+1$ 时刻的演化规则是可以不同的，未来的演化方向是由历史数据、元胞状态及多方面因素决定的。怎样帮助元胞自动机去实时地挖掘和体现这样的规则，我们自然想到了神经网络。

在元胞自动机里，规则是与邻居关系的函数，普遍采用的建模结构如图 6-9 所示。

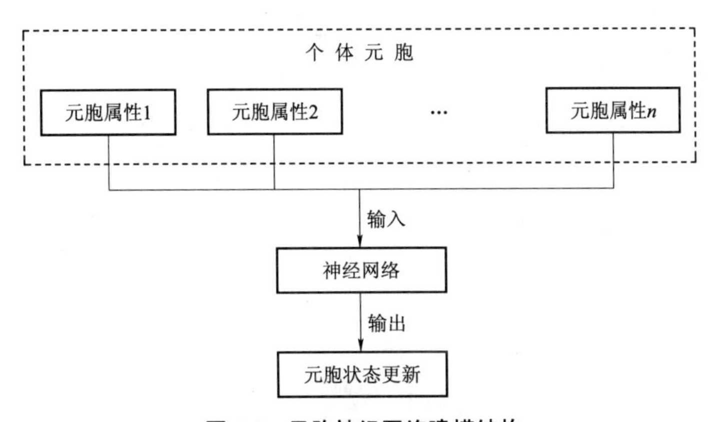

图 6-9　元胞神经网络建模结构

不难发现，图 6-9 中，神经网络所起的作用实际上是帮助元胞自动机形成演化规则。

在上述文献里，出于实际应用的需要，往往会淡化（不是抛弃）元胞自动机“与邻居交互”这一重要特点，而注重个体元胞本身的属性对神经网络输出的影响。比如土地利用的演变，一块土地可以抽象为一个个体元胞，在下一时刻这块土地是变成居住用地还是商业用地，往往决定于现在这块土地自身的一些属性，比如价格、规划方案等。

在 6.3 节里，我们将会设计一个简单的新模型来突出元胞自动机邻居交互在神经网络中的作用，新的结构实质上就是一个神经网络的“元胞版”，以 Moore 型邻居结构为例，中心元胞及邻居元胞作为输入的神经元，神经网络的输出作为中心元胞的更新依据。神经网络的作用不言而喻——综合邻居状态来帮助元胞自动机挖掘演化规则。

或许有读者会认为上述所谓的“帮助”结合依然局限于某些文献里特定的实际运用，抑或“换汤不换药”，但是上述的建模结构可以解决一些实际当中规则复杂的演化问题（比如土地利用变化的预测问题）。

2. 取代

上面所说的“帮助”是指神经网络帮助元胞自动机进行规则挖掘，神经网络内部的算法流程是不受元胞自动机规则影响的。在“元胞遗传算法”一章中，我们曾用元胞自动机的演化规则重新演绎了遗传算法中的选择、交叉操作，那么，元胞自动机的演化规则是否也能够用来取代某种神经网络中的算法操作，实现与神经网络同样的运算结果？前文曾经提到，在神经网络中，有两大关键点，一是神经元；二是权重，而权重的调整又是神经网络运行的核心，所以，“取代”的思想，必然涉及对权重更新方式的重新设计，在 6.4 及 6.5 节中，我们将做出这一尝试。

6.2.3 小结

这一节中，我们重点探讨了元胞自动机与神经网络结合的可能性，结合的重点在于，如何建立起以规则为蓝本的，能够将二者联系起来的一种映射，构建这种映射的思想，可以是用来挖掘演化规则的“帮助”，也可以是深入算法内部的“取代”。

6.3　基于 BP 神经网络的元胞自动机规则挖掘（BP-CA）

在这一节里，元胞自动机的演化规则是不确定的、非局部的，与神经网络的结合重点在于对神经元的更改及对规则的挖掘。下面，我们用最常见的 BP 神经网络算法来挖掘元胞自动机的演化规则，实现对未来情景的预测。

6.3.1　BP 神经网络及算法流程

1986 年，以鲁梅尔哈特（Rumelhart）为首的科学家提出了多层前馈网络的误差逆传播（Error Back Propagation, BP）算法，不仅大大提高了网络的分类能力，而且解决了在多层网络中权值应如何调整的问题。人们常把按误差逆传播算法训练的多层前馈网络，直接称为 BP 神经网络。其拓扑结构如图 6-10 所示，图中符号意义：n 表示输入层神经元个数；p 表示隐含层神经元个数。

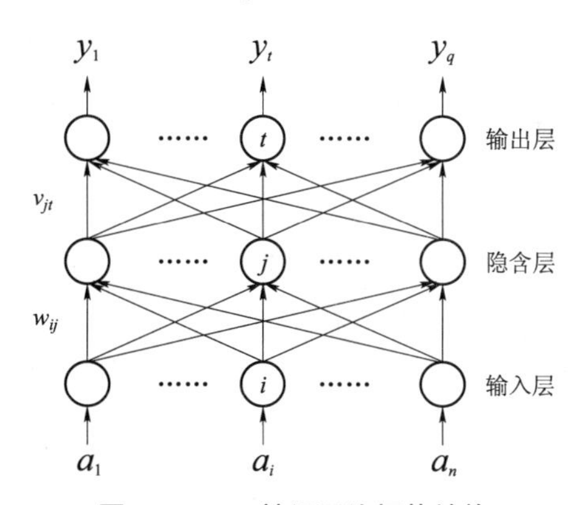

图 6-10　BP 神经网络拓扑结构

BP 算法流程如下：

（1）初始化：给各连接权 w_{ij}、v_{jt} 及阈值 θ_j、r_t 赋予（–1，+1）间的随机值。

（2）随机选取一对模式 $A_k=(a_1^k,a_2^k,\cdots,a_n^k)$，$Y_k=(y_1^k,y_2^k,\cdots,y_q^k)$ 提供给网络。

（3）用输入模式 A_k，连接权 w_{ij} 和阈值 θ_j 计算隐含层各单元的输入 s_j，然后

用 s_j 通过 S 函数计算隐含层各单元的输出 b_j，即

$$s_j = \sum_{i=1}^{n} w_{ij} \cdot a_i - \theta_j \quad j = 1, 2, \cdots, p \tag{6.16}$$

$$b_j = f(s_j) \quad j = 1, 2, \cdots, p \tag{6.17}$$

（4）用隐含层的输出 b_j、连接权 v_{jt} 和阈值 r_t 计算输出层各单元的输入 L_t，然后用 L_t 通过 S 函数计算输出层各单元的响应 c_t，即

$$L_t = \sum_{j=1}^{p} v_{jt} \cdot b_j - r_t \quad t = 1, 2, \cdots, q \tag{6.18}$$

$$c_t = f(L_t) \quad t = 1, 2, \cdots, q \tag{6.19}$$

（5）用期望输出模式 $Y_k = (y_1^k, y_2^k, \cdots, y_q^k)$、网络实际输出 c_t，计算输出层的各单元的校正误差 d_t^k，即

$$d_t^k = (y_t^k - c_t^k) c_t^k (1 - c_t^k) \quad t = 1, 2, \cdots, q \tag{6.20}$$

（6）用连接权 v_{jt}、输出层的校正误差 d_t^k、隐含层的输出 b_j 计算隐含各单元的校正误差 e_j^k，即

$$e_j^k = \left(\sum_{t=1}^{q} d_t^k \cdot v_{jt} \right) b_j (1 - b_j) \quad j = 1, 2, \cdots, p \tag{6.21}$$

（7）用输出层各单元的校正误差 d_t^k、隐含层各单元的输出 b_j 去修正连接权 v_{jt} 和阈值 r_t，即

$$v_{jt}(N+1) = v_{jt}(N) + \alpha d_t^k b_j \quad j = 1, 2, \cdots, p \tag{6.22}$$

$$r_t(N+1) = r_t(N) + \alpha d_t^k \quad t = 1, 2, \cdots, q \tag{6.23}$$

其中，$0 < \alpha < 1$。

（8）用隐含层各单元的校正误差 e_j^k、输入层各单元的输入 $A_k = (a_1^k, a_2^k, \cdots, a_n^k)$ 去修正连接权 w_{ij} 和阈值 θ_j，即

$$w_{ij}(N+1) = w_{ij}(N) + \beta e_j^k a_i^k \quad i = 1, 2, \cdots, n \tag{6.24}$$

$$\theta_j(N+1) = \theta_j(N) + \beta e_j^k \quad j = 1, 2, \cdots, p \tag{6.25}$$

其中，$0 < \beta < 1$。

（9）随机选取下一个学习模式对提供给网络，返回步骤（3），直至全部模式对训练完毕。

（10）更新学习次数，即重新从若干个学习模式对中随机选取一个模式对，返回步骤（3），直至网络全局误差 E 小于预先设定的允许值（$E<\varepsilon$），即网络收敛。

（11）结束学习。

在以上的学习步骤中，（3）～（6）为输入学习模式的顺向传播过程，（7）～（8）为网络误差的逆向传播过程，（9）～（10）则为完成训练和收敛过程。

6.3.2　BP-CA 算法

元胞自动机运行的核心是规则，上一节所介绍的 BP 神经网络算法流程。在这里，可以理解为元胞自动机挖掘规则的过程，神经网络的“元胞版”如图 6-11 所示。

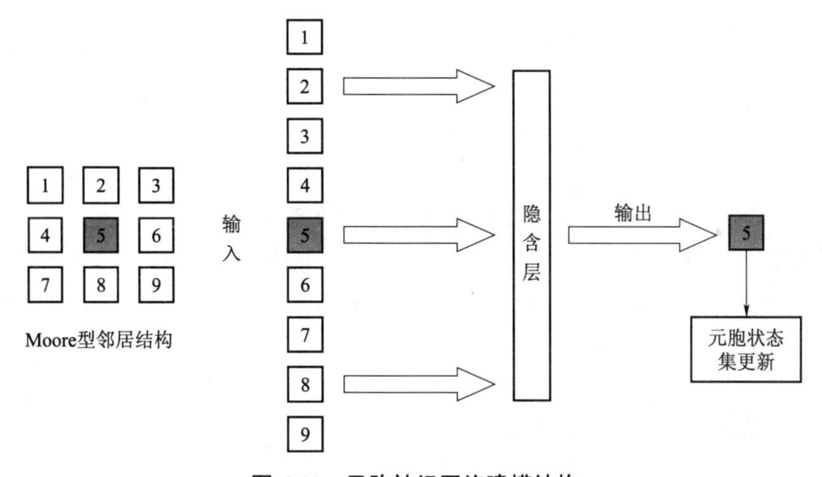

图 6-11　元胞神经网络建模结构

不难发现，相比于 BP 神经网络算法，BP-CA 算法对神经元进行了修改，不再是一组组训练数据，而是用一个个元胞及其邻居的状态取而代之，每个元胞既是输入神经元的一部分，又是输出神经元，这种规则的形成方式有些类似于“黑箱”。

下面介绍 BP-CA 算法的步骤。

（1）训练：为 BP 神经网络提供输入向量及期望输出（元胞空间为 $n\times n$），对网络进行训练。输入向量可表示为：

$$A_k=(a_1^k,a_2^k,\cdots,a_9^k)\quad k\in[1,n^2]\tag{6.26}$$

期望输出可表示为：

$$Y_k=(y_1^k,y_2^k,\cdots,y_q^k)\quad k\in[1,n^2]\tag{6.27}$$

其中，$a_1^k\sim a_9^k$ 表示中心元胞及其 8 个邻居的状态数据；q 表示元胞的状态数量；y_q^k 是元胞的状态转移概率，表示个体元胞在下一时刻以何种概率变为对应的状态。

当训练误差达到标准时，训练结束。

（2）预测：将需要预测的元胞状态数据（新的输入向量）作为输入提供给训练好的网络，预测下一时刻的元胞演化状态。

输入向量：

$$A'_k=(a_1'^k,a_2'^k,\cdots,a_9'^k)\quad k\in[1,n^2]\tag{6.28}$$

输出向量：

$$Y'_k=(y_1'^k,y_2'^k,\cdots,y_q'^k)\quad k\in[1,n^2]\tag{6.29}$$

式（6.29）则可以认为是 BP 算法挖掘出的元胞演化规则。

根据以上叙述，BP-CA 的流程可以总结为：提取 t 与 $t+1$ 时刻的能反映整体转换趋势的元胞状态输入 BP 网络来挖掘其转换规则，$t+1$ 时刻的元胞数据同时也可以作为预测 $t+2$ 时刻的神经网络输入数据。

6.3.3 建模实例——疾病传染预测

目前这方面的文献基本都是以介绍土地利用为主，下面，我们用元胞自动机设计一个新的模型——疾病传染模型，模型本身没有什么特别的意义，也没有实证数据作为验证，但其目的是为了更加形象地说明 BP-CA 算法。

1. 元胞自动机设置

模型背景：有一种疾病，可以在 Moore 型邻居范围内进行传染，历史同期的经验表明，从春季进入夏季时，在一定范围内的人群里（100 人），健康者数量为

30%；轻度感染者数量为 50%；重度感染者数量为 20%；现在，需要对今年春季进入夏季时疾病感染的群体演化情况做出预测。

（1）元胞空间大小：$n \times n$ 的网格。

（2）元胞邻居形式：Moore 型邻居，如图 6-11 所示。

（3）元胞状态：即患病程度，用数字表示，“0”表示健康；“1”表示轻度感染；“2”表示重度感染。

（4）疾病传染规则：这里的规则不同于之前章节的任何一种演化规则，疾病传染，是一种概率性事件，而非由某种确定性的规则来主宰。在本模型中，对某种疾病传染的预测（演化规则的形成），是以历史同期数据作为参考，形成一个期望输出模式，对未来的演化进行预测。具体地讲，就是利用 $t \sim t+1$ 时刻的演化模式来预测 $t+2 \sim t+3$ 时刻的演化结果。

2. BP 神经网络设置

借助图 6-11，将神经网络的输入输出及运行流程表示如图 6-12 所示。

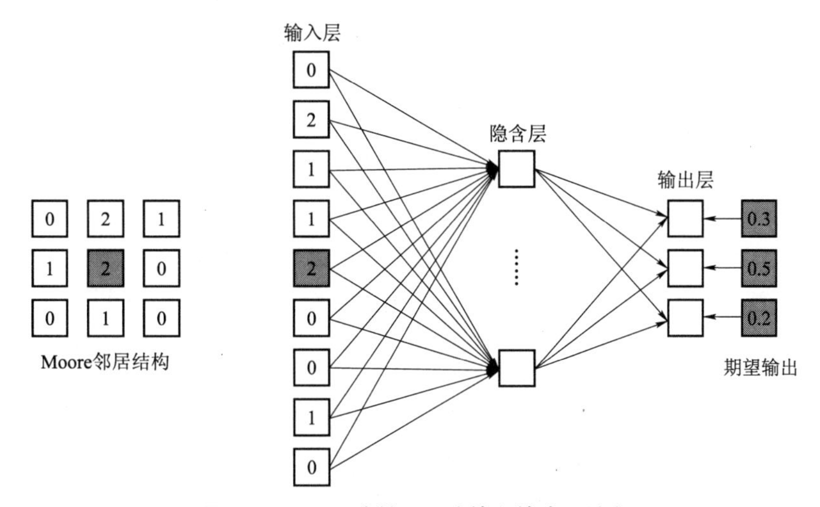

图 6-12　BP 元胞神经网络输入输出及流程

图 6-12 由于篇幅所限，在输入层只画出了一组输入模式，在 BP 神经网络的训练过程中，每个元胞都将提供一组包含邻居状态的信息作为网络的输入，通过期望输出调整网络权值。在预测过程中，输入新的元胞状态（“今年春季”），输出

层得到的结果即预测出的元胞状态转移概率。

3. 计算机仿真

1）仿真参数设定（见表 6-1）

表 6-1　仿真参数设定

参数名称	符号	取值
元胞空间规模	$n \times n$	10×10
输入层神经元个数	—	9
隐含层神经元个数	—	6
输出层神经元个数	—	3
最大训练次数	epochs	2 000
训练要求精度	goal	0.001

2）规则挖掘过程（训练）

提取元胞自动机的邻居状态，作为训练样本输入 BP 神经网络进行训练（见图 6-13），由历史数据得到期望输出：健康概率为 0.3；轻度感染概率为 0.5；重度感染概率为 0.2。

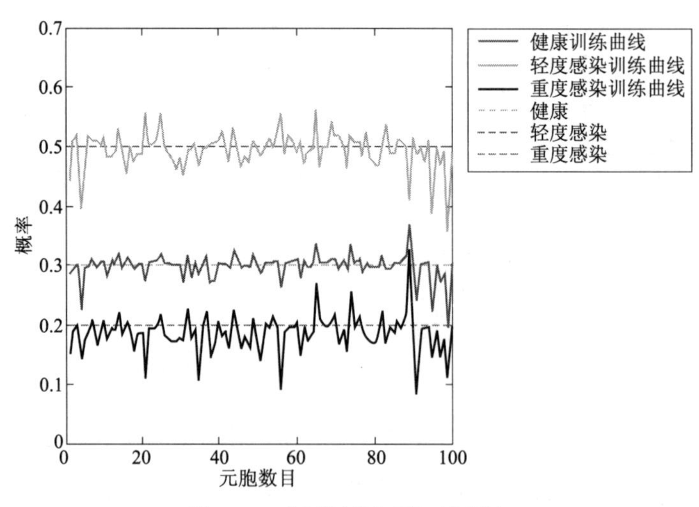

图 6-13　规则挖掘过程（训练）

3）预测过程（见图 6-14）

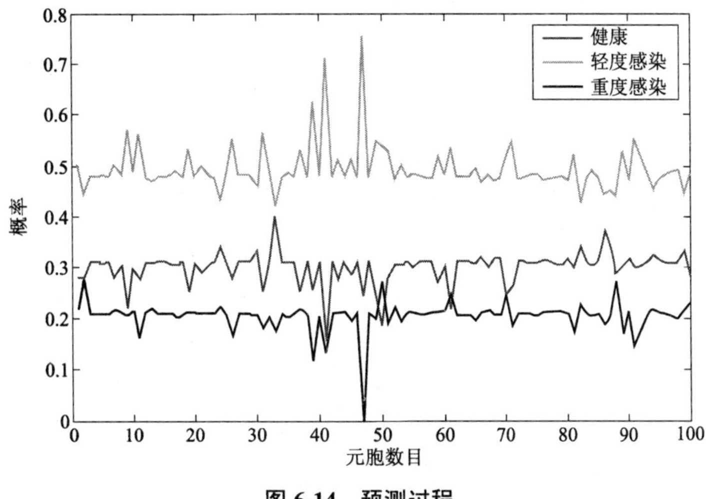

图 6-14　预测过程

图中，横轴表示元胞编号，三条概率曲线即神经网络的输出，分别表示下一时刻与横轴对应的个体元胞以相应的概率变为三种状态（可见，每个元胞的变化概率都是不同的）。仿真结果如表 6-2 所示。

表 6-2　仿真结果

春季到夏季	健康	轻度感染	重度感染
历史经验	0.3	0.5	0.2
预测的平均演化概率	0.289	0.516	0.196

从图 6-14 及表 6-2 可以看出，从元胞自动机邻居结构抽象出的输入模式挖掘出了演化规则，并对下一时刻各个元胞的演化做出了良好的预测，可见，这种演化方式不同于“生命游戏”等方式，而是一种由状态转移概率构成的“模糊”的演化规则。

6.3.4　小结

这一节里，我们从基本的 BP 神经网络算法出发，探讨了其与元胞自动机的结合问题，建立了以中心元胞及其邻居的状态作为输入、中心元胞的状态更新作为输出的元胞神经网络结构，并将其应用于仿真实例，取得了良好的效果。然而，本节的建模思想是用神经网络来“帮助”元胞自动机挖掘规则，那么元胞自动机是否能够深入神经网络的算法内部，实现一些功能，取得良好的效果呢？

6.4 自适应元胞神经网络模型（SCNN）

在上一节的 BP-CA 模型里，BP 神经网络的作用在于挖掘元胞自动机的演化规则，目前，该方法已被成熟地运用于研究土地利用演变等相关问题，但二者的结合并未改变神经网络算法本身或元胞自动机的运行原理，换句话说，元胞自动机自身的作用没有得到改变或提升。本节，我们将深入算法的原理，寻求二者更为深入的结合，构建真正意义上的“元胞神经网络”模型。

6.4.1 建模思想及理论基础

在“元胞遗传算法”一章中，我们已经发现，个体元胞之间具有自适应特点的局部交互运算可以实现全局运算的目的，在遗传算法中，这种交互表现为“选择”、“交叉”、“变异”，而在人工神经网络中，局部运算则表现为个体神经元之间的并行权重调整，神经网络的学习过程与元胞自动机演化过程的共同特点在于：

（1）并行分布式处理；

（2）非线性处理。

二者的不同之处在于：神经网络具有独立的学习算法（例如典型的 Hebb 学习算法、δ 学习算法、随机学习算法、竞争学习算法等），而元胞自动机自身则不具备诸如此类的算法。除此之外，在计算模式上，神经网络的算法与元胞自动机的运算规则也存在较大差异，神经网络对知识的表示和利用，把一切问题的特征都变为数字，然后通过设定的神经元函数，把一切推理都变为数值计算，其实质，依旧没有脱离解析范式的束缚；元胞自动机虽然自身不具备智能算法，但却能够利用演化规则产生推理，是规则运算。

从拓扑结构的角度来讲，二维元胞自动机的空间布局与神经网络相邻层级神经元之间的全连接结构有着相似之处，神经网络用“权重”来处理相邻层级神经元之间的信息传递或激活抑制过程；二维元胞自动机则利用“邻居结构”来进行信息的沟通与传递。不同之处在于，神经网络往往具有多层神经元，信息传递于层与层之间，而元胞空间内的信息传递是不具有层次性与方向性的。众所周知，神经网络的结构设计，至今尚无系统的理论或原则可供依据，大多靠主观经验判断或实验，而元胞自动机则善于解决现实世界中不稳定、非线性、不确定性的复杂决策问题，二者相结合，可以为人们认识和模拟自然界的复杂现象提供一种新的方法和工具。

对于采用神经网络处理的许多实际问题而言，系统的输入通常是一个与时间有关的过程，比如价格、化学反应、气象预报等，针对这类问题，早在 2000 年就有学者提出了过程神经元网络模型解决时间序列预测问题。然而，当系统的输入为离散时间采样数据时，系统输入便无法用确定的函数解析式精确表达，限制了过程神经元网络的使用，在过程神经元的基础上，有学者采用离散沃尔什变换，提出一种基于离散输入的过程神经网络模型及学习算法，避免了复杂的积分运算。

同时，在现实的复杂系统中，也经常会遇到一些群体决策问题的分析与模拟，由于元胞自动机也同时具有时间离散、空间离散及并行计算的特点，故可将个体元胞视作神经元；将元胞的邻居结构视作神经网络中相邻层级神经元的权重连接；再结合复杂系统自适应运算的特点，构建自适应元胞神经网络，为多主体复杂系统中的离散数据序列处理提供一种新的尝试。

6.4.2　内生时间序列预测模型

众所周知，在复杂自适应系统中，整体演化输出结果的复杂性，通常是由个体的决策结果及个体间的局部交互行为反复演化得到的（比如股票市场），然而站在复杂系统内个体的角度，这种整体输出的复杂性，通常是无法预知和没有规律可循的，一个典型的例子就是：一座体育场内，每一个观众都是欢呼声的制造者，但每一个观众都难以准确预测整个体育场一起爆发欢呼声的时间和频率，换句话说，系统内的个体是整体输出的贡献者，但是当个体不具备某种智能时，这种贡献也是未知的。

下面，建立一种具有演化功能的自适应元胞神经网络，研究当离散时间序列是由元胞自动机自身演化产生时，元胞神经网络对时间序列的拟合。

1. 构建网络

本节建立的自适应元胞神经网络包含输入层、隐含层及输出层，元胞空间内的每一个元胞既是输入层元胞，同时也是隐含层元胞，其拓扑结构如图 6-15 所示，局部元胞邻居结构如图 6-16 所示。

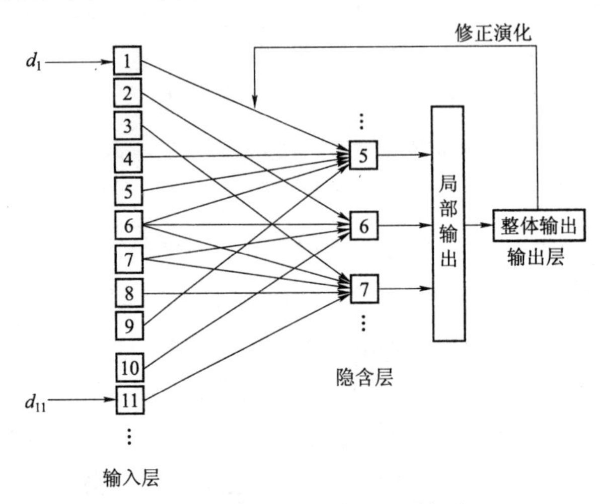

图 6-15 元胞神经网络（内生时间序列）

	1	2	3	
4	5	6	7	8
	9	10	11	

图 6-16 局部元胞邻居结构

其中，图 6-16 中的元胞编号与图 6-15 中的元胞编号一一对应，以上两图反映了元胞神经网络拓扑结构与元胞空间邻居结构的映射关系，这里，采用的是 Von Neumann 型邻居，即每个元胞与上下左右四个元胞相联系。随着神经网络的演化，输入层与隐含层的权重网络也不断演化，每一单位时间都有一些连接断开、一些连接建立。

2. 网络运行原理及演化步骤

如前文所述，元胞空间内的每一个元胞既是输入层元胞，又是隐含层元胞，每一单位时间，元胞神经网络按照如下规则进行演化。

（1）利用全体元胞的需求预测信息，系统产生实际输出。

（2）每一个隐含层（中心）元胞收集输入层中自身及周围四个邻居的预测信息。

（3）以系统的实际输出为标准，每一个隐含层（中心）元胞对输入层中自身及周围四个邻居的预测信息进行处理。

（4）每一个隐含层（中心）元胞定位输入层中预测误差最小的邻居（包含自身）元胞，建立与其在输入层所在位置的连接，同时断开与其他输入层元胞的连接。

（5）通过输入层与隐含层建立的有限连接，输入层元胞中具有高预测精度的预测信息传递至隐含层，得到保留，同时，输入层元胞的预测信息得到更新。

（6）返回步骤（1）。

不难发现，输入层元胞与隐含层元胞之间网络连接的演化过程，实现了对输入层元胞提供的预测信息的筛选。这一网络的演化过程，可用图 6-17 来表示（为防止连接权太多导致结果难以辨认，此处仅以隐含层中的三个元胞为例）。

可见，随着演化的进展，网络的连接状态在不断地调整，元胞群体的预测精度将会不断提升。

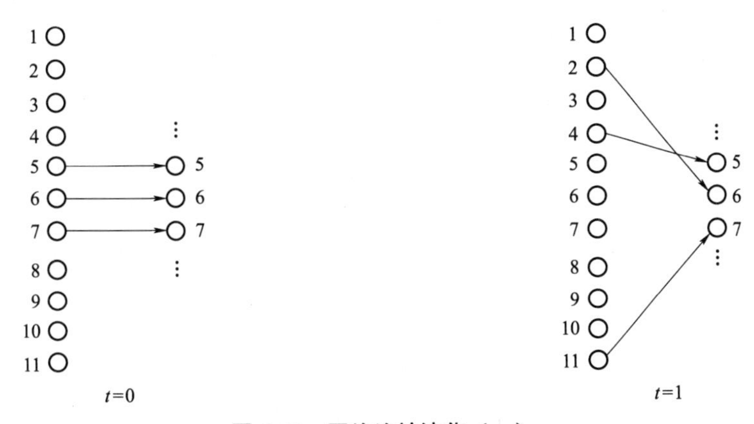

图 6-17　网络连接演化（一）

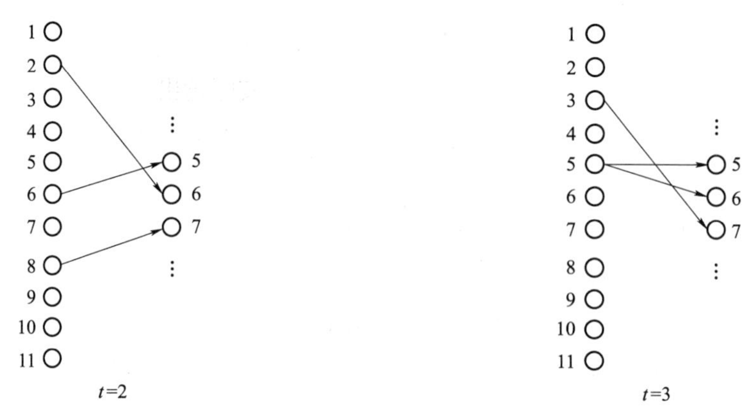

图 6-17　网络连接演化（二）

3. 计算机仿真

这里，我们以一种商品的价格时间序列预测为例，观察元胞神经网络的运行效果，在这个模型里，每一个元胞作为一个独立的个体，对商品价格的变化做出预测，形成市场需求，然后依据系统的实际价格输出，调整与邻居元胞的权重连接，获取精度更高的预测信息。

1）模型假设

元胞空间：$n \times n$ 的网格。

邻居形式：Von Neumann 型邻居，即每个元胞拥有上下左右四个邻居。

系统输出：这里，我们假设商品的价格仅受到市场整体供需状况的影响，并且个体元胞对商品的需求量与其对商品价格变化的预测存在一个正比关系

$$q_{i,t} = k\Delta p_{i,t} \tag{6.30}$$

其中，$q_{i,t}$ 表示元胞 i 在 t 时刻对商品的需求量；k 为比例系数；$\Delta p_{i,t}$ 表示 t 时刻元胞 i 对商品价格变化量的预测。可见，当个体元胞预计价格上涨时，则产生正向需求量，反之亦然。

元胞个体的需求量形成后，按以下公式更新系统输出（形成价格）

$$p_{t+1} = p_t + \alpha\sum_{i=1}^{n^2} q_{i,t} + \delta\sigma_t \tag{6.31}$$

其中，α、δ 表示比例系数；σ_t 为服从正态分布的随机游走。

2）元胞神经网络演化过程

（1）利用全体元胞的需求预测信息 $\sum_{i=1}^{n^2} q_{i,t}$，系统产生实际输出 p_{t+1}。

（2）每一个隐含层（中心）元胞收集自身及周围四个邻居的预测信息 $\Delta p_{j,t}$（$j \in \Omega$，Ω 表示邻居集合）。

（3）以系统的实际输出 p_{t+1} 为标准，每一个隐含层（中心）元胞对自身及周围四个邻居的预测信息进行处理（比较）。

（4）每一个隐含层（中心）元胞定位预测误差最小 $\min\{|p_{t+1} - (p_t + \Delta p_{j,t})|, (j \in \Omega)\}$ 的邻居（包含自身）元胞 j^*，建立与其在输入层所在位置的连接，同时断开与其他输入层元胞的连接。

（5）通过输入层与隐含层建立的有限连接，输入层元胞中具有高预测精度的预测信息 $\Delta p_{j^*,t}$ 传递至隐含层，得到保留，同时，输入层元胞的预测信息得到更新。

（6）返回步骤（1）。

3）仿真参数设定（见表 6-3）

表 6-3　仿真参数设定

参数名称	符号	取值
元胞空间规模	$n \times n$	20×20
演化时间	T	100
初始价格	p_0	10
比例系数	k	2
比例系数	α	0.001
比例系数	δ	0.01

4）仿真结果（见图 6-18）

图 6-18（a）表示的是随机选取五个元胞进行追踪，其价格预测值的变化图像；图 6-18（b）表示的是元胞空间内全体元胞的平均预测误差。可见，随着元胞之间权连接的演化，元胞个体的预测值不断逼近实际值，群体的平均预测误差不断减

小。在产生的预测序列中，最大误差为 0.4829；最小误差为 0.002；平均误差为 0.025，取得了满意的预测效果。

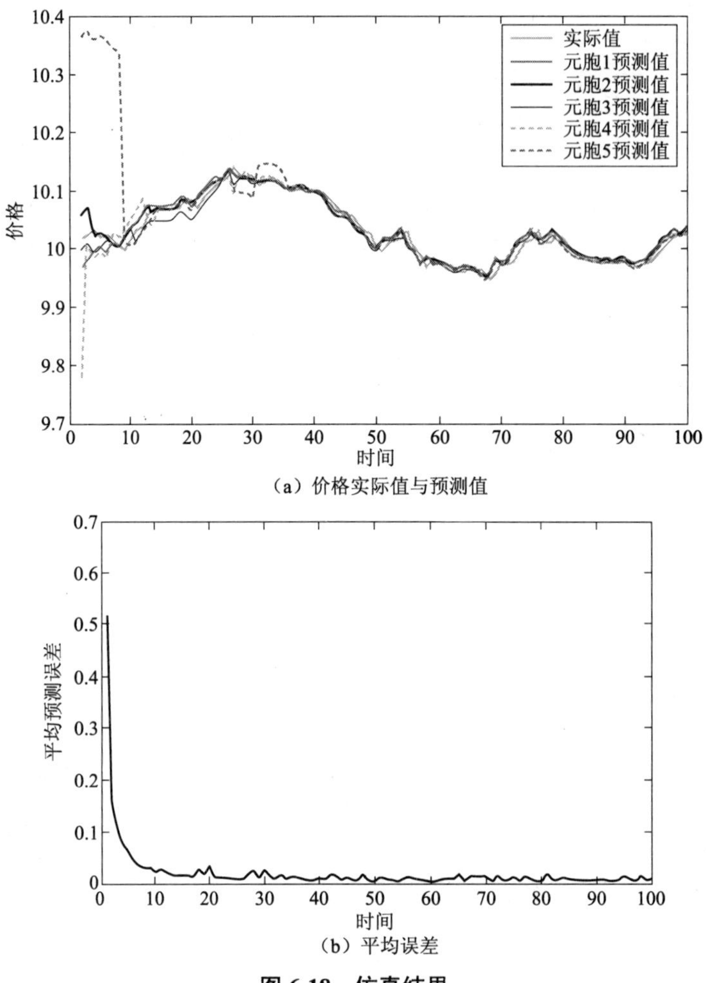

（a）价格实际值与预测值

（b）平均误差

图 6-18　仿真结果

6.4.3　外生时间序列预测模型

在上面的“内生时间序列预测”里，这个“时间序列”是由元胞自动机通过复杂的演化行为得到的，自适应元胞神经网络中的个体元胞（神经元）既是时间序列的预测者，也是时间序列的形成贡献者，自适应元胞神经网络的运行，建立了个体元胞局部行为与元胞自动机系统整体复杂演化的联系。下面，不妨做这样的思考：如果用于训练元胞神经网络的时间序列是外生的，元胞个体事先不具备该时间序列的相关知识，则自适应元胞神经网络该如何对时间序列做出预测？

1. 构建网络

本节建立的自适应元胞神经网络包含输入层、隐含层及输出层，与研究内生时间序列时构建的元胞神经网络不同，这里，对网络结构进行重新设计，由于元胞自身不再是时间序列形成的贡献者，所以元胞不再作为输入层神经元而只构成隐含层神经元。网络的拓扑结构如图 6-19 所示，局部元胞邻居结构如图 6-20 所示。

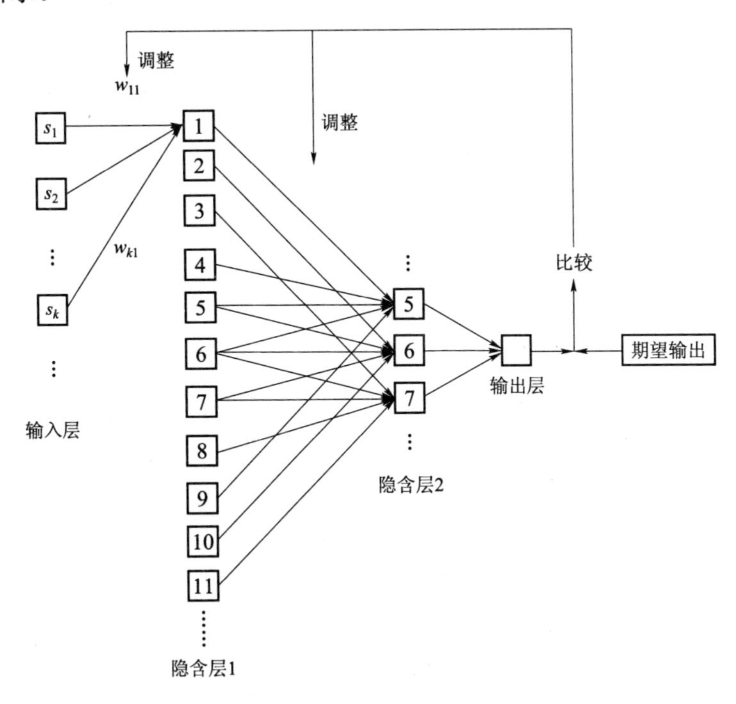

图 6-19　元胞神经网络（外生时间序列）

其中，图 6-19 中的元胞编号与图 6-20 中的元胞编号一一对应，以上两图反映了元胞神经网络拓扑结构与元胞空间邻居结构的映射关系，依旧采用 Von Neumann 型邻居，随着神经网络的演化，输入层与隐含层之间、两个隐含层之间的权重网络也不断演化，每一单位时间都有一些连接断开、一些连接建立。

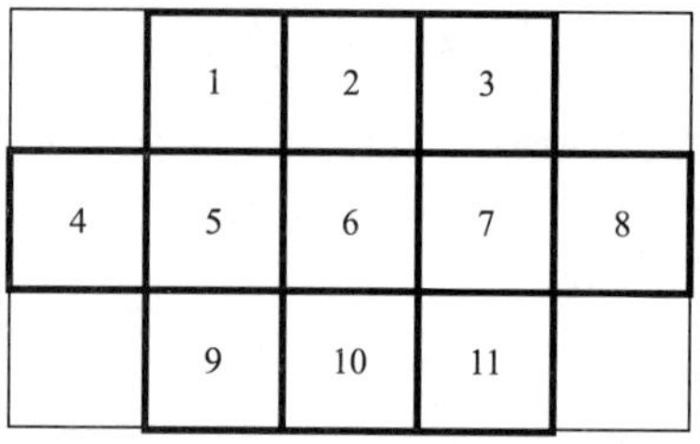

	1	2	3	
4	5	6	7	8
	9	10	11	

图 6-20　局部元胞邻居结构

2. 网络运行原理及演化步骤

处理外生时间序列预测问题的自适应元胞神经网络中，元胞空间内的元胞均作为隐含层元胞，每一单位时间，元胞神经网络按照如下规则进行演化：

（1）输入层接受历史时间序列变化信息，加入权重系数处理后，传递至隐含层 1 的元胞。

（2）每一个隐含层 2（中心）的元胞收集隐含层 1 中自身及周围四个邻居的预测信息。

（3）以系统的期望输出为标准，每一个隐含层 2（中心）的元胞对隐含层 1 中自身及周围四个邻居的预测信息进行处理。

（4）每一个隐含层 2（中心）的元胞定位隐含层 1 中预测误差最小的邻居（包含自身）元胞，建立与其在隐含层 1 中所在位置的连接，同时断开与其他隐含层 1 中元胞的连接。

（5）通过隐含层 1 与隐含层 2 建立的有限连接，隐含层 1 元胞中具有高预测精度的预测信息及其与输入层的连接权重系数传递至隐含层 2，得到保留，同时，在隐含层 1 更新相应元胞与输入层间的权重系数。

（6）返回步骤（1）。

可见，输入层与隐含层 1 之间及两个隐含层之间的权重连接演化，使元胞空间内能够产生较高预测精度的权重连接得以保留，网络的演化过程，可由图 6-21 表示（为防止连接权太多导致结果难以辨认，此处仅以隐含层 2 中的一个元胞为例）。

可见，通过网络权连接的不断调整，具有高预测精度的权重得到广泛学习和保留，元胞群体的预测精度将会不断提升。

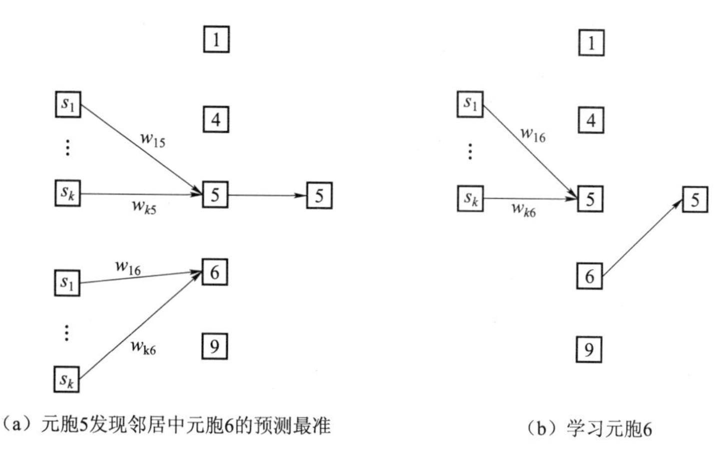

（a）元胞5发现邻居中元胞6的预测最准　　（b）学习元胞6

图 6-21　局部元胞神经网络演化过程

3. 计算机仿真

这里，我们选取连续 200 年（1700—1899 年）的太阳黑子年数据作为预测目标时间序列，验证自适应元胞神经网络在外生时间序列预测中的有效性，预测方案如下：用前 s 年的数据预测下一年的数据。比如，用 1700、1701、1702、1703、1704 年的数据预测 1705 年的太阳黑子数，这里，s=5。

1）模型假设

元胞空间：$n \times n$ 的网格。

邻居形式：Von Neumann 型邻居，即每个元胞拥有上下左右四个邻居。

元胞状态：以如下三元组表示

$$S_{i,t} = (Q_{i,t}, W_{i,t}, L_{i,t}) \tag{6.32}$$

其中，$Q_{i,t}$ 表示元胞 i 所拥有的前 s 年的历史数据；$W_{i,t}$ 表示元胞 i 对前 s 年不同年份历史数据的权重倾向；$L_{i,t}$ 表示元胞 i 作为隐含层神经元与其他神经元的连接状况。

2）元胞神经网络演化过程

（1）输入层接受历史时间序列变化信息（$q_{t-s+2} - q_{t-s+1} \sim q_t - q_{t-1}$），加入不同的权重系数 $w_{1,i} \sim w_{s-1,i}$ 处理后，形成对未来的预测 $E_i(q_t)$，传递至隐含层 1 的每一

个元胞，隐含层 1 中元胞 i 的输入为

$$E_i(q_t) = q_t + \sum_{k=2}^{s} w_{k-1,i}(q_{t-k+2} - q_{t-k+1}) \tag{6.33}$$

其中，$\sum_{k=2}^{s} w_{k-1,i} = 1$。

（2）每一个隐含层 2（中心）的元胞收集隐含层 1 中自身及周围四个邻居（用集合 Ω 表示）的预测信息。例如，按照图 6-20 的元胞编号，元胞 5 将会收集 $E_1(q_t)$、$E_4(q_t)$、$E_5(q_t)$、$E_6(q_t)$、$E_9(q_t)$。

（3）以系统的期望输出为标准，每一个隐含层 2（中心）的元胞对隐含层 1 中自身及周围四个邻居的预测信息进行处理。例如按照图 6-20 的元胞编号，元胞 5 会对 $|q_{t+1} - E_j(q_t)|(j = 1,4,5,6,9)$ 进行排序。

（4）每一个隐含层 2（中心）的元胞定位隐含层 1 中预测误差最小的邻居（包含自身）元胞 $\min\{|q_{t+1} - E_j(q_t)|, j \in \Omega\}$，建立与其在隐含层 1 中所在位置的连接，同时断开与其他隐含层 1 中元胞的连接。

（5）通过隐含层 1 与隐含层 2 建立的有限连接，隐含层 1 元胞中具有高预测精度的预测信息及其与输入层的连接权重系数 $w_{1,i}^* \sim w_{s-1,i}^*$ 传递至隐含层 2，得到保留，同时，在隐含层 1 更新相应元胞与输入层的权重系数 $w_{1,i} \sim w_{s-1,i}$。

（6）返回步骤（1）。

3）仿真参数设定（见表 6-4）

表 6-4　仿真参数设定

参数名称	符号	取值
元胞空间规模	$n \times n$	20×20
元胞可利用前 s 年的序列信息	s	10
演化时间	T	200
输入层权重	$w_{1,i} \sim w_{s,i}$	[0,1]

4）仿真结果

观察图 6-22 不难发现，元胞空间内的群体平均预测水平总体上较好地拟合了

真实时间序列（由于预测要利用前 10 年的数据，故一开时始预测值为 0），误差往往产生于序列的波峰与波谷处，其余年份，预测结果是较为理想的。在产生的预测序列中，最大误差为 15.42；最小误差为 0.010；平均误差为 4.35。

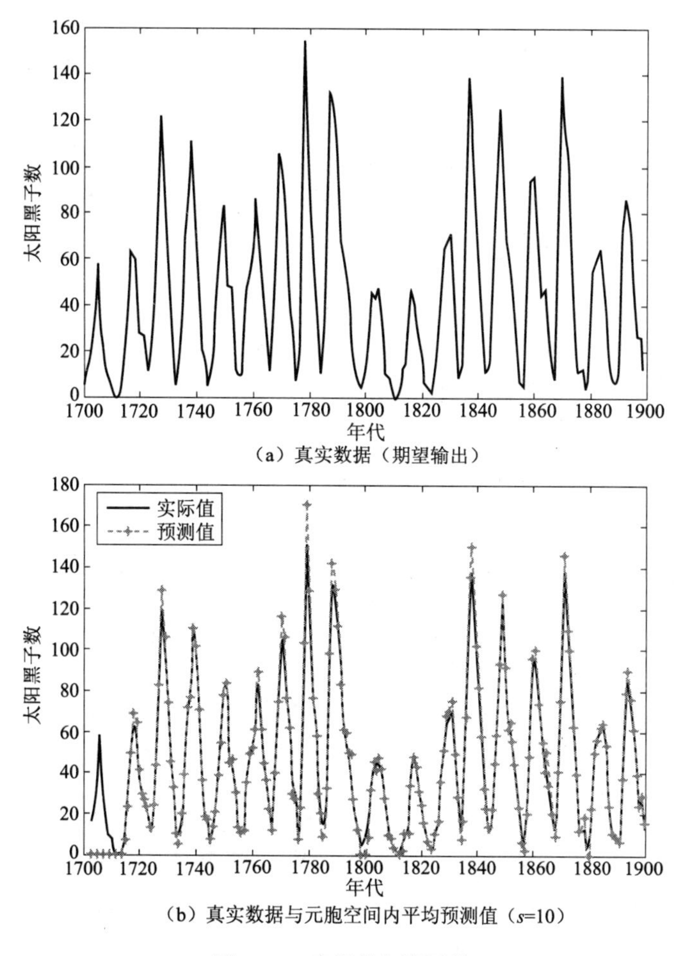

图 6-22　实际值与预测值

6.4.4　小结

本节分别建立了基于内生时间序列及外生时间序列的自适应元胞神经网络模型，通过结合元胞自动机的演化规则与神经网络的学习机制，建立了微观个体的智能行为与系统整体输出的联系，取得了较为满意的预测结果，对传统人工神经网络算法进行了以下两点重要改造。

（1）对神经元的描述：传统的神经网络仅将神经元看做是依靠权重路径传递信息的中转站，不具备自主性，是“死”的，而在自适应元胞神经网络中，以个体元胞代替原来的神经元，使得神经元具有自主学习和辨认能力，取得了良好的预测效果。

（2）权重的“演化”：在自适应元胞神经网络中，将元胞自动机的邻居结构与传统神经网络中的权重连接进行了有机结合，以局部连接代替全局连接，形成了“可演化”的权重网络，通过规则网络的建立，使元胞自动机实现了预测时间序列的功能。

综上，自适应元胞神经网络的建立，为在复杂社会经济系统中多主体仿真与群体决策建模提供了有力的工具。

6.5 元胞遗传神经网络（CGNN）

在上一节的元胞神经网络中，我们以元胞代替原来的神经元，通过元胞之间的邻居结构关系建立了一种演化权重网络，通过中心元胞与邻居中优秀个体建立连接，对预测结果进行优化，取得了较为满意的结果。

结合第 5 章的“元胞遗传算法”思想及操作，不难发现，之所以元胞自动机的演化与进化计算的结合能够取得较好的优化效果，一个重要原因就是：无论是遗传算法中的染色体还是人工神经网络中的权重，当个体的信息被放在具有邻居结构的元胞空间内时，演化过程中邻居结构的传递作用使得优秀个体信息得到了很好的保存，从而提高了求解或优化的质量。

目前，已经有相当多的文献利用遗传算法对人工神经网络进行优化和改进，其改进的中心思想在于利用遗传算法来优化神经网络中的权重调整过程；其方法在于将神经网络中的权重系数组合进行编码，将其视作染色体，通过选择、交叉等遗传操作对权重系数进行优化，下面，将使用元胞自动机及其演化规则来完成这些操作。

6.5.1　构建网络

在 6.4 节中，元胞神经网络中的“权重”实际上表示的是元胞之间的演化连接关系，而“神经元”则被看做是具有自主学习能力的元胞，在现有的利用遗传算法对神经网络进行优化的文献中，常见的操作是利用遗传算法训练神经网络中的权重系数，而相对于经典遗传算法，元胞遗传算法又具有更为优良的求解性能，所以，不妨尝试用元胞遗传算法的思想对神经网络中的权重系数进行训练。

在这种优化方式中，每一个元胞都表示一种网络权重系数的编码方式，通过元胞遗传算法对这些权重系数进行筛选优化，其模型结构如图 6-23 所示。

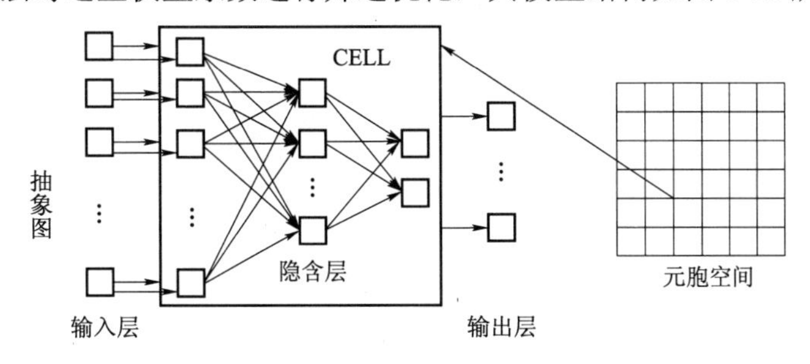

图 6-23　元胞遗传神经网络结构

可见，与 6.4 节中的元胞神经网络不同，在元胞遗传神经网络中，个体元胞实际上扮演了一个“黑箱”的角色，元胞内部存放了需要训练的网络，算法的关键就在于通过元胞自动机的邻居关系使得个体元胞内部的网络通过互相学习得到训练，从而提高整体的优化水平。

6.5.2　网络运行原理及演化步骤

下面，结合图 6-23，介绍元胞遗传神经网络的运行原理及演化步骤。

（1）权重初始化。赋予元胞空间内的每个元胞一套自身的网络权重系数。

（2）计算实际输出。为每个元胞提供相同的输入信息，利用权重网络计算每个元胞的实际输出，若元胞空间的平均实际输出达到标准或完成训练步数，则结束算法，否则继续。

（3）计算适应度。比较期望输出与每个元胞的实际输出，计算每个元胞的适应度。

（4）选择。每个元胞均在邻居范围内选择适应度最大的个体作为学习对象。

（5）复制。每个元胞对选择出的邻居优秀个体进行复制操作，更新自身的网络权重系数。

（6）返回步骤（2）。

值得注意的一点是，由于元胞自动机演化一次，权重系数相应更新一次，即遗传操作只相应进行一次，所以与单纯的遗传算法不同，这里没有采用“依概率交叉”及“变异”操作，目的就是为了在元胞间的信息传递过程中尽可能最大限度地保留优秀个体，而不是为了保证种群多样性。

上述步骤，实际是将人工神经网络的权重更新操作“嵌入”到元胞遗传算法中，脱离了传统神经网络算法中基于梯度信息和解析范式的更新方式，利用元胞之间的学习行为更新网络权重。

6.5.3 计算机仿真

这里，依旧选取连续200年（1700—1899年）的太阳黑子年数据作为预测目标时间序列，验证元胞遗传神经网络在时间序列预测中的有效性，预测方案如下：用前 s 年的数据预测下一年的数据。比如，用1700、1701、1702、1703、1704年的数据预测1705年的太阳黑子数，这里，s=5。

1. 模型假设

元胞空间：$n\times n$ 的网格。

邻居形式：Moore型邻居，即每个元胞拥有8个邻居。

神经网络：采用三层网络结构，分别为输入层、隐含层及输出层，输入层设计 e 个神经元，隐含层设计 k 个神经元，输出层设计 m 个神经元。

元胞状态：以如下二元组表示

$$S_{i,t}=(Q_{i,t},WV_{i,t}) \tag{6.34}$$

其中，$Q_{i,t}$ 表示元胞 i 所拥有的前 s 年的历史数据；$WV_{i,t}$ 表示元胞 i 的网络权重系数。

2. 元胞遗传神经网络演化过程

（1）权重初始化。赋予元胞空间内的每个元胞一套自身的网络权重系数$WV_{i,t}$（分为输入层与隐含层之间的$W_{i,t}$及隐含层与输出层之间的$V_{i,t}$）。

（2）每个元胞接受历史时间序列变化信息（$q_{t-s+2}-q_{t-s+1}\sim q_t-q_{t-1}$），利用这些历史变化信息，做出$s-1$种对$t+1$时刻真实数据的预测$E_i(q_t)$，预测方式如下

$$\left.\begin{aligned} E_i(q_t)_1 &= q_t+(q_t-q_{t-1}) \\ &\vdots \\ E_i(q_t)_{s-1} &= q_t+(q_{t-s+2}-q_{t-s+1}) \end{aligned}\right\} s-1\text{个} \tag{6.35}$$

这$s-1$种预测便作为该元胞自身网络的输入（$e=s-1$）。

（3）每个元胞通过自身的网络权重系数$W_{i,t}$计算自身的实际输出$\text{Out}_{i,t}$，如图 6-24 所示。

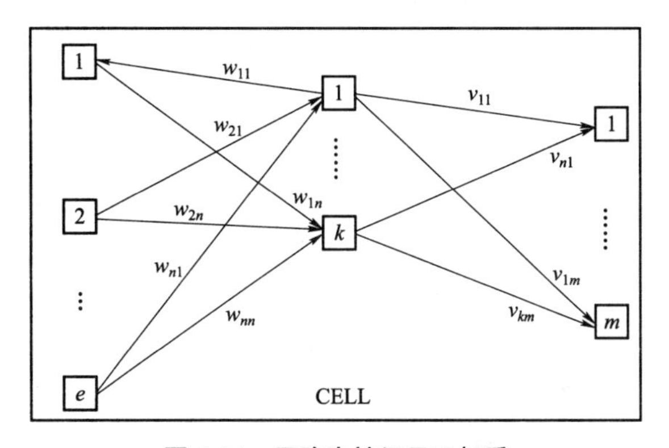

图 6-24　元胞内神经元及权重

依据神经网络原理，计算方式如下：

$$\text{Out}_{i,t}=\left[E_i(q_t)_1,\cdots,E_i(q_t)_{s-1}\right]\begin{pmatrix} w_{11} & \cdots & w_{1k} \\ \vdots & \ddots & \vdots \\ w_{e1} & \cdots & w_{ek} \end{pmatrix}\begin{pmatrix} v_{11} & \cdots & v_{1m} \\ \vdots & \ddots & \vdots \\ v_{k1} & \cdots & v_{km} \end{pmatrix} \tag{6.36}$$

其中，$\sum_{i=1}^{e} w_{i,j}=1$（$j=1,\cdots,k$）；$\sum_{i=1}^{k} v_{i,j}=1$（$j=1,\cdots,m$）。

（4）每一个元胞比较自身实际输出与期望输出（q_{t+1}）的差距，计算适应度，方

式如下

$$\mathrm{fit}_{i,t}=\frac{1}{\left|q_{t+1}-\mathrm{Out}_{i,t}\right|} \tag{6.37}$$

（5）每个元胞均在邻居范围内（包括自身）中选择适应度最大的个体 $\mathrm{fit}_{\mathrm{star},t}=\max\left\{\mathrm{fit}_{j,t},j\in\Omega\right\}$ 作为学习对象。

（6）每个元胞对选择出的邻居优秀个体进行复制操作，更新自身的网络权重系数

$$\begin{aligned}W'_{i,t}&=W_{\mathrm{star},t}\\V'_{i,t}&=V_{\mathrm{star},t}\end{aligned} \tag{6.38}$$

（7）返回步骤（2）。

3. 仿真参数设定（见表 6-5）

表 6-5 仿真参数设定

参数名称	符号	取值
元胞空间规模	$n\times n$	15×15
元胞可利用前 s 年的序列信息	s	10
演化时间	T	200
输入层神经元个数	e	9
隐含层神经元个数	k	6
输出层神经元个数	m	1
网络权重	$w_{i,j},v_{i,j}$	[0,1]

4. 仿真结果

对于 200 年的太阳黑子数据，用前 150 年的数据来训练网络，用后 50 年的数据来进行预测，训练及预测的仿真结果如图 6-25 所示。

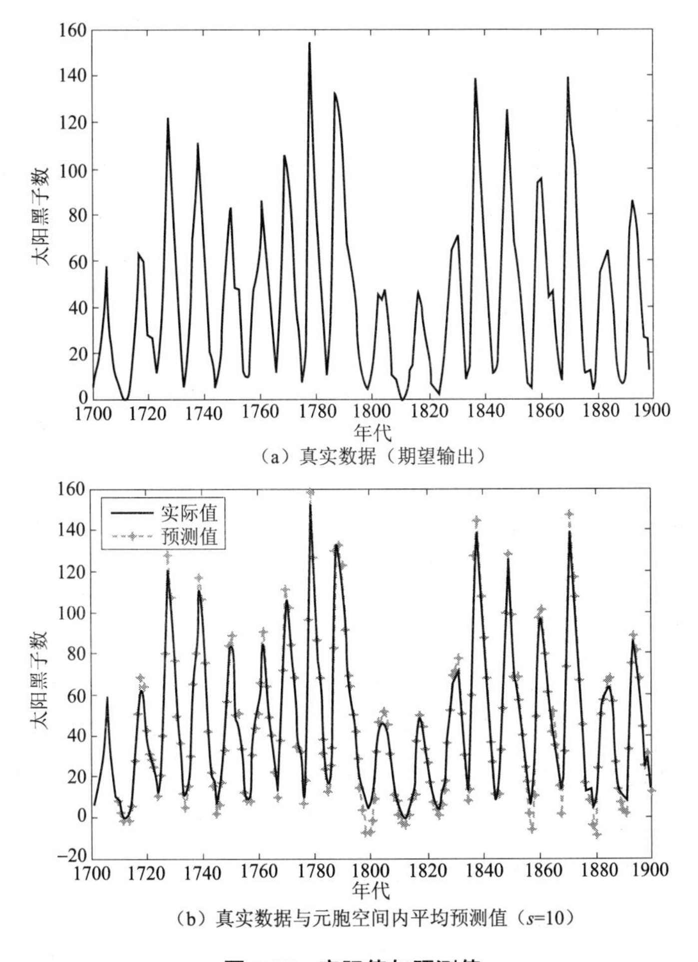

（a）真实数据（期望输出）

（b）真实数据与元胞空间内平均预测值（s=10）

图 6-25　实际值与预测值

观察图 6-25 不难发现，元胞空间内的群体平均预测水平总体上较好地拟合了真实时间序列，误差往往产生于序列的波峰与波谷处，其余年份，预测结果是较为理想的。在产生的预测序列中，最大误差为 14.25；最小误差为 0；平均误差为 0.040。相对于 6.4.3 节提出的自适应元胞神经网络，预测精度得到了提升。

6.5.4　小结

本节没有对人工神经网络自身的结构做出更改，而是将元胞遗传算法的思想融入神经网络权重系数的动态更新过程中，对时间序列进行了预测，取得了良好的效果。该结合方式丰富了元胞个体的智能形态，为复杂系统中群体决策行为的建模与模拟提供了一定的参考。

综合第 5 章不难发现，在元胞自动机与智能算法的结合中，结合点大多在智能算法自适应部分（比如染色体、神经元等），这也为我们未来的研究提供了思路——越来越多智能算法中具有自适应特点的部分与元胞自动机相结合，将会成为群体决策行为建模与模拟的重要工具。

参 考 文 献

[1] 李学伟，孙有发，吴今培. 一种新的元胞网络模型. 五邑大学学报：自然科学版，2011，25(4)：14-21.

[2] 黎夏，叶嘉安. 基于神经网络的元胞自动机及模拟复杂土地利用系统. 地理研究，2005，24(1)：19-27.

[3] 赵晶，陈华根，许惠平. 元胞自动机与神经网络相结合的土地演变模拟. 同济大学学报：自然科学版，2007，35(8)：1128-1132.

[4] 李玲，麦雄发. 基于 CA-ANN 喀斯特石漠化时空格局的动态模拟和预测. 广西师范学院学报：自然科学版. 2009，26(1):84-89.

[5] 徐昔保，杨桂山，张建明. 基于神经网络 CA 的兰州城市土地利用变化情景模拟. 地理与地理信息科学，2008，24(6)：80-83.

[6] 何新贵，梁久祯. 过程神经元网络的若干理论问题. 中国工程科学，2000，2(12)：40-44.

[7] 何新贵，梁久祯，许少华. 过程神经元网络的训练与应用. 中国工程科学，2001，3(4)：31-35.

[8] 刘丽杰，李盼池，李欣，等. 离散过程神经网络在时间序列预测中的应用. 计算机工程与应用，2011，47(32)：224-227.

[9] 许少华，何新贵，王兵. 一种时变输入输出过程神经元网络及学习算法研究. 控制与决策，2007，22(12)：1425-1428.

[10] CATTANEO G, QUARANTA VOGLIOTTI C. The “magic” rule spaces of

neural-like elementary cellular automata. Theoretical computer science, 1997, 178(1): 77-102.

[11] PANAGIOTIS G, TZIONAS. A Cellular neural network modelling the behavior of reconfigurable cellular automata. Microprocessors and microsystems, 2001, 25(8): 379-387.

[12] KYUNG-JOONG KIM, SUNG-BAE CHO. Evolved neural networks based on cellular automata for sensory-motor controller. Neurocomputing, 2006, 69(16-18): 2193-2207.

[13] FLORIAN DOHLER, FLORIAN MORMANNA, BERND WEBER, etc. A Cellular neural network based method for classification of magnetic resonance images: Towards an automated detection of hippocampal sclerosis. Journal of neuroscience methods, 2008, 170(2): 324-331.

[14] ACEDO L. A cellular automaton model for collective neural dynamics. Mathematical and computer modelling, 2009, 50(5-6): 717-725.

[15] OLGA BANDMAN. Cellular–neural automaton: A hybrid model for reaction-diffusion simulation. Future generation computer systems, 2002, 18(6): 737-745.

[16] 杨国军，崔平远，李琳琳. 遗传算法在神经网络控制中的应用与实现. 系统仿真学报，2001，13(5)：567-570.

第 7 章

Agent-元胞自动机

引言

在“元胞遗传算法”及“元胞神经网络”两章中，我们看到了分布在元胞网格中的自适应个体分别扮演了基因、染色体、神经元的角色，元胞个体之间学习能力得到加强的同时，实现了传统人工智能算法的功能。下面，不妨做这样的思考——当元胞空间内的个体具有不同的演化学习规则或可以自行移动，或个体的演化规则是随时间变化时，我们能否将其赋予人类的情感、信念、角色、知觉等特点，最终使得元胞自动机空间形成一个由智能体参与的“现实世界”。

7.1 什么是“Agent”

在介绍 Agent 与元胞自动机的关系之前，我们先用一定篇幅介绍一下 Agent 的基本知识。

首先“Agent”是个英文单词，有人把它翻译成“主体”，有人把它翻译成“代理人”。我们不妨举几个例子想一想，在新闻报道里经常听到“某某大楼主体工程竣工”，在朝鲜，有“主体思想”等。在哲学里，“主体”是指有认识和实践能力的人，其对立面是客体，也就是主体以外的客观事物，是主体认识和实践的对象。可见，“主体”不能全面地反映 Agent 的本意。

再说“代理”，“代理”指代替别人担任或负责某种职务。在法律上，“代理”指受委托代表当事人进行某种活动，如诉讼、签订合同、纳税等。可见，“代理”的含义也不能表示出 Agent 的原意。

那么，Agent 到底是什么？

7.1.1 Agent 的概念

由于“Agent”这个词应用太广泛，其实到现在为止，研究者都没有对 Agent 的定义形成共识，我们只能在不同学者的研究中找到一些具有代表性的对 Agent 的描述：

在明斯基（Minsky）于 1986 年出版的《思维的社会》一书中，Agent 的概念被首次提出，作者认为 Agent 是具有技能和社会交互性的个体，个体间通过相互学习可以找到解决问题的方法。

著名 Agent 理论研究学者伍德里奇（Wooldridge）等人在描述 Agent 时，提出了“弱定义”和“强定义”两种定义方法：弱定义 Agent 是指具有自主性、社会性、反应性和能动性等基本特性的个体；强定义 Agent 是指 Agent 除了具有弱定义中的基本特性以外，还具有移动性、通信能力、理性或其他特性。

一些来自人工智能界的学者认为：Agent 除了具备自治、自主等基本特性外，还要具备一些人类才具有的能力。索汉姆（Shoham）为 Agent 下了一个高层次的强定义：如果一个个体的状态包含了诸如知识、信念、承诺、愿望、能力等精神状态，这个个体就是 Agent。通俗地讲，Agent 可以理解为一个通过自己努力实现自己愿望的人。

比尔·盖茨把智能 Agent 称为“软的软件”，他说：“一旦程序写好了，它就一成不变。软的软件随着你的使用好像会变得越来越聪明”，“你可以把 Agent 当作直接内置在软件中的合作者，它会记住你擅长什么，你过去做过些什么，并试着预测难题，并提出解决办法”。

学者查尔斯·马卡尔（Charles M. Macal）及迈克尔·诺斯（Michael J. North）将 Agent 定义为“具有独立目标和行为并且对其行为有掌控能力的离散实体”。

纵观这些由不同学者给出的有关 Agent 的概念，我们不妨站在“复杂性是怎样产生的？”这个角度去给出能够描述 Agent 的关键语句，在之前章节的元胞自动机建模中可以看到，个体之间的异质行为往往是系统整体产生复杂性的根源，而个体元胞之间的异质程度又往往受到元胞空间中局部规则、地域、层次等的限制，从而也在一定程度上约束了复杂性的产生，故此，我们在本书中可以这样来描述 Agent：Agent 是一类具有相互之间沟通能力、环境适应能力及通过学习改变自身行为和运行规则的个体。

7.1.2 Agent 的特点

由 Agent 的概念可以总结出 Agent 应具有如下基本特性。

（1）行为自主性。Agent 不直接受他人控制，对自己的行为与内部状态有一定的控制力，其行为是主动的、自发的、有目标并且有意图的，能根据目标和环境的要求对短期行为做出规划，行为自主性是 Agent 最基本的属性。

（2）反应性。Agent 能够感知其所处环境，并借助自己的行为，对环境做出适当反应。

（3）目的性。Agent 不是对环境中的事件做出简单的应激性反应，而是能够表现出某种目标指导下的行为，为实现其内在目标而采取主动的行为。

（4）社会性。Agent 存在于由多个 Agent 构成的社会环境中，与其他 Agent 交换信息和思想，Agent 的存在及其行为都不是孤立的，甚至可以这样讲，多个 Agent 就是一个简化了的小型人类社会。

（5）协作性。各 Agent 可以通过合作和协调工作，来求解单个 Agent 无法处理的问题，并提高处理问题的能力。在协作过程中，可以引入各种新的机制和算法，协作性是 Agent 最重要的属性，也是其具有社会性的表现。

（6）运行持续性。Agent 的程序在启动后，能够在相当长的一段时间内维持运行状态，不随运算的停止而立即结束运行。

（7）系统适应性。Agent 不仅能够感知环境，对环境做出反应，而且能够把新建立的 Agent 集成到系统中而无需对原有的多 Agent 系统进行重新设计，因此，Agent 也具有很强的适应性和可扩展性，也可把这一特点称为开放性。

（8）功能智能性。Agent 强调理性作用，可作为描述机器智能、动物智能和人类智能的统一模型。Agent 的功能具有较高智能，而且这种智能往往是构成社会智能的一部分。

7.1.3 Agent 的结构分类

利用 Agent 的概念及特点，可以抽象出一个最基本的 Agent 通用模型，由三个部分组成，如图 7-1 所示。

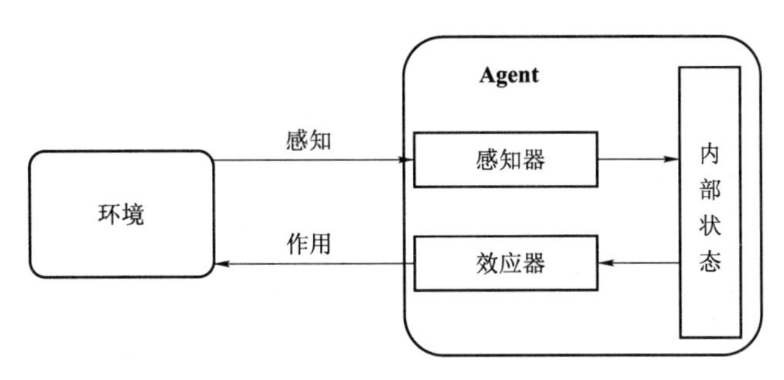

图 7-1 Agent 通用模型

图 7-1 是 Agent 的抽象模型，具有感知器和效应器，处于某一环境中的实体通过感知器感知环境；通过效应器作用于环境；它能运用自己所拥有的知识进行问题求解，还能与其他 Agent 进行信息交流并协同工作。

可见，Agent 的关键就在于设计一套程序，实现 Agent 从感知到动作的映射函数，既然是程序，就得有一个能让这套程序运行的平台，我们把这个平台称为“体系结构”，正是“体系结构”这个平台使得所设计的程序既能正确地感知环境的变化，又能够对环境施加正确的反馈，如果我们把 Agent 看做一道美味的菜肴，那么“体系结构”就是做菜的炊具，而“程序”就是食材。可见，Agent、体系结构、程序之间有如下关系

Agent=体系结构+程序

这里，我们从 7.1.1 节 Agent 自身的概念出发，将 Agent 分为两类：智能代理 Agent；智能主体 Agent。从这两类 Agent 的名称不难理解，所谓“智能代理 Agent”，就是指可以代替人类去完成某项工作的 Agent，这类 Agent 的智能以人类的意识为引导，接受人类的命令，服务于人，行为具有应激性和一定的程序性，例如办公自动化 Agent 及信息收集 Agent。所谓“智能主体 Agent”，是指智能化程度更

高、自治性更强的 Agent，此时 Agent 已经拥有了人的某些智能特点，其行动模式不再是接受人的某种指令后完成任务，而是具有高度的仿生智能和一定的独立思维能力，甚至还可以拥有情感和人格，可以自行对环境做出判断、制定行动决策。

下面是两个“智能代理 Agent”的例子：

（1）反应式 Agent：顾名思义，这一类 Agent 只能对外界的刺激产生一个响应，没有任何内部过程，如图 7-2 所示。

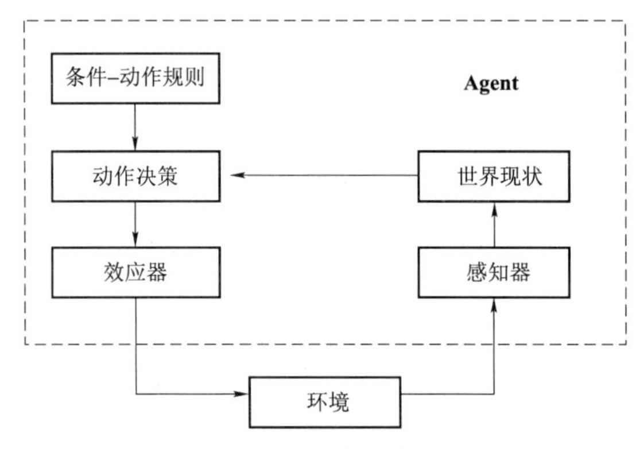

图 7-2　反应式 Agent

这类 Agent 的特点是：智能程度低，系统不灵活，但是求解速度快。

（2）跟踪式 Agent：此类 Agent 可以从内部找到一条与外界环境相匹配的规则进行工作，然后执行与规则相关的功能，如图 7-3 所示。

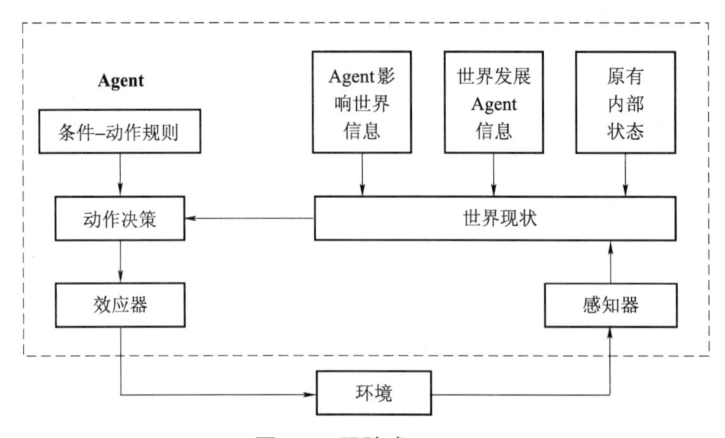

图 7-3　跟踪式 Agent

下面是两个“智能主体 Agent”的例子。

（1）慎思式 Agent：这一类 Agent 保持了经典人工智能的传统，Agent 通过感知器接收外界环境的信息，继而修改其内部状态，然后通过知识库制定动作决策，借助效应器反馈给环境，如图 7-4 所示。

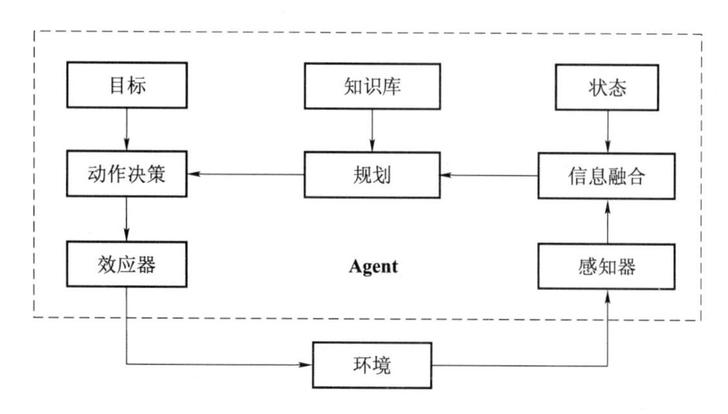

图 7-4　慎思式 Agent

这类 Agent 的特点是：智能程度高，但是求解速度慢。

（2）复合式 Agent：复合式 Agent 即在一个 Agent 内组合多种相对独立和并行执行的智能形态，其结构包括感知、动作、反应、建模、规划、通信和决策等模块，如图 7-5 所示。

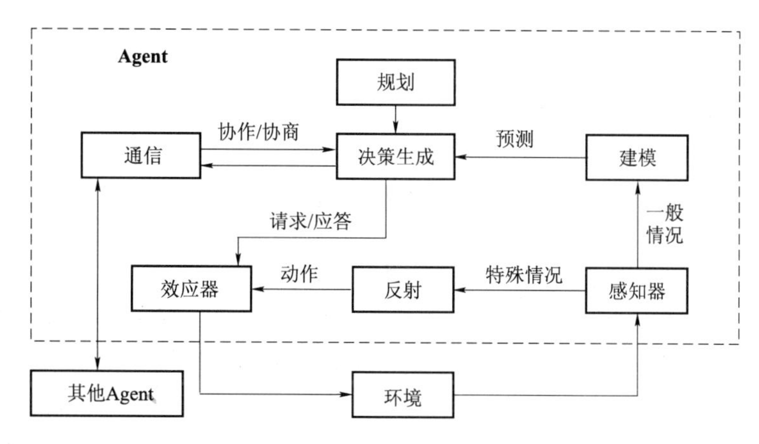

图 7-5　复合式 Agent

上面介绍了几种基本的 Agent 结构分类，当然，关于 Agent 的结构，不同的学者依据不同的背景和研究领域会有不同的设计方式，针对复杂系统的研究，采用何种 Agent 结构还要视具体情况而定。

7.1.4 Agent 的内部构成及形式化描述

1. Agent 的内部构成

学者倪建军在参考多种 Agent 的结构模型后，提出了一种适合用于复杂系统并且具备较强通用性的 Agent 结构，这一结构在目前诸多有关 Agent 的研究中，是比较全面而且清晰的，本书便采用该结构模型，如图 7-6 所示。

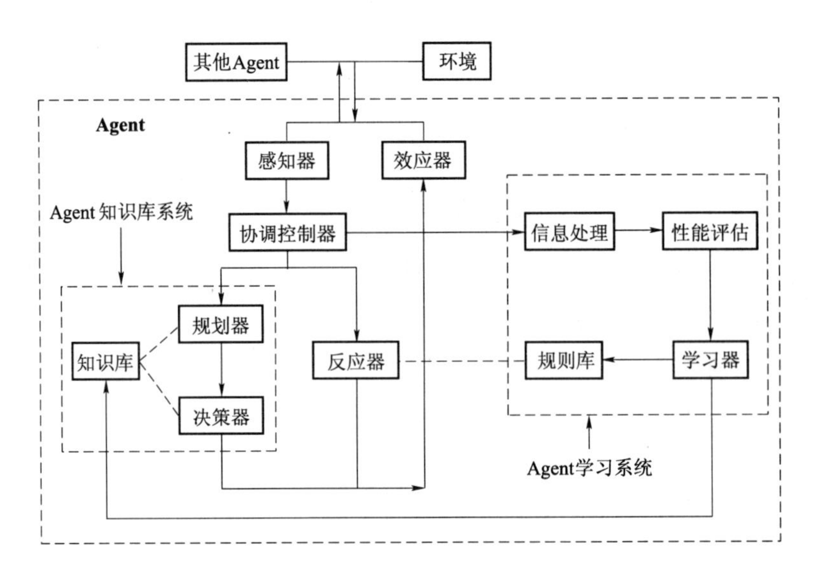

图 7-6 通用 Agent 结构

不难发现，图 7-6 中的 Agent 结构其实是综合了 7.1.3 节中介绍的几种 Agent 结构，其中的“Agent 知识库系统”和“Agent 学习系统”是 Agent 内部构造的核心部分，也是其产生智能的源泉，下面介绍 Agent 里面的重要部件。

（1）协调控制器：从图 7-6 中可以看到，协调控制器接收的是从感知器里发出的信息，协调控制器负责把感知器从外界收到的信息进行归类，如果是简单而紧急的情况，就把信息送到反应器；如果是复杂而时间比较充足的情况，则把信息送到规划器和决策器进行更深入的处理。

（2）反应器：反应器实现的是前文中“反应式 Agent”的功能，它的作用就是让 Agent 对紧急或简单的事件做出迅速的反应，不用思考也不用推理，没什么智能特点，反应器采用的规则一般可以用一个 IF 语句来表示：

IF 感知到的条件 THEN 行动

（3）规划器：Agent 里面的规划器负责的是建立中短期的、局部的行动计划。“中短期”是由于 Agent 并不需要也不可能对目标做出完全的规划，环境是不断变化的，许多情况是无法预料的，因此只要确定近期的行动就行了；“局部”是由于每个 Agent 对自身、环境及其他 Agent 的认知是有限的。

（4）决策器：Agent 确定了目标后，就要着手选择预先定义好的、能够实现目标的规划，交给相应的模块执行，这个过程便由决策器来完成。当然，这些预先定义好的规划来源于知识库。

（5）学习器：一个 Agent 具有智能的最重要表现就在于它拥有学习器。当一个 Agent 面对新环境、新问题时，它可以将成熟的、效果好的解决方案加入知识库或者对规则库进行更新，方便以后遇到同类问题时采用。

（6）感知器：感知器是 Agent 与外部世界交互的接口，Agent 通过感知器来“看到”现实世界和其他 Agent，然后把“看到”的东西进行抽象，送到协调控制器。

（7）效应器：效应器是 Agent 与外部世界交互的第二接口，根据 Agent 的动作命令对外界环境产生反馈。

2. Agent 结构模型的形式化描述

为了以后方便描述，采用一个 8 元组来表示图 7-6 所示的结构模型：

Agent：：=<Identification；Type；KB；RB；GS；SS；AS；PS>

（1）Identification：：<Agent 标识>：标识就是 Agent 的编号，每个 Agent 都有唯一的标识。

（2）Type：：<Agent 类型>：类型指的是 Agent 所属的领域及其所具有的知识

和能力，或者是所扮演的角色，同一类 Agent 具有相同的能力和属性，比如一所学校里，老师是同一类型的人，学生是同一类型的人。

（3）KB：：<Knowledge Base（Agent 知识库）>：标识 Agent 知识的集合，不同类别的 Agent 具有不同的知识库，知识库的不同是造成 Agent 在规划和决策时产生差异的根本原因。

（4）RB：：<Rule Base（Agent 规则库）>：是指 Agent 在遇到紧急或简单任务时所采取的规则，当 Agent 接收到外部信息后，立刻与自己的规则集进行匹配，如果成功，就立刻执行规则的动作，如果找不到匹配的规则，就要进行学习，将新的规则加入规则库。

（5）GS：：<Goal Sets（Agent 目标集）>：包括 Agent 自身所要达到的目标和为了整体利益所要达到的共同目标。

（6）SS：：<State Sets（Agent 状态集）>：状态集是指 Agent 的一些可变属性集合，比如说学校里的学生，他的成绩排名就是一个状态。

（7）AS：：<Action Sets（Agent 动作集）>：是指 Agent 为了达到目标所执行的所有动作。

（8）PS：：<Plan Sets（Agent 规划集）>：是指 Agent 在遇到复杂问题或时间允许的情况下为达到目标所制定的规划。

这个结构模型也在某种程度上体现了 Agent 内部的层次性。

7.1.5 小结

本节中，我们重点介绍了 Agent 的概念、特点、结构分类及形式化描述。在这一节中，应当重点突出这样一句有总结意义的话——“Agent 可以通过学习来改变自身行为和运行规则”。这句话也是下文中将 Agent 与元胞自动机结合的基础。

7.2 元胞自动机与 Agent

在上一节中，我们用了较大篇幅系统地介绍了 Agent 的概念、特点及构成，细心的读者读到这里估计会有这样的想法，元胞自动机与 Agent 的所谓联系，是不是就是将每一个 Agent“放置”在元胞空间里的每一个格子上，然后再按照某种规则参与演化，最终得到具有某种复杂性的结果。那么，这种联系是否准确和全面？这正是本节所要探讨的问题。

首先，我们以一个形象的例子展开本节的论述。

7.2.1　从班长与士兵说起

在某部队的一块训练场上，班长带领自己班的 10 名士兵进行队列训练，班长可以下达以下几种命令，士兵须绝对服从。

（1）集合。

（2）向右看齐。

（3）向左（右、后）转。

（4）齐步走。

（5）跑步走。

（6）立定。

（7）左转弯（右转弯）齐步（跑步）走。

（8）解散。

显然，这个例子里存在班长与士兵两种 Agent，从 Agent 的结构来讲，这里的“班长”可以看做是图 7-6 中的通用 Agent，而“士兵”可看作是最简单的如图 7-2 所示的反应式 Agent。

首先，为了清晰起见，我们把这个例子里所涉及 Agent 结构的形式化描述写出来：

（1）Identification: : <Agent 标识>：班长的编号为 1，其余十名士兵从 2 到 11 依次编号。

（2）Type: : <Agent 类型>：如前所述，这个例子里有两类 Agent，分别是“班长”与“士兵”。

（3）RB: : <Rule Base（Agent 规则库）>：班长 Agent 与士兵 Agent 具有不同的规则库，我们可以为班长 Agent 规则库构造几条规则，比如：

① IF 士兵解散时间超过 10 分钟 THEN 发出集合指令。

② IF 士兵训练时间超过 45 分钟 THEN 发出解散指令。

③ IF 士兵集合完毕 THEN 发出向右看齐指令。

④ IF 士兵集合完毕 THEN 随机发出向左（右、后）转指令。

⑤ IF 士兵向左（右、后）转完毕 THEN 发出齐步（跑步）走指令。

⑥ IF 士兵行进到场地边缘 THEN 发出左转弯（右转弯）齐步（跑步）走指令。

……

同样，我们也可以为士兵 Agent 构造一些规则，比如：

① IF 班长发出集合指令 THEN 齐步走前往指定集合区域，搜索空位置。

② IF 班长发出解散指令 THEN 齐步走前往一个随机位置，但不能和其他士兵共同占据一个位置。

③ IF 班长发出向右看齐指令 THEN 靠紧自身右边的士兵，最右侧的士兵靠紧集合区域右边界。

④ IF 班长发出向左（右、后）转指令 THEN 改变自己方向。

⑤ IF 班长发出齐步（跑步）走指令 THEN 改变自己前进的速度和位置。

⑥ IF 班长发出左转弯（右转弯）齐步（跑步）走指令 THEN 改变自己前进的速度、位置及方向。

……

当然，队列训练的规则还有不少，有兴趣的读者可自行设计，这里不再赘述。

（4）SS：：<State Sets（Agent 状态集）>：班长 Agent 与士兵 Agent 具有相同的属性，分别是：方向、速度、位置。

（5）AS：：<Action Sets（Agent 动作集）>：训练场上，设计以下动作：

动作 1：齐步走——每次前进一格（八个方向）。

动作 2：跑步走——每次前进两格（八个方向）。

动作 3：立定——速度状态归零。

动作 4：原地向左（右、后）转——方向状态进行相应改变。

动作 5：向右看齐——所有士兵以集合区域右边界为基准对齐排列。

动作 6：左转弯（右转弯）齐步（跑步）走——更新位置、速度、方向状态。

……

然后，为直观起见，我们把这个班共 11 个人映射到元胞自动机的二维空间内，以图像的方式来描述这些规则和动作在元胞空间内的执行情况，这里，我们设置这个二维元胞空间是有限的（15×15），在实际中，表示训练场的大小，如图 7-7 所示。

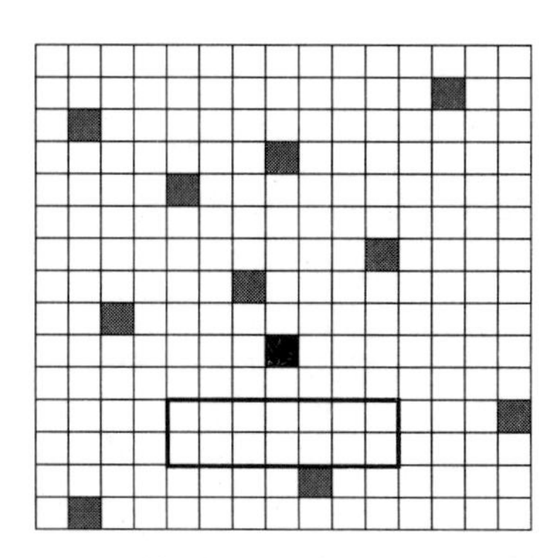

图 7-7　元胞空间内的班长与士兵（初始状态）

图 7-7 表示的是元胞空间内的初始状态，浅绿色的格子表示士兵，深绿色的格子表示班长，黑框内是士兵的集合区域，初始状态下，士兵处于解散状态，随机地分布在元胞空间内。元胞属性设计如下：

（1）位置信息（坐标）；

（2）状态信息（“0”表示空元胞；“1”表示该元胞由士兵占据）；

（3）方向信息（表示士兵向哪个方向前进，共 8 个方向：东、南、西、北、东南、东北、西南、西北）；

（4）速度信息（表示士兵在一个时间步内前进几个格子）。

7.2.2　两套规则

下面，我们重点以“向右看齐”和“左转弯齐步走”两条命令为例，来分析 Agent 规则库中的规则与元胞自动机规则的区别和联系。

1.“向右看齐”规则（见图 7-8）

“向右看齐”规则的设计方法有不少，我们选取其中一种，步骤如下。

（1）搜索每行最右端士兵的位置信息（坐标）。

（2）将每行最右端士兵元胞坐标与集合区域右边界进行比较，若最右端士兵元胞与右边界之间无空元胞，则不必更新士兵元胞信息（不移动）；若最右端士兵元胞与右边界之间有空元胞，则士兵向右前进一格，相应地，元胞属性需做如下更新：

① 士兵位置信息由 $S(i,j)$ 更新为 $S(i,j+1)$；

② 由于士兵向右移动一格，故士兵所占据的元胞状态更新为“1”；

③ 由于士兵是向右移动，故士兵所占据的元胞方向信息更新为“向东”；

④ 士兵所占据的元胞速度信息更新为“1”。

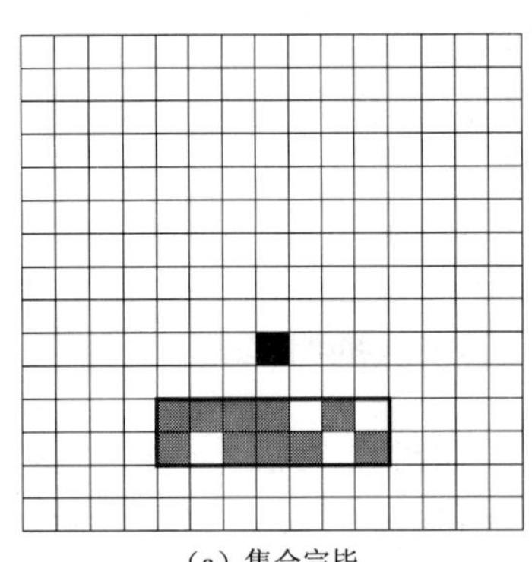

（a）集合完毕

（b）向右看齐

图 7-8 “向右看齐”规则

（3）对于每行的非最右端士兵，则向右搜索，如该士兵与向右搜索到的第一位士兵之间无空元胞，则不必更新士兵元胞信息（不移动）；如该士兵与向右搜索到的第一位士兵之间有空元胞，则士兵向右前进一格，相应地，元胞属性更新方式与步骤（2）中相同。

（4）重复上述步骤（2）和步骤（3），直到所有士兵右侧无空元胞为止。

（5）所有士兵元胞方向信息更新为“向北”。

2.“左转弯齐步走”规则（见图 7-9）

图 7-9 中，虚线框表示换向区域，当士兵进入虚线框所示的换向区域内时，两行元胞的左转规则如下。

（1）对于第二行士兵元胞：如果该士兵元胞距离元胞空间右边界为一格，则该士兵位置由 $S(i,j)$ 更新为 $S(i-1,j+1)$；士兵所占据元胞的方向信息由“向东”更新为“向北”；士兵所占据的元胞状态更新为“1”；士兵所占据的元胞速度信息更新为“1”。

（2）当第二行士兵元胞最右端的士兵完成（1）中的更新后，第一行士兵元胞开始更新：如果该士兵元胞距离元胞空间右边界为一格，则该士兵位置由 $S(i,j)$ 更新为 $S(i-1,j)$；士兵所占据元胞的方向信息由“向东”更新为“向北”；士兵所占据的元胞状态更新为“1”；士兵所占据的元胞速度信息更新为“1”。

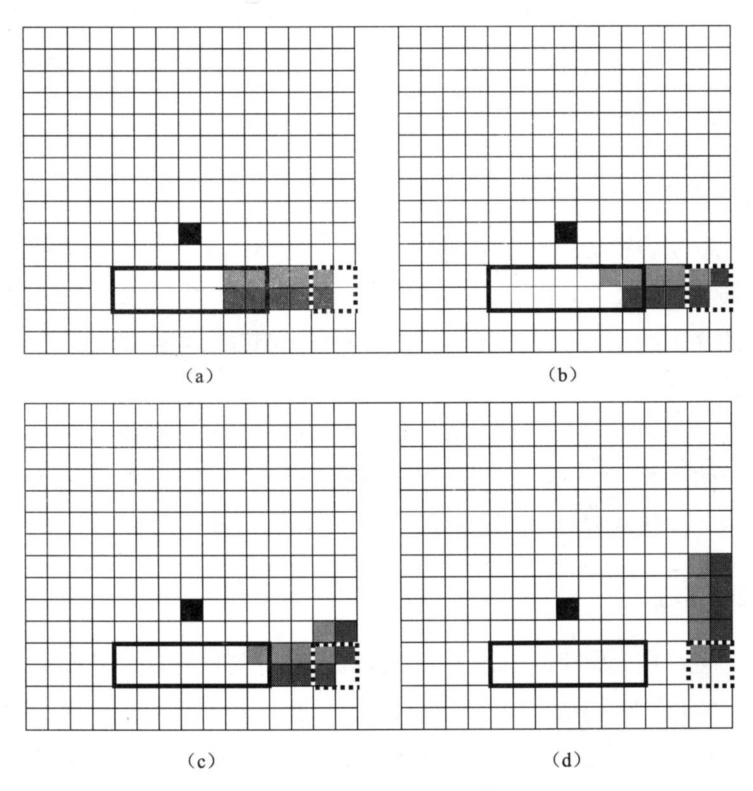

图 7-9 “左转弯齐步走”规则

7.2.3　Agent——元胞自动机——规则

在 7.2.1 与 7.2.2 节中，我们以班长和士兵为例，设计了 Agent 的行动规则，当然，行动规则并非构成 Agent 智能体系的全部要素，但这些规则往往是区分 Agent 角色与结构的重要标准，尤其是当我们把这些士兵映射到依靠规则运转的二维元胞空间后，“行动规则”可以非常直观地体现 Agent 方法与元胞自动机基本原理的结合之处与区别之处。

1. 规则角色

在班长与士兵的例子里，“班长”Agent 与“士兵”Agent 的规则库及行为模式是完全不同的，在队列训练中，班长发出命令，士兵执行命令，角色不同，运行规则不同，这也是 Agent 行为自主性和功能智能性的体现；而元胞自动机的组成对象单一且具有同质性，规则的执行无角色的区分。

2. 规则区域

在“元胞遗传算法”一章所举的例子中，个体元胞智能程度较高，具备对周围邻居的演化学习能力，结合遗传算法后，学习规则较为复杂，但这种复杂的规则是全局意义上的，也就是二维空间内的所有元胞都遵循同样的演化学习规则，演化具有同质性。

当 Agent 个体在元胞空间内运行时，在不同的区域内可能会执行不同的运行规则，比如图 7-9 中虚线框内的区域（换向区），当队列行进至该区域内之时，就要开始执行“左转弯齐步走”规则。

3. 规则移动

显而易见，在元胞空间内，士兵 Agent 及其行动规则是可以移动的，虽然在 Agent 与元胞自动机的结合中，这种移动是以行动规则驱动元胞状态的改变来实现的，但归根结底，元胞自动机的个体位置是固定不变的，这是在建模过程中比较容易混淆的一点。

4. 规则层次

元胞自动机本身是由同质的元胞构成的一个没有层次的群体，而在上述士兵 Agent 的例子中，我们为士兵 Agent 设计了四种元胞属性（位置、状态、方向、速度），这些元胞属性体现了分明的 Agent 层次，每一层次都将执行该层的规则并相互影响从而实现 Agent 的移动规则，如图 7-10 所示。

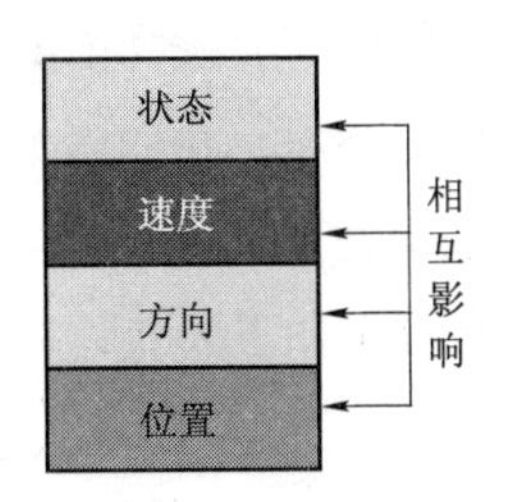

图 7-10 元胞空间 Agent 规则层

7.2.4 Agent 在元胞空间内的通信行为——协同搜索

下面，让我们的士兵执行另外一个任务，假设这样一个场景：在一片场地里的某个位置，有一块危险的放射性物质，现在需要士兵将其找到并且移除，搜索路径依据放射性物质的浓度来确定，士兵不知晓放射性物质浓度的分布状况及放射源的具体位置，只知道向任意一个高放射物浓度的区域前进。为方便对比，我们将设计两种搜索方式：单兵搜索；两个士兵协同搜索。

1. 元胞自动机设置

（1）元胞空间大小：$n \times n$ 的网格。

（2）元胞邻居形式：Moore 型邻居，对于踏进元胞空间的士兵而言，他的搜索仅在周围的 8 个邻居内进行，但在一个时间步内，士兵可以移动 1～3 个格子，如图 7-11 所示。

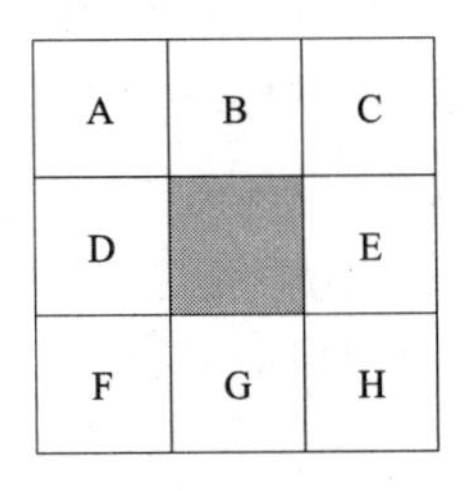

图 7-11 元胞邻居形式

（3）元胞状态（属性）：放射物浓度信息；当然，对于被士兵占据的元胞，其状态信息还包括位置坐标及周围邻居的放射物浓度信息。

（4）对于元胞的放射物质浓度分布，我们做如下设置：设定放射源的位置坐标为：(x^*,y^*)；放射源的放射性强度为：$\text{Density}(x^*,y^*)$，$(\text{Density}(x^*,y^*)>1)$；则元胞空间内的放射物浓度分布可由如下公式计算

$$\text{Density}(x,y)=\frac{\text{Density}(x^*,y^*)-1}{\text{Gap}(x,y)} \tag{7.1}$$

$$\text{Gap}(x,y)=\sqrt{(x-x^*)^2+(y-y^*)^2} \tag{7.2}$$

则放射物浓度分布如图 7-12 所示。

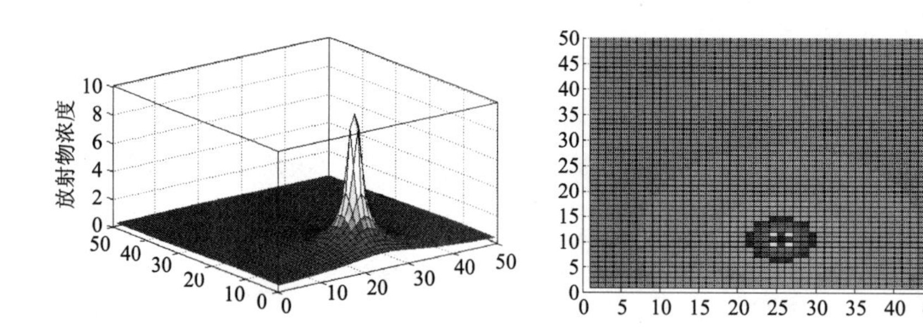

图 7-12　放射物浓度分布图（元胞空间）

（5）士兵 Agent 行动规则：单兵搜索时，士兵每次向周围邻居里放射物浓度大于自身所占据元胞的任一元胞前进一格，直到发现放射源，具体步骤如下。

① 士兵获取自身所占据元胞及周围邻居元胞的放射物浓度信息。

② 士兵将自身所占据元胞的浓度信息与周围邻居的浓度信息进行比较，筛选出周围邻居中浓度大于自身的元胞。

③ 士兵前进至任意一个筛选出的元胞。

④ 重复步骤①～③，直到发现放射源。

两个士兵协同搜索时，两个士兵的出发位置相同，每个士兵按照单兵搜索规则前进一格后，两个士兵进行通信，共享各自元胞位置及浓度信息，处于放射物浓度较小元胞的士兵立刻前往另一个士兵所占据的元胞（放射性物质浓度较大），

直到发现放射源，具体步骤如下。

① 士兵甲与士兵乙均获取自身所占据元胞及周围邻居元胞的放射物浓度信息。

② 士兵甲与士兵乙均将自身所占据元胞的浓度信息与周围邻居的浓度信息进行比较，二人分别在邻居中任意选出一个浓度大于自身的元胞 A 与元胞 B。

③ 士兵甲与士兵乙进行通信，比较元胞 A 与元胞 B 的浓度，若 A>B，则士兵甲不动，士兵乙移动至元胞 A，元胞 A 即作为新的出发点；若 A<B，则士兵乙不动，士兵甲移动至元胞 B，元胞 B 即作为新的出发点。

④ 重复步骤①～③，直到发现放射源。

注意一点，在协同搜索中，士兵多了一项技能，就是“靠拢”功能，表面上看，士兵甲或士兵乙会为了与对方会合在某些时间步内移动多个格子（1～3 个），但受搜索范围限制，最终搜索所遵循的路径依旧是一个时间步内在 Moore 型邻居范围内前进一格，这也是我们设计协同搜索的目的——研究 Agent 通信对元胞自动机规则和运行结果的影响。

2. 士兵 Agent 结构及元胞规则层

我们结合 7.1 节中介绍的几种 Agent 基本结构，构建本节士兵 Agent 的结构。

1）单兵搜索（见图 7-13）

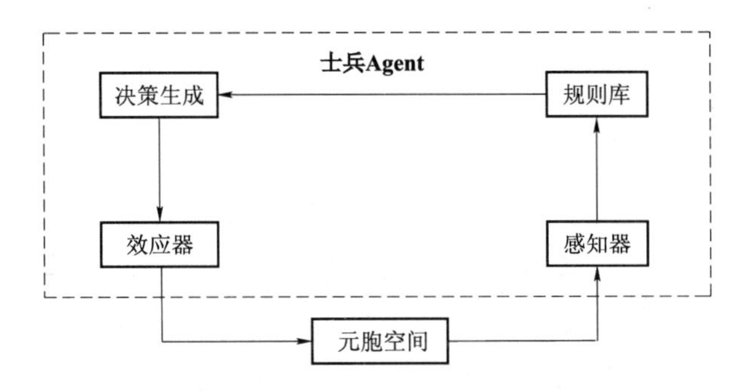

图 7-13 单兵搜索士兵 Agent 结构

2）协同搜索（见图 7-14）

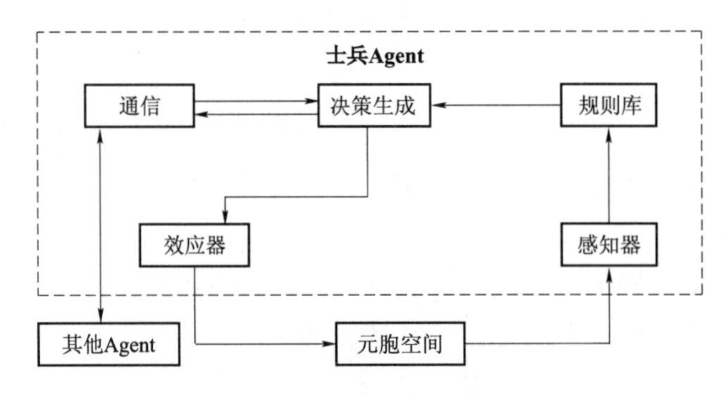

图 7-14　协同搜索士兵 Agent 结构

元胞规则层如图 7-15 所示。

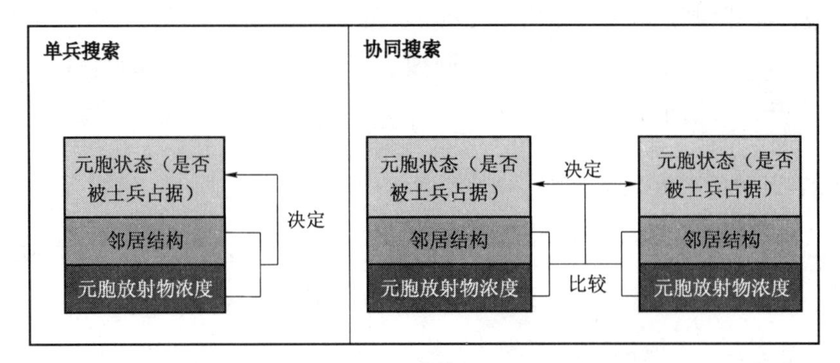

图 7-15　元胞规则层

3. 计算机仿真

1）仿真参数设置（见表 7-1）

表 7-1　仿真参数设定

参数名称	符号	取值
元胞空间规模	$n \times n$	50×50
放射源放射性强度	Density(x^*, y^*)	10
仿真时间步	T	100

2）仿真结果

在计算机仿真这一小节中，我们重点考察两个指标：搜索时间、搜索路径。通过观察这两个指标来说明 Agent 之间的通信行为对元胞自动机规则和运行结果的影响（见图 7-16、图 7-17 及表 7-2）。

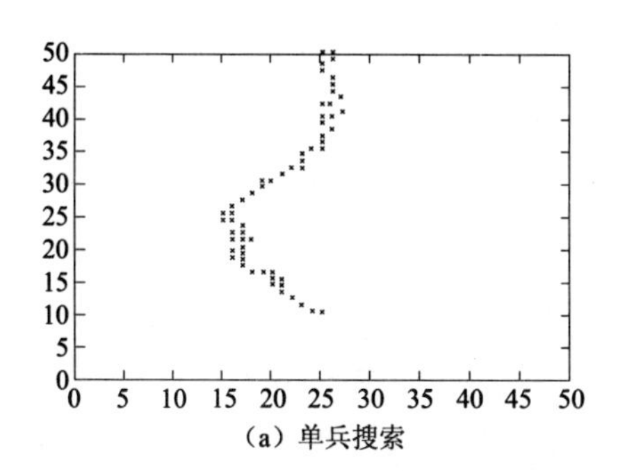

（a）单兵搜索

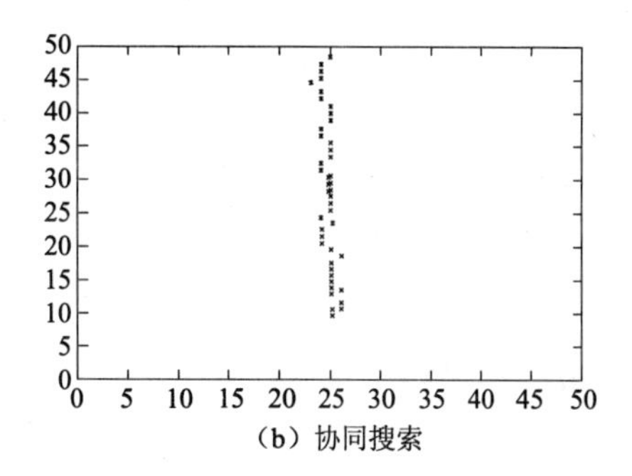

（b）协同搜索

图 7-16　搜索路径

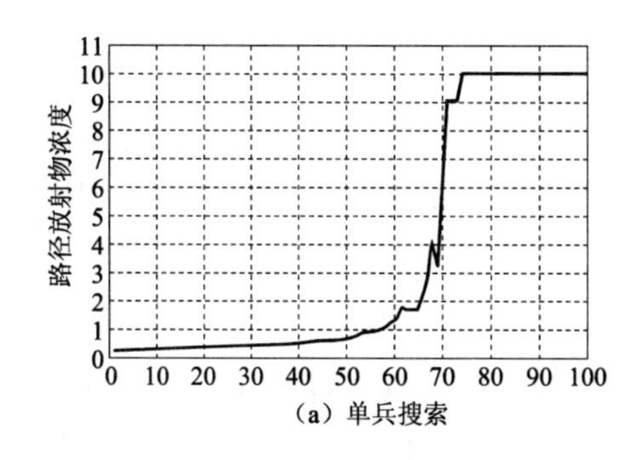

（a）单兵搜索

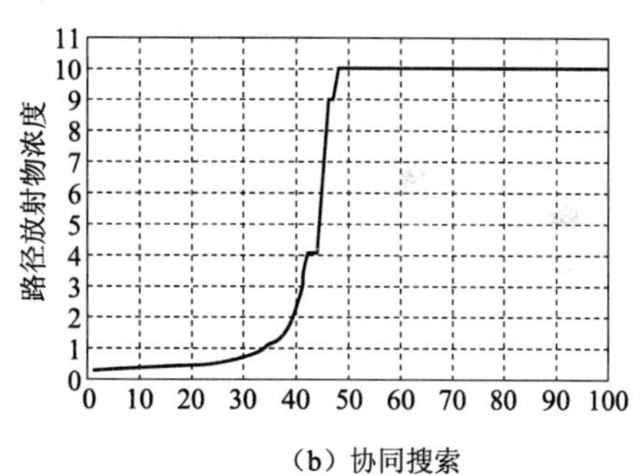

（b）协同搜索

图 7-17　路径放射物浓度变化

表 7-2　两种搜索方式效果对比（100 次独立实验）

搜索方式	平均时间	平均路径长度
单兵搜索	69	61
协同搜索	45	52

结合图 7-16、图 7-17 及表 7-2 不难发现，相对于单兵搜索，当士兵 Agent 之间加入通信机制变为协同搜索后，士兵的行动能力得到了提升，搜索时间与搜索路径长度都将减少（少走了弯路，节省了时间）。换句话说，士兵 Agent 之间的通信规则，实现了路径优化。这一过程既体现了元胞自动机“依据局部规则运行”的本质，又反映出 Agent“通过学习改变自身行为和运行规则”的特点。

7.2.5 Agent——元胞自动机——交互

7.2.4 节中，我们以士兵在元胞空间内搜索放射物为例，通过计算机仿真实验，看到了 Agent 之间通信机制的存在与否对元胞自动机运行结果的影响，通过这个例子，我们应该思考这样一个问题：我们都知道，在元胞自动机的许多经典规则里（比如“生命游戏”或者 Langton 的“蚂蚁”规则），每一个格子都是被视作具备某种自治能力的个体，也具备同其他元胞的交互能力，但是元胞自动机中的交互机制与 Agent 之间的交互机制有什么异同呢？

1. 远距离通信

在元胞自动机的运算过程中，大部分规则或元胞个体间的互动是局限在一定的邻居形式中的，个体元胞的生死状态不会受到远处（邻居范围以外）元胞生死状态的影响，比如之前介绍的“元胞遗传算法”在动态环境中的应用，虽然作为投资者的元胞个体具备较高的智能程度，但个体之间的交流依然仅局限于邻居范围内，没有远程通信行为。而在本章的士兵 Agent 协同搜索中，士兵为了优化搜索路线，可以与自己搜索范围以外的士兵交换放射物浓度信息。

2. 多层次交互

元胞自动机的运算规则中，个体元胞与周围元胞的交互行为大都局限于某一种状态，比如某一元胞的生死状态由周围元胞的生死状态决定，但是在 Agent 建模中，由于 Agent 本身具有诸如角色、位置等区别，所以 Agent 之间的交互必然是多层次的，在本章的士兵协同搜索中，士兵甲既要知道士兵乙的位置信息，又要知道士兵乙处的元胞放射物浓度信息。

3.“多对一”与“一对一”

在大多数基于元胞自动机的规则运算中，$t+1$时刻某元胞的状态往往由t时刻该元胞周围的邻居共同决定，包括一些智能化程度较高的规则其实也是个体元胞综合了邻居的状态后确定的。实际上，这种元胞间的交互是元胞个体与“邻居”这个元胞群体的交互，是“多对一”的关系；而在Agent建模中，更多强调的是个体与个体之间“一对一”的交互。

4. 语义复杂性

如上面所述，既然Agent之间是“一对一”的交互过程，则每一种Agent就应该有一套独立的语义体系，并且这套语义体系拥有自身的语法和通信机制（比如黑板机制或消息/对话机制），但是在元胞自动机的运行规则中，这种语义体系往往被简化为某种“规则”，比如在本章的士兵Agent协同搜索中，两个士兵共享并比较各自所占据元胞的放射物浓度这一过程就是通信行为的规则化表现。

5. 协作与协调

Agent作为独立的运算单元，其目的就在于通过相互间的协作，达到预定目标，完成某个问题的求解工作，在行动过程中，Agent个体间表现为协作与协调，但在元胞自动机的运算规则里，这种“协作与协调”的色彩就不那么明显了，因为，个体元胞之间有时也会有竞争的关系。

6. 注重个体还是注重整体

利用元胞自动机建模的作用之一就是通过设计局部的规则进而观察整体的复杂性，建模过程中，“整体”所体现出来的复杂性或者对于真实世界的模拟是非常重要的参考，比如涌现或混沌等现象；而Agent虽然也是探索复杂性的有力工具，但往往是针对某一类问题的求解而设计，具有明显的针对性，更多注重的是个体的行为模式及智能化程度。

7.2.6 小结

在 7.2 节中，我们通过“士兵”的例子，探讨了 Agent 与元胞自动机的结合，分析了 Agent 与元胞自动机在规则和交互方面各自的特点，二者均具备彼此所不具有的优点或缺点，现依据这一节的内容，将 Agent 与元胞自动机的结合点与不同点总结如下。

1. Agent 方法与元胞自动机方法的相同之处

（1）建模方式相同。Agent 与元胞自动机都是采用由下到上的建模方式，由个体到整体的视角，将系统的复杂性视为个体状态的涌现。

（2）开放性强。Agent 与元胞自动机都具有良好的开放性，这使得它们可以灵活地应用于不同的领域，与其他技术相互结合，相互完善。

（3）并行运算。Agent 与元胞自动机都是将工作分成离散的部分，有助于解决大型复杂的计算问题。

（4）都有规则驱动的特点。无论是 Agent 建模中的智能化行为，还是元胞自动机的运行，其实都可以看做是由某些规则驱动的。

2. Agent 方法与元胞自动机方法的不同之处

（1）系统结构不同。Agent 个体构成的系统层次分明，而元胞自动机系统则是由同质的元胞构成的一个没有层次的群体。

（2）有无角色区分。Agent 的个体可以分为许多角色，比如“班长”Agent、“士兵” Agent 等，并且具有自治性；而元胞自动机就比较单一且具有同质性。

（3）演化规则不同。首先，元胞自动机的演化规则是统一的，而 Agent 由于有角色的区分继而不同的角色具有不同的演化规则；其次，对于 Agent 而言，可能在不同的空间位置上会执行不同的演化规则；第三，元胞自动机的演化规则是单层的，而 Agent 的行动规则是多层次并且能够相互影响的。

（4）个体影响因素不同。在元胞自动机的演化过程中，个体元胞一般只受到局部元胞和自身状态的影响，而 Agent 的互相影响可以是不局限于某种邻居范围以内的，而且还要考虑个体与环境的相互作用。

（5）可移动性不同。元胞自动机的个体位置是不会更改的，而 Agent 个体在空间中是可以移动的。

7.3　元胞自动机与多 Agent 建模实例——道路交通

在 7.2 节里，我们曾设计过一个士兵协同搜索放射源的仿真实例，这个例子本身并没有什么实际意义，假设也比较理想化，其主要目的是为了方便说明 Agent 在元胞空间内的通信行为给元胞自动机演化结果带来的变化。在这一节里，我们将通过道路交通流的例子，全面地介绍 Agent 与元胞自动机的结合建模。

20 世纪 50 年代以后，随着道路交通流量剧增，交通现象的随机性降低，各种新的理论模型纷纷涌现。20 世纪 90 年代以来，应用于交通流中的元胞自动机模型异军突起。将元胞自动机应用于交通系统，最早由克来莫（Cremer）和路德维格（Ludwig）于 1986 年提出，在其被引入到交通领域后，得到了迅猛的发展，一些经典的模型及其改进版本相继被提出，通过阅读一些相关文献我们不难发现，由于交通系统的复杂性，建模过程中不可避免地要包含感知、动作、反应、规划、通信、决策等模块，所以无论是对现实道路交通状况的真实模拟还是对道路交通状况的改善，都或多或少渗透了多 Agent（智能体）建模的思想。

7.3.1　NaSch 模型

1992 年，德国学者纳高（Nagel）与斯查克尔伯格（Schreckenberg）提出了著名的 NaSch 模型，这个模型是由 Wolfram 的 184 号模型推广而来，在这个模型中，时间、空间及速度都被离散化，虽然模型的形式简单，但却可以描述一些实际的交通现象。

1. 元胞自动机设置

（1）元胞空间大小：$1\times n$ 的离散的格子，表示一条道路，如图 7-18 所示。

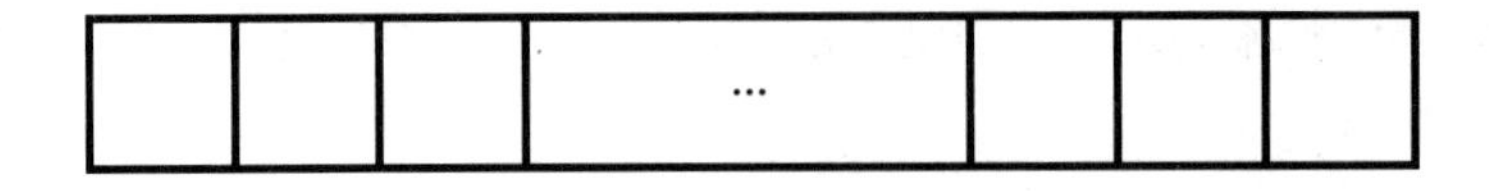

图 7-18　元胞空间

（2）元胞邻居形式：由于是$1\times n$的格子，所以个体元胞只有前后两侧的元胞作为邻居，作为一辆汽车，则不能与前后车发生追尾。

（3）元胞状态：每个元胞或者是空的，或者被一辆车占据，当元胞被一辆车占据时，车的速度可以取$0,1,2,\cdots,v_{\max}$。

（4）“汽车 Agent”行动规则：

① 加速：$v_n \to \min\{v_n+1, v_{\max}\}$，这个步骤描述的是司机总是期望以最大速度行驶的特点；

② 减速：$v_n \to \min\{v_n, d_n\}$，描述的是司机为了避免和前车发生碰撞而采取的措施；

③ 随机慢化：以概率p，$v_n \to \min\{v_n-1, 0\}$，描述的是由于各种不确定性因素而导致的汽车减速，比如路况不好，司机遇到一些情况等。

④ 移动：$x_n \to x_n + v_n$，汽车按照调整后的速度向前行驶。

其中，x_n、v_n分别表示汽车n的位置和速度；$d_n = x_{n+1} - x_n - l$表示汽车n与汽车$n+1$之间的空元胞数，l表示车辆长度。

（5）边界条件：这里采用开口边界条件，假设道路最左端的元胞对应于$x=1$，并且道路的入口端包含$v_{\max}$个元胞，则汽车可以从元胞$(1,2,\cdots,v_{\max})$进入道路；在$t \to t+1$时刻，当道路上车辆更新完毕后，搜寻道路上头车和尾车的位置x_{first}与x_{last}，如果$x_{\text{last}} > v_{\max}$，则一辆速度为$v_{\max}$的汽车将以概率$\alpha$进入元胞$\min\{x_{\text{last}} - v_{\max}, v_{\max}\}$；在道路的出口处，如果$x_{\text{first}} > L_{\text{road}}$（$L_{\text{road}}$表示路段长度），那么道路上的头车以概率$\beta$驶出这段路，紧随其后的第二辆车成为新的头车。

2. 汽车 Agent 结构及元胞规则层

1）汽车 Agent 结构（见图 7-19）

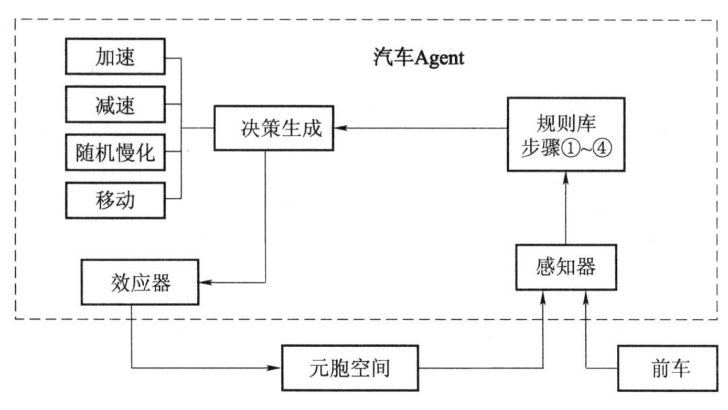

图 7-19　汽车 Agent 结构

2）元胞规则层（见图 7-20）

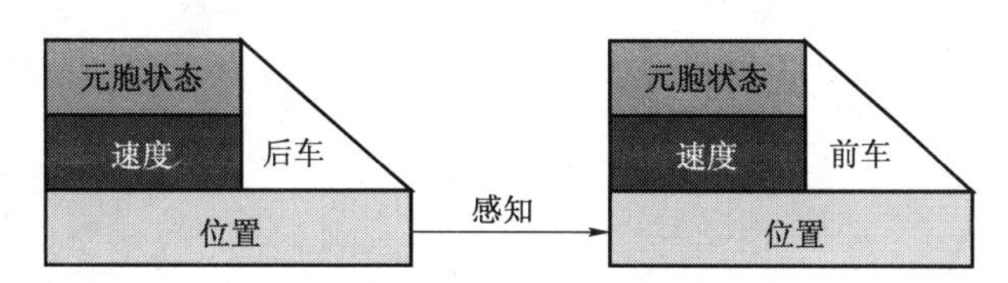

图 7-20　NaSch 模型元胞规则层

3. 计算机仿真

1）仿真参数设置（见表 7-3）

表 7-3　仿真参数设置

参数名称	符号	取值
道路长度	L_{road}	100
最大速度	v_{max}	3
随机慢化概率	p	0.4
道路起点产生汽车概率	p_c	0.5
初始道路车辆数	m	7
仿真时间步	T	150

2）仿真结果

（1）车流（见图 7-21）

图 7-21（a）、（b）分别表示的是起始状态与经历一定演化步数后道路的车况，其中，白色方格表示汽车 Agent，不难发现，当道路上涌入相当数量的汽车后，车辆出现了明显的堵塞滞留现象。

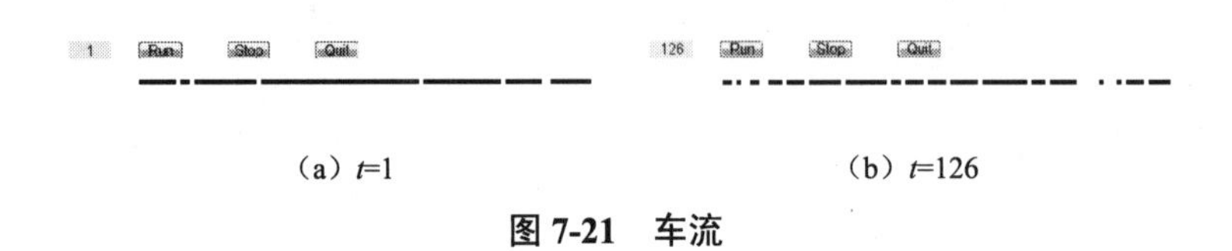

（a）t=1　　（b）t=126

图 7-21　车流

（2）车流时空图（见图 7-22）

图 7-22 是车流时空图，横轴表示道路，纵轴表示演化时间，“黑点”表示某一时刻汽车在道路的相应位置，黑点密集的地方，表示发生了堵塞。

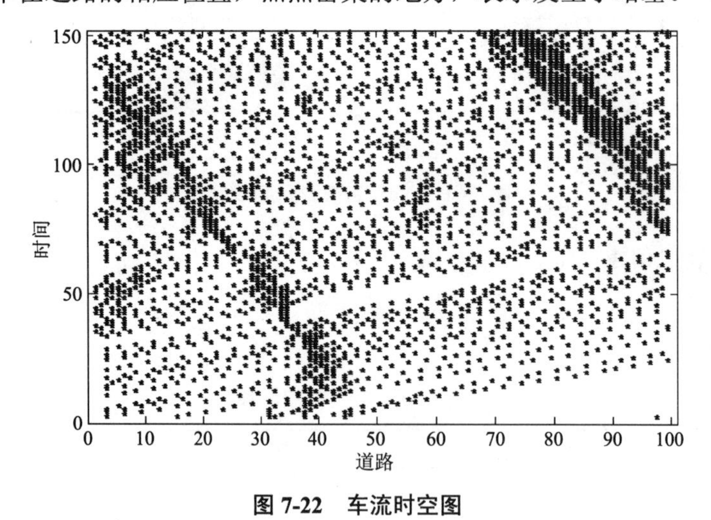

图 7-22　车流时空图

（3）平均速度与平均位移（见图 7-23）

图 7-23（a）、（b）分别是平均速度与平均位移图像，表示的是每一时刻驶入道路上的所有车辆的平均速度及平均位移。需要说明的一点是，当平均位移超过

道路长度时便停止记录，目的是为了便于观察道路上的汽车平均多久能够从道路的一端开到另一端。

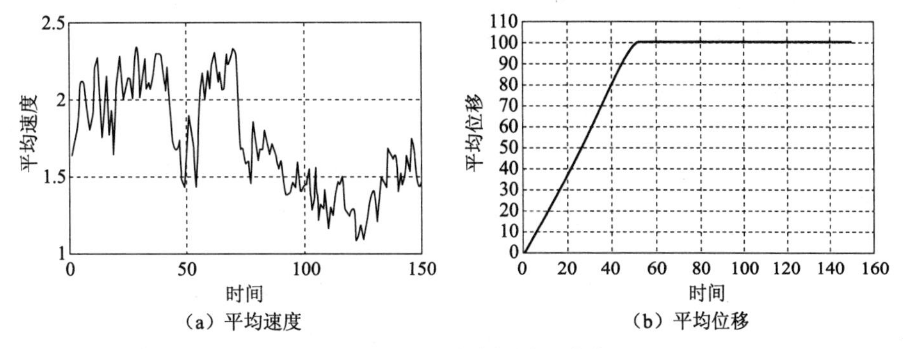

（a）平均速度　　（b）平均位移

图 7-23　平均速度与平均位移

7.3.2　对 NaSch 模型的改进——刹车灯（BL）模型

7.3.1 节中我们对 NaSch 模型进行了叙述和仿真，不难发现，虽然在汽车 Agent 的减速规则里明确地设计了“司机对前车距离的感知”这一功能，但在道路上涌入一定数量的汽车后，还是出现了汽车堵塞滞留的现象，因此，我们考虑是否有改进的办法能够缓解这种堵塞，从而能够使汽车的行驶更加流畅，对于 NaSch 模型里堵塞产生的原因，思考如下。

（1）随机慢化概率的确定。NaSch 模型中，将随机慢化概率设计为常量 p，这就意味着，无论当一辆汽车前方的空元胞数量（与前车的距离）多还是少，汽车都以相同的概率减速，这显然与实际情况不相符；此外，当汽车以不同的速度行驶时，随机慢化概率不应该是不变的，而应该与汽车的速度有关。

（2）车辆速度更新。NaSch 模型中，有一个明显特征就是在 $t \to t+1$ 时间步内，汽车的加速与减速只考虑了 t 时刻两车的距离，而没有考虑前车还要继续运动，这种速度更新其实是静态的，造成速度浪费，所以在汽车加速或减速时，应该考虑前车的实时速度信息。

2000 年，克洛斯佩（Knospe）等人提出了一种能够使驾驶员平稳舒适驾驶的模型，使得道路上的车辆行驶更流畅，在这个模型中，为汽车设计了“刹车灯”，因此汽车 Agent 的功能得到了进一步加强。

1. 元胞自动机设置

该模型中，元胞的空间、邻居形式、状态与 NaSch 模型相同，不再赘述，这里重点介绍汽车 Agent 的并行行动规则。

（1）确定随机慢化概率 p

$$p = p\left[v_n(t), b_{n+1}(t), t_h, t_s\right] \tag{7.3}$$

$$p\left[v_n(t), b_{n+1}(t), t_h, t_s\right] = \begin{cases} p_b & \text{if } b_{n+1} = 1 \text{ and } t_h < t_s \\ p_0 & \text{if } v_n = 0 \\ p_d & \text{in all other cases} \end{cases} \tag{7.4}$$

$$b_n(t+1) = 0 \tag{7.5}$$

其中，b_n 是车辆 n 的刹车灯状态，$b_n = 1(0)$ 表示刹车灯的亮（灭）；$t_h = d_n / v_n(t)$ 是车辆的时间车头距；$t_s = \min\{v_n(t), h\}$ 表示安全时间间距；h 表示刹车灯的影响范围。式（7.4）表示，汽车 Agent 是依据自身的速度、前车的刹车灯状态及与前车的安全距离来确定随机慢化概率。

（2）加速

$$\begin{aligned} &\text{if}\left\{\left[b_{n+1}(t) = 0 \text{ and } b_n(t) = 0\right] or (t_h \geqslant t_s)\right\} \\ &\quad v_n(t+1) = \min\left\{v_n(t) + 1, v_{\max}\right\} \\ &\text{else} \\ &\quad v_n(t+1) = v_n(t) \end{aligned} \tag{7.6}$$

式（7.6）表示汽车 Agent 的加速效果要依据前车的刹车灯状态及与前车的安全距离来确定。

（3）减速

$$\begin{aligned} &v_n(t+1) = \min\left\{d_n^{\text{eff}}, v_n(t+1)\right\} \\ &\text{if}\left[v_n(t+1) < v_n(t)\right] \\ &\text{then}:\ b_n(t+1) = 1 \end{aligned} \tag{7.7}$$

其中，d_n^{eff} 表示与前车的有效距离，表达式如下

$$d_n^{\text{eff}} = d_n + \max\left\{v_{\exp} - \text{gap}_{\text{saft}}, 0\right\} \tag{7.8}$$

其中，$v_{\exp}=\min\{d_{n+1},v_{n+1}\}$ 表示的是前车的期望速度；gap_{saft} 是控制参数；式(7.7)表示当汽车 Agent 减速时，也要实时参考与前车的有效距离并更新刹车灯状态。

（4）随机慢化

$$\text{if}[\text{rand}<p]\ \text{then}:\begin{cases}v_n(t+1)=\max\{v_n(t+1)-1,0\}\\ \text{if}(p=p_b)\ \text{then}:b_n(t+1)=1\end{cases} \tag{7.9}$$

（5）位置更新

$$x_n(t+1)=x_n(t)+v_n(t+1) \tag{7.10}$$

观察上述驾驶规则我们不难发现，刹车灯（BL）模型相对于 NaSch 模型最大的改进之处就在于进一步协调了加速、减速行为与前车距离的关系，使得汽车 Agent 的驾驶行为更加符合真实情况。

2. 元胞规则层

刹车灯模型的 Agent 结构与 NaSch 模型大同小异，这里不再赘述，图 7-24 给出了汽车 Agent 的元胞规则层。

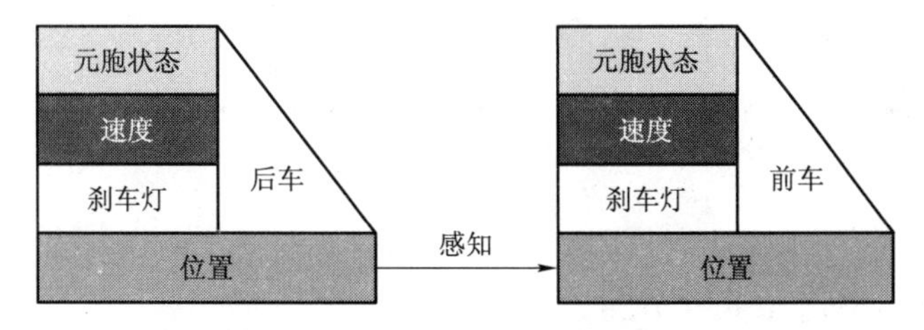

图 7-24　刹车灯（BL）模型元胞规则层

3. 计算机仿真

1）仿真参数设置（见表 7-4）

表 7-4　仿真参数设置

参数名称	符号	取值
道路长度	L_{road}	100
最大速度	$v_{\max}$	3

续表

参数名称	符号	取值
刹车灯的影响范围	h	6
控制参数	gap_{saft}	2
道路起点产生汽车概率	p_c	0.5
确定随机慢化概率的相关参数	p_b	0.94
	p_0	0.5
	p_d	0.1
初始道路车辆数	m	7
仿真时间步	T	150

2）仿真结果

（1）车流（见图 7-25）

对比图 7-25 与图 7-21 不难发现，涌入相当数量的汽车，刹车灯模型中的车流整体车距比较平均，很少出现局部聚集的现象。

图 7-25　车流

（2）车流时空图（见图 7-26）

对比图 7-26 与图 7-22 不难发现，在刹车灯模型的车流时空图中，车流的阻塞现象基本消失了，这说明改进了加速、减速及随机慢化规则后，汽车 Agent 的反应更加灵敏，驾驶更加平稳流畅。

（3）平均速度与平均位移（见图 7-27）

对比图 7-27 与图 7-23 不难发现，相对于 NaSch 模型，刹车灯模型中汽车的平均速度有了明显的上升；继而汽车也能够用更短的时间从道路一端开到另一端（车辆平均位移更早到达 100）。

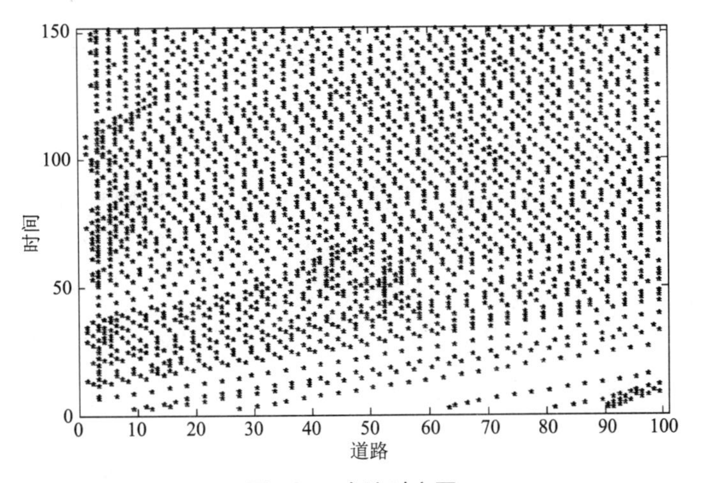

图 7-26 车流时空图

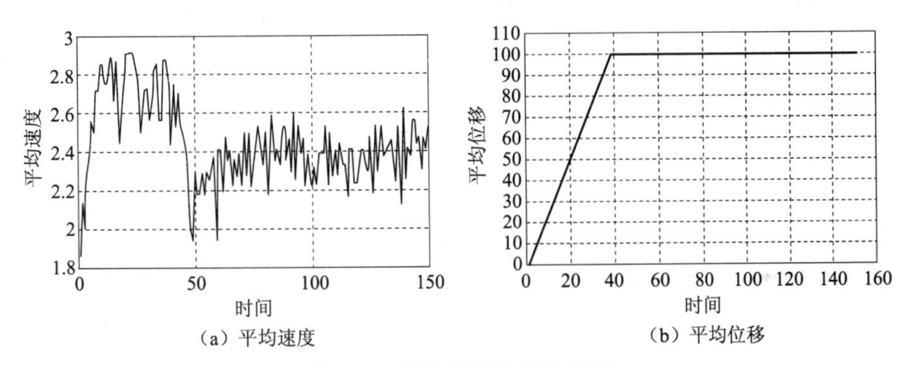

图 7-27 平均速度与平均位移

7.3.3 小结

在本节中，我们以两个简单的交通模型为例，介绍了多 Agent 与元胞自动机建模的典型应用，在刹车灯模型中，对汽车 Agent 的加速、减速及随机慢化规则进行了改进，使得车流更为有序流畅，缓解了交通拥堵。这两个模型构成的例子说明：对 Agent 规则的优化和智能程度的提升同样可以改变元胞自动机的运行效果，对一个问题求解的优化过程，也是元胞自动机与个体 Agent 运行规则的有机结合过程。

7.4 元胞自动机与多 Agent 建模实例——产业集群

1990 年，美国学者迈克尔·波特（Michael Porter）在《国家竞争优势》一书中首次提出产业集群（industrial cluster）的概念，所谓产业集群，是指在某一特定领域（通常以一个主导产业为主）中，大量产业联系密切的企业及相关支撑机构在空间上集聚，并形成强劲、持续竞争优势的现象。可见，它不但是一个特殊的经济体，而且同时是一个典型的复杂系统，存在着明显的复杂特征。关于产业集群的研究，以演绎法居多，即自上而下形式化地去剖析事物的本质，对于企业的经营活动而言，产业集群的重要性在于通过企业资源共享实现规模效益，从而降低信息和物流成本，提高利润，形成区域竞争力。那么，在真实情形下，这种效果是怎样体现的？下面，我们采用还原法，利用元胞自动机结合 Agent 建立一个简单的产业集群模型。

7.4.1 元胞自动机设置、Agent 结构及层次

1. 元胞自动机设置

（1）元胞空间：$n \times n$ 的网格。

（2）邻居结构：Moore 型邻居，每个元胞拥有 8 个邻居，每一时间步，企业 Agent 可在邻居范围内移动。

（3）元胞状态：元胞是否被企业 Agent 占用、产业集群区域对该元胞的吸引、盈利水平等。

（4）演化规则简述：元胞空间内的企业通过“形成产业集群”或“不形成产业集群”的方式学习邻居，以提升自身利润水平。

2. 企业 Agent 结构（见图 7-28）

可见，当企业形成产业集群时，其 Agent 结构增加了与元胞空间交互的功能，从而决定了企业 Agent 的移动和学习，可以近似理解为，当企业 Agent 不形成集群时，学习方式是被动的；反之，学习方式是主动的。

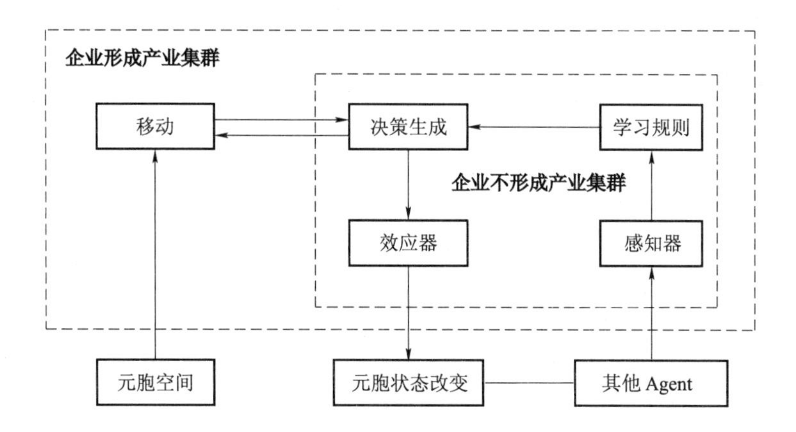

图 7-28　企业 Agent 结构

3. 企业 Agent 层次（见图 7-29）

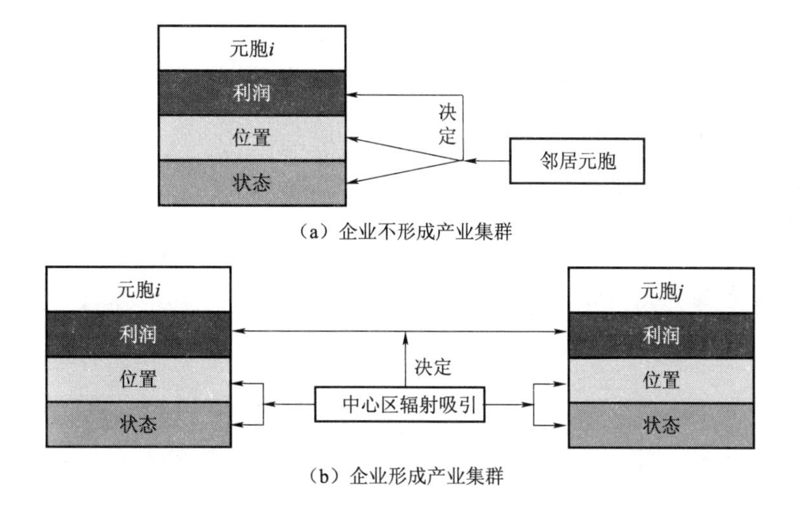

图 7-29　企业 Agent 层次

区域中心对企业 Agent 的吸引作用是企业自主学习的动力，也是最终产生聚集涌现现象的动力，图 7-28 及图 7-29 从企业内外部揭示了产业集群形成的原理。那么，在产业集群的形成过程中，企业的盈利状况和资源共享状况又是如何演化的？这种演化又具有什么特点？我们不妨通过仿真实验来进一步观察。

7.4.2 演化规则

1. 不形成产业集群（企业不移动）

在这种演化方式下，企业等同于处在一个静态的环境中，不产生迁移行为，且学习行为仅限于邻居范围内，具体如下。

（1）企业初始化，在 $n \times n$ 的二维网格中，以一定概率随机产生一定数目的企业元胞。

（2）每一个企业元胞记录周围邻居中所有元胞的利润状况（若元胞无企业占据，则盈利概率为 0）。

（3）每个企业元胞均选择一个邻居中利润状况强于自身的企业元胞进行交流学习，学习后提升了自身的利润水平，算式如下

$$R_{t+1}(i,j) = R_t(i,j) + \delta\left[R_t^* - R_t(i,j)\right] \quad (7.11)$$

其中，$R_t(i,j)$ 表示位置为 (i,j) 的元胞在 t 时刻的盈利概率；δ 表示企业间的资源共享率；R_t^* 表示 t 时刻元胞 (i,j) 的学习目标的盈利概率。

（4）返回步骤 2。

2. 形成产业集群（企业移动）

在该演化方式中，企业为独立的 Agent，其移动的动力，即为产业集群形成区域对周边区域的辐射吸引作用，这里抽象为元胞空间中心对周边的辐射吸引与政策支持，元胞空间中心对周围元胞位置的吸引力可用下式表示

$$\text{att}(i,j) = \frac{\text{rad}}{\sqrt{(x^* - i)^2 + (y^* - j)^2}} \quad (7.12)$$

其中，x^* 为元胞空间中心横坐标；y^* 为元胞空间中心纵坐标；rad 表示元胞空间中心辐射强度，可理解为产业集中区域对周边的辐射吸引，在实际当中，这

种吸引可由政策、环境、人才等因素造成。可以看出，企业移动的动力是一个与距离相关的函数，与中心的距离越大，企业移动的动力越小，产业聚集区对企业的影响力越小，具体如下。

（1）企业初始化。在 $n\times n$ 的二维网格中，以一定概率随机产生一定数目的企业元胞。

（2）企业的移动。周边区域的企业会因政策、环境等因素向中央区域靠近，最终形成一个产业集群，这种移动行为由如下规则确定：每个企业元胞均记录周围邻居中的吸引力，这个引力值越大。说明该邻居元胞获得的政策支持、所处的投资环境越好。若存在引力值大于自身的邻居且该邻居元胞不被其他企业占据，则该企业元胞移动至此处；若不存在引力值大于自身的邻居或该邻居已经被占据，则该企业元胞不移动。

（3）企业的信息收集。每一个企业元胞记录周围邻居中所有元胞的盈利概率（若元胞无企业占据，则盈利概率为 0）。

（4）企业的学习行为。每个企业元胞均选择一个邻居中盈利概率大于自身的企业元胞进行学习，提升自身的盈利概率，算式如下

$$R_{t+1}(i,j)=R_t(i,j)+\delta\left[R_t^*-R_t(i,j)\right] \tag{7.13}$$

（5）返回步骤（2）。

7.4.3　计算机仿真

1. 仿真参数设定（见表 7-5）

表 7-5　仿真参数设置

参数符号	意义	取值
$n\times n$	元胞空间大小	50×50
rad	元胞空间中心辐射强度	2
T	演化步数	50
p	初始产生企业概率	0.1
$R(i,j)$	初始化盈利状况	rand∈[0,1]
δ	资源共享率	0.7

2. 形成产业集群演化过程（见图 7-30）

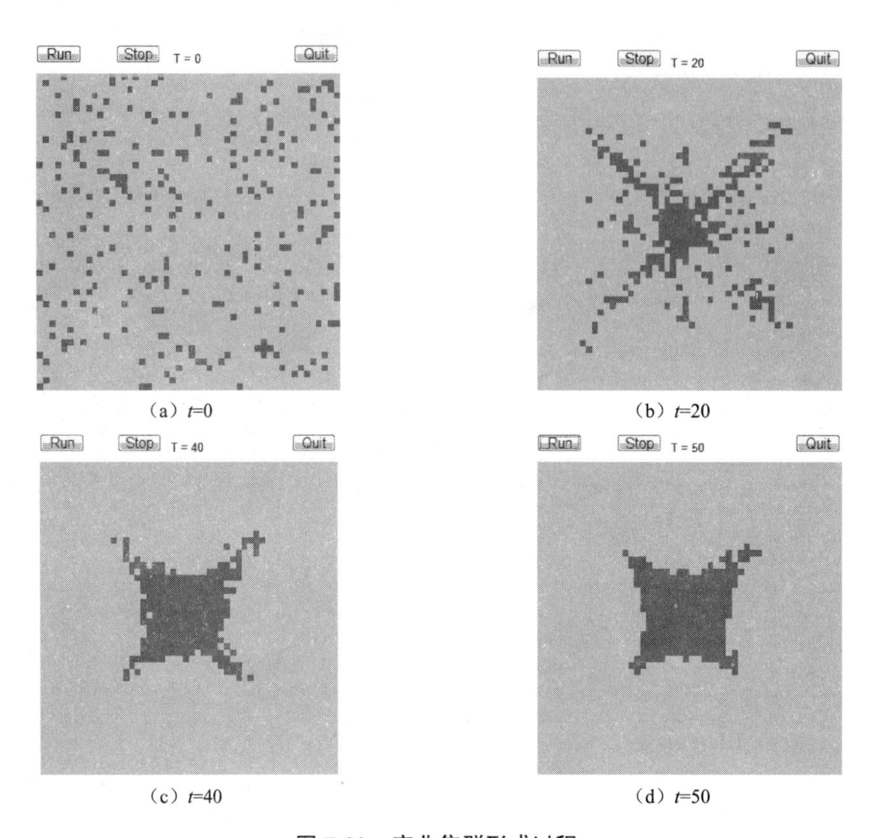

（a）t=0　（b）t=20　（c）t=40　（d）t=50

图 7-30　产业集群形成过程

可见，在中心区域对周边区域的辐射吸引作用下，企业不断向中央区域集中，形成了产业集群。

3. 利润状况变化（元胞空间内所有企业 Agent 利润状况之和，见图 7-31）

图 7-31 表示了区域内企业的整体盈利状况，显然，在产业集群形成过程中，利润状况处于递增状态，这是由于企业“聚集”后，随着个体元胞邻居数目的增加，与周围邻居的交互作用得到加强，提高了向高盈利企业学习的水平，而当企业没有形成产业集群时，利润水平在简短的提升后便趋于稳定，不再上升了。

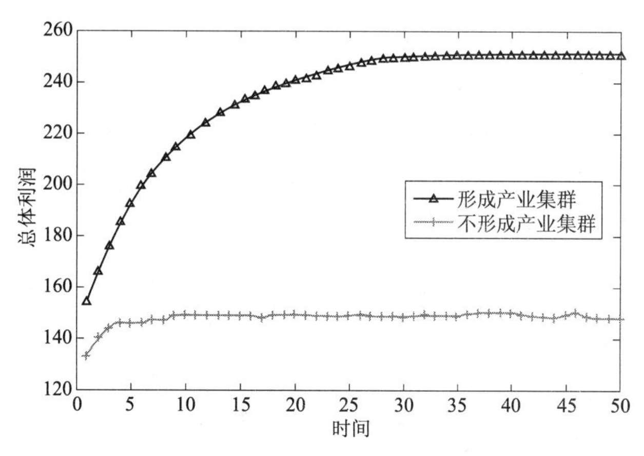

图 7-31　两种演化方式下总体利润状况

7.4.4　小结

本节，我们利用元胞自动机结合 Agent 理论设计了一个简单的企业聚集模型，在企业的聚集学习过程中既对其施加了元胞自动机的邻居规则，又结合了 Agent 思想中自组织、自学习、自适应的特点，体现了元胞自动机与 Agent 互补性建模的思想。

参 考 文 献

[1] 倪建军. 复杂系统多 Agent 建模与控制的理论及应用. 北京：电子工业出版社，2011.

[2] 贾斌，高自友，李克平，等. 基于元胞自动机的交通系统建模与模拟. 北京：科学出版社，2007.

[3] 石纯一，张伟. 基于 Agent 的计算. 北京：清华大学出版社，2007.

[4] 沃尔德罗普. 复杂：诞生于秩序与混沌边缘的科学. 陈玲，译. 北京：生活 • 读书 • 新知三联书店，1997.

[5] AMYL BAUER, CATHERINE A, BEAUCHEMIN, et al. Agent-based modeling

of host-pathogen systems: The successes and challenges. Information sciences. 2009, 179(10): 1379-1389.

[6] WENTIAN LI, NORMAN H PACKARD, CHRIS LANGTON. Transition phenomena in cellular automata rule space. Physica D, 1990, 45(1-3): 77-94.

[7] 吴先宇，袁振洲，李艳红，等. 单车道双概率元胞自动机模型. 北京交通大学学报，2008，32（6）：42-46.

[8] 吴江，胡斌. 信息化与群体行为互动的多智能体模拟. 系统工程学报，2009，24（2）：218-225.

[9] JAN PODROUZEK. Stochastic cellular automata in dynamic environmental modeling: Practical applications. Electronic notes in theoretical computer science, 2009, 252(1): 143-156.

[10] JESSE BINGHAN, BRAD BINGHAM. Hybrid one-dimensional reversible cellular automata are regular. Discrete applied mathematics，2007, 155(18): 2555-2566.

[11] 刘春霞，孙绍荣. 制度下行为模拟的 Agent 与 CA 方法比较研究. 数学的实践与认识，2010，40（2）：164-169.

[12] 殷锋社. Agent 理论模型及开发方法研究. 电子设计工程，2011，19(10): 63-66.

[13] 波特. 国家竞争优势. 李明轩，邱如美，译. 北京：中信出版社，2007.

第 8 章

元胞自动机的应用领域

引言

元胞自动机的思想是一种新的思想，它不同于传统的处理系统问题的思想与方法，对于许多传统方法解决起来有困难的问题，元胞自动机有了新的进展，20年来，基于元胞自动机思想的各种应用得到了蓬勃发展，大致可以归纳如下：① 物理与化学领域的现象模拟；② 生物体的模型化；③ 快速计算；④ 图像处理与模式识别；⑤ 军事作战仿真；⑥ 交通运输、流行病、股票投资者行为模拟；⑦ 地理及生态领域方面应用——如土地利用情景、废水废气扩散、生物群落动态变化过程。

本章，我们仅以经济领域、城市交通领域及疾病传播领域中的问题为例，介绍元胞自动机对实际问题的模拟和探索。在这三个领域中，个体元胞均扮演了不同的角色，产生了不同的演化效果，这些问题有一个共同的特点，就是个体之间的关系可以用很简单的规则来描述，而且其状态的改变依赖于其周围的环境，用元胞自动机对这类问题进行研究，可以从微观层面上定义个体之间的相互作用，这是宏观研究方法难以做到的。

8.1 元胞自动机在经济领域的应用

经济系统是一个复杂的演化系统，它包含许多子系统及众多关系错综复杂的变量，因而呈现多层次、非线性、开放性、不确定性、动态性的特点。这些特点相互交错影响，使经济系统表现出特有的演化过程。目前，对经济系统研究通常的方法是从宏观角度入手，运用经济学理论建立宏观经济计量模型和一般均衡模型。而现实市场中，宏观变量不仅数量多而且关系复杂，要建立经济模型，必须将变量抽象化和做简化处理，忽略次要因素。经济学者一般采取两种方法对研究对象做简化处理：一是完全忽略微观主体的行为分析；二是忽略个体间的差异性而利用典型个体代替群体。上述方法虽然能简化模型但也存在许多弊端，导致研究结果偏差过大，宏观经济分析和微观经济分析的相互分离也可能会在研究过程中忽略重要的经济现象。

20 世纪 80 年代以来，越来越多的学者开始探索运用宏观和微观相结合的方法研究经济系统。基于复杂适应理论建立起的主体微观演化模拟模型就是其中一种有效的方法。和基于数据分析技术的微观模拟模型的方法相比，基于主体的微观演化模拟模型不仅强调经济系统的复杂性、适应性，而且还强调主体智能问题求解和学习行为的模拟。其核心思想是通过建立由计算机模拟的经济系统，进行大量的演化模拟实验来研究各种复杂的经济现象。从 20 世纪 90 年代以来，许多不同专业领域的学者参与到基于主体的计算经济学研究中，使其得到了不断发展和完善。

8.1.1 元胞自动机与演化经济学

经济学中，基于主体的演化计算自 20 世纪 40 年代以来就被人提及。首先是 20 世纪 40 年代，冯・诺依曼（John Von Neumann）提出的元胞自动机理论。这一理论在自然科学和社会科学中得到了广泛的应用，比如经济危机的行程和爆发、个人行为的社会性等；而后，20 世纪 50 年代，麻省理工学院的弗瑞斯特（J.W.Forrester）教授提出了系统动力学仿真方法，这种方法通过对系统进行分析，先建立系统各个要素之间的因果关系图，再在此基础上将因果关系图转化为计算机可以识别的结构方程进行模拟。系统动力学在经济领域的应用主要包括市场增长模型、股票市场模型等；20世纪90年代，在包括诺贝尔奖获得者M. Gell-Mann、K. J. Arrow、P. W. Anderson等一些世界级科学大师的发起下，美国的一批不同领域的年轻科学家建立了圣塔菲研究所，创立了“复杂适应系统”的概念，他们认为所有的复杂系统，包括生命系统、免疫系统、生态系统、人脑系统、经济系统等，都具有一种能力，可以使秩序和混乱达到某种特别的平衡，在这个称之为“混沌边缘”的平衡点上，系统的组分并不是真正锁定在一个位置，但也从来不分解开来，融入混乱之中。复杂适应理论在经济学中的应用主要包括社会规范的演化、市场过程的自底向上建模、经济网络的行程和经济组织建模；近年来，使用网络理论和方法研究经济现象称为基于主体的演化计算的一个新的发展方向。这一理论在经济学中的应用主要是关注各种经济关系和社会关系，研究经济学中的各种网络，比如供应链网络、交通网络、关系网络等。

基于主体的演化计算在经济学中的应用被归类为演化经济学这一学科领域。演化经济学的概念最早在20世纪80年代初由纳尔逊和温特在研究产业组织的演化时提出。狭义的演化经济学是以计算机模拟为基础，以微观个体或微观规律为出发点，以复杂经济系统的整体演化过程或者结局为目的的经济学科。按照贾根良先生的分类，可以将演化经济学分为老制度主义学派、新熊彼特学派、奥地利学派、复杂系统理论学派和演化博弈论学派。

演化经济学对传统经济学的理论基础和研究方法论产生了冲击。传统经济学的理论基础之一是“经济人”假设，这一假设认为经济系统的参与者以利益最大化为目标，并且可以获得使自己利益最大化的信息。这一假设在近年来的研究中一直被人们所质疑。传统经济学的方法论是还原论，这种方法论一般从经济系统中的各个参与者开始建模，然后进行加总，认为整体是个体之和，这种研究方法并不适用于研究经济系统的复杂整体行为。而演化经济学，特别是元胞自动机在经济学中的应用以“有限理性”和“系统演化涌现”为特征来对经济系统进行建模，可以克服传统经济学理论基础和方法论的缺点。

8.1.2 元胞自动机在经济领域应用举例

1. 元胞自动机理论在新产品市场营销的应用

1）新产品市场营销影响因素

影响新产品的市场营销的关键因素主要有以下几点。

（1）新产品的领先程度。新产品在多大程度上领先于竞争对手的产品决定着新产品在引入期的竞争程度。新产品的领先程度主要表现在新产品的创新性和难以模仿性两个方面。新产品越具创新性、越难以模仿，则竞争对手越难以在短时间内跟进新产品，新产品的领先优势越明显，从而越有利于新产品的扩散，更容易达到销售目标和市场占有率目标，能以较高价格销售，利润空间大。

（2）新产品的销售渠道。新产品在市场扩散过程中有两条销售渠道：一是采用企业原有渠道，采用原有销售渠道成本低、且企业比较熟悉整个过程，容易控制市场风险，但这样很难在市场中展示新产品的优点，导致消费者难以在众多产品中青睐新产品；二是开辟一条新的销售渠道，为新产品量身打造的新渠道具有针对性，适应性较强，新产品推向市场后易于被消费者发现，市场推广能力强，但销售成本高，渠道难以控制，市场风险大。

（3）新产品的性价比。影响新产品性价比的因素有两方面：一方面是价格因素，它是影响新产品市场扩散的一个非常重要的因素，在其他条件相同的前提下，新产品价格越高，消费者购买的成本就越大，被消费者选择的概率越小，这样的产品缺乏市场竞争力；另一方面是非价格因素，在价格相等的情况下，非价格因素对新产品的扩散十分关键，非价格优势（如产品质量）越明显，消费者得到的价值越大（功能价值、感官价值等）、产品被消费者选择的概率越大，产品富有竞争力。

（4）消费者因素。随着社会的发展、互联网的普以及社会法制的引导等使得消费者不断地成熟，产品鉴别能力有所增强，这对新产品的营销绩效存在较大的影响，因为理性的消费者在选择产品时考虑的因素较为全面。一方面，他们会仔细观察研究新产品的功能、质量及性价比；另一方面，消费者还可能通过媒介了解新产品，特别是向使用过新产品的消费者咨询情况。经过以上过程后消费者才做出购买选择，消费者的理性化趋势促使厂商需要加快制定更有效的营销策略才能在竞争中生存。

2）元胞自动机建模细节

使用元胞自动机建立新产品的营销模型，就是要建立规则，对以上观察到的经济现象进行模拟。具体元胞自动机模型的建立细节如下。

（1）元胞自动机的参数

基于元胞自动机的新产品营销模型包括以下几个参数：

① 价格指数 $P(x)=\ln(1+x)$，反映了产品定价的高低，x 表示新产品的价格，$P(x)$ 越大，消费者越倾向于不购买这种新产品；

② 广告指数 $A(y)=1/(1+5\mathrm{e}^{-y})$，表示产品通过电视、互联网等大众媒介对消费者产生的影响大小，y 表示产品的广告投入，$A(y)$ 越大，消费者越倾向购买此种产品；

③ 产品质量指数 $Q(z)=1/(1+5\mathrm{e}^{-z})$，是产品的质量优劣、创新性、售后服务水平等的综合反映，z 表示产品的综合质量，$Q(z)$ 越大，消费者越倾向购买此种产品。

（2）元胞自动机模型的建立

假设元胞自动机模型中的每个元胞表示一个市场中的消费者。元胞空间采用二维格子空间，元胞邻居采用 Moore 型元胞邻居。假设市场中有三种商品甲、乙、丙，其中乙是甲的替代品，丙是甲的互补品。$C_{i,j}^t$ 代表 t 时刻（i，j）位置上消费者的状态，消费者状态受其周围 8 个邻居的影响。元胞的状态空间为 $C_{i,j}^t=\{00,10,11,12,20,21,22\}$，其中，00 表示未在使用任何产品的潜在消费者；10（20）表示正在使用甲（乙）产品的消费者，对周围消费者起示范作用；11（21）表示使用过甲（乙）产品，给予甲（乙）产品好评并继续使用甲（乙）产品的消费者，对周围消费者产生正面影响；12（22）表示使用过甲（乙）产品，给予甲（乙）产品差评，停止使用甲（乙）产品转而使用乙（甲）产品的消费者，对周围消费者产生负面影响。

（3）演化规则

当 $C_{i,j}^t=00$ 时，考虑到潜在消费者对甲、乙产品不是很了解或对这两种产品的偏好相等，因而此时潜在消费者只受连带外部效应和广告效应的影响。潜在消费者在下一时刻可以购买甲产品或乙产品，也可以选择不购买。也就是说 $C_{i,j}^t=00$ 的元胞下一时刻的状态可能是 00，10，20。假设 $P_{00,00}$，$P_{00,10}$ 和 $P_{00,20}$ 是向下一状态转化的概率。转化概率的计算公式为

$$\left.\begin{aligned}&P_{00,00}=1-P_{00,10}-P_{00,20}\\&P_{00,10}=\left[\frac{n_{10}-n_{20}+n_{11}-n_{12}+n_{22}-n_{21}}{8}+(A_1+a_1A_3-a_2A_2)\right]\beta\\&P_{00,20}=\left[\frac{n_{20}-n_{10}+n_{12}-n_{11}+n_{21}-n_{22}}{8}+(A_2+a_3A_1-a_4A_3)\right]\beta\end{aligned}\right\}\tag{8.1}$$

其中 n_{10}、n_{11}、n_{12}、n_{20}、n_{21}、n_{22} 表示上一时刻元胞状态分别为 10，11，12，20，21，22 的邻居数目。α_1、α_2 分别表示影响元胞状态由 00 转化为 10 的广告指数 A_3、A_2 的调整系数。α_3、α_4 分别表示影响元胞状态由 10 转化为 20 的广告指数 A_1、A_3 的调整系数。

当 $C_{i,j}^t=10(C_{i,j}^t=20)$ 时，考虑到消费者已使用过甲（乙）产品，连带外部效应和广告效应的影响有所减弱，产品综合质量和价格对消费者的决策起主要作用。在消费者对甲（乙）产品使用一段时间后开始对其进行评价，结果可能是好评、差评或不表态。则可知对于 $C_{i,j}^t=10(C_{i,j}^t=20)$ 的元胞一段时间后的状态可能是 11，12，00。假设 $P_{10,00}$ $P_{10,11}$ 和 $P_{10,12}$ 是向下一状态转化的概率。转化概率的计算公式为

$$\left.\begin{aligned}&P_{10,00}=1-P_{10,11}-P_{10,12}\\&P_{10,11}=0.3P_{00,10}+Q_1+q_1Q_3-q_2Q_2-P_1+p_1P_3-p_2P_2\\&P_{10,12}=0.3P_{00,20}+Q_2-q_3Q_1-q_4Q_3-P_2-p_3P_1-p_4P_3\end{aligned}\right\}\tag{8.2}$$

其中 q_1、q_2 和 p_1、p_2 分别表示影响元胞状态由 10 转化为 11 的综合质量指数 Q_3、Q_2 和价格指数 P_3、P_2 的调整系数；其中 q_3、q_4 和 p_3、p_4 分别表示影响元胞状态由 10 转化为 12 的综合质量指数 Q_1、Q_3 和价格指数 P_3、P_4 的调整系数。

在建立了基于元胞自动机的新产品市场营销模型后，就可以分析不同的商业策略下，新产品的市场占有率了。当所有元胞初始状态为 00，所有参数的初始状态相同时，可以得到甲、乙两种产品的扩散量随时间的变化的计算机模拟图，如

图 8-1 所示。甲产品扩散量与乙产品扩散量相差不大，可以认为两者都占据了相等的市场份额，市场达到了暂时的均衡。但这个均衡很不稳定，以上各种产品的价格指数、广告指数、综合质量的变化都会使甲、乙扩散量达到新的均衡。

假设甲厂商为了抢占市场份额，在 $t=10$ 时刻降价销售甲产品，价格指数减小为 $P(0.18)$，如果乙厂商对此未作反应，其价格指数仍为 $P(0.20)$，模拟结果如图 8-2 所示。甲产品扩散量明显超过乙产品扩散量。

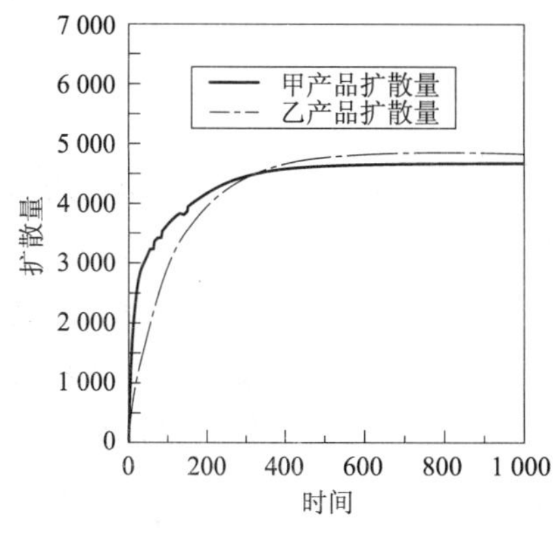

图 8-1　初始参数下的新产品扩散图

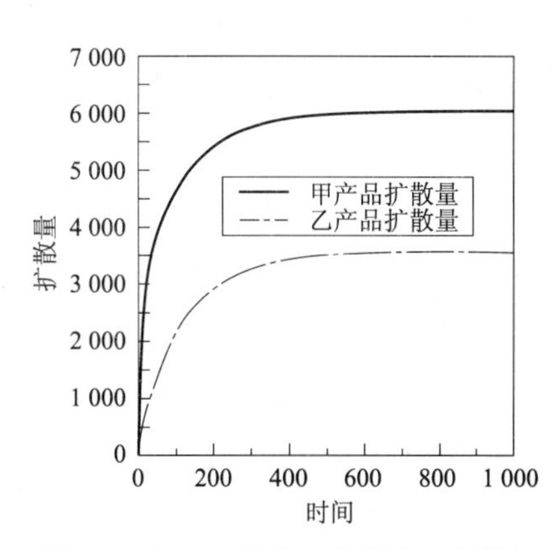

图 8-2　甲产品降价下的新产品扩散图

同时，广告投入和质量差异也可以改变产品的市场占有率，图 8-3（a）是甲产品广告投入增大时的产品占有率，图 8-3（b）是甲产品质量改善时的产品占有率。

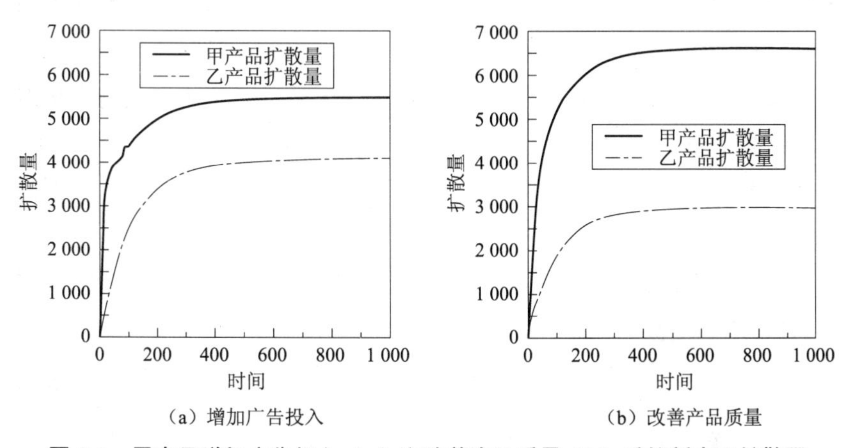

图 8-3　用产品增加广告投入（a）和改善产品质量（b）后的新产品扩散图

使用元胞自动机建立的新产品市场营销模型可以得到这样的结论：厂商可以运用降低价格、提高广告强度、改善产品质量等策略提高产品竞争力。这一结论说明元胞自动机很好地模拟了现实中新产品扩散的经济现象。

2. 基于元胞自动机的股票市场模型

构建基于元胞自动机的股票市场模型，元胞可以按照交易者的市场行为进行分类。研究表明，在一个开放的股票市场中，交易者可以按照交易行为分为四种，分别为基础交易者、技术交易者、中庸交易者、从众交易者。

1）基础交易者

基础交易者认为，在证券市场中股票价格的变化都会迅速在证券市场的信息中体现出来，他们认为只有证券市场中当前的信息会影响股票当前的价格，而不会受之前股票价格的影响。此外，基础交易者还能比较准确地了解并掌握股票的基本价值，所谓基本价值就是指资产在未来期望的利润折合成现值以后所得到的该资产的价值。基础交易者还认为虽然股票价格在现阶段也许会高于或低于股票的基本价值，这也只是暂时的。他们相信，随着时间的推移，证券投资者会获得越来越多的证券信息，股票的价格最后也将会与它的基本价值相等。因此，我们可以说基础交易者买入股票或卖出股票的状态是由股票价格与股票的基本价格的差价来决定的。如果用 $\tau(i,j,t)$ 表示 t 时刻在位置 (i,j) 的元胞的投资状态。那么有：

① 如果股票价格低于股票的基本价值，这时候基础交易者就是持买入股票的状态，此时 $\tau(i,j,t+1)=+1$；

② 如果股票价格高于股票的基本价值，这时候基础交易者就会持卖出股票的状态，此时 $\tau(i,j,t+1)=-1$；

③ 如果股票价格等于股票的基本价值，这时候基础交易者不进行股票的买卖行为，即持有股票，此时 $\tau(i,j,t+1)=0$。

假设用 $p^*(t)$ 来表示股票在 t 时刻的基本价值，用 $p(t)$ 来表示股票在 t 时刻的价格。可以将基础交易者的演化规则表示为：

① 如果 $p^*(t)>p(t)$，则基础交易者此时意愿买入股票，买入量为 $a(i,j,t)$；

② 如果 $p^*(t)<p(t)$，则基础交易者此时意愿卖出股票，卖出量为 $b(i,j,t)$；

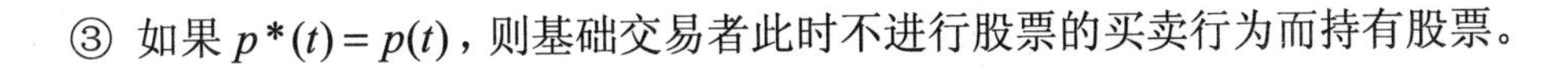

③ 如果 $p^*(t)=p(t)$，则基础交易者此时不进行股票的买卖行为而持有股票。

2）技术交易者

与基础交易者不同，技术交易者认为股票当前的价格是与以前的价格密切相关的，他们通常是通过股票过去的价格来预测其在当前或者是未来某个时刻的股票价格。与所有的预测方法一样，虽然技术分析法不能精确地预测出股票在未来某一时刻或时间段的价格。但是，通过技术分析法，技术交易者却能大致知道股票在未来某一时刻或时间段内的价格，从而为他们卖出或买入股票及交易量提供依据。

技术交易者可以根据股票走势和移动平均线的位置关系来确定卖出、买入时机。股票价格离移动平均线越近，投资者买卖股票的概率也就越小，股票价格离移动平均线越远，投资者买卖股票的概率也就越大。通过分析，我们可以看到技术交易者买卖股票的概率与股票价格与移动平均线的激励大小呈正相关关系。当股票价格在移动平均线以下，有上升趋势，并上升到移动平均线以上，逐渐上升的时候，技术交易者将会以一定的概率卖出股票；当股票价格呈上升状态，并上升到移动平均线，在左右移动时，技术交易者则会有买入股票的意向；当股票价格呈下降趋势，下降到移动平均线以下，并且下降到其以下并距离其越来越远的时候，技术交易者则会有买入股票的倾向；当股票价格呈下降趋势，但在移动平均线上下运动时，技术交易者则会以一定的概率卖出股票。总的来说，移动平均线在股价之下，而且又呈上升趋势时是买进时机；反之，平均线在股价线之上，又呈下降趋势时则是卖出时机。

假设使用 5 日平均线，则移动平均线 $B(5)$ 由以下公式表示

$$B(5)=\frac{p(t-5)+p(t-4)+p(t-3)+p(t-2)-p(t-1)}{p(t-1)}$$

使用 $D(t)$ 表示当前股票价格离移动平均线的远近程度由以下公式表示

$$D(t)=p(t)-B(5)$$

若 $D(t)>0$，则 $p(t)$ 在移动平均线的上方；

若 $D(t)<0$，则 $p(t)$ 在移动平均线的下方；

若 $D(t)=0$，则 $p(t)$ 在移动平均线相交。

假设用 $\eta_2(t)$ 表示技术交易者在 t 时刻进行股票交易的概率，则技术交易者在 t+1 时刻买卖股票的概率表示为

$$\begin{cases}\eta_2(t+1)=\mathrm{e}^{\frac{-2}{|D(t)|}} & D(t)\neq 0 \\ \eta_2(t+1)=0 & D(t)=0\end{cases} \tag{8.5}$$

技术交易者在 t+1 时刻买卖的股票数为 $c(i,j,t+1)\times\eta_2(i,j,t+1)$。变量 $\theta(i,j,t+1)$ 表示技术交易者在 t+1 时刻买入或卖出股票状态的概率为

$$\theta(i,j,t+1)=\frac{p(t)}{B(5)} \tag{8.6}$$

若 $0.5<\theta<1$，则假设投资者只进行买入股票的交易行为，也就是 $\tau(i,j,t+1)=+1$；若 $0<\theta<0.5$，则假设投资者只进行卖出股票的交易行为，也就是 $\tau(i,j,t+1)=-1$；若 $\theta=0.5$，则假设投资者不会进行股票的买卖行为而持有股票，也就是 $\tau(i,j,t+1)=0$。

3）中庸交易者

中庸交易者比基础交易者和技术交易者缺乏基础分析和技术分析的能力，他们的交易决策主要受两方面因素影响：首先，他们受到其周围邻居投资行为的影响，即在本模型中，中庸交易者受到上、下、左、右四个邻居投资行为的影响，在这里我们以证券投资者的自信程度来表示其邻居对其影响程度的大小，所谓证券投资者的自信程度也就是指证券投资者在做股票买卖决策的时候依赖自己的大小程度；其次，中庸交易者的投资行为还受到了自身投资心理的影响，此时，我们以投资者的风险偏好为标准，投资者的风险偏好即为投资者在面临风险时所持有的买入或卖出股票的态度。我们将投资者的风险偏好简单划分为风险爱好者、风险厌恶者和风险中性者。风险爱好者是偏爱冒险的人；而风险厌恶者对风险的态度是“规避”；风险中性者则对风险持“无所谓”的态度。

我们用 $V(t)$ 来表示股票在 t 时刻的风险系数，当 $0<V(t)<1$ 时，该投资者希望卖出股票来规避风险，此时该投资者为风险厌恶者；当 $-1<V(t)<0$ 时，该投资

者希望买入股票来获得更多的收益，此时该投资者为风险爱好者；当$V(t)=0$时，该投资者希望持有股票来获得更多的收益，此时该投资者为风险中性者。

投资者的风险偏好是由股票的收益来决定的，投资者通过买卖股票所获得的收益越多，他们越厌恶风险，为了避免损失，他们卖出股票的概率便会越大；相反，投资者通过买卖股票的损失越大，他们就越想通过买入股票来获取更多的收益，因此，他们买入股票的概率也越大。假设股票的收益$v(t)=p(t+1)-p(t)$，因为$V(t)$与$v(t)$的隶属函数相同，因此假设股票的收益的高低程度等于投资者风险偏好的程度，$V(t)=v(t)$。

假定用$\eta_3(t)$来表示中庸交易者在 t 时刻买卖股票的概率。将中庸交易者在 t+1 时刻买卖股票的概率表示为

$$\begin{cases} \eta_3(i,j,t+1)=\dfrac{1}{\mathrm{e}^{\frac{3}{v(t)}}-1} & v(t)\neq 0 \\ \eta_3(i,j,t+1)=0 & v(t)=0 \end{cases} \tag{8.7}$$

中庸交易者在 t+1 时刻买卖股票数也可以表示为

$$c(i,j,t+1)\times\eta_3(i,j,t+1) \tag{8.8}$$

4）从众交易者

从众交易者没有足够的信心，在做投资决策的时候喜欢从众，因此，可以说从众交易者所做的决策仅受到其邻居投资行为的影响。对于从众交易者而言，假设当其周围出现利好消息时，即其有三个邻居在 t 时刻都开始购入股票时，从众交易者也会在t时刻购入股票$a(i,j,t)$；当其周围出现不利消息时，即其有三个邻居在t时刻都开始卖出股票时，从众交易者也会在t时刻卖出股票$b(i,j,t)$；若其邻居中有两个在 t 时刻购入或卖出股票时，从众交易者则不会购入或卖出股票，将继续持有股票。

在证券市场中，股票的供给与需求关系直接决定了股票的价格，当供大于求时，股票价格会呈现出下降的趋势；当供不应求时，股票价格会呈现出上升的趋势。本文用$d(t)$和$z(t)$表示股票在 t 时刻的供给与需求，我们可以将其表示为

$$\left.\begin{aligned} d(t) &= \sum_{i,j,t>0} \tau(i,j,t) \\ z(t) &= \sum_{i,j,t<0} \tau(i,j,t) \end{aligned}\right\} \tag{8.9}$$

股票的价格与证券市场中股票的供求成比例关系，于是我们可以将股票在 t+1 时刻的价格表示为

$$p(t+1) = p(t)\frac{d(t)}{z(t)} \tag{8.10}$$

下图给出了元胞自动机的股票市场模型的演化斑图，图 8-4 中灰色的元胞代表该元胞的元胞值为 0，即该证券投资者不会购入或卖出股票，而将持有该股票；白色的元胞代表该元胞的元胞值为 1，即证券投资者的投资行为为买入股票；黑色的元胞代表该元胞的元胞值为 –1，即证券投资者的投资行为为卖出股票。

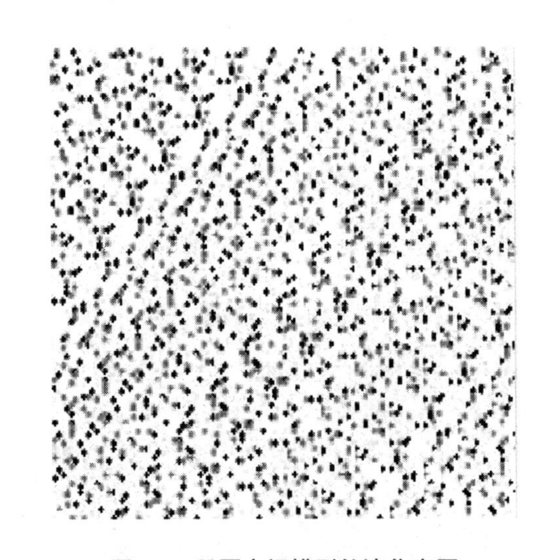

图 8-4　股票市场模型的演化斑图

对以上模型进行分析，可以得到如下结论。

首先，当股票市场中存在着中庸交易者和从众交易者时，股票的交易量具有波动聚集性；当股票市场中没有中庸交易者和从众交易者，即市场中只存在基础交易者和技术交易者时，股票的交易量不具有经验统计性质所描述的波动聚集性，表现为波动性不会随着时间 t 的变化而变化，并且在某一时间段中不会连续出现

偏高或偏低的现象；当基础交易者和技术交易者的比例相对较大，而中庸交易者和从众交易者比例相对较小的时候，股票交易量的波动性也就相对较小；当市场中只存在中庸交易者和从众交易者时，可以明显地观察到股票交易量的波动聚集性。因此，我们可以说股票交易量的波动性、聚集性会随着中庸交易者和从众交易者比例的增大而增大，当股票市场中不存在中庸交易者和从众交易者而只存在基础交易者和技术交易者的时候，股票交易量的波动性、聚集性完全消失。

其次，随着中庸交易者和从众交易者比例的增大，股票市场就开始显得不稳定；当股票市场中只存在基础交易者和从众交易者的时候，股票的交易量不具有经验统计性质所描述的波动聚集性，股票交易量的波动性也不大，股票市场也就相对比较稳定；相反，当股票市场中只存在中庸交易者和从众交易者的时候，我们可以明显观察到股票交易量的波动性、聚集性，股票交易量的波动性也比较大，股票市场也就显得比较动荡。同样，由于投资者的盲目，这也导致了投资行为的非理性，如盲目追涨杀跌、追踪“庄家行为”及投资炒作各种热点板块等，这也必将导致股票市场的不稳定，甚至危及国家经济安全。

再次，基础投资者和技术投资者在股票市场中具有“领头羊”的作用，投资大众往往会真诚地相信由股市庄家利用媒体所宣扬的主流观点，从而给证券市场带来巨大的震荡，导致证券市场循环周期的不规则性，并会使股票市场被市场权威轻易地加以左右和利用。

3. 基于元胞自动机的产业集群研究

产业集群是一个典型的复杂系统。从微观角度来看，产业集群是一群企业共栖于一地，共享一定规模的市场、资源条件、交通运输和其他相关服务设施的个体行为。从宏观角度来看，产业集群是由不同产业在某共同地点同样为了获取外部经济性集聚而成，形成单个企业简单之和所不能获得的竞争优势。这些企业聚集在一起，显现了系统性。同时，产业集群还表现出了动态性、开放性、非线性、远离平衡态、自组织和整体涌现等复杂系统所具备的特性。

1）形成产业集群的要素

要建立基于元胞自动机的产业集聚模型，首先需要对产业集群进行经济学分析，对于一个产业集群，其形成主要有如下的几个因素。

首先，产业集群可以使企业的综合成本降低。综合成本一般包括生产成本、交易费用成本和销售成本。企业聚集在一起可以共同使用基础通道，主要包括交通、通信、城市管网、电力等对企业生产具有辅助作用的公共设施（基础设施环境），从而降低了企业的生产经营成本；聚集的企业的网络联系降低了交易过程中的信息搜寻成本，同时众多相关行业的企业聚集在一地使企业间保持着长期的经常性交易，再加上集群内已有的基于家族和朋友关系的私人联系，促进了企业间相互信任的形成。这种信任文化大大减少了机会主义行为和道德风险，降低了交易成本；聚集的企业可以通过共同销售、共同宣传、共同拓展市场来降低企业销售费用。

其次，产业集聚可以使生产效率提高，市场力量增强。相关行业的企业在地理上的集中促进了企业间的专业化分工，分工提高了专门人才、专门设备的使用效率，使企业在最具竞争优势的环节上生产，达到了高的生产效率；而地理上的邻近又降低了企业间的交易成本，使专业化的企业可以以低成本进行协作，从而提高了整个集群的生产效率和快速适应市场变化的能力。

再次，产业集聚可以提高创新能力。位于集群内的企业可以产生更多的创新，企业的集聚有利于创新的快速传播。产业集聚能够为企业提供一种良好的创新氛围，可以为企业提供创新所需的各种资源，可以促进知识传播和应用。

2）过度产业集聚的负面效应

同时，过度的产业集聚也会造成一些负面效应，主要表现在以下几个方面。

首先，过度的产业集聚会造成企业成本的增加。随着集群内企业密度的增加，集群内土地、基础设施等资源日益稀缺，同时对有专业技能的劳动力的过度需求也使劳动力价格上升。另外，一些负外部性出现，例如污染等的影响也越来越大。这些都成为聚集带来的负面效应，是使企业离开集群的“离心力”。

其次，过度的产业集聚会造成恶性竞争的出现。适当的竞争对保持集群的活力、促进集群内企业的创新有积极作用。但竞争也带来不良影响。过分的价格竞争将降低企业的利润，甚至使企业以偷工减料来降低成本，使产品质量退化。随着集群内企业的增加，如果不注意发展企业间产品的差异性，集群内产品将出现同质化，产生以价格竞争为主要手段的恶性竞争。

再次，过度的产业集聚会造成知识的泄漏。知识溢出是产业集群的重要优势之一，它能促进知识在集群内的扩散传播，从而在集群中形成创新的环境，提高整个集群的创新能力。但不可否认，过度的知识溢出使企业的技术秘密泄露出去。特别是在知识产权不能得到有效保护的地区，企业的专利、商业秘密等得不到有效的保护，这使任何一家企业的创新都会在极短的时间内出现大量的模仿者，创新企业只能在极短的时间内获得创新所带来的利润，大量的创新利润由于企业之间的模仿竞争而耗散。

3）基于元胞自动机的模型

基于元胞自动机的产业集群模型将集群划分成一组正方形的网格，每个可以容纳一个企业，并表示为元胞自动机的一个元胞。元胞有两个状态 0 和 1，其中状态为 0 的元胞表示还没有企业进入，或者已经从区域退出；状态为 1 的元胞表示企业受区域的吸引进入该区域。元胞邻居采用 Von Neumann 型邻居。基于元胞自动机的产业集群模型的规则如下：

① 当元胞状态为 0，邻域周围元胞状态为 1 的元胞数目在[1，3]范围时，元胞状态变为 1；

② 当元胞状态为 1，邻域周围元胞状态为 1 的元胞数目大于等于 4 时，元胞状态变为 0。

这样建立起来的元胞自动机模型演化的结果，可以反映出如下几个结论：

首先，集群中各个企业存在复杂的非线性作用。在一定时间内集群远离平衡状态，经过一段时间的演化，无序运动状态转变为一种时间、空间和功能的相对有序态。从产业集群发展来看，集群本身必然是一个开放的系统，在其形成之后就受到内部企业竞争、合作关联性的加强和外部政策的影响，整体经济效益开始提升，同时带动了区域经济发展，从而产业集群内产业布局、分工、协同开始出现有序的结构。一旦外部环境变化，例如市场、政策、经济环境等发生巨大变化，集群又离开平衡，经过与内外部的能量相互交换后重新达到一个平衡状态，进入新的有序结构。

其次，产业集群中存在类似生物种群的 logistic 增长模型。生态学认为：在有限环境中，自然种群不可能长期地按几何级数增长。当种群在一个有限空间中增长时，随着密度的上升，在空间资源和其他生活条件利用的限制下，种群内竞争增加，必然要影响到种群的出生率和死亡率，从而降低了种群的实际增长率，一直到停止增长，甚至使种群数量下降。种群在有限环境条件下连续增长呈 S 型曲线。

图 8-5 给出了模型演化中，产业集群中企业数量随时间变化的增加图，展示出类似于生物种群的增长规律。曲线形状说明企业在一个区域内受市场容量、竞争、环境等因素的影响，不可能长期按指数增长，在没有新的因素影响下会最终趋于稳定。

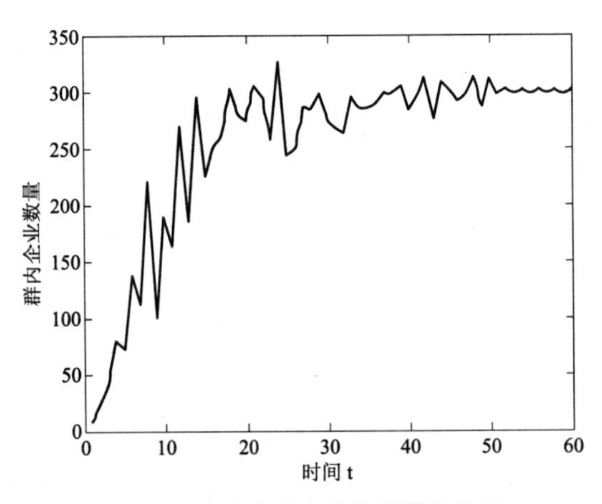

图 8-5　产业集群中企业数量变化图

8.1.3　元胞自动机在经济领域中应用的特点

从以上三个例子中可以看出，元胞自动机在经济领域的应用主要有以下的一些特点。

第一，基于元胞自动机的经济领域模型建立的基础都是对于微观经济中现象的模拟。比如新产品市场营销模型是对新产品扩散中微观因素的模拟，股票市场模型的建模基础是对股票市场中不同交易者的行为的模拟，产业集群模型的建模基础是对产业集群中企业进入和退出现象的模拟。这是元胞自动机在经济领域运用的一个突出特点。

第二，元胞自动机在经济领域中的应用一般要和各种数学工具互相补充。元胞自动机通常和数学分析结合起来，以互相弥补，比如对于微观参与者效用函数的描述。元胞自动机对发现数量关系无能为力，需要严格的数学推导。例如，系统中的各种参数的变化，通常不是简单的线性关系而是非线性关系；系统中还有可能有复杂的概率分析，比如新产品市场营销模型和股票市场模型中对于转换概率的计算等，这些都需要有严格的数学基础。

第三，基于元胞自动机的建模和经济学、管理学都具有紧密的联系。前面所述的各种经济学模型都可以用来分析经济市场的演变，也可以用来分析微观行为对宏观行为的影响，进而提出经济学和管理学上的建议。从前面所述的各演化计算工具所取得的成果和发表的论文来看，它们在经济学和管理学中的应用和成果最为丰富。

第四，基于元胞自动机的建模和其他社会科学也有紧密的联系。基于元胞自动机的建模和社会科学、心理学等学科有着渊源关系，一些经济研究的内容也属于社会研究的内容，如习俗的形成、社会关系的演化、经济参与者行为的心理学诱因等，都可以用元胞自动机的方法和社会学、心理学相结合的方式进行研究。

8.1.4　元胞自动机理论在经济领域的发展方向

随着复杂系统理论和工具的快速发展，元胞自动机在以下几个方面的发展值得研究者关注。

1. 元胞自动机方法和其他计算工具，特别是智能算法的相互融合

近年来，新的复杂系统计算方法不断地涌现，比如神经网络、遗传算法、蚂蚁算法等，这些智能算法的创立，主要依赖计算机科学的不断发展及其与其他学科的交叉。元胞自动机与这些新的计算方法的融合是元胞自动机新的发展方向。比如 Zarandi 等人将元胞自动机、遗传算法和神经网络相结合研究经济学中的牛鞭效应。同时，多种仿真方法的融合也是元胞自动机发展的一个方向，例如 Chatfiled 等人使用多种仿真方法对供应链进行仿真研究，He 等使用系统动力学和元胞自动机相结合的方法对城市发展做了研究。

2. 对于演化规则的进一步探讨

在演化经济学领域一直有这样的争论，即经济系统的演化是遵循自组织规律还是自然选择规律，抑或二者兼而有之？这是一个深刻的哲学问题，它对如何解释经济现象及建立演化经济模型有重大的影响。如果系统演化遵循自组织规律，演化计算模型应当使用自底向上的建模方式；而如果系统遵循自然选择规律，演化计算模型则需要模拟自然界的“淘汰”过程；如果二者兼而有之，系统建模既要自底向上，又要模拟“淘汰”过程。

目前元胞自动机的研究主要是以自组织的理论作为指导，认为经济系统的宏观现象是通过微观个体的行为和相互影响而涌现得到的。但是如何将自然选择的规则加入元胞自动机的演化规则当中，是元胞自动机发展的另一个值得关注的方向。

3. 与正统经济学的比较和结合

以元胞自动机为代表的演化经济学为研究经济这一复杂系统提出了新的视角，从方法论的层次冲击了传统经济学认识经济系统和解决经济问题的手段和方法。但是这两种方法仍然会长期并存和相互借鉴。这两种方法论的碰撞会对以元胞自动机为代表的演化经济学的发展提供新的动力。

8.1.5 小结

本节介绍了元胞自动机和演化经济学的关系；介绍了元胞自动机在经济领域中的几个应用实例；总结了元胞自动机理论在经济领域中应用的特点；最后，对元胞自动机在经济学中的发展进行了展望。本质而言，以元胞自动机为代表的演化经济学的发展是复杂系统思想在经济学中传播、发展的结果。对于复杂性的研究极大地提升了人类对于自然科学和社会科学的认识水平，普利高津对复杂性研究有如下的评价“我们处于一个新科学时代的开端。我们正在目睹一种科学的诞生，这种科学不再局限于理想化和简单化情形，而是反映现实世界的复杂性”。以元胞自动机为代表的演化经济学，必将对复杂经济系统的研究取得更加丰硕的成果，为经济学的发展提供强大的、新的动力。

8.2　元胞自动机在城市交通领域的应用

8.2.1　基于元胞自动机的城市交通系统解析

1. 城市交通系统的工程与社会复杂性

交通运输系统是人类生活、社会经济活动的重要组成部分，良好的交通运输系统是人们日常生活、企事业单位等正常运转及促进经济飞速发展必不可少的基本条件。然而，以拥堵为代表的城市交通问题已成为困扰城市发展、影响生活质量的重要问题，已经成为制约城市可持续发展的主要瓶颈，是当前迫切需要解决的社会问题。

城市交通系统是由道路系统、流量系统和管理系统组成的一个典型的、开放的复杂巨系统。城市交通系统的复杂性原因在于：① 城市路网中的车辆、路段、交叉口、交通工程设施等数量众多，且各组分之间的联系紧密，构成了一个复杂网络；② 交通系统的人–车交通流具有智能性，能够对周围环境做出反应，具有自组织、自适应、自驱动能力；③ 路网中运动的车辆之间存在非线性相互作用，同时交通系统具有层次性、整体性、动态性和随机性，处于不断的发展变化之中；④ 城市交通系统可以处于非平衡状态，其积累效应、奇怪吸引性、开放性进一步加深了交通系统的复杂程度。

城市交通的复杂性、非线性系统特征已在学术界形成共识，利用复杂性科学研究城市交通系统，不仅要对城市交通系统进行描述，更要着重于揭示城市交通系统的演化规律。城市交通系统的层次性决定其研究层次差异较大，如宏观层面城市交通系统的规划及其与城市发展的关系，中微观层面的交通运输系统网络复杂性、交通运输系统自组织等问题。

从工程角度而言，城市交通网络由交叉路口和连接它们的街道组成，车辆在网络上行驶，城市交通基础设施、城市交通结构起着交通供给的作用，通过提高城市交通基础设施通行能力、完善路网结构、调整城市交通结构可以提高城市交通系统效率。然而，城市大规模、高强度、高标准的交通基础设施建设使交通状况有所改善，但城市交通拥堵等问题仍时常发生。

究其原因，从社会工程角度，现代城市交通问题多数是以人的交通活动为中心的社会问题，具有较强的社会性、主观性和复杂性。交通系统不仅仅是工程系统，也是一个庞大的人类活动系统。人类活动系统的核心是“人”，系统中一切活动都由“人”计划、展开、变更及完善，人在这个系统中的主观能动性较之在其他几类系统中更为显著，包含大量的社会的、政治的、人为的活动因素及复杂的情境。

与国外的单纯机动车流特征相比，中国的混合交通流特性差别很大，特别是在交叉路口混合交通流情况下，机动车、自行车、行人相互干扰，致使通行能力严重下降，许多在国外行之有效的交通管理措施在我国并没有收到预期的应用效果。

2. 城市路网交通流中的元胞自动机模型演化

城市内的道路（环道除外）一般都是纵横交错，有很多的交叉路口，形成了一定的路网结构。相对高速公路而言，其结构要复杂得多，对其进行交通流模拟也要困难得多，很难直接用一维元胞自动机交通流模型来模拟城市路网交通流，二维及适用于路网的元胞自动机交通流模型也就随之产生。

1）BML 模型

1992 年，Biham，Middleton 和 Levine 提出了第一个二维交通流元胞自动机模型（BML 模型）。在 BML 模型中车辆不允许转向，这样每条街道的车辆总数是由初始条件决定的，并且因为使用周期性的边界条件从而车辆总数不会随着时间发生变化。不同交叉路口的东西向交通和南北向交通的相互阻碍会导致堵塞的发生。

2）BML 的扩展和衍生模型

通常情况下，东向行驶的车辆与北向行驶车辆的数目并不是完全相等的，Nagatani 研究了车辆的非对称分布的情况；在 BML 模型中，无论是北向行驶的车辆还是东向行驶的车辆，在一个时间步内最多向前移动一个元胞位置。通过引入高速车辆，Fukui 等人对 BML 模型进行了扩展，在其扩展模型中，东向行驶的车辆仍然保持和 BML 模型相同的更新规则。

Nagatani 等人利用扩展的 BML 模型考察了道路立体交叉（即立交桥）的情况，以 BML 模型为基础，随机选取一定比例的元胞将其定义为立交桥。立交桥的引入减少了 BML 模型中格子锁出现的概率，明显改善了路网中车流的运行状态；Chung 等人通过对 BML 模型进行改造，研究了失效交通信号灯对交通系统的影响；人们在 BML 模型的基础上提出了一个绿波（GW）模型来研究绿波同步（通常情况下，城市主干道上的交通灯是同步控制的，以便使车辆更加顺畅地通过）。不同于 BML 模型的并行更新，在 GW 模型中采用了部分后向顺序更新。

3）NaSch 和 BML 的耦合模型

尽管 BML 模型可以描述出城市路网交通的一些基本特征，但是该模型过于简化，无法模拟一些较为细微的交通特征。建立耦合模型的初衷就是一方面要能捕捉到 NaSch 模型和 BML 模型展现出的一些基本特征，另一方面又要尽量保持模型的简单易行。这就需要将两个相邻交叉口之间的路段进一步细化为 $D-1$（$D>1$）个元胞。这样，交叉路口之间路段上的交通就可以用前面介绍的 NaSch 模型中的位置更新、加速、减速等规则加以描述，进而将在同一条道路上行驶的车辆之间的相互作用也考虑进来。另外，人们还需要按照一定的时间间隔 T（$T\geqslant 1$），有规律的周期性地变换交通信号灯的颜色。

4）元胞传输模型

Daganzo 开始用元胞自动机的概念，建立了元胞传输模型（简称 CTM）来研究网络上的动态交通问题。元胞传输模型是对宏观动力学模型 LWR 模型的离散化近似，是一个“与流体力学模拟模型”相一致的模型。它可以捕捉到网络交通流中的不连续变化现象，而 LWR 模型却不能。此外，它能够清晰地描述排队的物理效应，可以较好地模拟出激波、排队形成、排队消散及多路段间的相互影响等交通动力学特性。

5）双车道元胞自动机模型

Nagtani 首先利用一个完全确定性的规则考察了 $V_{max}=1$ 的双车道系统，车辆在一个时间步内向前行驶或换道。Rickert 等人和 Chowdhury 等人分别在 1996 年和 1997 年通过引入一道换道规则，将单车道的 NaSch 模型扩展到双车道系统中。孟建平和戴世强等人提出了一个含有摩托车的混合交通流的双车道元胞自动机模型。双车道元胞自动机模型实施过程中，一般是把每个时间步划分为两个子时间步：在第一个子步内，车辆按照换道规则进行换道；在第二个子步中，车辆在两条车道上按照单车道的更新规则进行更新。

8.2.2 基于元胞自动机的人性化交叉口模拟

1. 人性化交叉口建模背景

作为城市交通问题典型代表的道路交叉口，是一个以人的活动为中心的社会工程系统，是一个具有多因素、多层次、多目标、多功能、多阶段、多变化的复杂巨系统，不仅涉及交通设施、交通管理，还与社会经济文化等密切相关；是人类活动系统中的问题，是偏重社会、机理尚不清楚的软系统问题。

由于现实交通流是各个实体执行简单行为规则涌现出来的一种整体上的、综合性的复杂行为，用传统的数学建模方法来模拟交通流存在固有的不足。元胞自动机具有时间、空间和状态上的离散性，并按照一定局部规则在离散的时间维度上演化，很容易复制出复杂的现象或动态演化过程中的吸引力、自组织和混沌现象，因而基于元胞自动机的交通流动力学模型成为交通流理论模型的重要分支，越来越受到国内外学者的重视。

然而，现有的基于元胞自动机的交通流模型对机动车的处理过于简化和抽象，很少见到同时容纳机动车、道路、信号灯及行人等的模型研究。此外，模型中的机动车缺乏智能性与自治性，由此带来的困难是：交叉口中的道路设施、交通工具、参与者等不同实体都需要抽象为离散、有限状态的元胞；各种交通规则、交通社会行为机理和作用机理，只能映射为元胞局部演化规则；元胞自身单一，不能反映主体的自适应等智能特征。现代城市交通系统是一个具有多因素、多层次、多目标、多功能、多阶段、多变化的复杂巨系统，较为简单的元胞自动机模型在模拟交叉口社会复杂性上仍存在较多问题。为此，必须在交叉口复杂性解析的基础上构建不同层次的元胞自动机模型，并在元胞自动机模型和计算机实现中进行多层次模型的集成。

2. 交叉口系统分析

首先，城市道路交叉口系统并不是一个完全的自组织系统，因为在系统运行演化的过程中，受到各个交通参与者行为心理等的影响，对复杂性的形成起到了重要作用。

其次，城市道路交叉口系统是典型的动态系统，每一个交通参与者在不同时刻、不同交通情境下的状态是丰富的、变化的。

再次，城市道路交叉口系统的交通参与者分布可以形象地映射到二维元胞自动机之中。

3. 交通参与者行为下的元胞自动机多层次建模

1）基于微观仿真模型分析的元胞自动机理想模型构建

（1）元胞的定义

以同向三车道模型为例，定义车辆和行人长度均为 8 m，宽度为 4 m。在此模型中，元胞的属性包括元胞的占用状态、占用时间、运动状态、交通信号等。如占用状态表示元胞是否被占据，当元胞状态为被占用时则会有占用时间，占用时间表示停车、止步等。运动状态表示元胞是运动或静止。交通信号表示元胞所受控的交叉口的交通信号。

（2）元胞空间

在本模型中共有两类元胞空间，分别是交叉口外部道路元胞空间和交叉口区元胞空间。如图 8-6 所示为一 6×6 的交叉口元胞空间。如图 8-7 所示为车道元胞空间。

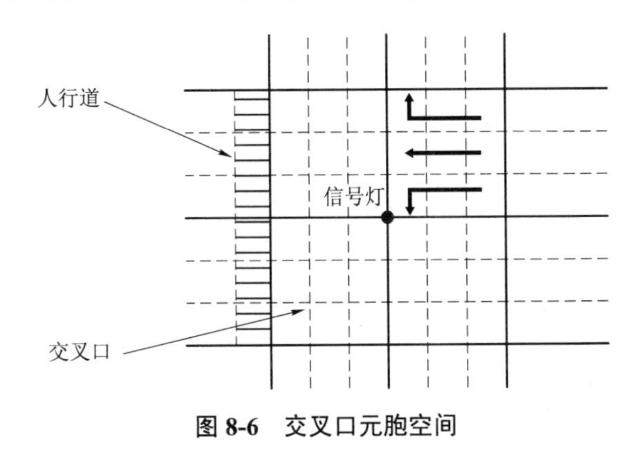

图 8-6　交叉口元胞空间

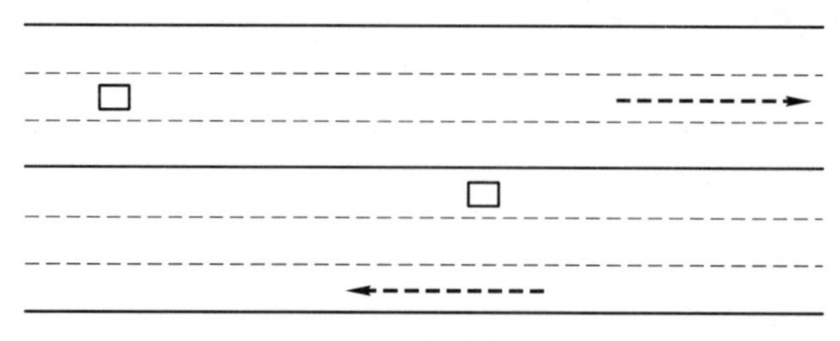

图 8-7　车道元胞空间

（3）邻居定义

定义每个元胞最大速度值为 2 个元胞长度，即 $V_{max}=16\ m/s$，邻居半径为 $r=V_{max}$。

（4）规则

定义一个时步等于单位 1，即 1 s。$r=V_t$ 代表元胞在 t 时刻的速度，V_{max} 代表元胞可达到的最大速度，P_{slow} 为减速概率。

加速规则：如果 $V_t<V_{max}$，则 $V_{t+1}=\min\{V_{max},V_{t+1}\}$

减速规则：如果 $V_t>\text{gap}$，则 $V_{t+1}=\text{gap}$

随机规则：在概率 P_{slow} 下，$V_{t+1}=\max\{V_{t+1}-1,0\}$

位置更新：$X_{t+1}=X_t+V_{t+1}$

2）参与者特征模型

人性化交叉口的设计需要尊重各类参与者的路权，有效纳入各交通行为社会因素。在本模型中以交通行为主要参与者之一的行人为例，对其进行分析，并定义行人过街时遵循如下规则：

在一个更新周期内，每个元胞根据“传递概率”——p_{ij} 的大小来选择所期望的运动，下标 ij 表示元胞的位置。传递概率是由静态部分和动态部分组成的。元胞传递概率的静态部分包括：

（1）行人运动方向（Direction）的选择权 D_{ij}，前向方向为首要选择，其权值是 0.5；左右方向的选择均取 0.25。

（2）地理位置（Geography）的效应权 G_{ij}，人行横道上的固定障碍物的元胞位置效应权为 0，其余均为 1。

（3）对向行人的效应，一个行人绕过一个对向行人的平均延迟时间为 0.25，如果延迟时间转化为行人前向运动速度的减小，则该行人的位移将减少一个元胞的长度。

元胞传递概率的动态部分包括：

（1）交通信号灯（traffic light）效应权 TL_{ij}。当行人交通灯转为红灯时，针对即将步入人行横道的行人，人行横道边界元胞 TL_{ij} 为 0，其余情况均为 1，即已经步入人行横道的行人可以继续前进。

（2）目标元胞的占用标示权 n_{ij}。只有目标元胞 (i, j) 为空并且源位置和目的位置之间没有障碍时，目标元胞才可以被占用，否则行人不能移动到目标元胞，即

$$\left.\begin{array}{l}\text{if } (i,j) \text{ is allowed}\\ \text{then } (n_{ij}=1)\\ \text{else } (n_{ij}=0)\end{array}\right\} \tag{8.11}$$

3）参与者交互模型

在行人过街的高峰时段，行人流与机动车流在道路交叉口相互冲突的情形时常发生，加之实际情况中很多行人不走人行横道，造成前进、转向车流与多股行人流冲突，冲突点增多，车辆刹车频繁，既降低了交叉口处的通行效率，又很容易造成交通事故的发生。

（1）行人过街规则

行人决定是否横穿道路的主要依据是自己与驶近汽车间的距离，即安全心理距离。本模型以青年人群为例，设定其闯红灯的概率为 0.5，并假定在车速为 30～39 km/h 的条件下，行人开始横穿道路时，与驶近的汽车平均距离应为 45 m，青年人以 0.6 的概率过街；当车速为 40～49 km/h 时，与驶近汽车的平均距离应为 50 m，以 0.8 的概率过街。

（2）驾驶员行车规则

设 $X_{i,n}$ 和 $V_{i,n}$ 分别代表第 i 车道上的第 n 个驾驶员的位置和行进速度，$d_{i,n}=X_{i,n+1}-X_{i,n}$ 表示第 i 车道上的第 n 车与前车之间的距离；$d_{n,\text{other}}$ 表示第 n 车与目标车道上前车之间的空元胞数，$d_{n,\text{back}}$ 表示第 n 车与目标车道上后车之间的空元胞数，d_{safe} 表示换道时不会撞车的安全距离，并且取 $d_{\text{safe}}=V_{\max}+1$。其中驾驶员特性通过 $V_{i,n}$、$V_{\max}$ 和反应时间来体现。驾驶员行为规则如下。

① 慢启动：以概率 $1-p_s(0\leqslant p_s\leqslant 1)$，有 $0\to V_1$，即车辆停车后有时不会立即启动。

② 随机慢化：以概率 $p_r(0\leqslant p_r\leqslant 1)$，有 $V_n\to\max(V_n-1,0)$，指由于各种不确定因素而造成的车辆减速。

③ 换道：$d_n<\min(V_n+1,V_{\max})$、$d_{n,\text{other}}>d_n$ 和 $d_{n,\text{back}}>d_{\text{safe}}$，在车辆行驶过程中，满足换道条件的情况下，将会以概率 $p_{\text{change}}(0\leqslant p_{\text{change}}\leqslant 1)$ 进行换道。

④ 位置更新：$x_n\to x_n+V_n$，即车辆按照调整后的速度向前行驶。

3）冲突解决规则

依据《中华人民共和国道路交通安全法》的规定，行人在人行信号灯启动时具有优先通过交叉口的权利，右转机动车需要等待行人，当空档允许时穿越人行横道并通过交叉口。但是在交叉口实际运行中，交通参与者并非都是完全理性的守法人。不仅驾驶员可能存在违规行为，行人有时也会做出横穿交叉口、闯红灯等违规行为。所以机非冲突在实际的交通情境中是普遍存在的。本文假设驾驶员为理性人，但是行人会以概率 p 违规过街，如闯红灯，则驾驶员依据车速和安全距离的综合判断，做出减速避让或停车避让的决策。设 d_{safe} 表示机动车与行人之间的安全距离，$d_{\text{safe}}=V_{\max}+1$，$d$ 表示机动车与行人之间的实际距离，具体规则如下：

① 减速避让：如果 $2d_{\text{safe}}>d>d_{\text{safe}}$，则减速，以保障行人首先安全通过，即

$$\left.\begin{array}{l}\text{If}\quad 2d_{\text{safe}}>d>d_{\text{safe}}\\ \text{then}\quad -V\end{array}\right\}\tag{8.12}$$

② 停车避让：如果$d \leqslant d_{safe}$，则驾驶员必须停车，即

$$\left.\begin{array}{c}\text{If } d \leqslant d_{safe} \\ \text{then } V=0\end{array}\right\} \tag{8.13}$$

4. 仿真结果及分析

为了便于分析，这里将研究条件限制为过街红灯条件下，违规过街行人（即闯红灯的行人）对相应交叉口机动车流量的影响。更改模型参数，设置行人过街交通灯一直为红灯，行人生成概率保持不变，设置违规过街行人概率P_d为非零。

运行模型，输出道路的交通流量时空分布图，经过 500～1 500 时间步（秒），观察 1 200～4 800 时间步（秒）内车辆流量的数据。文中P_d表示行人违规过街的概率，下文变量p_{peo}表示某一时刻单个个体闯红灯的概率，如$p_{peo}=0.1$表示该时刻路口的每一个行人闯红灯的概率为 0.1，即平均会有 10%的人闯红灯过街。$p_{peo}=0.2$表示该时刻路口的每一个行人闯红灯的概率为 0.2，平均会有 20%的人闯红灯过街。设置此处行人出现的概率为 1，行人过街速度为 1.5 m/s，车辆生成概率为 0.4，速度为 3.75 m/s。

图 8-8（a）为机动车生成概率为 0.4、随机慢化概率为 0.2、慢启动概率为 0.3、车辆换道概率为 1.0、单位时间内（秒）行人闯红灯概率为 0.1 时的时空分布图；图 8-8（b）和图 8-8（a）相比，是单位时间内有一人闯红灯的概率为 0.2 与 0.3 的时空分布图。

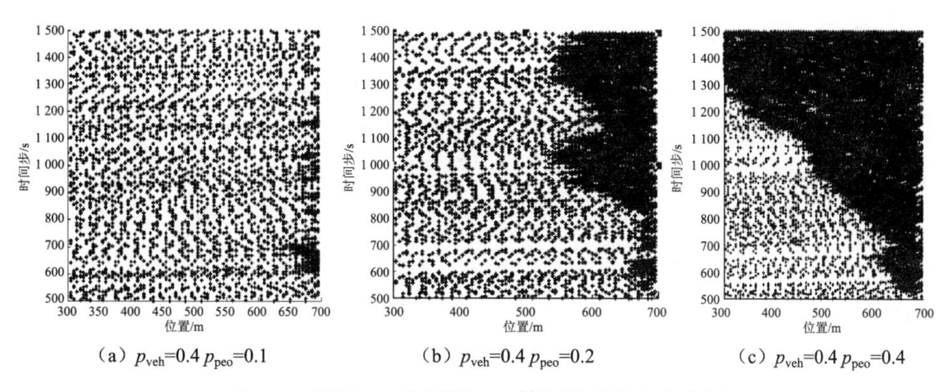

（a）$p_{veh}=0.4$ $p_{peo}=0.1$　（b）$p_{veh}=0.4$ $p_{peo}=0.2$　（c）$p_{veh}=0.4$ $p_{peo}=0.4$

图 8-8　相同 p_{veh} 和不同 p_{peo} 情况下的时空分布图

图 8-8（a）与图 8-8（b）、图 8-8（c）相比，是行人闯红灯概率为 0.1 时的时空分布图。图 8-8（a）显示虽然部分路段出现了车辆的减速和停滞现象，但只有人行横道前出现少许的车辆堵塞现象，这是因为行人闯红灯的概率比较低，闯红灯的人数比较少，车辆基本上还都能通过人行横道。

图 8-8（b）和图 8-8（c）显示在相同条件下，随着行人闯红灯概率提高，从人行横道前车辆开始出现严重的堵塞现象，以至于使后续的车辆无法行驶，出现大面积、长时间的车辆拥堵，而且随着时间的增加，车辆的拥堵路段长度也在增加，出现这种严重拥堵现象的原因是行人闯红灯的概率过高，闯红灯的人数过多，使得人行横道前的车辆几乎不能向前行驶，引起连锁反应，造成道路的严重拥堵。

对比图 8-8（a）和图 8-8（b）可以看出，在车辆生成概率比较大时，即车辆的密度比较大时，少量的行人闯红灯不会影响到车辆的正常行驶，但当闯红灯的人数比较多时，闯红灯的行人开始对人行横道前行驶的车辆造成巨大影响，以至于车辆不能够正常行驶，在人行横道前出现大面积、长时间的车辆堵塞。

此外，本文在此研究中限定了车辆的生成概率，也可以选择限定行人闯红灯概率来研究不同交通生成概率下的通行能力。可以发现，在相同行人违规过街的情况下，道路上不同的车辆密度所受的影响是不同的，车辆密度比较小时，闯红灯的行人在整体上对行驶的车辆影响比较小，但随着车辆密度的增加，闯红灯的行人在整体上对行驶车辆的影响开始急剧增加。

图 8-9 是在车辆生成概率为 0.4、随机慢化概率为 0.2、慢启动概率为 0.5、换道概率为 1.0 的情况下，行人闯红灯的概率对机动车流量的影响趋势图。如该图所示，行人闯红灯概率小于 0.2 时，车辆的总流量减小并不特别明显，但当行人闯红灯的概率大于 0.2 时，车辆的流量开始出现急剧的下降。这种现象的出现，是因为行人闯红灯的概率较小时，虽然对车辆的行驶产生一定的影响，但因为闯红灯的人数量较少，后面的车辆还都在相应运行规则内顺利通过人行横道，不会对车辆流量造成多大的影响；但当行人闯红灯的概率比较大时，即行人闯红灯的数量比较多时，就会对交叉口车辆产生严重影响，人行横道上的车辆大面积的减速，甚至停车等待行人，出现长时间的拥堵现象，道路上车辆的流量急剧下降。

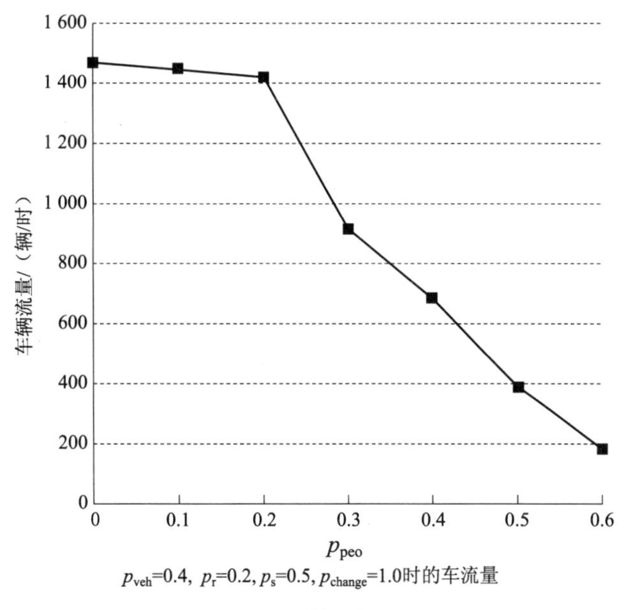

图 8-9　不同 p_{peo} 情况下的车辆流量

8.2.3　元胞自动机在城市交通拥堵成本中的应用

1. 城市交通拥堵成本的建模背景

城市交通拥堵通常具有时空特性，一般发生在一个相对时间和相对空间范围内，是在交通运输过程中阻塞城市交通正常运行的表象形式。

1）交通拥堵的特点

从交通流的角度来说，交通拥堵就是随着交通密度的持续增加，车辆的行驶速度就会降低，由此就产生了时间上的延误。速度和密度之间的关系是描述交通流的最基本模型。如图 8-10 所示，在初始阶段是流量为 0，车速为最大值 V_A，随着交通密度增加，车辆干扰增大，使车速不断降低，交通量逐渐增大到最大 Q，道路达到饱和阶段；随后由于车辆的继续增加，道路密度变得更大，出现了车速与交通量同时减少的现象，道路的使用效率就逐渐降低，如果持续这种状态，交通拥堵将会加剧，直至交通量为 0，交通运行状态中断。

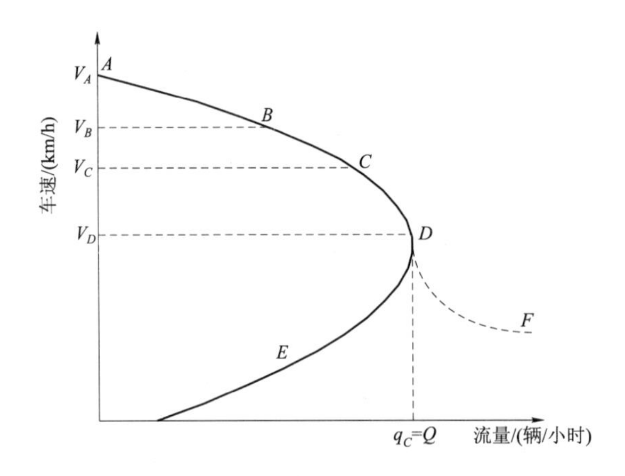

图 8-10　车速-流量关系

从出行者的角度来说，城市居民在交通出行过程中对一次出行时间或交通运行中断状态的次数和时间有一定的心理预估，当实际情况超出这一预期，即发生交通拥堵。交通拥堵 C 和出行时间 t_{all} 、运行中断次数 d 、运行中断时间关系 t_{delay} 可用下述函数表示

$$C = f(t_{\text{all}}, d, t_{\text{delay}}) \tag{8.14}$$

从图 8-11 可以看出，当出行过程中发生中断次数或时间在可容忍范围内时，对出行者来说其交通拥堵为 0，随着中断次数或时间的增加，出行者心理焦躁程度慢慢增加，当其严重影响到出行时间时，出行者对于本次出行的焦虑快速增加，产生的交通拥堵感逐渐增加。

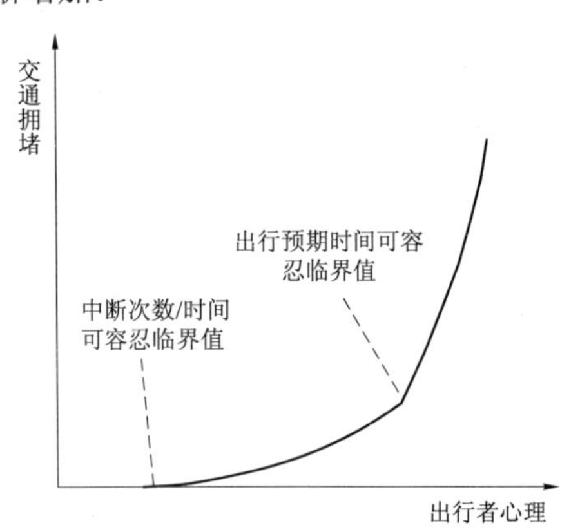

图 8-11　交通拥堵-出行心理关系

从经济意义上来说，交通拥堵是由于交通供给和需求之间的矛盾产生的，交通需求是伴随着社会经济活动所派生出来的，由城市的社会、经济、政治、交通文化、出行所需时间、方便性、安全性等多个因素构成，可以按照不同的 OD 点、不同的交通方式或不同时间研究。交通供给是由社会经济发展水平、城市形态、土地利用方式、产业结构布局带来的交通设施建设所提供的交通通行能力，还涉及所消耗资源、城市规划、区域规划等因素。

在特定的社会经济条件下，交通供给函数 J 和交通需求函数 D 的曲线关系如图 8-12 所示。其中，F_0 代表交通的供求平衡点，也就是交通需求和供给在相互作用下达到均衡，当供给小于需求时，交通平衡将会被破坏，形成交通拥堵。

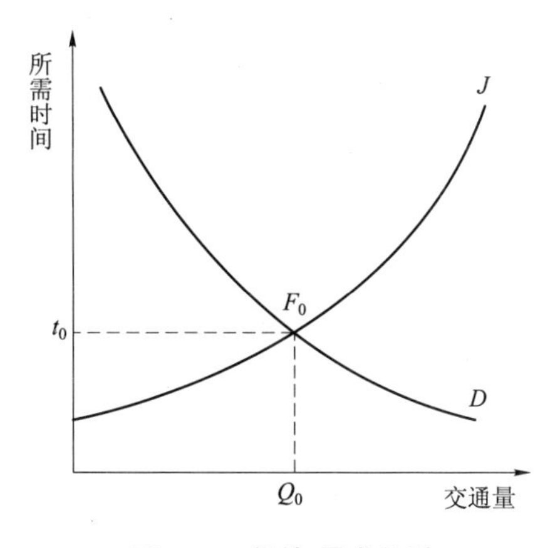

图 8-12　供给-需求关系

2）交通拥堵的属性

城市交通拥堵的发生具有时空变化特征，在时间、空间、类型上具有其独特属性。

（1）时间特征：城市居民出行的主要目的是工作和学习，因此在工作日期间呈现出行早晚高峰期的拥堵，在一段时间内交通流瞬间持续增大，根据交通调查统计规律，工作日上午 7:00—9:00 及下午 17:00—19:00 均是出行量的最高峰，引发全城常发性交通拥堵。尤其随着现代城市化进程的发展，进城方向和出城方向重度拥堵明显出现在周一早高峰和周五晚高峰。

（2）空间特征：由于城市交通道路被分为不同等级，相应的通行能力有主次之分，因此交通拥堵通常多发生在主干路、快速路、次干路和支路之间的交界处，即由大通行能力道路向小通行能力道路的转接处。同时，受到道路交叉口左转车辆和红绿灯影响，道路交叉口的通行能力会减弱，形成了交通拥堵阻塞点，会迅速引发严重的路段拥堵。

（3）常发性和偶发性：根据交通拥堵的产生原因，其可被分为常发性交通拥堵和偶发性交通拥堵。常发性交通拥堵是周期性拥堵，在时空上具有规律性和可预测性，是由于交通流量的突然增大超过正常容量而引起。偶发性交通拥堵是突发性的，在时空上没有规律，且很难预测，一般是由于特殊事件（交通事故、大型活动、恶劣天气等）而引起。

3）交通拥堵时间

交通运输产品的功能是实现运输对象的空间位移。运输时间是产品质量最重要的因素。对于客运，旅行时间的缩短为旅客节约了时间，折算成每位旅客的时间价值便可估算出旅客因此获得的收益；对于货运，货物在途时间的缩短意味着社会产品周转速度的提高，从而影响着社会生产效率。

交通拥堵在其拥堵特性方面，很大程度增加了城市居民的出行时间。居民出行时间由在途时间、上下车时间及换乘时间构成。

首先，交通拥堵的阻塞大幅度增加旅客的在途时间。

其次，交通拥堵减缓了城市公共交通的出行效率，使居民无法做到随到随走，使出行时间的不可控性和不可预测性增加。

第三，随着城市轨道交通的发展，可以充分缓解交通拥堵，使城市地面客流转向地下，但是由于地面交通和轨道交通换乘不具备便捷性，通常旅客乘坐两种交通方式无法实现无缝换乘，由于存在的各种换乘问题，旅客的换乘时间被大幅增加，往往会导致出行时间的减少不能弥补换乘时间的增加。

交通拥堵的产生和蔓延增加了旅客的在途、上下车及换乘时间，进而大幅度提高了城市居民的出行时间和出行成本。

2. 城市交通拥堵成本系统分析

首先，城市交通拥堵成本系统并不是一个完全的自组织系统，因为在系统运行演化的过程中，受到各种交通成本等的影响，对复杂性的形成起到了重要作用。

其次，城市交通拥堵成本系统是典型的动态系统，包括车辆行驶的成本、交通堵塞的成本，如果做深层次分析，还应该包括对于环境的影响、人的等待成本、交通堵塞造成的经济损失及车辆行驶的外部性等。

再次，城市交通拥堵成本系统的各成本分布可以形象地映射到二维元胞自动机之中。

3. 城市交通拥堵成本的元胞自动机建模

1）元胞自动机的参数

模型要产出的主要指标就是车辆在给定的道路交通网中的运行时间和车辆在道路网中运行的成本，即车辆在一次出行的过程中消耗了多少经济社会资源。

在模型中，一个元胞相当于一个在网络中行驶的车辆。这与普通元胞自动机中的元胞大不相同，元胞在这时不仅是系统中的最小元组，要进行交互，还应该是一个记录者、决策者，记录车辆在交通网络中的运行状态，决定需选取什么样的路径来完成一次出行。在交通网络中，从出发地到目的地不仅仅只有一条路线，车辆以不同的路线行驶所花费的时间、金钱大不相同，车辆在交通网络中的路径可以为交通网络的优化、交通流的引导服务。

下面介绍模型中的一些基本参数。

首先，汽车在路网中运行。模型假设汽车在正常行驶时的成本为每一个时间步成本是 1，在遇到拥堵时每一时间步的成本是 0.5。

其次，选择道路 1 到道路 2 的出行者需要增加一个公共交通费用 4。

第三，由于停车场 A 较小，因此假设收取停车费用 10。

最后，由于乘坐公共交通工具，假设从停车场 B 到城市核心区所用的时间为定值 10。

在模型中，所有的时间和成本变量都是没有单位的，即为无量纲。由于元胞自动机按时间步骤一步一步进行演化，因此在模型中时间的单位是一个时间步骤，这一单位是实际时间进行了离散化后抽象出来的。而出行成本可以从规则中看出是离散时间步骤的函数，这一函数的参数根据元胞在这一时间步骤中的状态来确定，在这一时间步骤中如果元胞处于运行状态，则函数的参数为 1，如果处于拥堵状态则参数为 0.5，该参数表示在运行中的汽车和在拥堵中的汽车的出行成本并不相同。

2）元胞自动机模型的建立

元胞自动机模型有四个组成部分：元胞空间、元胞邻居、元胞状态和演化规则。下面就从这四个方面来建立交通出行成本的元胞自动机模型。

（1）元胞空间

交通出行成本的元胞自动机模型中的元胞空间就是对道路网络的抽象。假设有如图 8-13 所示的交通网络。从住宅区到城市核心区有两种选择：出行者可以经由道路 1 和道路 3 到达较小的停车场 A，然后步行一小段的距离到达城市核心区；也可以经由道路 1 和道路 2，到达一个很大的停车场 *B*，然后搭乘通勤的公共交通到达城市核心区。

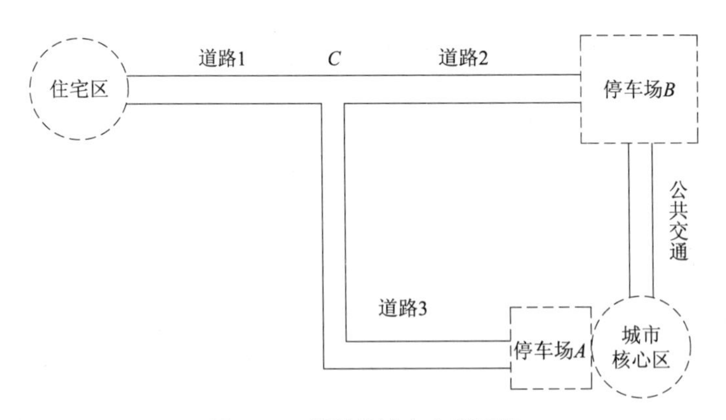

图 8-13　模拟的城市交通网络

这里存在一个权衡，由于出行者较多，停车场 *A* 可以容纳的车辆又较少，通过第一种路线开车到达城市核心区的出行者有很大的概率需要等待进入停车场 *A* 停车，但是选择第一种方法的好处在于，如果在交通顺畅的情况下，使用第一种方法出行所需的时间要比第二种方法短。

这样的一个交通网络可以被抽象为如下的一个元胞空间：从住宅区到 C 点可以抽象成一个可以容纳 50 个元胞的元胞空间，也就是在交通顺畅的情况下用 50 个时间步就可以从住宅区到 C 点；从 C 点到城市核心区走道路 3，也可以抽象为一个可以容纳 50 个元胞的元胞空间；从 C 点到城市核心区走道路 2 可以抽象为一个可以容纳 70 个元胞的元胞空间；这样就建立起了模型的元胞空间。

（2）元胞邻居

模型模拟的是汽车在交通道路网络中的运行状态，因为这时对元胞状态发生影响的只有前一个元胞，因此模型的元胞邻居就只有一个，就是前一个元胞。

（3）元胞状态

① 汽车在道路 R 上行驶，因为在该交通网络中，汽车运行的路线只有道路 1 到道路 2 和道路 1 到道路 3，因此 R 的取值空间时{1，2，3}。

② 汽车运行的时间 M。

③ 汽车等待的时间 W。M 和 W 的取值都是大于 1 的整数，在这里时间被离散化了，用元胞自动机的演化时间步来代替。

④ 元胞在元胞空间中的位置 i，也就是车辆在元胞空间中的位置。

⑤ 每一个元胞的状态 $C(i)$，有车占据这一元胞时 $C(i)=1$，否则 $C(i)=0$。

（4）演化规则

模型中元胞遵循如下规则：

① 对于 R，在 $i=50$ 且道路 2 和道路 3 的第一个元胞空间无车时，以 50%的概率随机向道路 2 和道路 3 跳转；

② 对于 M，if　$C(i+1)=0$ then $M=M+1$, $C(i)=0$, $C(i+1)=1$；

③ 对于 W，if　$C(i+1)=0$ then $W=W+1$。

4. 演化结果及分析

在建立了交通出行成本的元胞自动机模型后，使用 MATLAB 进行编程模拟，得到以下结果。

运行模型 1 000 个时间步得到的结果如图 8-14 所示。在这次模拟中，整个交通系统共通行了 434 辆汽车，其中通过道路 1 和道路 2 通行的车辆共 265 辆，而经由道路 1 和道路 3 通行的车辆共有 169 辆。

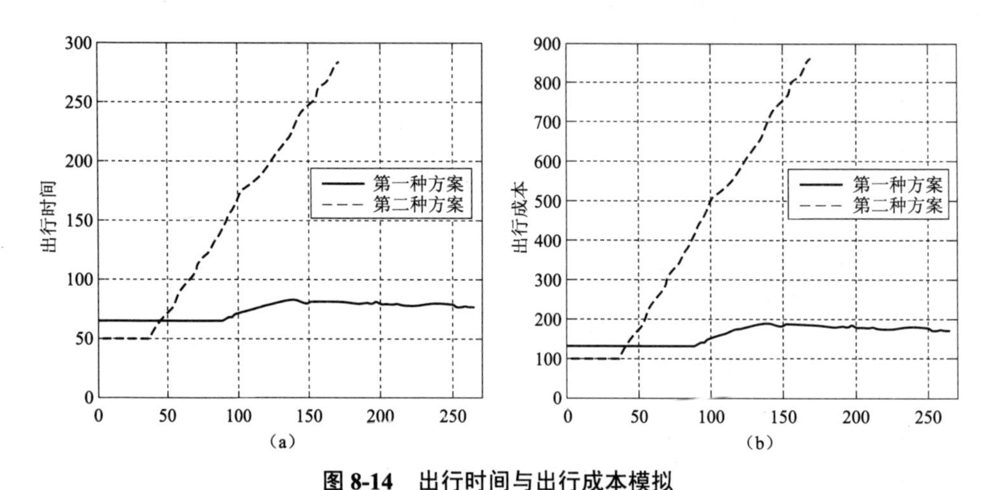

图 8-14　出行时间与出行成本模拟

（横坐标表示演化时间步；纵坐标表示出行时间与出行成本）

在这个系统中，堵塞的原因在于停车场 A 的容量太小，出行者需要等待车位，而这种等待造成了道路 3 的拥堵，道路 3 的拥堵向前传导最终导致了整个系统的拥堵，因此本节讨论改进系统拥堵的两个措施：增加停车场 A 的容量，设立停车场容量指示牌。

（1）增加供给（增加停车场 *A* 容量）

在其他条件均不发生变化的情况下，将停车场 *A* 的容量从 10 变为 20，这时的系统演化 1 000 步的情况如图 8-15 所示。

在 1 000 个时间步中，这个交通系统共通行了 468 辆汽车，通过率提高了 7.83%，其中通过道路 1 和道路 2 通行的车辆共有 259 辆，而经由道路 1 和道路 3 通行的车辆共有 209 辆。

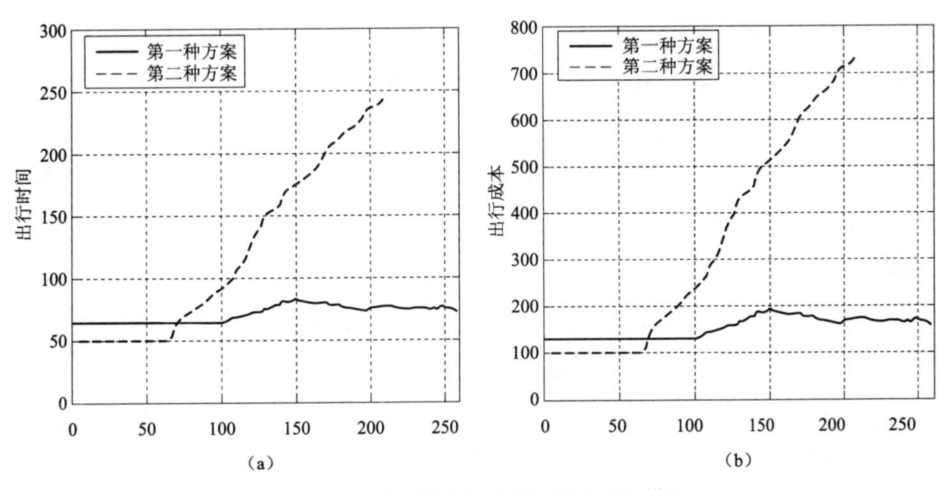

图 8-15　增加停车场容量下的出行时间

（2）信息提示（设立指示牌）

在其他条件不发生变化的情况下，在路口 *C* 设置一个有关停车场 *A* 还有多少空车位的指示牌，从而来引导车流在道路 1 和道路 2 上的分配。假设当指示牌显示停车场 *A* 的空车位小于 3 个时，通过 *C* 点的车辆以 90%的概率选择道路 2，以 10%的概率选择道路 3，这时系统的演化情况如图 8-16 所示。

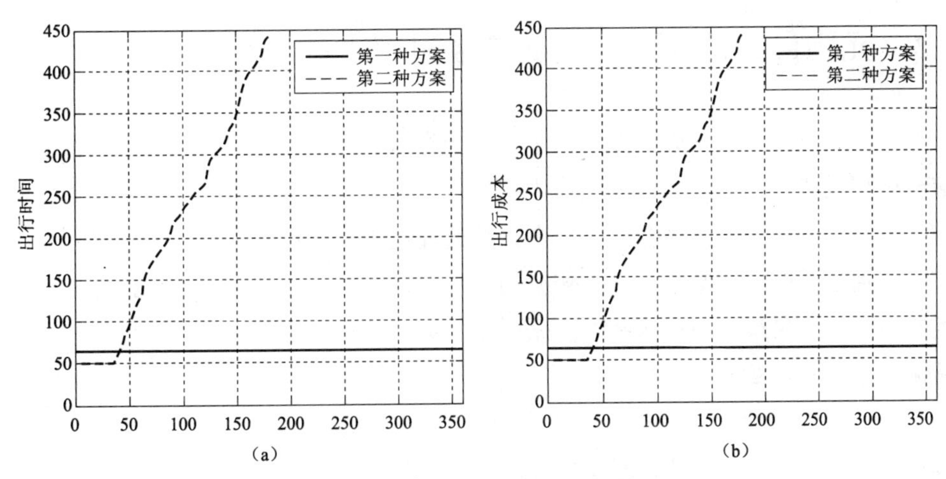

图 8-16　设立指示牌下的出行成本

在 1 000 个时间步中，这个交通系统共通行了 542 辆汽车，通过率提高了 24.88%，其中通过道路 1 和道路 2 通行的车辆共有 360 辆，而经由道路 1 和道路 3 通行的车辆只有 182 辆。

模型的结果基本符合对城市交通拥堵的经济学分析，整个交通系统的运行存在一个阈值。当系统中的车辆低于这一阈值时，交通系统中的车辆运行顺畅，不管是交通运行的时间和成本都较低，这个系统处于良好运行的状态。但是一旦大于这一阈值，交通系统开始出现拥堵现象，并且随着系统中车辆的增加而不断的增加（这一阈值在第一种状态下为 65，在第二种状态下为 125，在第三种状态下为 129），导致系统的效率不断地降低。从这一对比中可以看出，这一阈值与系统中可以保持的车辆的数量，也就是交通供给有着明显的正相关关系，从图中可以看出，在增加交通供给后，系统拥堵的时间显著减少。

8.2.4 小结

本节首先从微观角度出发，介绍了元胞自动机在城市交通系统中的应用，设计并模拟了人性化的交叉路口；接着从宏观角度出发，分析了城市交通拥堵的经济学特征，从社会经济学角度引入元胞自动机方法建模，并以一个简单的路口作为实例，介绍了元胞自动机如何应用于城市交通拥堵经济成本的研究。

8.3 元胞自动机在研究疾病传播过程中的应用

在现实世界中，传染病在人群中的传播充满了各种必然或偶然因素的影响。这一过程显然是一种复杂现象，作为疾病传播的最基本载体，人与人之间的交流与接触所形成的局部作用会带来社会群体的涌现行为，他们的行为方式对病情的扩散传播也具有较大影响。对于传染病的爆发，如何采取控制和干预措施？哪种控制策略的效果最好？在哪些阶段采取哪些策略？这些问题，对于疾病的控制预防无疑是非常重要的。

从 20 世纪中期开始，以微分方程为主的决定论模型开始受到重视，到现在仍具有很高的学术价值，其中影响较为深远的是 SIR 模型，该模型往往能够给出与实际统计结果比较相符的运算结果，但微分动力系统的形式又决定了此类模型的一些缺点：计算复杂且无法融入现实中人与人之间各种各样的接触行为。此外，这类基于解析范式的动力学模型也不能很好地处理实际过程中的随机和突发事件。

在实际生活中，传染病的发生、扩散及衰减均是以空间扩散的形式进行的，这与元胞自动机处理复杂并行问题在原理上是一致的，此外，具有邻居结构且以局部规则为基础的元胞自动机也与疾病在人群中的传播过程具有相似性，还可以省去一般微分方程模型复杂的计算过程，更加直观。目前，已经有许多文献利用元胞自动机来研究疾病的传播与控制，其模拟仿真的效果与现实情形下疾病的传播规律也有很强的相似性。因此，作为元胞自动机的重要应用领域之一，在本节中，我们将利用元胞自动机对复杂情形下的疾病传播进行建模和模拟，观察元胞空间中控制策略对疾病传播的影响。

8.3.1　假设

1. 状态转移假设

参考一般文献中对疾病传播模型的描述，疾病的状态转移过程和演化过程可以用图 8-17 来表示。

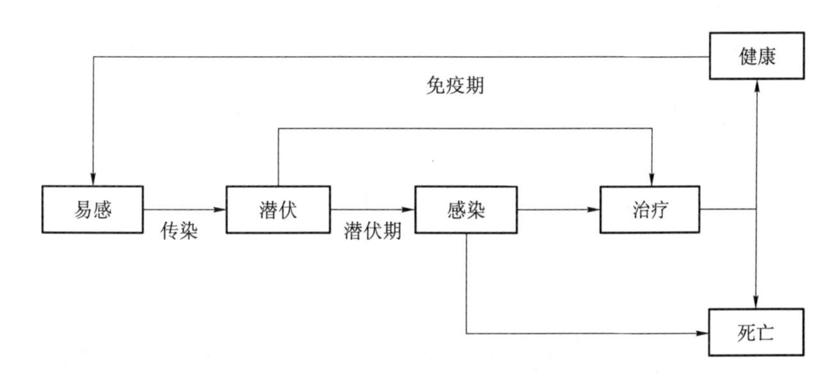

图 8-17　疾病状态转移

图 8-17 给出了疾病的各个状态转移流程。从疾病发展的角度来看，易感个体被传染后，进入潜伏状态，潜伏期过后，进入感染状态，潜伏期个体与感染个体均可

接受治疗，感染或治疗中的个体会出现死亡现象，疾病康复经过一定的免疫期后，又会重新失去免疫，成为易感个体。

考虑到现实生活中的一些真实状况，在本节介绍的模型中，潜伏期个体，参与治疗（未采取隔离措施）个体及感染个体均具有传染性，但有强弱之分。

2. 元胞自动机假设

（1）元胞空间：$n \times n$的正方形区域。

（2）邻居形式：这里，我们采用 Von Neumann 型邻居形式，每个人拥有上下左右四个邻居，如图 8-18 所示。

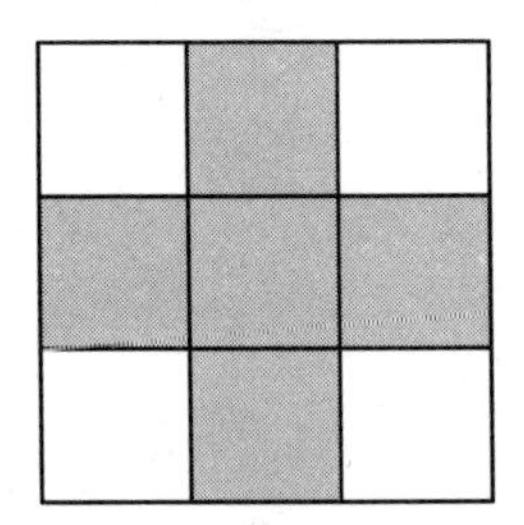

图 8-18　邻居形式

（3）元胞状态：用如下四元组表示

$$S = (\mathrm{STA}, \mathrm{INF}, \mathrm{INC}, \mathrm{IMM}) \tag{8.15}$$

$\mathrm{STA}(i,j)$表示位置为(i,j)的元胞是否有人占据，$\mathrm{STA}(i,j)=0$表示元胞(i,j)无人占据，$\mathrm{STA}(i,j)=1$表示元胞(i,j)有人占据。

$\mathrm{INF}(i,j)$表示处在(i,j)位置的个体的患病状态，$\mathrm{INF}(i,j)=1$表示健康个体，$\mathrm{INF}(i,j)=2$表示易感个体，$\mathrm{INF}(i,j)=3$表示潜伏期个体，$\mathrm{INF}(i,j)=4$表示参与治疗的个体，$\mathrm{INF}(i,j)=5$表示感染个体。

对于潜伏期个体而言，$\mathrm{INC}(i,j)$用于记录处在(i,j)位置个体的潜伏时间，潜伏时间超过潜伏期后，潜伏期个体变为感染个体。

对于健康个体而言，$\mathrm{IMM}(i,j)$用于记录处在(i,j)位置个体的免疫时间，免疫时间超过免疫期后，健康个体变为易感个体。

（4）移动：每一时刻，元胞空间内的每一个个体以概率 p_{move} 移动至其周围 8 个邻居里任意一个无人占据的位置上，如图 8-19 所示。

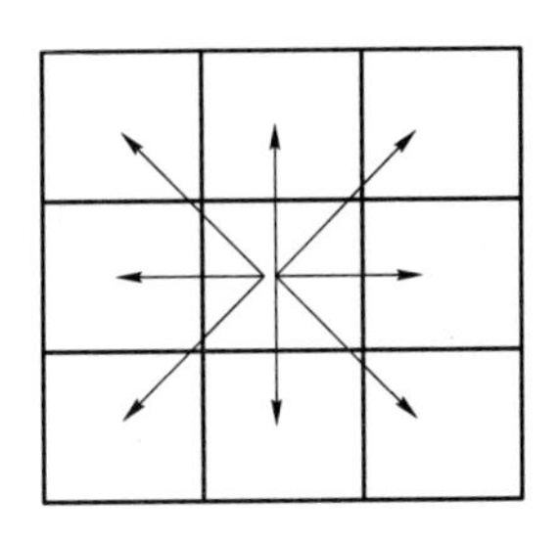

图 8-19　个体移动

8.3.2　元胞自动机的演化规则

1. 疾病传染规则

规则 1：潜伏期个体、处于治疗阶段的个体及感染个体均具有传染性，均可将易感个体传染为潜伏期个体，其中感染个体的传染性最大，其次是处于治疗阶段的个体，潜伏期个体的传染性最低。每一时刻，对于每一个位置为 (i, j) 的易感个体，首先计算周围四个邻居的总体病情（这里用 $\mathrm{ILL}(i, j)$ 表示）

$$\mathrm{ILL}(i, j) = \mathrm{INF}(i-1, j) + \mathrm{INF}(i, j-1) + \mathrm{INF}(i, j+1) + \mathrm{INF}(i+1, j) \quad (8.16)$$

可见，$\mathrm{ILL}(i, j) \in [0, 20]$，设计如下规则：如果 $16 < \mathrm{ILL}(i, j) \leqslant 20$，则易感个体以概率 β_5 进入潜伏期；如果 $12 < \mathrm{ILL}(i, j) \leqslant 16$，则易感个体以概率 β_4 进入潜伏期；如果 $8 < \mathrm{ILL}(i, j) \leqslant 12$，则易感个体以概率 β_3 进入潜伏期，其中，$\beta_5 > \beta_4 > \beta_3$。可见，该条规则体现了感染个体、参与治疗个体及潜伏期个体三类病人传染性的不同。

规则 2：疾病具有潜伏期 t_{inc}，个体在 t 时刻进入潜伏期（$\mathrm{INF}(i, j) = 3$），则 $t + t_{inc}$ 时刻，个体变为染病个体（$\mathrm{INF}(i, j) = 5$）。

规则 3：疾病具有免疫期 t_{imm}，个体在 t 时刻进入健康状态（$\mathrm{INF}(i, j) = 1$），则 $t + t_{imm}$ 时刻，个体以概率 σ 失去免疫，变为易感个体（$\mathrm{INF}(i, j) = 2$）。

2. 治疗规则

规则 1：每一时刻，染病个体以概率ε参与治疗，成为处于治疗阶段的个体。

规则 2：每一时刻，潜伏期个体以概率ε'参与治疗，成为处于治疗阶段的个体。

规则 3：疾病的治愈率为γ，即每一时刻，处于治疗阶段的个体以概率γ变为健康个体。

3. 个体出生与死亡规则

规则 1：自然死亡。每一时刻，元胞空间内的个体以概率d死亡。

规则 2：自然出生。每一时刻，元胞空间内以概率b产生新个体，产生的新个体全部为易感个体。这里，我们假设$b=d$。

规则 3：染病死亡。每一时刻，感染个体以概率$\bar{d}$死亡。

4. 疾病控制策略

从上面的演化规则中可知，要使疾病得到控制，可从三方面下手：

（1）提高潜伏个体的参与治疗率ε'，即在疑似感染人群（或出现潜伏期性状、或出现轻微感染症状）中进行治疗；

（2）提高染病个体的参与治疗率ε，加大排查力度，将更多的染病个体纳入治疗范围可以有效降低疾病的传播速度；

（3）提高治愈率γ，即在参与治疗的个体中提高患者转为健康个体的概率。

下文的仿真研究，将围绕这三种策略进行，以观察实际当中采取控制策略的效果。

8.3.3 元胞空间内疾病传播的仿真

1. 仿真参数设定

除下文特别说明外，所有参数均按表 8-1 取值。

表 8-1　仿真参数设置

重要参数			系统参数		
名称	符号	取值	名称	符号	取值
传染概率	β_3	0.4	元胞空间规模	$n\times n$	50×50
传染概率	β_4	0.8	演化时间	T	100
传染概率	β_5	1	初始病人总数	N_0	在 $n\times n$ 元胞空间内以概率 0.5 产生
潜伏期	t_{inc}	4	初始易感人群数量	S_0	在 N_0 中以 0.3 的概率产生
免疫期	t_{imm}	8	初始感染人群数量	I_{50}	在 N_0 中以 0.2 的概率产生
个体移动概率	p_{move}	1	初始健康人群数量	R_0	在 N_0 中以 0.5 的概率产生
群体自然出生率	b	0.001	感染者参与治疗率	ε	0.1
群体自然死亡率	d	0.001	潜伏者参与治疗率	ε'	0.1
感染个体死亡率	$\bar{d}$	0.01	健康个体失去免疫率	σ	0.1
疾病治愈率	γ	0.1			

2. 不采取任何治疗或预防措施（见图 8-20 和图 8-21）

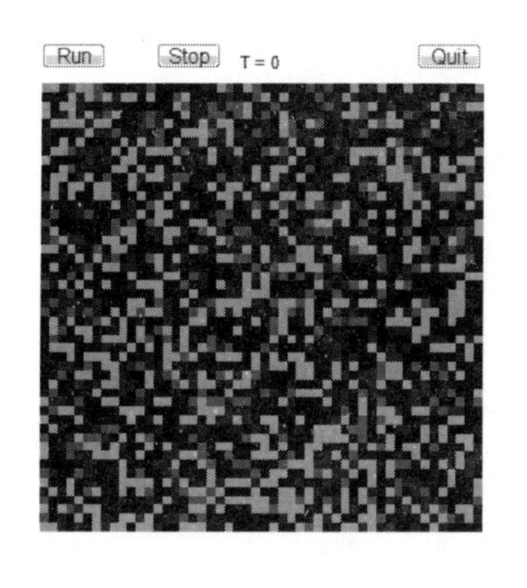

（a）初始状态

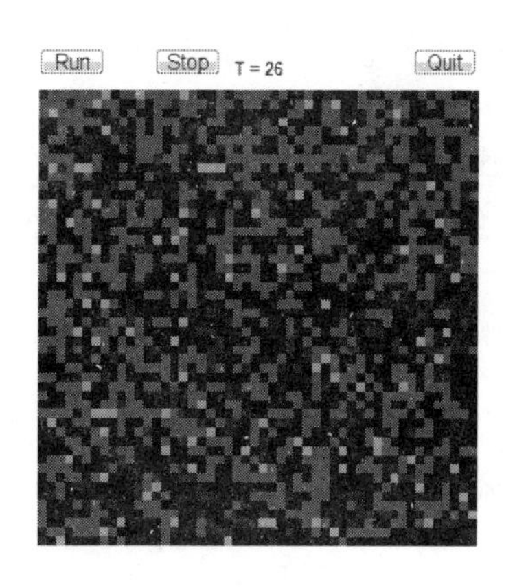

（b）t=26

图 8-20　传染演化过程（一）

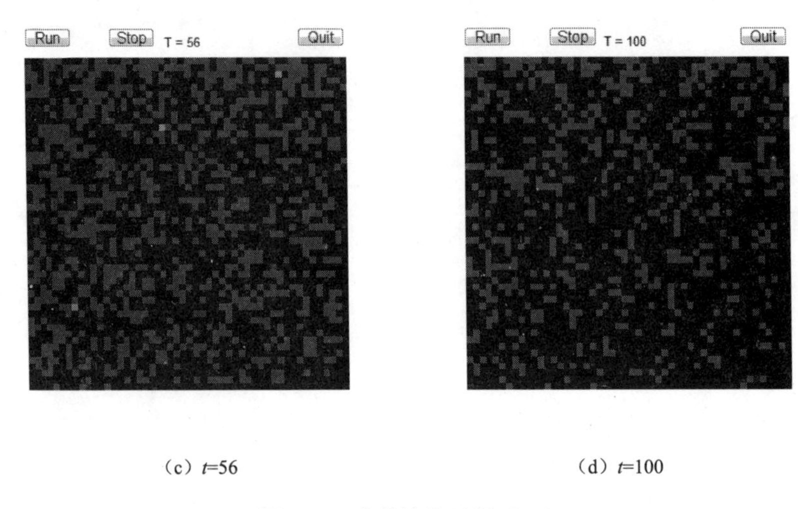

（c）t=56　　（d）t=100

图 8-20　传染演化过程（二）

其中，绿色元胞表示健康个体；蓝色元胞表示易感个体；潜伏、治疗及感染个体均用红色元胞表示；黑色区域表示无病人存在。

从图 8-21 可见，如果不采取任何治疗措施，感染个体将会先随时间大幅增长，随着感染个体的数量增长，死亡个体数也会不断增加，人群总数减少。图 8-21（b）表示的是 2003 年北京地区 SARS 感染的日数据统计图，可见，仿真结果中的感染人数上升趋势与真实数据反映的情况相似。

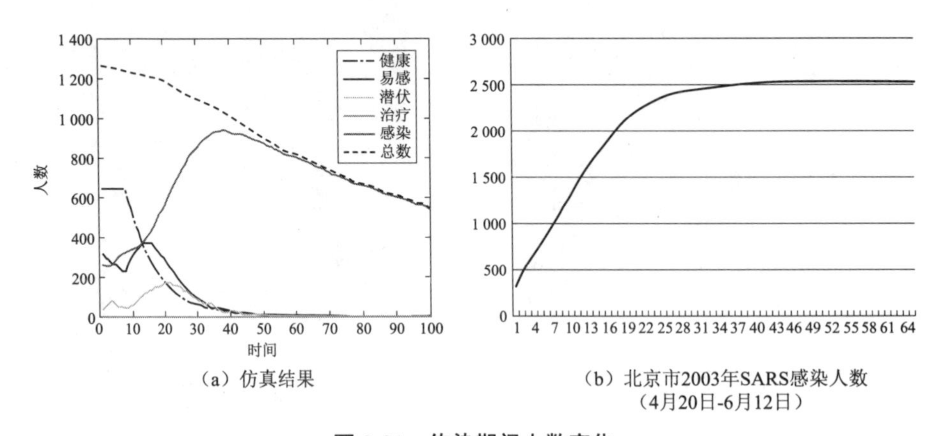

（a）仿真结果　　（b）北京市2003年SARS感染人数（4月20日-6月12日）

图 8-21　传染期间人数变化

3. 采取疾病控制措施

首先，当参数完全按照表 8-1 运行时，得到疾病演化图像如图 8-22 所示。

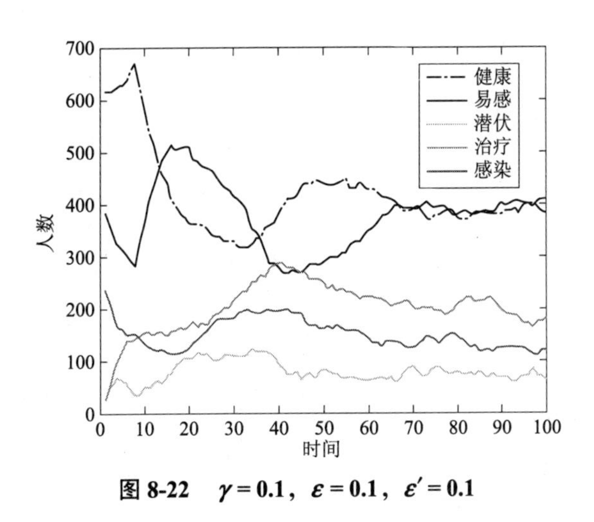

图 8-22　$\gamma = 0.1$，$\varepsilon = 0.1$，$\varepsilon' = 0.1$

策略 1：将治愈率提高到 γ=0.6，得到如图 8-23 所示的演化结果。

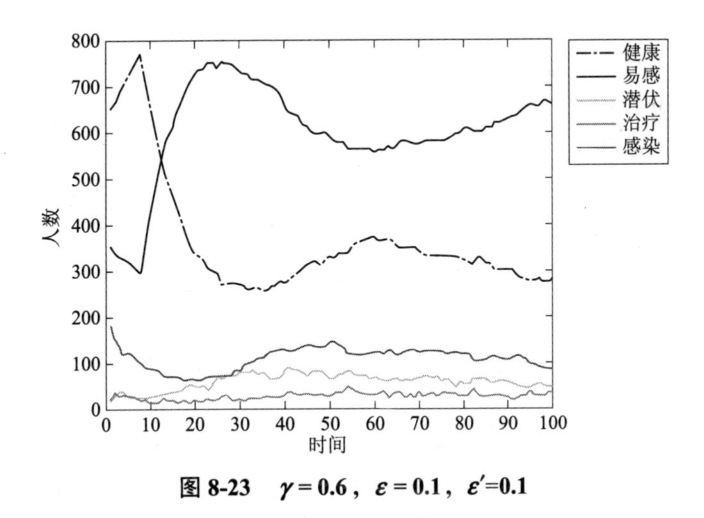

图 8-23　$\gamma = 0.6$，$\varepsilon = 0.1$，ε'=0.1

策略 2：将感染个体参与治疗率 ε=0.1 提高至 ε=0.6，得到如图 8-24 所示演化结果。

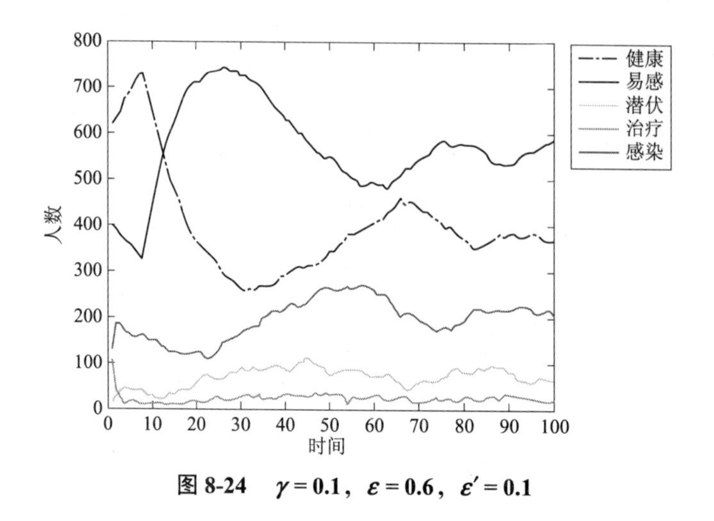

图 8-24 $\gamma=0.1$，$\varepsilon=0.6$，$\varepsilon'=0.1$

策略 3：将潜伏个体参与治疗率ε'=0.1提高至ε'=0.6，得到如图 8-25 所示演化结果。

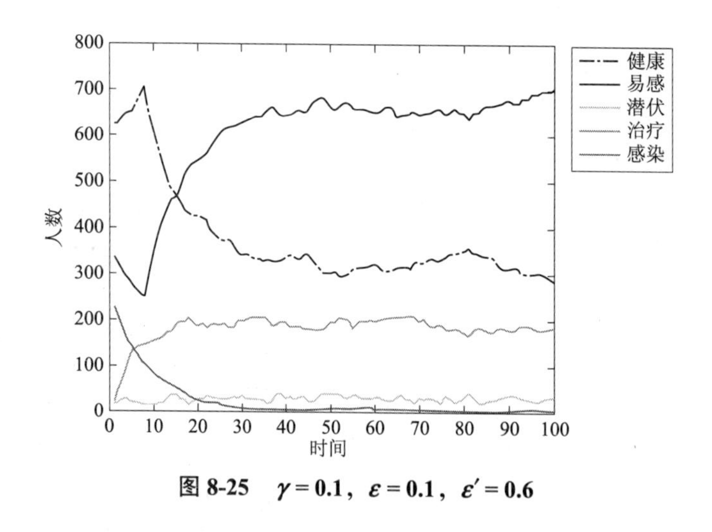

图 8-25 $\gamma=0.1$，$\varepsilon=0.1$，$\varepsilon'=0.6$

从仿真的统计数据来看，提高疾病治愈率无疑是传染病控制策略的最有效方式；提高感染个体的治疗率虽然有效减少了患者的人数，但效果不及提高潜伏个体参与治疗率，由本节的模型仿真结果也可得出一个结论：加大疾病潜伏期的研究及排查力度，及时促进潜伏期个体就诊，可以有效地控制疾病蔓延。

8.3.4　小结

这一节，我们将元胞自动机应用于与日常生活息息相关的疾病传播动力学模型中，讨论了传染病的传播过程、针对传染病的元胞自动机建模过程。元胞自动机的仿真，避免了庞杂的微分方程求解运算分析，客观地反映了疾病传播的动态过程，得出了与真实数据相似的结果，验证了控制疾病传染的有效策略。

参 考 文 献

[1] CHNECKENREITHER G, POPPER N, ZAUNER G. Modelling SIR-type epidemics by ODEs, PDEs, difference equations and cellular automata–a comparative study. Simulation modelling practice and theory, 2008, 16(8): 1014-1023.

[2] HOYA WHITE S, MARTIN DEL REY A, RODRI´GUEZ SA´NCHEZ G. Modeling epidemics using cellular automata. Applied mathematics and computation, 2007, 186(1): 193-202.

[3] SLIMI R, El YACOUBI S, DUMONTEIL E. A Cellular automata model for chagas disease. Applied mathematical modelling, 2009, 33(2): 1072-1085.

[4] 荀娟琼，邹庆茹，王莉. 基于改进计划行为理论的青少年交通违规行为分析. 北京交通大学学报，2012，11（3）：85-90.

[5] 杨光. SIR 传染病数学模型的隔离控制. 生物数学学报，2009，24（3）：479-483.

[6] 李捷. 基于元胞自动机的期权定价模型. 五邑大学学报，2011，25（4）：50-56.

[7] 李捷. 基于元胞自动机的金融市场建模研究［D］. 北京. 北京交通大学，2012.

[8] 朱明皓. 交通拥堵的社会经济影响分析［D］. 北京. 北京交通大学，2012.

[9] 贾斌，高自友，李克平，等. 基于元胞自动机的交通系统建模与模拟. 北京：科学出版社，2007.

[10] 孔宪娟，高自友，李克平，等. 考虑近邻和次近邻车辆影响的单车道元胞自动机模型. 北京交通大学学报：自然科学版，2006，30（6）：11-15.

第 9 章

结语——未来展望

9.1 基于规则的复杂系统建模

在对真实世界建模的过程中，一个重要的问题就是：这个模型是应该尽量抽象还是应该尽量形象？是应该尽量概括的描述，还是应该尽量具体的刻画？一种思想认为，把握一个系统整体功能的前提是对组成系统的单元进行深入的剖析；另一种思想认为，所谓“个体”，具有较强的无序性、随机性，并不能完全代表系统的整体行为，不断出现的复杂性反而会为发现新规律带来困难。对于第一种思想而言，其系统分析构造方式是自顶向下的，框架基本由数学方程构建，参数较少，环境变化较少，是高度线性化的建模方法；对于第二种思想而言，其系统分析构造方式是自底向上的，模型框架由适应性主体构建，参数较多，环境不确定，是高度非线性化的建模方法。那么，元胞自动机的研究和应用，在两种建模思想的碰撞中，到底扮演了一种怎样的角色？

我们回到最简单的“生命游戏”当中，众所周知，其基本规则，在于中心元胞的状态，决定于它周围邻居元胞的集体状态。可见，“邻居元胞的状态”与“中心元胞的状态”是一种因果关系，这种具有时间差的因果关系，正是自顶向下的传统研究方法所擅长处理的问题；然而，对于元胞空间内的每一个元胞而言，其状态的改变，则是按照一个个时间步同步发生的，换句话说，假如一个元胞是一个人，他可以知道他的邻居按照怎样的规则变化，却不知道下一时刻他的邻居到底变成什么状态，这种同步关系又是复杂性产生的重要机制，对于这种同步关系的描述和展示，正是元胞自动机的过人之处，模型对真实世界的刻画，应该是这种“因果关系”和“同步关系”的共同作用。

在自顶向下的传统建模方法中，往往以一组解析方程作为起点，这些解析方程从真实世界的个体中抽象出了系统级的可观察属性，模型的运行即方程的计算，伴随着方程的计算，这些可观察属性也在不断演化；而在自底向上的多主体建模方法中，建模的起点一般是个体间的直接或间接的交互行为，在模型的运行过程中，涌现出了可观察的属性；两种建模思想的互补性可由图 9-1 表示。

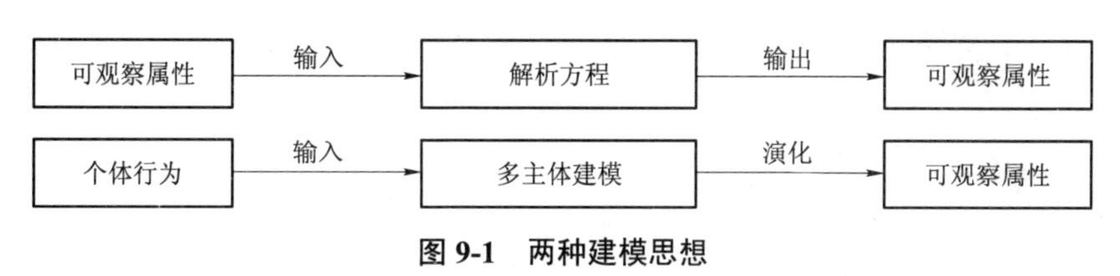

图 9-1　两种建模思想

可见，从实际应用的角度来看，多主体模型更加容易构造，由数学方程组定义的传统模型，其求解和计算过程需要大量复杂的数学技巧，当现实世界中的某些行为无法解析化时，只要能够定义出多主体的行为规则等属性，计算机模拟的结果就是模型的解，而元胞自动机恰恰为多主体行为规则的定义提供了一个形象直观的框架；可以认为，元胞自动机大大方便了将可观察属性封装在直观形象的个体行为中。

下面，我们结合例子来说明这种基于规则的建模思想。

9.1.1　自下而上与自上而下建模方法的结合

要掌握一个系统的性能，是该从整体出发进行研究还是该从个体出发进行研究，一直以来都存在争论，半个世纪以来，随着人类思维方式的不断转变，复杂性科学日益兴起，它虽然是革命性的，但并不是要取代谁，更不是为了复杂而复杂。自下而上与自上而下的结合，是未来发展的必然趋势。

在 8.3 节中，我们曾利用元胞自动机建立了一个疾病传播模型，定义了疾病的属性和元胞的状态，利用因果关系设计了元胞状态的转移规则，在之后的计算机仿真模拟中，以图表的形式观察到了元胞空间内疾病传播的涌现和演化的同步过程。实际上，这种元胞状态转化规则的定义也可以是一个数学方程模型，或是某个可观察属性的数学方程表示的函数。下面，我们考察 8.3.2 节中设计的 9 条元胞自动机演化规则，在这 9 条规则中，不难发现：每一时刻，易感个体的数量变化由被潜伏个体传染、被参与治疗个体传染、被感染个体传染、新出生人口、健康人群失去免疫造成；潜伏期个体数量变化由新增感染人数、结束潜伏期人数、参与治疗人数、自然死亡人数造成；参与治疗的个体数量变化由参与治疗人数、治愈人数、自然死亡人数造成；感染个体的数量变化由结束潜伏期人数、参与治疗人数、因病死亡人数、自然死亡人数造成；健康个体的数量变化由治愈人数、自然死亡人数、失去免疫人数造成；因此，可将这 9 条规则抽象为一个微分动力系统：

$$\begin{cases}\dfrac{\mathrm{d}S}{\mathrm{d}t}=Nb+\sigma R-\alpha_3 I_3 S-\alpha_4 I_4 S-\alpha_5 I_5 S-dS\\[2mm]\dfrac{\mathrm{d}I_3}{\mathrm{d}t}=\alpha_3 I_3 S+\alpha_4 I_4 S+\alpha_5 I_5 S-(\mu+\varepsilon'+d)I_3\\[2mm]\dfrac{\mathrm{d}I_4}{\mathrm{d}t}=\varepsilon' I_3-(\gamma+d)I_4+\varepsilon I_5\\[2mm]\dfrac{\mathrm{d}I_5}{\mathrm{d}t}=\mu I_3-(\varepsilon+d+\bar{d})I_5\\[2mm]\dfrac{\mathrm{d}R}{\mathrm{d}t}=\gamma I_4-(\sigma+d)R\end{cases}$$

其中，N 表示元胞空间内个体总数，$N=S+I_3+I_4+I_5+R$；S 表示易感个体的数量；R 表示健康个体的数量；I_3 表示潜伏期个体数量；I_4 表示参与治疗的个体数量；I_5 表示感染个体的数量；σ 表示健康群体的失去免疫率；α_3 表示易感个体被潜伏个体传染的传染系数；α_4 表示易感个体被参与治疗个体传染的传染系数；α_5 表示易感个体被感染个体传染的传染系数；则 $\alpha_k I_k$（$k=3,4,5$）表示传染率；d 表示元胞空间内的自然死亡率；b 表示元胞空间内的自然出生率；μ 表示潜伏个体中结束潜伏期成为感染者的人数比例；ε' 表示潜伏期个体的参与治疗率；ε 表示染病个体的参与治疗率；γ 表示疾病的治愈率；$\bar{d}$ 表示疾病的致死率。

可见，上述解析模型描述的是群体的状态变化，微分动力系统中的传染系数 α_3、α_4、α_5 表现了不同群体之间的状态变化，并没有涉及系统内部个体间的连锁行为，而 8.3 节元胞自动机设置中基于邻居结构的感染概率 β_3、β_4、β_5 则是从个体出发，表现了不同个体之间的状态变化。

下面，用解析的方法判定疾病的控制策略：

令 $\frac{\mathrm{d}S}{\mathrm{d}t}=\frac{\mathrm{d}I_3}{\mathrm{d}t}=\frac{\mathrm{d}I_4}{\mathrm{d}t}=\frac{\mathrm{d}I_5}{\mathrm{d}t}=\frac{\mathrm{d}R}{\mathrm{d}t}=0$，且在无病平衡点处，有 $I_3=I_4=I_5=0$，且 $\overline{d}=0$，则不难得出无病平衡点为 $P^*=(N_0,0,0,0,0)$。

上述解析模型在平衡点 P^* 处的 Jacobian 矩阵为：

$$J(P^*)=\begin{pmatrix} -d & -\alpha_3N_0 & -\alpha_4N_0 & -\alpha_5N_0 & \sigma \\ 0 & \alpha_3N_0-\mu-\varepsilon'-d & \alpha_4N_0 & \alpha_5N_0 & 0 \\ 0 & \varepsilon' & -\gamma-d & \varepsilon & 0 \\ 0 & \mu & 0 & -\varepsilon-d-\overline{d} & 0 \\ 0 & 0 & \gamma & 0 & -\sigma-d \end{pmatrix}$$

容易看出，$-d$ 与 $-\sigma-d$ 均为 $J(P^*)$ 的负特征根，其余三个特征根则由

$$K(P^*)=\begin{pmatrix} \alpha_3N_0-\mu-\varepsilon'-d & \alpha_4N_0 & \alpha_5N_0 \\ \varepsilon' & -\gamma-d & \varepsilon \\ \mu & 0 & -\varepsilon-d-\overline{d} \end{pmatrix}$$

决定，由模型均衡点局部渐进稳定的条件（Jacobian 矩阵奇数阶主子式<0，偶数阶主子式>0）：

$$\mathrm{tr}(K(P^*)=\alpha_3N_0-\mu-\varepsilon'-\gamma-\varepsilon-\overline{d}-3d<0$$

$$\begin{aligned}\det(K(P^*))=&(\alpha_3N_0-\mu-\varepsilon'-d)(\gamma+d)(\varepsilon+d+\overline{d})\\&+\alpha_5N_0\mu(\gamma+d)+\alpha_4N_0\left[\varepsilon'(\varepsilon+d+\overline{d})+\varepsilon\mu\right]<0\end{aligned}$$

可知：

$$\begin{aligned}&\alpha_3N_0(\gamma+d)(\varepsilon+d+\overline{d})+\alpha_5N_0\mu(\gamma+d)+\alpha_4N_0\left[\varepsilon'(\varepsilon+d+\overline{d})+\varepsilon\mu\right]\\&<(\mu+\varepsilon'+d)(\gamma+d)(\varepsilon+d+\overline{d})\end{aligned} \tag{9.1}$$

从解析式的角度来看，对传染病进行控制，就要尽量使系统达到无病平衡点，即满足（9.1）式成立，对式子进行分析，不难得出如下控制策略：

（1）提高潜伏个体的参与治疗率 ε'；

（2）提高染病个体的参与治疗率 ε；

（3）提高治愈率 γ。

这些策略符合生活常识，并且也与 8.3 节中对元胞自动机规则进行分析后得到的控制策略相吻合，然而，这三种策略，哪一种最有效？哪一种对系统整体影响较大？灵敏度如何？若要通过单纯的解析分析和数学运算来解决这些问题，则是比较烦琐和让人头疼的，而借助计算机，通过设计元胞自动机的演化规则，将解析模型对群体的演绎赋予现实中的个体，则可以将解析模型所代表的系统级的属性涌现出来。

在 8.3 节的结尾，通过元胞自动机的仿真得到的演化结果，我们发现提高疾病治愈率无疑是传染病控制策略的最有效方式；而提高感染个体的治疗率虽然有效减少了患者的人数，但效果不及提高潜伏个体的参与治疗率。

可见，在一些特定的条件下，自底向上的、局部的、分布的、离散的信息处理与自顶向下的、集中的、定律化的信息处理是可以互相转化的，元胞自动机的演化也客观地反映了数理模型所反映出的结论；进一步，传统的解析范式可以为元胞自动机建模提供系统级的属性转化信息（即为元胞的状态跳转提供理论依据），而元胞自动机的离散化单元处理（规则）可以挖掘解析模型求解困难的复杂性特征，二者相辅相成。

9.1.2 复杂问题与简单规则

在对元胞自动机进行了各种改造、结合、建模后，现在，我们回到本书的开篇，牛顿以简洁的力学三定律和万有引力定律统一了复杂的天地运动规律，在这个框架下，自然科学中许多定理和规律都可以由一些简单的公理逐步推导演绎而来，这些层层的推导逻辑严谨，论证严密。而当复杂性与规则计算的研究不断被认识后，人们发现了不少这样的现象：一些十分简单的规则，往往会产生极具复杂性的结果，众所周知，“生命游戏”是最简单的元胞自动机演化规则之一，但是这个类生命体的演化规则却给我们带来了十分有价值的深思——基于“0”和“1”这两个最基本信息码的类生命演化可以产生如此的复杂性结果，那么，是否在这个世界上许多复杂神秘现象的背后，都对应着一条最简单的规则。与此类似，在现实中还有许多复杂现象是由简单的规则产生，比如：

① 蝴蝶效应——南美洲亚马逊河流域热带雨林中的一只蝴蝶偶尔扇动几下翅膀，可以在两周以后引起美国德克萨斯州的一场龙卷风；

② 破窗效应——一个房子如果窗户破了，没有人去修补，隔不久，其他的窗户也会莫名其妙地被人打破；一面墙，如果出现一些涂鸦没有被清洗掉，很快，墙上就布满了乱七八糟的东西；

③ 牛鞭效应——供应链上的信息流从最终客户向原始供应商端传递时，由于无法有效地实现信息的共享，使得起始端微小的信息扭曲被逐渐放大，导致了需求信息出现越来越大的波动，直接加重了供应商的供应和库存风险，甚至扰乱生产商的计划安排与营销管理秩序，导致生产、供应、营销的混乱；

④ 鲶鱼效应——以前，沙丁鱼在运输过程中成活率很低。后来有人发现，若在沙丁鱼中放一条鲶鱼，情况便有所改观，成活率会大大提高，这是何故呢？原来，鲶鱼到了一个陌生的环境后，就会“性情急躁”，四处乱游，这对于大量好静的沙丁鱼来说，无疑起到了搅拌作用；而沙丁鱼发现多了这样一个“异己分子”，自然也很紧张，加速游动，这样沙丁鱼缺氧的问题就迎刃而解了，沙丁鱼也就不会死了；

⑤ 250 定律——不要得罪任何一个顾客，因为每个顾客身后还有包括亲戚朋友在内的 250 个顾客，如果你赶走一个顾客，就等于赶走了潜在的 250 个顾客；

……

而元胞自动机建模的魅力就在于可以用较小代价的规则取得丰富的演化结果，反过来，面对现实世界中复杂的现象，一旦挖掘到其背后隐含的某些规则，则更便于人们认识客观世界中的规律，目前，在元胞自动机的规则挖掘中，地理元胞自动机是一个典型的例子，作为一个元胞自动机系统，转换规则是其核心，而对于地理现象的演化，定义这些规则往往是烦琐的，而传统的方法诸如启发式方法又受主观因素影响较大，数学公式在反映复杂关系时又存在局限性，数据挖掘技术与神经网络已经被广泛用于演化规则的获取，其大致流程如图 9.2 所示。

当诸如图 9-2 中的演化规则被挖掘出来后，也就获取了模型的参数，在该地区自然、社会、经济条件没有发生重大变化的条件下，通过这些规则的作用，可以预测未来土地利用状况的变化。

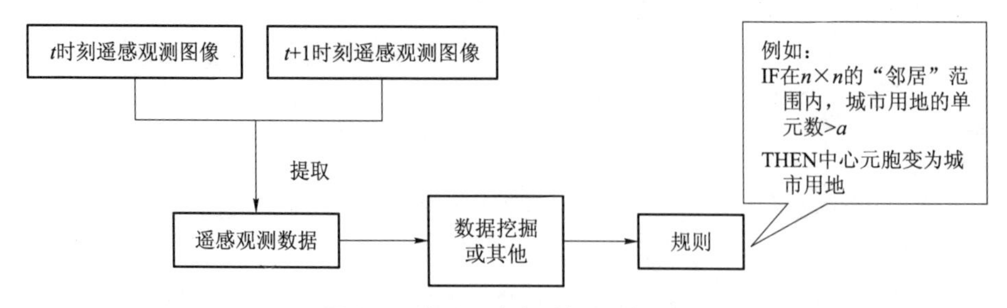

图 9-2　地理元胞自动机规则挖掘

可见，利用规则解释变化避免了复杂的数学公式，形象地描述了自然界中的复杂关系，表达能力更强。未来的研究中，复杂的问题势必存在许多非线性与非均衡的状态，对于这些问题，建模过程中应该减少假设的简化，而应该增加简单规则的挖掘。

9.2　元胞自动机的规则挖掘

元胞自动机规则的研究主要从两个角度展开：其一，给定元胞自动机的规则，如何对其性质和行为进行研究；其二，寻找具有某些指定功能的元胞自动机规则。在现实的元胞自动机的应用当中，亟待解决的便是第二类问题，也就是元胞自动机的反问题研究。

元胞自动机的一个基本特征是从局部规则可以演化出全局的动力学行为，然而在现实生活中往往首先观测到的是演化现象，即元胞自动机的反问题需要从其全局行为推导出其局部规则。由于一般事物的具体演化规则是隐藏的，有时甚至是难以总结的，因此在元胞自动机的应用过程中，根据演化现象挖掘相应规则是一个必须解决的问题。

简单的规则有时可以分析、解释或验证复杂的多种系统，包括自然界的各种演化、社会科学的发展，以及人类社会的智能系统等。在应用元胞自动机建模仿真、解决现实问题的过程中，将现实对象抽象成为 0、1 代码成为主要的研究难点，现实主体及其相互作用规律的规则化表达组成了元胞自动机模型的关键内容。元胞自动机的规则从最简单的三位 256 种一维组合规则到高维多邻居混杂规则，不同的规则可以演化出差别很大的系统，在前文中虽然已经对一些元胞自动机的复杂性进行了研究，但也只是元胞规则中极少的一部分，而大部分还需要从数学与逻辑方面进行深入归纳。从计算机科学的角度而言，元胞自动机的辐射与应用领域已经涉及自然科学系统、人文社会科学系统、经济与管理系统、医学与自然生态系统等许多方面，基于演化计算的分析框架正在对越来越多的事物进行解释，而在这些系统的研究中，最重要的便是规则的发现与归纳。

转换规则的定义是元胞自动机模型的核心。它表述模拟过程的逻辑关系，决定空间变化的结果。目前，定义元胞自动机转换规则的方法存在一定的缺陷。Clarke 等提出了利用肉眼判断的方法来获取模型参数值，该方法受主观因素影响很大，可靠程度有限，当空间变量较多时，有非常多的参数值组合方案；Wu 曾提出利用层次分析法（AHP）来确定模型参数值，后来，Wu 又提出使用线性 logistic 回归的方法来提取转换规则，这类方法非常简单实用，从而得到了较为广泛的应用。但是，用线性的方法提取复杂的现象规律，显得过于简单，Li 和 Yeh 提出了利用神经网络训练的方法自动获取转换规则，不足的是，神经网络存在过度学习、局部最小值和收敛速度慢的问题，属于黑箱结构；黎夏等随后又提出了利用 See 5.0 决策树的方法来获取元胞自动机的参数值，但 See 5.0 容易陷入局部最优；刘小平和黎夏提出利用核学习机在高维特征空间中提取元胞自动机非线性转换规则的方法，该方法也存在转换规则物理意义不清晰和运行量大的问题。在发现与归纳元胞自动机转化规则的过程中，规则的获得方式主要来源于两种获取框架，一种是以局部变化规律为先导的元胞自动机规则挖掘，另一种则是面向全局现象的元胞自动机规则拟合。

9.2.1 基于局部演化现象的规则挖掘

由元胞自动机的定义可知，元胞自动机模型由元胞、元胞空间、元胞邻居和元胞规则四部分组成。从另外一个方面理解，元胞自动机可以视为由一个元胞空间和定义于该空间的变换函数组成，而元胞自动机的规则挖掘则是对该变换函数的寻优。与现实生活相似，不同元胞自动机的元胞空间与变换函数之间也存在着很大的不同，从最简单的一维初等元胞自动机到模拟生命复制的冯·诺依曼 29 状态元胞自动机，元胞变换函数的确定都是元胞自动机模型建立的主要组成部分。一般情况下，元胞变换函数的自变量都是目标元胞及其邻居的原状态，同时定义域与值域为同一离散集，因此在简单元胞自动机（一致元胞自动机）中，元胞变换函数是可以穷举的，例如初等元胞自动机的 256 种变换规则，Wolfram 就曾详细分析了各个变换函数的演化特点，并将其进行了分类。根据对这些元胞变换规则的先验研究就可以在对现实问题建模时，合理选择元胞变换规则，对现实情况进行仿真。

在元胞属性简单，也就是状态集中元素较少的情况下，可以直接将现实事物的基本规则抽象为元胞规则，构造元胞自动机仿真模型，比如在康威的生命游戏构造过程当中，就将三条简单的生物群体生存繁殖规则，抽象为元胞自动机的转换规则，对生命活动中的生存、竞争、灭绝等复杂的生命现象进行了模拟，并与现实的生命演化相当接近，这是一种典型的从已经熟悉或掌握的现实规律中抽象挖掘元胞规则的建模过程。同时在一维元胞自动机模型中，由于元胞规则的种类较少，可以结合现实事物的变化规律直接从已知的元胞规则中选择相应的转换函数，例如在交通流情况模拟当中，德国学者 Nagel 和 Schreckenberg 在建立 NS 交通流模型的过程中，车辆行驶基本规则抽象为：黑色元胞表示被一辆车占据，白色元胞表示无车，若前方格子有车，则停止。若前方格子为空，则前进一格，以初等元胞自动机中的 184 号规则（见图 9-3）为基础建立元胞自动机。在规则挖掘的过程中就将现实规则抽象、与已知元胞规则结合在一起，既实现了情景模拟又保证了可计算性。

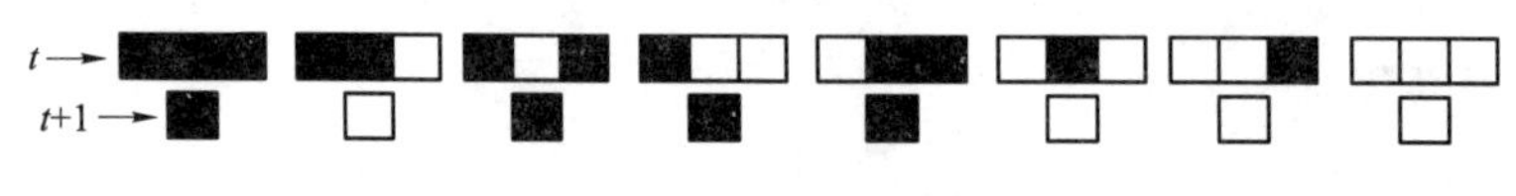

图 9-3　184 号规则

在物理系统的仿真元胞自动机构造过程中，Hardy、Pomeau 和 Pazzis 于 20 世纪 70 年代建立的所谓 HPP 格子气模型实际上是元胞自动机，这个模型是由简单、具有全离散动力特性的粒子构成，粒子以保持动量守恒和粒子数守恒的方式，在二维方形网格上运动和碰撞，该模型最初是作为研究气体交互作用粒子的基本统计性质的理论模型。

当然，已经对几个问题使用了离散系统的思路来模拟真实现象。自旋的 Ising 模型是一个极好的例子。从流体方面考虑，早在 19 世纪末，Maxwell 提出，交互作用粒子的离散速度系统如同气体模型。实际上，像格子气这样的离散速度模型已独立于元胞自动机理论而独自发展了。然而，元胞自动机提出了一个新的概念上的构架及有效的数值工具，保留了微观物理法则的重要观点，诸如运动的同时性、交互作用的局部性和时间的可逆性等。可以把元胞自动机规则看做是微观现实的另一种形式，其具有预期的宏观行为。20 世纪 80 年代末，从数值观点预计，全离散计算机模型能够替代风洞试验，使人确信这种可能性的第一个元胞自动机模型是 1986 年 U. Frisch，B. Hasslacher，Y. Pomeau 及 S. Wofram 几乎同时提出的著名的 FHP 模型。这些作者证明，他们的模型尽管属于全离散动力学，但都在一定范围内服从力学中 Navier-Stokes 方程描述的特性。在已知微观法则的前提下，元胞自动机模拟的要点是捕捉指定现象的基本特性，并把这些基本特性转换成适当的形式，以获得有效的数值模型。

这种以其他学科局部规律为背景，通过抽象归纳元胞自动机转换规则的方式，在元胞自动机产生与发展的过程中起到了重要的作用，并且使元胞自动机保持了强大的生命力。但当研究个体逐渐变得比较复杂，同时与邻居关系变得复杂时，元胞自动机规则的归纳就变得十分困难，特别是当元胞自动机发展到混杂元胞自动机时代后，元胞规则集已经从有限集发展到可数无限集，原有的一致元胞自动机在很多时候并不能实现对现实事物的准确仿真，尤其是在元胞自动机引入到经济管理学之后，简单元胞自动机规则已不能完全有效地解决相应演化问题，但同时混杂元胞自动机规则空间远远大于一致元胞自动机的规则空间，规则挖掘必须使用另外一种方式进行。在最近不同学科领域的一些研究中，科学家分别为了解决元胞自动机规则搜索问题设计了很多有效的智能算法，对规则的具体形态进行挖掘。

9.2.2 基于智能算法的规则挖掘

20 世纪 80 年代，伴随着元胞自动机研究理论的深入，元胞自动机在各个学科中的应用和理论研究得到了长足的发展，最为显著的便是地理学、生物学及交通管理学等学科。通过总结发现，在这些学科中引入元胞自动机之前，其系统的局部变化规律属于复杂的非线性问题，因此较难对系统进行仿真。但是随着计算机技术及智能算法的发展，元胞自动机演化规则可以通过各种智能算法进行选择，实现系统的仿真建模。下面就以特定学科中元胞自动机模型为对象，对各个智能算法的应用进行分析。

1. 遗传算法

遗传算法是一种基于自然选择和遗传变异等生物进化机制的全局性概率搜索算法。与基于导数的解析方法和其他启发式搜索方法（如爬山方法、模拟退火算法，Monte Carlo 方法）一样，遗传算法在形式上是一种迭代方法。从选定的初始解出发，通过不断迭代逐步改进当前解，直到最后搜索到最优解或满意解。在遗传算法中，迭代计算过程采用了模拟生物体的进化机制，从一组解（群体）出发，采用类似于自然选择和有性繁殖的方式，在继承原有优良基因的基础上，生成具有更好性能指标的下一代解的群体。遗传算法以编码空间代替问题的参数空间，以适应度函数为评价依据，以编码群体为进化基础，以对群体中个体位串的遗传操作实现选择和遗传机制，建立起一个迭代过程。在这一过程中，通过随机重组编码位串中重要的基因，使新一代的位串集合优于老一代的位串集合，群体的个体不断进化，逐渐达到最优解，最终达到求解问题的目的。

利用遗传算法进行元胞自动机规则的求解是可行的，因为遗传算法染色体的结构和元胞自动机的规则在定义形式上具有一致性，只需要将元胞自动机的二进制规则作为染色体，构建相应的适应值函数，便可有效地对问题进行求解。

1）蚁群算法

蚁群算法是一种源于大自然中生物世界的仿生类人工智能算法，基于蚁群算法的规则挖掘最初由巴西学者 Parpinelli 等于 2002 年提出，主要是利用蚁群觅食原理在数据库中搜索最优规则。基于蚁群原理的分类规则挖掘分为 3 个阶段。首先从一条空路径开始重复选择路径节点增加到路径上，直到得到一条完整路径，即规则构造；然后对规则进行剪枝；最后更新所有路径上的外激素浓度，对下一只蚂蚁构造规则施加影响。

定义蚁群搜索路径为属性节点和类节点的连线，其中属性节点最多只出现一次且必须有类结点。如图 9-4 所示，每条路径对应一条分类规则，分类规则的挖掘可以当做是对最优路径的搜索。

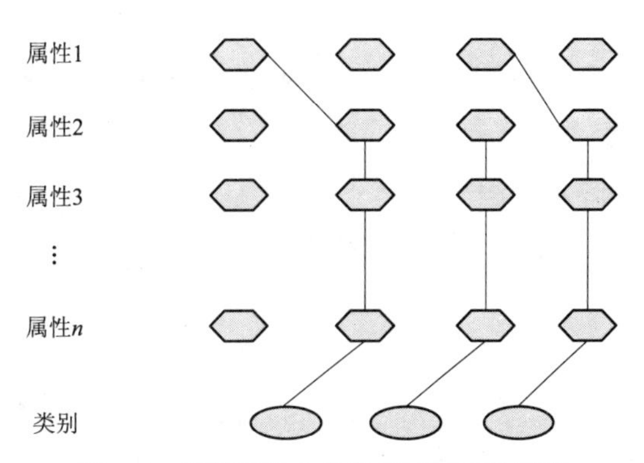

图 9-4　蚁群算法中分类规则对应的路径

刚开始时，随机产生一条规则，规则形式如下：

IF <term1 AND term2 AND…> THEN <class>

式中，term1 为条件项，条件项组合用<特征属性，操作符，特征值>表示，规则结论（THEN 部分）则定义了样本的预测类别（class）。规则的构造模仿了蚂蚁的觅食行为。实际上是一个属性节点的选择过程，首先从第一个属性中的所有节点中按照一定的标准选择一个节点，就是在图 9-4 中的属性 1 中的节点选择其中的一个，而后从第二个属性的所有节点中选择一个节点，以此类推，直到所有的属性都被蚂蚁走过，也就是蚂蚁在所有的属性中都选择了一个节点。在这些属性中，类别属性作为一类特殊的属性也与其他属性一样，蚂蚁会在所有的类别中选择其中的一个类别。这样，一条规则就产生了。

该算法所提取的转换规则无须通过数学公式来表达，能更方便和准确地描述自然界中的复杂关系，并且这些规则比数学公式更容易让人理解。在蚁群算法中，由于信息素不断地更新，其提供的正反馈信息使蚂蚁能根据环境的改变和过去的行为结果对自身的知识库进行更新，从而导致人工蚂蚁具有较强的自适应能力。蚁群算法用于元胞自动机转换规则的提取时，它的这种正反馈机制能够增加转换规则的自适应能力，从而使模拟具有较大的推广适应性。

2. 离散粒子群算法

离散粒子群算法（PSO 算法）是 Kennedy 和 Eberhart 根据鸟群、鱼群等生物群体觅食行为提出的一种基于群体协作的随机搜索算法。解的位置，通过个体间的信息传递，导引整个群体向可能解的方向移动，在求解过程中逐步增加发现较好解的可能性。在 PSO 算法中，种群中的每个个体可看成是寻优空间中的一个没有质量且没有体积的粒子，在搜索空间中以一定的速度飞行，个体通过对环境的学习与调整，根据个体与群体飞行经验的综合分析结果来动态调整飞行速度，群体成员逐渐移入问题空间的更好区域。粒子的位置代表被优化问题在搜索空间中的潜在解，所有的粒子都有一个由被优化的函数决定的适应值（fitness value），每个粒子还有一个速度决定他们飞翔的方向和距离，粒子们追随当前的最优粒子在解空间中搜索。

由于二值元胞自动机规则空间中的规则是由二进制字符串表示，并且空间中元胞规则的数目巨大，搜索出某些实现预先指定功能的元胞规则非常困难。结合二进制粒子群算法的特点将每个元胞规则看作是一个粒子，提出了基于离散粒子群演化元胞规则的算法。算法步骤描述如下：

（1）设元胞规则数目为 m，半径为 R，元胞自动机演化时间为 T，种群演化代数为 E；

（2）产生 $(0,1)$ 区间均匀分布的随机数 $U(0,1)$，若 $U(0,1)>0.5$，那么元胞规则 i 在第 j 维上所对应的值为 $r_{ij}^0=1$，否则为 $r_{ij}^0=0 \quad (i=0,1,\cdots,m; j=0,1,\cdots,d)$；

（3）将元胞规则的速度 v_i^t 限制在 $[v_{\min}, v_{\max}]$，其中 $-v_{\min}=v_{\max}=4$。初始规则速度为

$$v_{ij}^0=v_{\min}+(v_{\max}-v_{\min})*\mathrm{rand}()$$

其中，rand() 为 0 和 1 之间的随机数；

（4）演化种群中的每一条规则 T 步，计算其适应值 $f(r_i^0)(i=0,1,\cdots,m)$。计算个体最优规则 $pb_i=r_i^0$，即 $pb_i=[r_{i1}^0,r_{i2}^0,r_{i3}^0,\cdots,r_{id}^0]$ 及规则最优值 $fpb_i=f(r_i^0)$，计算全局最优值 $fpb=\max\{fpb_i\}$ 及全局最优规则 $gb=[r_{k1}^0,r_{k2}^0,\cdots,r_{kd}^0]$；

（5）更新元胞规则的速度为

$$v_{id}^t=h(wv_{id}^{t-1}+c_1r_1(pb_{id}-r_{id}^{k-1})+c_2r_2(gb_d-r_{id}^{k-1}))$$

其中 w 是惯性权值，c_1、c_2 为认知参数和社会参数，都是正常数，r_1、r_2 是 (0,1) 均匀分布的随机数，$h(*)$ 为速度压缩函数，满足

$$h(v_{id}^k)=\begin{cases}v_{\max}, & v_{id}^k>v_{\max}\\ v_{id}^k, & \left|v_{id}^k\right|\leqslant v_{\max}\\ v_{\min}, & v_{id}^k<v_{\min}\end{cases}$$

（6）更新元胞规则

$$r_{id}^t=\begin{cases}1, & U(0,1)<\text{sigmoid}(v_{id}^t)\\ 0, & \text{otherwise}\end{cases}$$

其中，$\text{sigmoid}(v_{id}^t)=1/(1+\mathrm{e}^{-v_{id}^t})$；

（7）更新个体最优的元胞规则是：如果 $fpb_i<f(r_i^t)$，那么 $fpb_i=f(r_i^t)$，$pb_i=r_i^t$；否则 fpb_i、pb_i 保持不变；

（8）更新全局最优规则：如果 $\max\{fpb_i,i=1,\cdots,m\}>fgb$，那么 $\max\{fpb_i,i=1,\cdots,m\}=fgb$ 且 $gb=r_{\text{mlebal}}$，否则 fpb_i、gb 保持不变，其中 mlebal 是满足 $\max\{fpb_i\}$ 的 i；

（9）如果满足迭代终止条件，算法停止运行； 否则，转步骤（4）。

离散粒子群算法求解元胞自动机规则的过程中，由于其粒子结构非常适合元胞规则的构造，因此其规则搜索速度优于一般遗传算法对于元胞自动机规则的搜索速度。

3. 非线性核学习机算法

在研究复杂地理现象的规律的过程中，往往涉及大量的空间数据。不同的空间数据存在复杂的关系，利用核学习机自动获取地理元胞自动机的转换规则，能方便、准确地反映出不同空间数据的复杂关系。核学习机是在通过核函数产生隐含的高维特征空间中利用线性技术设计出非线性的信息处理算法，为解决复杂非线性问题提供了一个简单有效的方法。目前，基于核化原理的方法已成为机器学习的研究热点，并在许多领域中取得了成功的应用，而国内对这方面的研究还刚刚起步，核学习机主要包括核 Fisher 非线性判别、支持向量机及核主成分分析。

许多研究表明，核 Fisher 判别的性能要优于支持向量机及核主成分分析。

在城市发展元胞自动机模型中，核 Fisher 判别把系列空间变量从低维特征空间中映射到高维特征空间，并在高维特征空间中把系列空间变量投影到某一个方向，使得变换后的数据，相同类别的点尽可能集聚在一起，不同类别的点尽可能分离。依据类间均值与类内方差总和之比为极大的决策规则来确定城市是否发展。由于高维特征空间所包含的特征信息足够丰富，将会在很大程度上增强识别城市是否发展的能力，转换规则也能够充分反映城市发展的复杂性。那么，转换规则所代表的实际意义就是把在低维特征空间中线性不可分的地理复杂现象（如城市发展）映射到高维特征空间，以达到线性可分的目的。常用的核函数有多项式内积核函数、径向基内积核函数、Sigmoid 内积核函数等。由于系统涉及大量的空间数据，不同的空间数据存在复杂的关系，利用核学习机自动获取地理元胞自动机的转换规则，能方便、准确地反映出不同空间数据的复杂关系。

利用核 Fisher 判别自动获取地理元胞自动机的转换规则，比一般的线性元胞自动机模型更能体现出城市发展的复杂性。该方法是通过核函数产生隐含的高维特征空间，把复杂的非线性问题转化成简单的线性问题，为解决复杂非线性问题提供了一种非常有效的途径，利用所提出的方法自动获取地理元胞自动机的转换规则，不仅大大减少了建模所需的时间，也较好地反映地理现象复杂的特性，从而改善了元胞自动机模拟的效果。

从不同元胞自动机规则挖掘的方法可以发现，无论是以局部演化现象抽象产生元胞规则，还是以全局演化现象归纳元胞规则，其目的都是对系统演化过程的仿真与解释，而局部规则通过演化产生全局现象的机理却没有得到逻辑解释。从理论上来讲，元胞自动机规则的挖掘是要为解释元胞自动机演化现象的产生提供机理。当前的元胞自动机的规则挖掘大部分依然以仿真计算为目标，但只有从理论上解决元胞自动机规则的语义表达问题，才能够实现元胞自动机规则的真正解放，使元胞自动机能够应用在更多的领域。

9.3 元胞自动机的涌现计算

传统的计算模式通常是一种串行的、集中控制的模式。计算机在每一个时刻只能完成一步运算。计算机理念已经证明这种串行机器在原则上能够模拟一切计算，但其前提是我们对计算效率没有任何要求。然而，计算效率在现实中具有非常重要的意义。我们知道，计算是一个物理的操作运行过程，完成这一过程需要最起码的运行时间和计算空间。时间和空间是计算最基本的物理限制因素，计算时间和空间都是有限的。到了21世纪，随着计算机科学特别是存储技术的迅速发展，利用空间换取时间的可能性越来越成为现实，因此，一种超越传统计算能力的去中心化的、并行的运算模式被提出来了。在复杂性科学中这种新的计算模式称之为涌现计算。

9.3.1 涌现的内涵

涌现（Emergence）亦可译成突现，在系统科学中，它意味着“整体不等于部分之和。”一个系统有许多性质，可以用变量 x_i 来表示，因而 n 种性质所构成的状态可以用 n 维状态空间表示，记作 X_L。$X_L=\{x_1,x_2,\cdots,x_n\}$。设系统 $\Sigma(K_1,K_2,\cdots,K_m)$ 的组成部分为 $K_1,K_2,\cdots,K_m$，则整体不等于部分之和可以表达为

$$X_L\left[\Sigma(K_1,\ K_2,\cdots,\ K_m)\right]\neq X_L(K_1)\bigcup X_L(K_2)\bigcup\cdots X_L(K_m)$$

这个式子表达了整体与部分之间的关系。好比一栋建筑物虽然是由砖块等建筑材料组成的，但它并不是这些砖块等的总和。

从直觉来看，任何系统都是由大量微观元素（或称个体）构成的整体，当这些微观个体之间发生局部的相互作用时，系统就会有一些全新的属性或者模式自发地冒出来，那么这种现象就被称为涌现。例如蛋糕的味道，是制作蛋糕的任何一种原料都没有的。蛋糕的味道，也不是配料味道的平均值，如介于面粉味道和鸡蛋味道之间的一种味道。它的味道远不止这些。蛋糕的味道，超出了所有原料味道的简单相加。由此可见，涌现特性，是指整体因各组成部分的相互作用呈现出新的特性。这种新的特性只有整体才具有，任何组成部分都不具有，且是事先不能加以预测的特性。

要理解涌现特性，我们必须研究整个群体和它的结构，而不能只研究一个一个的个体。简单的例子，如交通拥堵。仅仅询问一个因堵车而发怒的人，你是无法理解交通拥堵的，尽管他这辆不动的车也是造成交通拥堵的部分原因。我们还

可举出一些复杂的例子。

1986 年的世界杯在墨西哥举行，就是在这次世界杯上，“人浪”首次得到全世界的关注。这种现象开始被称为：“La Ola”，就是波浪的意思。做人浪的时候，一群一群观众按顺序双脚起跳，举起双臂，然后快速坐回座位。人浪的效果是很令人激动的。有一批物理学家，他们本来是研究液体表面的波浪的，后来被人浪的神奇深深吸引，于是决定研究人浪。他们找来了很多体育场的墨西哥人浪视频进行观察分析。他们注意到，这些人浪通常都沿顺时针方向滚动，总是以“20 个座位/秒”的速度前进。

为了弄清人浪是怎样开始和传播下去的，科研人员应用了“激励介质”数学模型。这种数学模型通常用于研究非生命现象，例如，火在森林里的传播，或者电信号在心脏肌肉组织中的传播等。激励介质的行为特点是，它能够根据它周围的个体在做什么（附近的树着火了吗？），而将自己从一种状态调整到另一种状态（着火或未着火）。这一模型对人浪现象做出了准确的预测。

这一结果告诉我们，如果仅仅研究某个人站起来或坐下去的动作，我们无法理解墨西哥人浪的本质。墨西哥人浪的生成，不是某个用扩音器的人发号施令而演练出来的，它也有自己的生命，是一种自组织行为。

鸟群和鱼群一致行为的数学模型也同样说明群体运动是不存在中央控制力的。但是，群体能表现出一种群体智慧，正是这种群体智慧帮助群体内的每个个体逃避或去阻击猎食者。这种行为并不存在于个体之中，而是一种群体属性。鸟群是怎样“决定”向哪里飞的呢？研究表明，鸟群的飞行要依照所有鸟的意愿进行。更重要的是，飞行的方向往往是整个鸟群的最佳选择。每只鸟发挥一点点作用，而鸟群的集体选择就会好于个别鸟的选择。可见，在一个一个的鸟个体身上并不会出现明显的群体特性，整个群体的特性源于鸟与鸟之间的互动与合作。

我们知道，每只小小的蚂蚁都是一个非常简单的个体，它们没有聪明的头脑，只会完成一些简单的计算任务。然而，当把成千上万只小蚂蚁组合到一起的时候，整个蚁群就能表现出非常复杂、庞大的涌现现象。例如，在蚂蚁觅食的活动中，它们就能表现出涌现的行为。虽然单个蚂蚁的体型弱小，它们的视力范围非常有限，只能看到邻近的景物。然而，当大量的蚂蚁共同协助的时候，它们通过相互传递信息，就可以发现一条最快的搬运食物回巢的路线，这条最快的搬运路径就是典型的蚂蚁群体的涌现行为。事实上，在这群蚂蚁中，并没有哪个蚁王或者蚁后对整个蚁群发号施令，所有的涌现行为全部是这群蚂蚁局部相互作用的结果。

与人浪和蚁群类似，蟋蟀有规律的鸣叫也具有涌现特性。一棵树上会有许多蟋蟀，都在同时做着这些事情。我们的问题是，谁在听谁？显然，并不存在一只蟋蟀领袖，其他蟋蟀都听从它的指挥。但是如果没有，它们为什么能够实现同步，并且如此步调整齐一致呢？是一只蟋蟀在倾听着所有其他蟋蟀的鸣叫吗？还是它只倾听另外某一只蟋蟀的鸣叫？还是它倾听少数一些蟋蟀的鸣叫？在这个群体里，是否存在某种结构？如果确实有这种结构，它是如何发挥作用的？

实际上，无论是蚂蚁、蟋蟀，还是人类，群体的新特性都可以从个体之间的互动涌现出来。自生命诞生的那一天起，生命进化已经发生了很多次重大飞跃，在大多数情况下，合作互动都是最为突出的特征。我们的思想也不是某个特定神经元的产物，它们产生于神经元的连接模式，或者说某种网络。涌现研究给予人们的启示如下。

（1）群体是指一个由许多个体（如元胞、Agent、单个人等）组成的有机体（如元胞自动机、Muti-agent系统、社会网络等），它们拥有个体身上并不具有的特性，而这种特性源于个体之间的互动与合作。涌现可以收到“总体大于部分之和”的功效。涌现表现出一种智慧，它可以让个体更有智慧，或者成为对个体智慧的补充。举例来说，蚁群是“有智慧的”，尽管蚂蚁个体并不具有这样的智慧；鸟群是综合考虑所有鸟的意愿之后才决定飞向哪里的。同样，由人与人之间相互连接而建立起来的社会网络，它所做的事情，都不是单独一个人就能做的。社会网络可以捕捉和容纳人人相传的、跨越空间和时间的信息。随着我们的超链接能力不断提升，信息的流通将更加有效，我们的互动也更为便利。我们每天管理的社会连接关系千差万别，数不胜数。所有这些变化，让我们这些“网络人”在行动上更像一个目标一致的人类超个体，现在经由社会网络而传播的任何东西，在未来将传播得更远、更快。随着互动范围的扩大，新的特性将不断涌现。

涌现表现出来的智慧，还告诫我们：许多复杂的科技难题，不仅需要充分发挥科研人员个体的自由探索与创新思维，也需要科研人员的协同创新，更多地依赖群体智慧与力量。当今，人类社会已进入大连接、大数据与大合作时代！一方面群体合作的趋势愈加明显；另一方面，个体作用可能通过网络放大，进而影响到更多的人。

（2）过去 400 年间，科学家们为了研究事物整体究竟是怎么一回事儿，他们一直在研究事物中更小的组成部分。在这进程中，也的确取得了辉煌的成就。比如，我们把生命分解为器官，再进一步分解为细胞、分子、基因；我们把物质分解为分子，再进一步分解为原子、基本粒子、夸克。

为此，我们发明了显微镜、超级对撞机等各种各样的工具。

但是，涌现为人们提供了认识事物的一种全新方法（涌现论）。涌现论将事物看成一个整体，这个整体完全不同于一个一个的个体，也无法仅仅通过研究这些个体而认识清楚整体。因为个体与个体之间的相互连接关系而引发的现象，在个体中间是不曾出现过、也无法还原为个体的行为。一旦失去了相互连接和作用，我们将一无所有。

当前，横跨众多学科的科学家已将注意力转向部分是如何及为什么结合为整体的，以及决定相互连接和作用的规则究竟是什么。因此，只有弄清楚整体的结构和功能，弄清楚涌现特性，才能看清楚这一重大科学动向，才能领悟事物的本质。元胞自动机的思想正是：自然界里许多复杂的结构和过程，归根结底，只是由大量基本组成单元的简单相互作用所引起。人们相信，各种元胞自动机可以模拟任何复杂现象的演化过程。

（3）涌现具有新颖性或新奇性的特征。涌现使得系统出现了其组分（或元素）行为不具有的整体性质。因此，系统在进化过程中新颖性总是层出不穷，新事物总是不断地发生。比如，由蚂蚁个体极其简单的行为涌现出的蚁群就有千变万化的集体行为方式和群体活动方式，如各种形式的觅食、搬运重物、搭桥、筑巢等。元胞自动机的生命规则非常简单，通常只用 3～5 条规则就可能描述单个元胞的行为。可是，它们的组合却出现各种各样的构型与模式，如“闪光灯”、“滑翔机”、“自我繁殖器”等，甚至通用计算机也可由此产生出来，并可模拟世界上所有可能的事物和所有生命，这些都是新事物层出不穷的例证。

涌现使我们认识到一个事物系统的整体行为不是其各部分行为的简单相加，因为系统充满了非线性。非线性意味着，我们从传统观察归纳出来的理论方法，如趋势分析、均衡测定、样本均值等，都失灵了。因此，必须对系统进行跨学科的创新研究。创新就是超越传统之所知，更加趋近客观事物的“真理”。目前，对涌现的研究不仅限于自然科学，而且拓展到生物学、社会学、经济学和管理学等广泛领域。

涌现体现了系统自组织的优越性。自然界中的组织不可能通过中央管理得以维持，秩序只有通过自组织才能维持。自组织系统能够适应普遍的环境，对环境中的变化作出反应，这种反应使系统变得异常地柔韧且鲁棒，以抗衡外部的扰动。自组织系统的这种优越性是传统人类技术（或他组织系统）不可比拟的。这就启示着人们，在决策机制的设计过程中，既要考虑集中控制与管理的优势，也要充分体现系统中控制与管理的分散性，调动各子系统的积极性和能动性，对快速多变的外部环境及时做出反应，使系统整体充满活力与竞争力。

9.3.2　涌现计算

将涌现的思想借鉴到计算系统便构成了涌现计算的想法，从计算的观点来看，一个涌现系统其实就是一个并行计算的系统。前面讲的在蚁群觅食过程中，每一个蚂蚁就是一个小型处理单元，它们可以并行地、局部地完成计算任务，而蚁群则可以通过集合这些并行处理单元来完成复杂的运算任务，如寻找最短的搬运食物路径或者形成复杂、好看的图案。

由于涌现系统具有很多优越的特性，例如它的抗干扰能力强、富有创新性等。所以，人们提出另外一种新的计算思路，也就是我们给系统预设一个具体的计算任务，但是这个计算任务不是通过传统的编程直接告诉计算机如何实现，而是通过设计一种微观个体（如元胞或者 Agent）的相互作用规则，从而让最终的任务自发地涌现出来。也就是说，如果某系统的涌现行为或者属性可以看做是某种计算的话，那么我们就称这个系统正在执行涌现计算。

涌现计算与涌现模拟有很大的相似性，它们都是利用计算机实现系统的涌现现象，但是二者又有很大的不同。涌现模拟旨在计算机模拟一个真实的系统，使得这个模拟具备某种涌现的特征；而涌现计算则要求更高：该系统不仅需要具备涌现特征，这种涌现特征还要能完成某种给定的计算任务。也就是说，涌现模拟是利用个体计算而实现涌现，涌现计算则要求系统的涌现完成实际的计算任务。

例如，我们要求通过初等元胞机的涌现计算去完成一个“多数分类”任务。这个任务很简单：元胞自动机要能区分初始状态中是开状态还是关状态占多数。

如果是开状态占多数，最后所有元胞就应当都变成开状态；同样，如果是关状态占多数，最后所有元胞就应当都变成关状态；如果初始状态中开状态和关状态的数量一样多，就没有答案，但是可以让元胞的数量为奇数来避免这种可能。因此，“多数分类”任务也称为“密度分类”。

多数分类问题，对现行的冯·诺依曼结构的计算而言是小菜一碟。CPU 只需要分别对初始状态中的开状态和关状态来进行计数，同时在内存中记录计算值就可以了。计算结束后，从内存中读取数值进行比较，然后根据结果将元胞状态都设成开或关。现行结构的计算机可以轻松实现这个任务，因为它有随机存取存储器可以保留初始状态和中间值，还有中央处理器可以计算，进行最后的比较，以及将状态重设。

然而，元胞自动机则没有 CPU 和内存可以用来计算。它只有一个一个的元胞，每个元胞除了自己的状态就只知道相邻元胞的状态。这种情形其实具有普适性，事实上它是对许多实际系统的理想化。例如，在大脑中，神经元只与其他少数神经元有连接，而神经元必须决定是否激发，以及以何种强度激发，使得大量神经元的整体激发模式能够表示特定的感知输入。类似的，蚂蚁必须根据与其他少量蚂蚁的交互作用来决定做什么事情，让蚁群整体能够受益。

所谓的初等元胞自动机是一个一维的方格世界，如图 9-5 所示，其中每一个方格（元胞）是由黑白两种颜色构成的，并且每个元胞下一时刻的颜色仅仅由它左右两侧元胞的颜色决定。我们知道，每个元胞的颜色只有黑白两种，这样，任意一个元胞加上它左右两个元胞的颜色组合就一共有 8 种情况：黑黑黑、黑黑白，黑白黑、黑白白、白黑黑、白黑白、白白白。只要我们为这 8 种情况下的每一种都指定当前元胞在下一时刻的颜色，那么就完全定义了这个一维元胞自动机的规则。

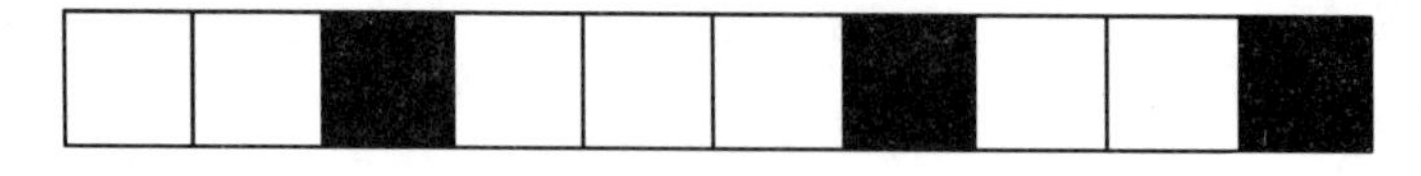

图 9-5　一维元胞自动机

我们可以用一张二维图形来展现一维元胞自动机的运行情况，如图 9-6 所示。在图 9-6（a）中，每一行表示这个元胞自动机在某一时刻的状态，从上往下则表示时间运行的状态，每一个元胞都根据它左右两个邻居的颜色进行自己颜色的更新。元胞自动机的动态展现二维图如图 9-6（b）所示。

一维元胞自动机完全是一个确定性的系统，由于规则是固定的，这样，只要给定初始状态（第 1 行的黑白排列情况），那么元胞自动机所画出的图像就是固定的。

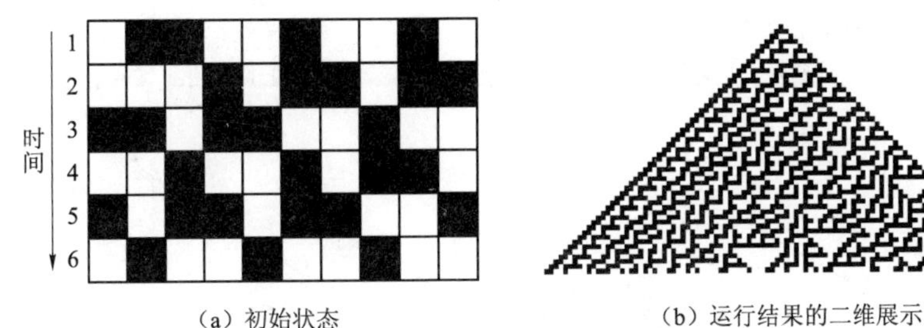

（a）初始状态　　（b）运行结果的二维展示

图 9-6 一维元胞自动机的运行

我们完全可以把这个元胞自动机看作是一个计算系统，只要我们把该自动机的初始条件看做是这个元胞自动机的输入数据，而把运行比如说 100 步之后的黑白元胞的分布情况看做它的计算结果，那么给定一组输入条件之后，这个元胞自动机就会完成一系列局部的操作，最终在第 100 步的时候给出一个结果。当元胞自动机的规则确定之后，不同的输入一般会对应不同的输出结果。但问题是，一般情况下，这个元胞自动机不会进行有意义的运算，因为它的规则太任意了。

能不能给元胞自动机设计一种合适的规则，让它能进行“多数分类”呢？美国加州大学伯克利分校物理学家克鲁奇菲尔德运用遗传算法对所有可能（规则不同）的一维元胞自动机进行搜索，通过不断进化，最终找到了一些能完成“多数分类”任务的元胞自动机。如果初始条件下，黑色的元胞偏多一些，元胞自动机 100 步后的输出就必须全部都是黑色元胞；反之，则要求元胞自动机在 100 步后全部输出白色。这样，如果我们把初始的黑白元胞看作输入，把 100 步后的结果看作输出，那么这个一维元胞自动机就能够完成多数（或密度）分类这个简单的任务，如图 9-7 所示。

多数分类任务表面上看起来很简单，然而对于元胞自动机来说却非常难。因为每个元胞只能跟它左右两个邻居通信而看不到输入时候的整体情况。在计算过程中，每一个元胞也只能根据左右邻居的颜色机械地按照固定的规则变换颜色，不存在某个超级元胞能够对所有的元胞发号施令以决定系统的运行的状况。也就是说，这群元胞必须学会相互协调合作才能完成对于它们来说非常复杂的任务。

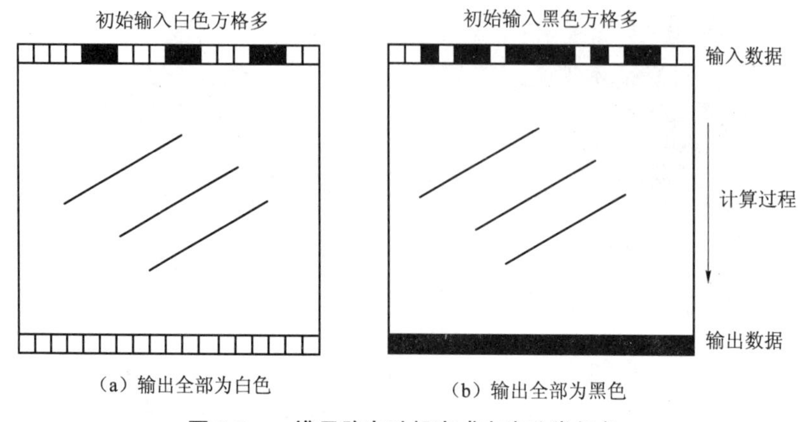

图 9-7　一维元胞自动机完成密度分类任务

然而，克鲁奇菲尔德通过遗传算法，终于找到了这种能够完成多数分类任务的一维元胞自动机。图 9-8（a）中的初始黑色元胞占多数，该元胞自动机正确给出了全部是黑色的答案；图 9-8（b）中的初始白色元胞占多数，该元胞自动机正确给出了全部白色的答案。

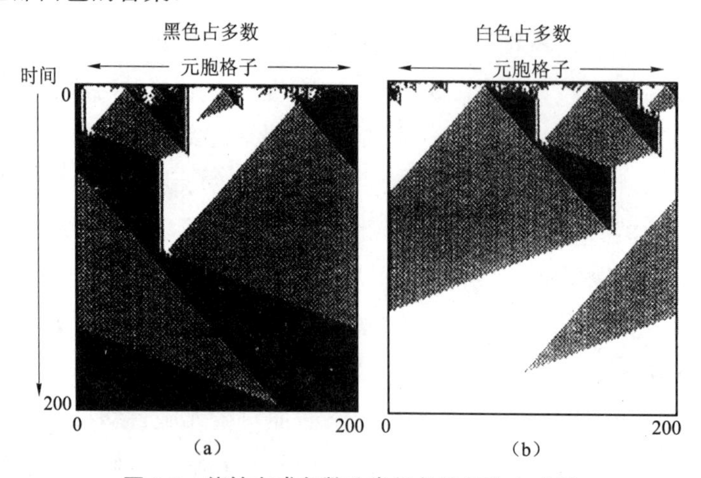

图 9-8　能够完成多数分类任务的元胞自动机

为了看清楚元胞自动机的运行原理，我们对图 9-8 做了标记，把那些规则的三角块区域过滤掉，而把边界标记为希腊字母的线条，表示为“粒子”，如图 9-9 所示。我们看到元胞自动机能产生 6 种不同类型的粒子：γ、η、μ、δ、β和α。每一种粒子分别对应一种边界线，这些粒子在时空中运动，把信息从系统的一端传递到另一端，并与其他粒子相互碰撞、反应，生成其他粒子或者湮灭，从而完成对于元胞自动机来说非常复杂的计算任务。

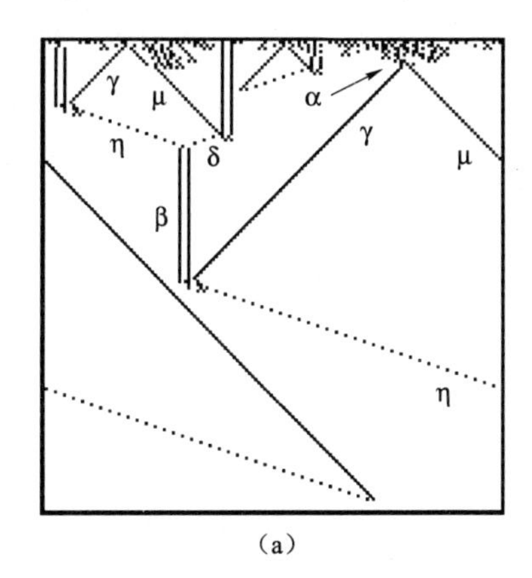

(a)

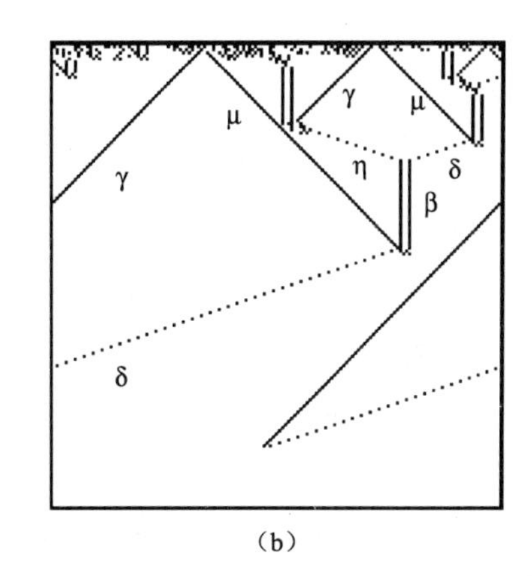

(b)

图 9-9 “粒子”碰撞图

用粒子来描述元胞自动机的行为，让我们仅仅观察元胞自动机规则或是时空图变化看不到的东西：它们让我们能从信息处理的角度来解释元胞自动机是如何执行计算的。虽然粒子是我们强加给元胞自动机的描述，而不是在元胞自动机中发生的事情。但是，粒子及它们之间的相互作用可以作为一种语言，用来解释以一维元胞自动机为背景的分布式计算。用这种方法理解计算，虽然不符合正统，却对没有中央控制、分布在简单个体中的计算很有用，表现为一种非传统的计算风范。

克鲁奇菲尔德的研究表明：简单的并行相互作用的元胞之所以能够完成全局运算，其重要的原因是它们可以通过“粒子”进行跨区域的通信，从而使不同区域的两个或多个元胞之间能够发生相互作用而实现整体的协调与合作。因此，涌现计算的一个必要条件就是：信息的流动。只有信息的流动才能完成不同区域的通信，从而真正让本来相互分散的个体连接成一个整体。用“粒子”

来描述涌现计算的工作是最近才提出来的，还需要继续深入研究。

9.4 未来展望

1. 悬而未决的 20 个问题

如今，元胞自动机作为一种动态模型，已经成为一种通用的建模方法，其应用已经涉及自然和社会科学的大部分领域。然而，早在 1985 年，沃尔夫勒姆便提出了元胞自动机理论悬而未决的 20 个问题：

（1）元胞自动机能够产生怎样的分类功能？

（2）元胞自动机的熵和 Lyapunov 指数之间的确切关系是什么？

（3）元胞空间结构的几何类似物是什么？

（4）元胞自动机行为具有怎样的统计特征？

（5）在元胞自动机的演化中，有什么是不变的？

（6）热力学怎样应用于元胞自动机？

（7）元胞自动机的规则空间里，不同的演化行为是怎样分布的？

（8）元胞自动机的缩放属性怎样？

（9）元胞自动机和连续系统之间的对应关系是什么？

（10）元胞自动机与随机系统之间的对应关系是什么？

（11）元胞自动机怎样被噪声和其他缺陷所影响？

（12）一维元胞自动机的正则语言复杂性会随着演化而降低吗？

（13）元胞自动机可以产生怎样的极限集？

（14）元胞自动机的计算特性与统计特性之间有何联系？

（15）元胞自动机产生序列的随机性如何？

（16）元胞自动机的计算通用性和不可判定性有多普遍？

（17）元胞自动机无限规模的本质是什么？

（18）不可约的元胞自动机有多普遍？

（19）难以用元胞自动机计算的问题有多普遍？

（20）对元胞自动机的信息处理能不能给出高层的描述？

2. 未来研究的六大问题

这些开放式的问题，不同于某个数学难题的证明，也不是隐藏在现象背后规律的挖掘，二十九年后的今天，这些问题伴随着信息和计算机技术的发展不断得到了解决的方案，也在解决旧问题的同时不断产生着新的问题，元胞自动机的应用也早已跳出了计算机和数学的范畴，在管理、交通、军事、物理等领域相继开花结果，我们在本书的侧重点——元胞自动机的实用性方面，提出供未来研究的六个问题。

1）元胞自动机的反问题

元胞自动机的反问题就是寻找从元胞自动机全局行为到局部规则的映射，由于规则数目十分巨大，会形成海量的搜索空间，所以这项工作是非常困难的。反问题研究困难，直接制约了元胞自动机强大并行计算能力的发挥。目前，借助于演化计算技术（如遗传算法），仅成功解决了密度分类及同步问题，因此反问题研究尚处于起步阶段。

2）元胞自动机的信息处理

从本质上而言，元胞自动机是一种具有强大并行计算功能的计算工具，这种“工具”的特性，也是元胞自动机应用的基础。传统计算机的计算之所以容易描述，一个重要原因就是，自动编译和反编译工具的存在使得编程语言层面和机器码层面可以毫无歧义地相互转化，而元胞自动机既没有编译工具又没有编程语言，对于一个计算任务，元胞自动机不知道怎样告诉计算机来完成计算。

近年来，科学家们提出了一种“粒子”计算方法，试图通过粒子与粒子的相互作用来描述元胞自动机的信息处理。信息通过粒子的运动来传递，粒子的碰撞则是对信息进行处理，粒子计算能否构成一套计算理论体系，还需更深入的研究。

3）元胞自动机与人工智能算法的结合

传统的人工智能算法普遍拥有一个特点，就是通过局部个体（比如遗传算法中的遗传个体，蚁群算法中的蚂蚁个体等）的交互作用（遗传算法中的选择交叉算子，蚁群算法中的信息素等）完成整体寻优的收敛过程。在元胞遗传算法中，我们曾用元胞自动机“邻居”的关系来模拟和代替这种交互作用，在这种元胞自动机独特的邻居结构下，优秀个体信息得到了更好的延续和保存，有效克服了局部极值现象。

如前文所言，进化计算中一个重要的问题就是如何平衡收敛速度与种群多样性之间的关系，往往效率高的算子效果不好，效果好的算子效率又不高，元胞自动机的邻居结构善于保存优秀个体，却也对收敛速度造成了一定影响，那么，是否能够设计出一些演化规则，既能够妥善保存优秀个体、避免早熟，又能够提升收敛速度？

4）基于元胞自动机的时空预测技术

近几年来，国内外刊物上发表了许多元胞自动机应用于时空现象模拟的例子，从火灾蔓延到城市形态的生成，从动物种群数目的演化到人类土地利用变化，甚至股票价格和犯罪率的预测……不难发现，在这些问题中，个体之间的关系均可以用很简单的规则来描述，而且其状态的改变又依赖于其周围的环境。利用元胞自动机对这类问题进行研究，可以从微观层面上控制个体之间的相互作用，进而研究其对整体的影响，这一点，恰恰是传统宏观的研究方法所无法做到的，未来，更多的具有这一特点的时空变化都可用元胞自动机来模拟。

5）元胞自动机的分形表示

当我们从远距离观察海岸线和山脉时，会发现其形状是极不规则的；而在近距离观察时，又会发现其局部形状和整体形态是相似的，也就是说，在不同的尺度上，构成图形的某些规则是相同的，从整体到局部，是自相似的。此外，许多系统的演化，也是一个从开始“混沌”和“无序”的状态，逐渐发展到“有序”状态的自组织演化过程，而元胞自动机也恰恰拥有类似的性质。目前，元胞自动机与分形理论已被同时应用于城市规划领域，在该应用中，元胞自动机依然仅起到描述土地利用变化的作用，但是，更进一步，是否能够建立分形维数与元胞自动机演化规则之间的联系，用分形理论来描述元胞自动机的计算和演化过程，目前还未见系统的研究。

6）多维元胞自动机

在“元胞遗传算法”一章中，我们曾通过仿真实验发现，在“邻居”更少的情形下，三维元胞空间与二维元胞空间相比，优秀个体信息的传播速度更快，演化效率更好。目前，三维元胞自动机已经被广泛应用于物理和化学领域的实验现象模拟，那么，当元胞自动机的维度进一步增加，其演化行为是否会模拟出更为复杂的现象？多维度的元胞自动机与现实世界有怎样的联系？则是需要进一步探究的问题。

至此，本书对元胞自动机的研究便告一段落了，在本书的工作中，我们从实用的角度出发，分别探讨了元胞自动机的内涵和外延，可以将实用元胞自动机的思想精髓归纳如下：元胞自动机是人工生命思想的重要分支；是探究复杂性的有力工具；是系统思想：“整体大于部分之和”的有力佐证；是并行计算机的原型；是对自下而上与自上而下、解析与模拟建模方法的有效补充；作为一种崭新的科学思想，元胞自动机必将具有广阔的发展空间和应用前景!

参考文献

[1] FORREST S. Emergent computation. Cambridge: MIT Press, 1991.

[2] TERO A, TAKAGI S, SAIGUST T, et al. Rules for biologically inspired adaptive network design. Science. 2010, 327(5964): 439-442.

[3] MITCHELL M. Complexity: A guided tour. 唐璐，译. 长沙：湖南科学技术出版社，2011.

[4] 克里斯塔基斯，富勒. 大连接. 简学，译. 北京：中国人民大学出版社，2013.

[5] 张江. 涌现计算概述. 五邑大学学报：自然科学版，2011（4）：29-37.

[6] CRUTCHFIED J P, HANSON J E. Turbulent pattern bases for cellular automata. Physica D, 1993, 69(3-4): 279-301.

[7] VAHID DABBAGHIAN, VALERIE SPICER, SURAJ K SINGH. The social impact in a high-risk community: A cellular automata model. Journal of computational science, 2011(2): 238-246.

[8] 刘小平，黎夏，叶嘉安，等. 利用蚁群智能挖掘地理元胞自动机的转换规则. 中国科学（D），2007，37（6）：824-834.

[9] 何春阳，史培军，陈晋，等. 基于系统动力学模型和元胞自动机模型的土地利用情景模型研究. 中国科学（D），2005，35（5）：464-473.

[10] 刘小平，黎夏. 从高维特征空间中获取元胞自动机的非线性转换规则. 地理学报，2006，61（6），663-672.

[11] COUCLELIS H. From cellular automata to urban models: New principles for model development and implementation. Environment and planning B. 1997, 24(2): 165-174.

[12] FULONG WU. SimLand: a prototype to simulate land conversion through the integrated GIS and CA with AHP-derived transition rules. International journal of geographical information science, 1998, 12(1): 63-82.

[13] 刘小平，黎夏. Fisher 判别及自动获取元胞自动机的转换规则. 测绘学报，2007，36（1）：112-117.

[14] 田晓东，段晓东，刘向东，等. 基于 BPSO 的元胞自动机准周期三行为研究. 复杂系统与复杂性科学，2007，4（4）：25-31.

[15] LEE H Y, LEE H W, KIM D. Dynamic states of a continuum traffic equation with on-ramp. Phys. Rev. E, 1999, 59(5): 5101-111.

[16] CHOPARD B, DROZ M. Cellular automata modeling of physical systems. 祝玉学，赵学龙，译. 北京：清华大学出版社，2003.

[17] 黎夏，叶嘉安. 知识发现及地理元胞自动机. 中国科学D辑：地球科学，2004，34（9）：865-872.

[18] WOLFRAM S. Twenty problems in the theory of cellular automata. Physica scripta, 1985, T9: 170-183.

[19] 王豪伟，邱全毅，王翠平，等. 分形与元胞自动机耦合技术应用于厦门城市生态规划. 环境科学与技术，2012，35（3）：168-172.

[20] 苏凤环，姚令侃，高召宁. 分形元胞自动机在自组织临界性中的应用. 西南交通大学学报，2006，41（6）：675-679.

第 2 章

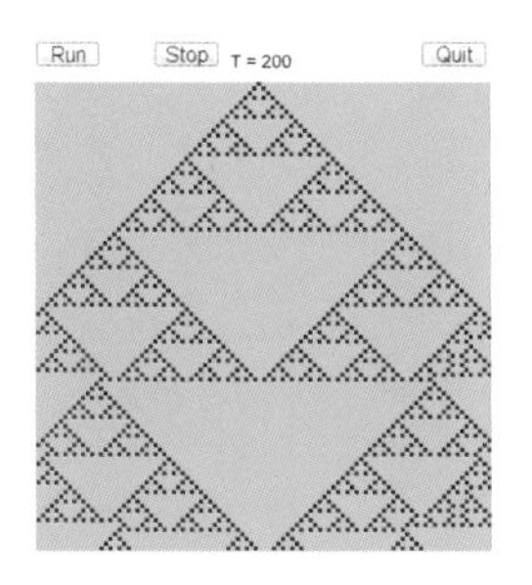

（a）元胞数量 100×100；演化时间 200 步

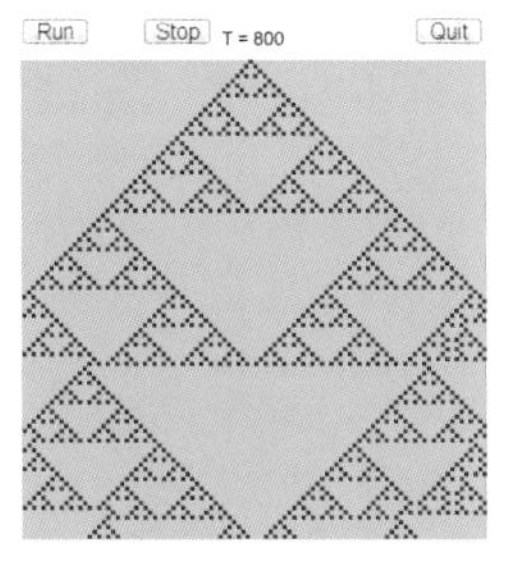

（b）元胞数量 100×100；演化时间 800 步

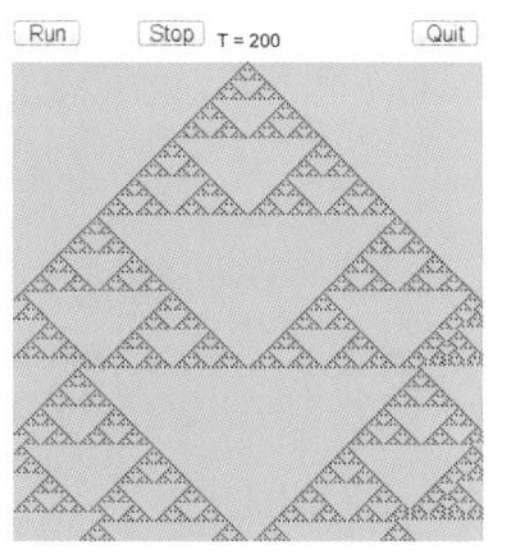

（c）元胞数量 200×200；演化时间 200 步

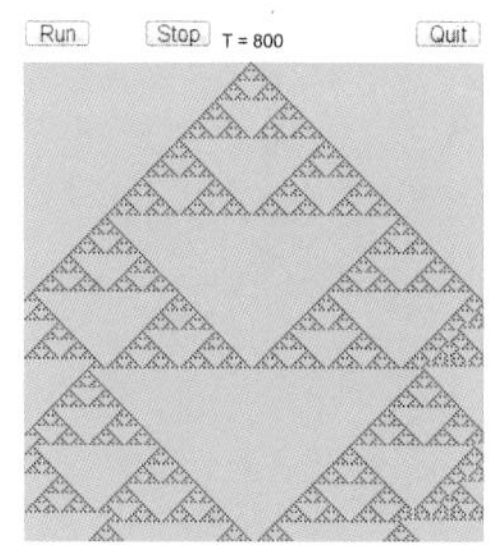

（d）元胞数量 200×200；演化时间 800 步

图 2-13　90 号规则演化结果

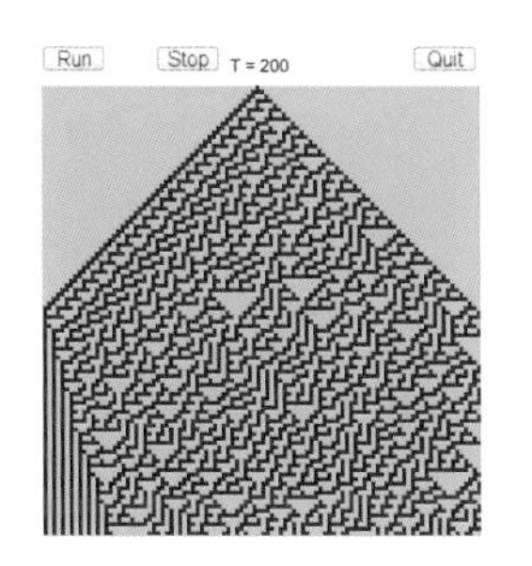

（a）元胞数量 100×100；演化时间 200 步

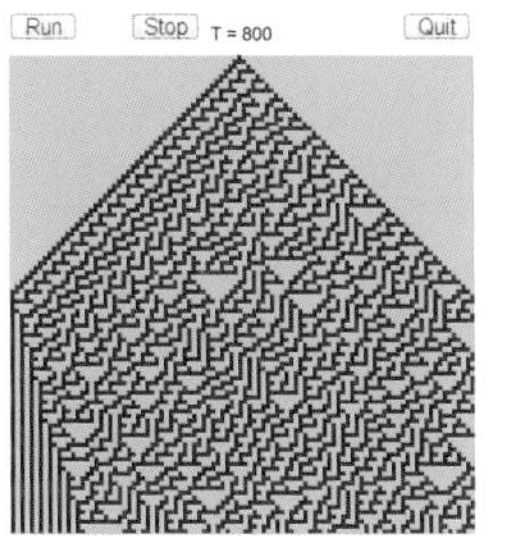

（b）元胞数量 100×100；演化时间 800 步

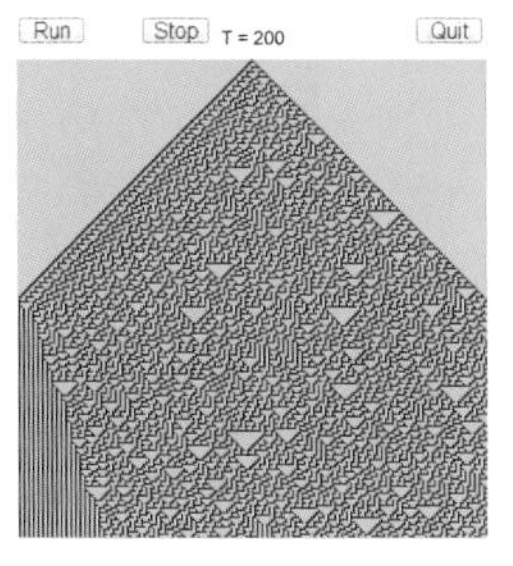

（c）元胞数量 200×200；演化时间 200 步

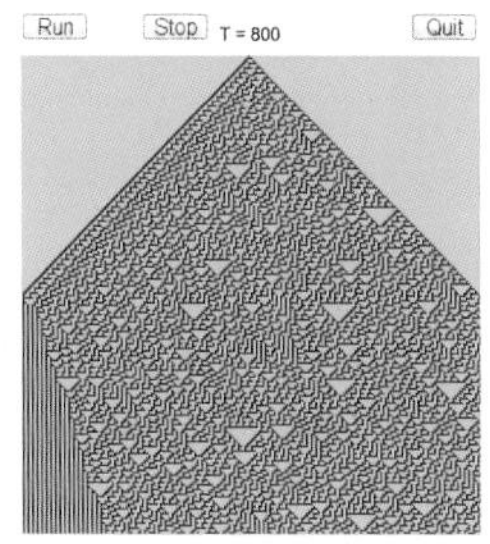

（d）元胞数量 200×200；演化时间 800 步

图 2-14　30 号规则演化结果

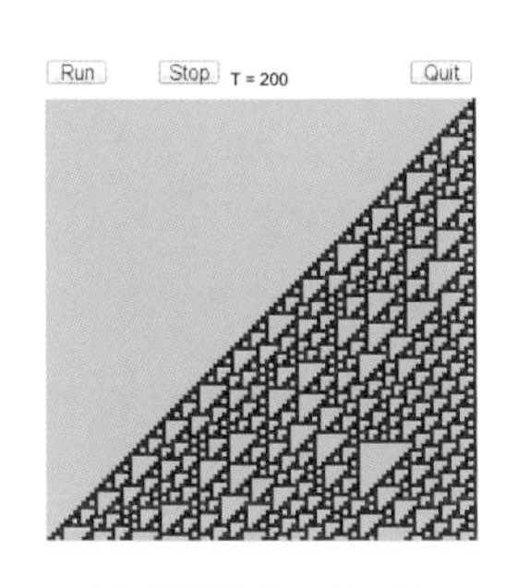

（a）元胞数量 100×100；演化时间 200 步

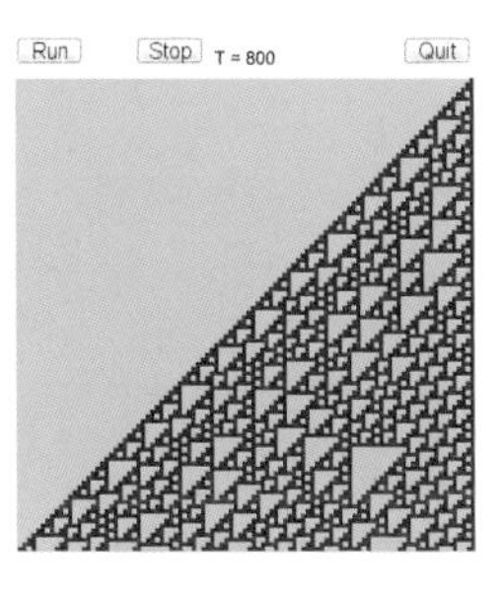

（b）元胞数量 100×100；演化时间 800 步

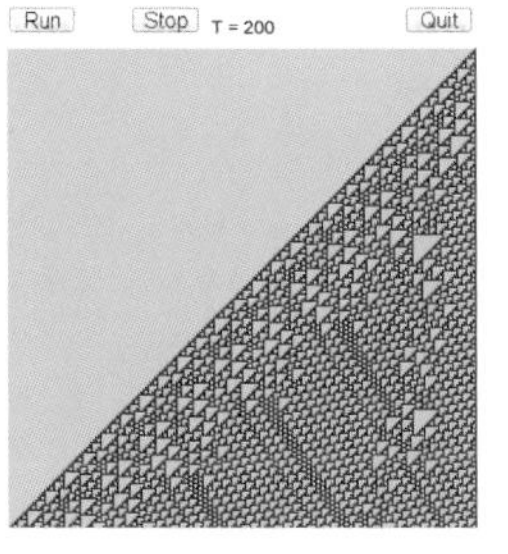

（c）元胞数量 200×200；演化时间 200 步

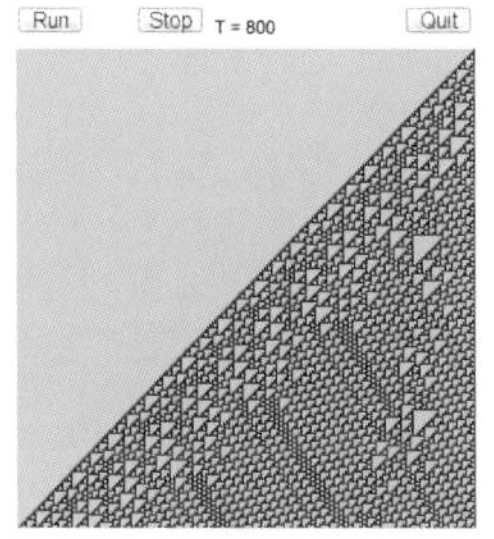

（d）元胞数量 200×200；演化时间 800 步

图 2-15　110 号规则演化结果

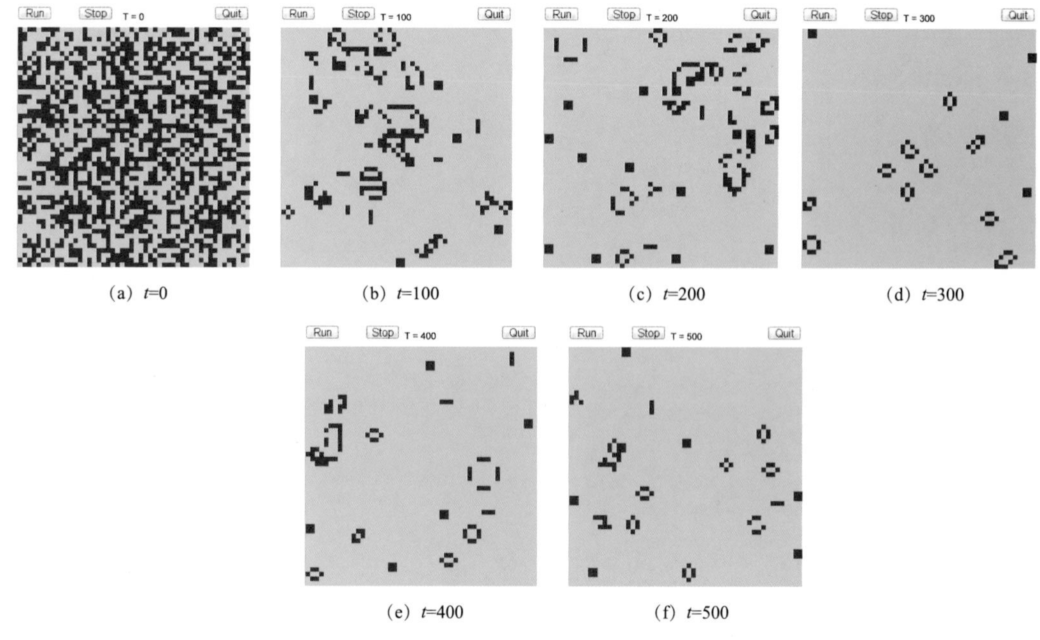

(a) t=0　(b) t=100　(c) t=200　(d) t=300

(e) t=400　(f) t=500

图 2-16　生命游戏演化图像

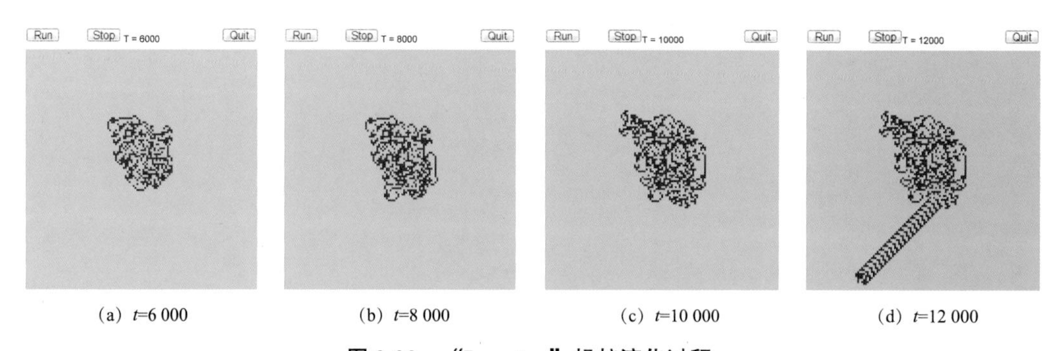

(a) t=6 000　(b) t=8 000　(c) t=10 000　(d) t=12 000

图 2-20　"Langton"蚂蚁演化过程

第 3 章

图 3-2　元胞空间初始状态（深色，基本面投资者；浅色，技术面投资者）

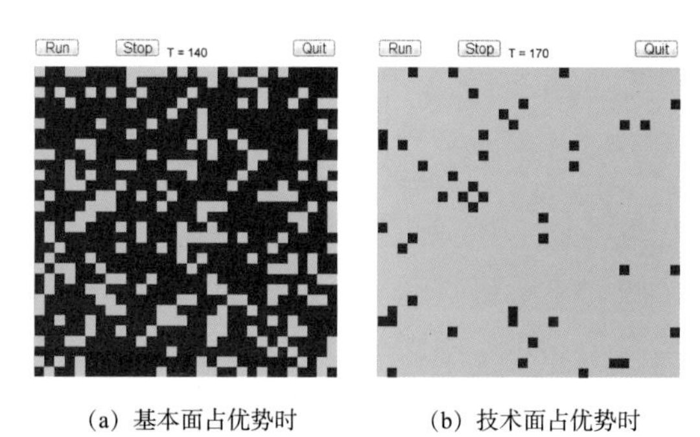

(a) 基本面占优势时　(b) 技术面占优势时

图 3-3　演化结果

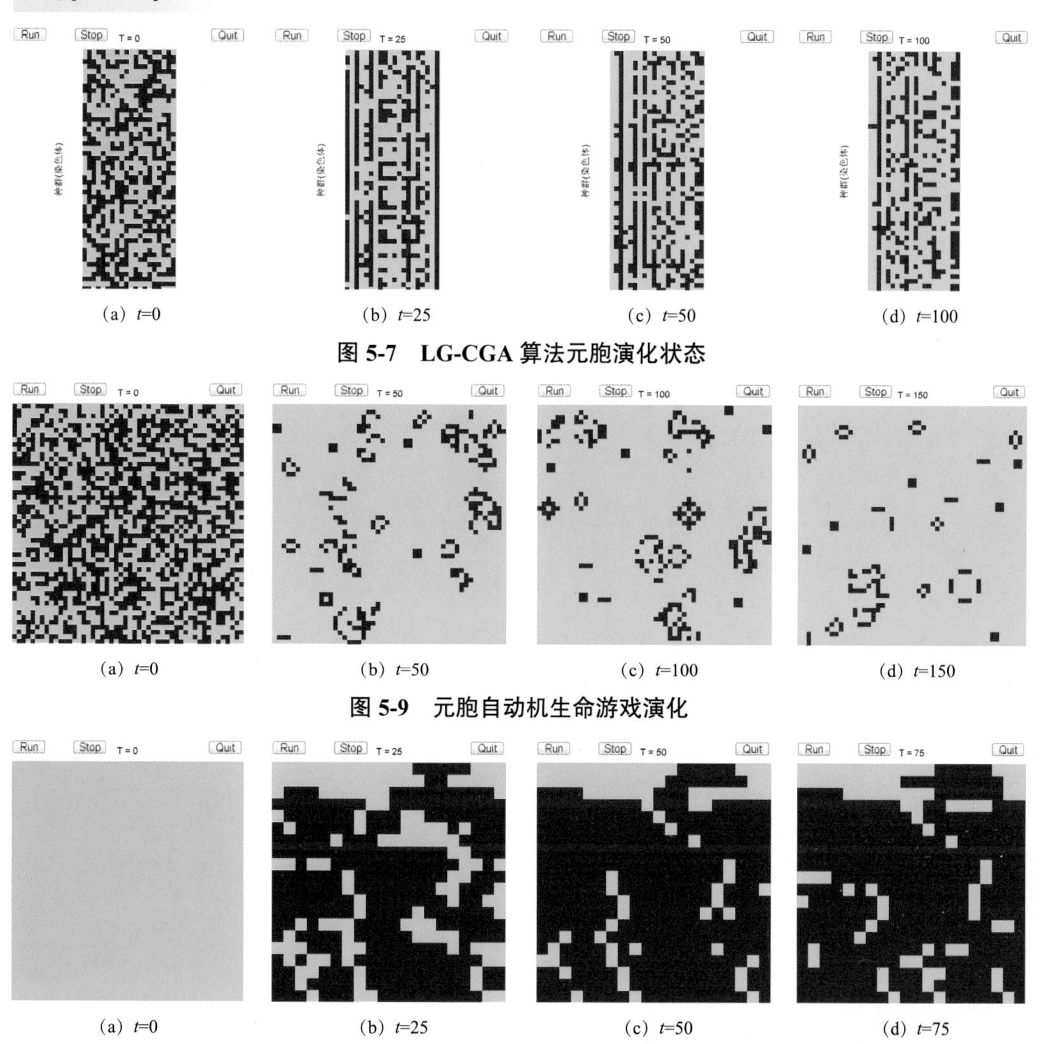

（a）t=0　（b）t=25　（c）t=50　（d）t=100

图 5-7　LG-CGA 算法元胞演化状态

（a）t=0　（b）t=50　（c）t=100　（d）t=150

图 5-9　元胞自动机生命游戏演化

（a）t=0　（b）t=25　（c）t=50　（d）t=75

图 5-12　基于 Von Neumann 型邻居的 SA-CGA 算法元胞演化过程（种群数量：400）

注：当个体目标函数值大于等于 16 时，元胞显示为红色

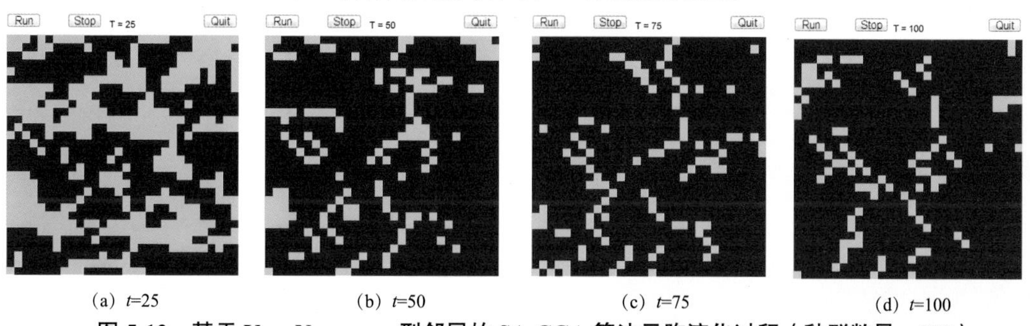

（a）t=25　（b）t=50　（c）t=75　（d）t=100

图 5-13　基于 Von Neumann 型邻居的 SA-CGA 算法元胞演化过程（种群数量：900）

注：当个体目标函数值大于等于 16 时，元胞显示为红色

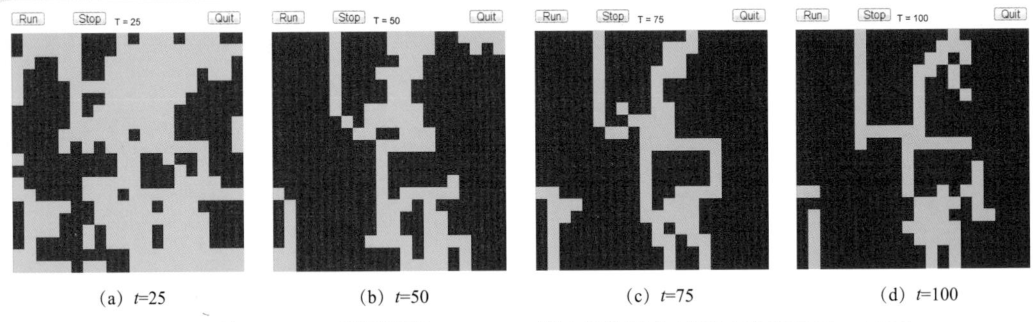

（a） t=25　（b） t=50　（c） t=75　（d） t=100

图 5-15　基于 Moore 型邻居的 SA-CGA 算法元胞演化过程（种群数量：400）

注：当个体目标函数值大于等于 16 时，元胞显示为红色

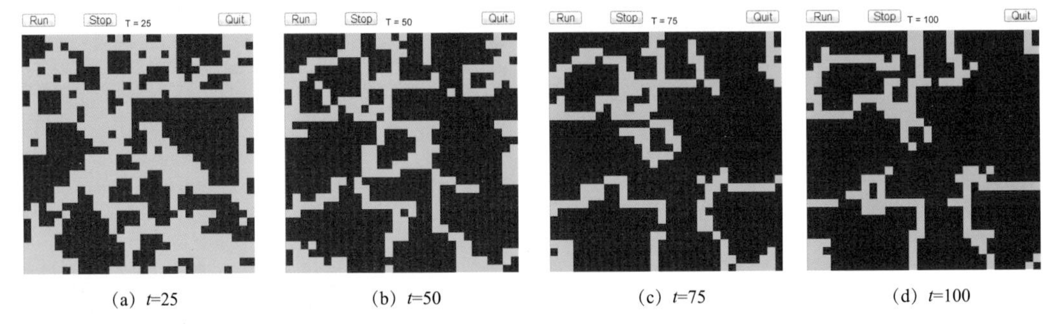

（a） t=25　（b） t=50　（c） t=75　（d） t=100

图 5-16　基于 Moore 型邻居的 SA-CGA 算法元胞演化过程（种群数量：900）

注：当个体目标函数值大于等于 16 时，元胞显示为红色

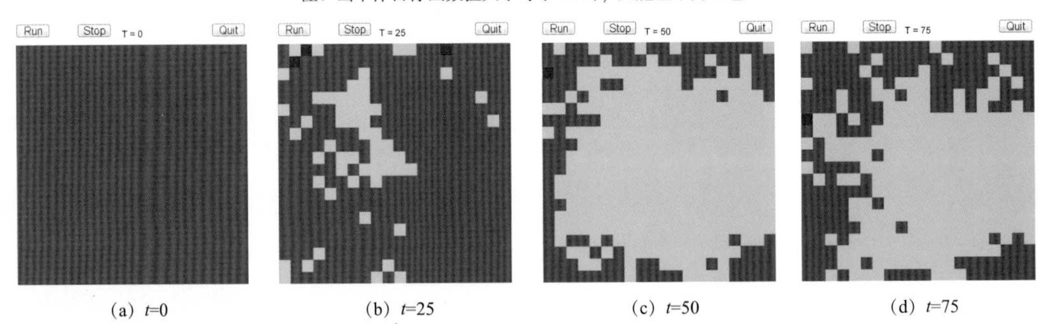

（a） t=0　（b） t=25　（c） t=50　（d） t=75

图 5-18　基于扩展 Moore 型邻居的 SA-CGA 算法元胞演化过程（种群数量：400）

注：当个体目标函数值大于等于 16 时，元胞显示为红色；大于等于 12 且小于 16 时，元胞显示为绿色；小于 12 时，元胞显示为蓝色。

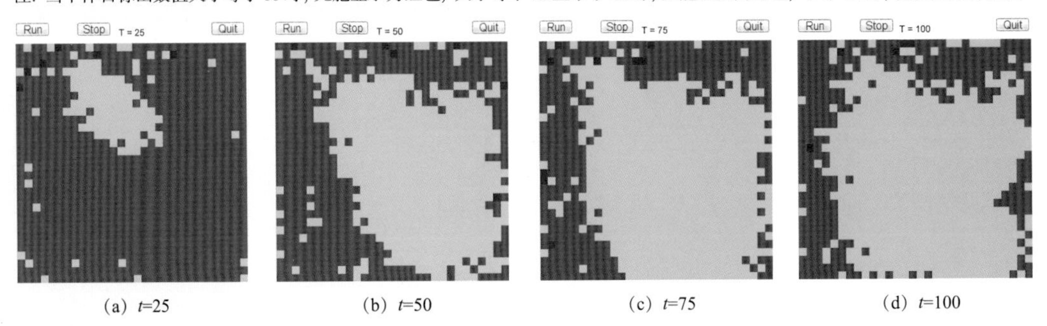

（a） t=25　（b） t=50　（c） t=75　（d） t=100

图 5-19　基于扩展 Moore 型邻居的 SA-CGA 算法元胞演化过程（种群数量：900）

注：当个体目标函数值大于等于 16 时，元胞显示为红色；大于等于 12 且小于 16 时，元胞显示为绿色；小于 12 时，元胞显示为蓝色。

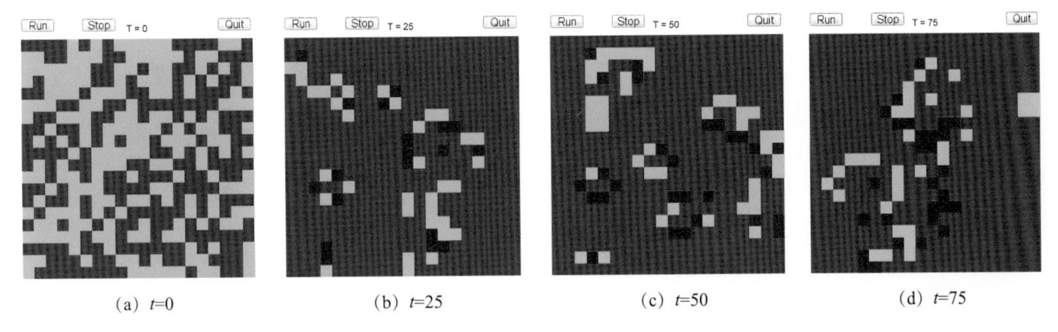

（a）t=0　（b）t=25　（c）t=50　（d）t=75

图 5-22　基于“生命游戏”的 ESA-CGA 算法元胞演化过程

注：当个体目标函数值大于等于 12 且元胞状态为“生”时，元胞显示为红色；当个体目标函数值小于 12 且元胞状态为“生”时，元胞显示为绿色；当元胞状态为“死”时，元胞显示为蓝色。

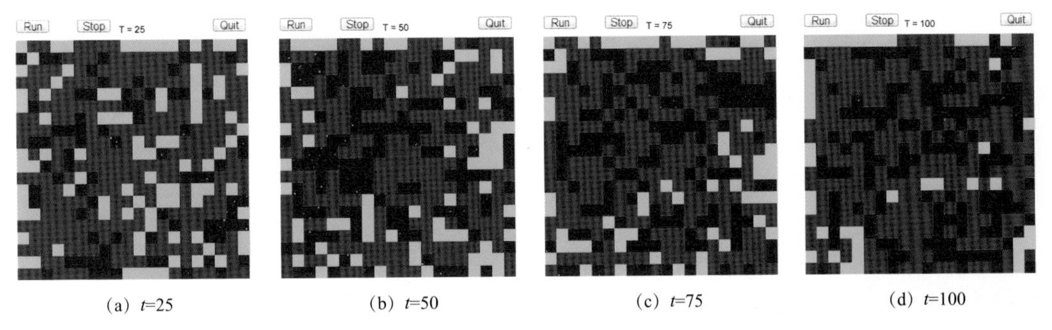

（a）t=25　（b）t=50　（c）t=75　（d）t=100

图 5-23　基于“规则 4”的 ESA-CGA 算法元胞演化过程

注：当个体目标函数值大于等于 12 且元胞状态为“生”时，元胞显示为红色；当个体目标函数值小于 12 且元胞状态为“生”时，元胞显示为绿色；当元胞状态为“死”时，元胞显示为蓝色。

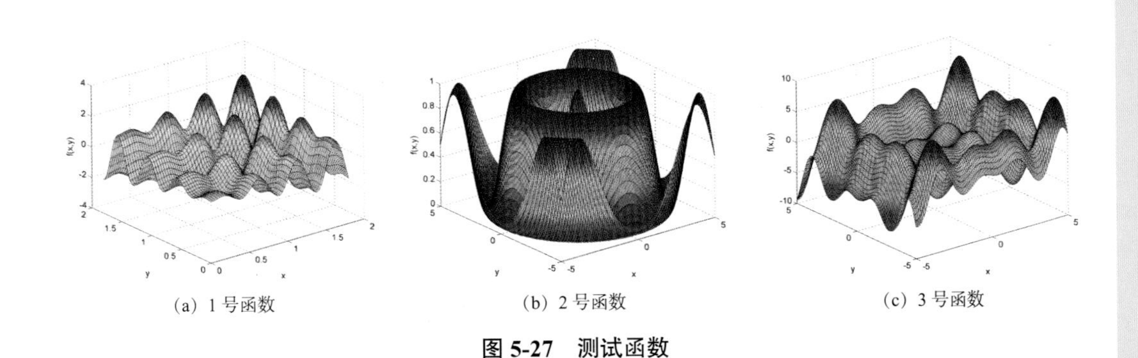

（a）1 号函数　（b）2 号函数　（c）3 号函数

图 5-27　测试函数

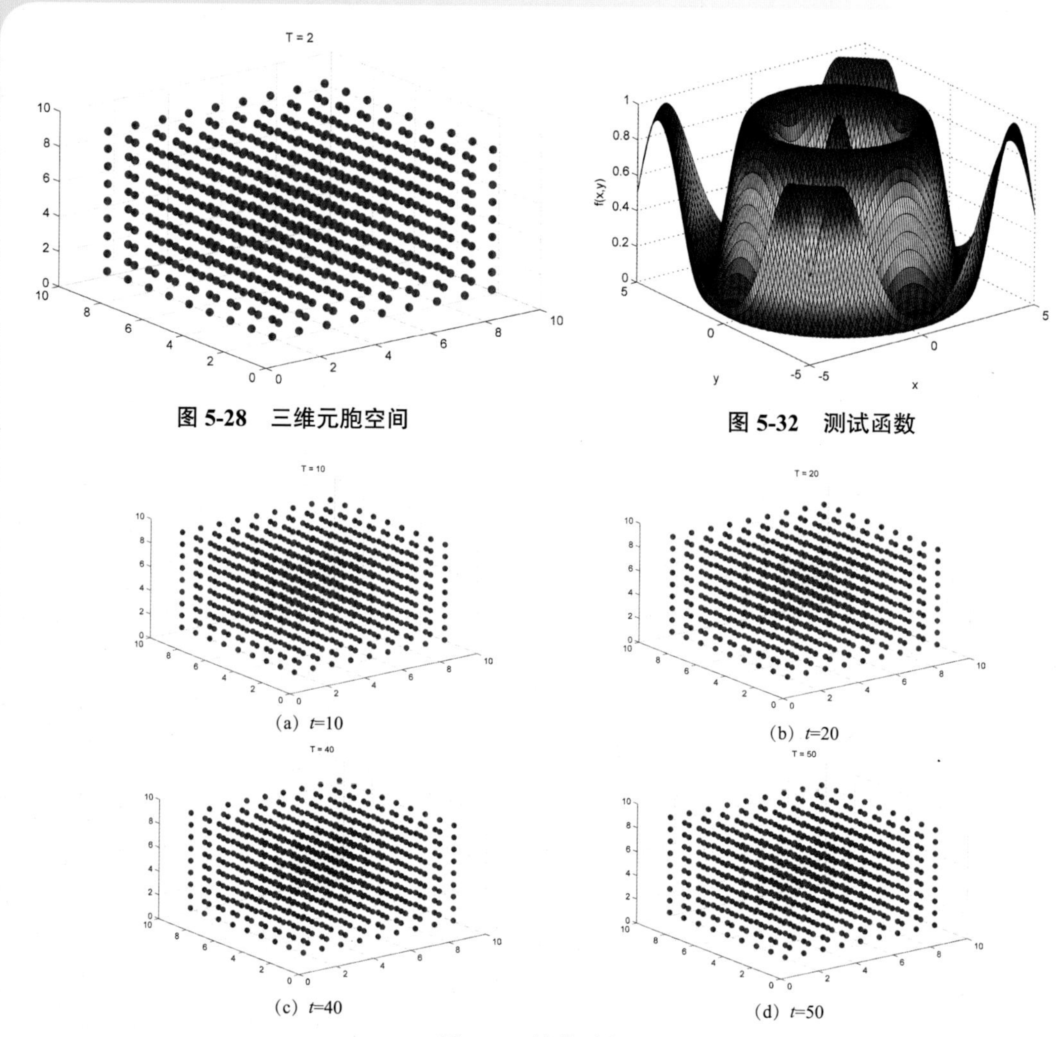

图 5-28　三维元胞空间

图 5-32　测试函数

(a) t=10

(b) t=20

(c) t=40

(d) t=50

图 5-33　演化过程

第 6 章

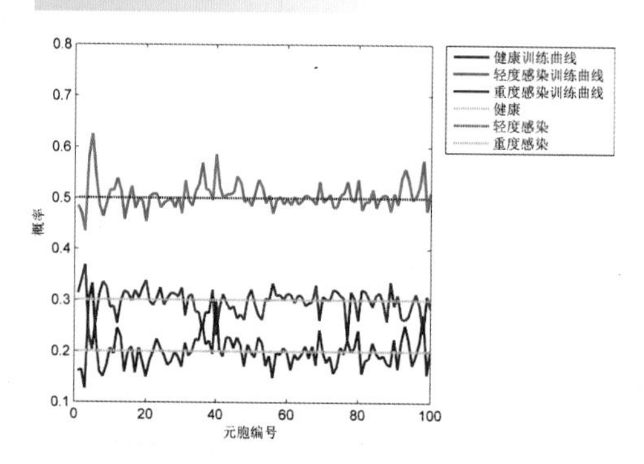

图 6-13　规则挖掘过程（训练）

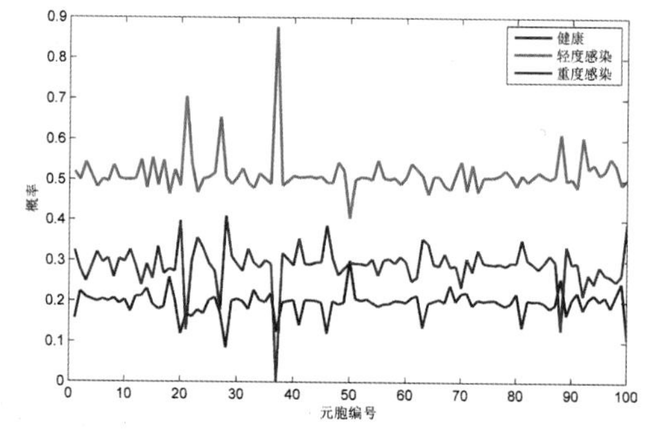

图 6-14　预测过程

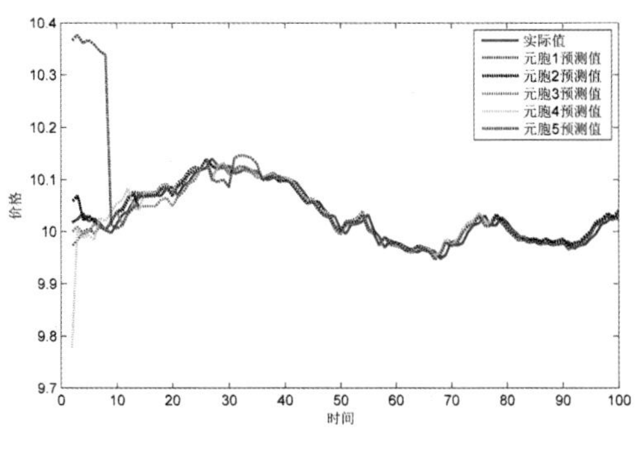

图 6-18(a) 价格实际值与预测值

第 7 章

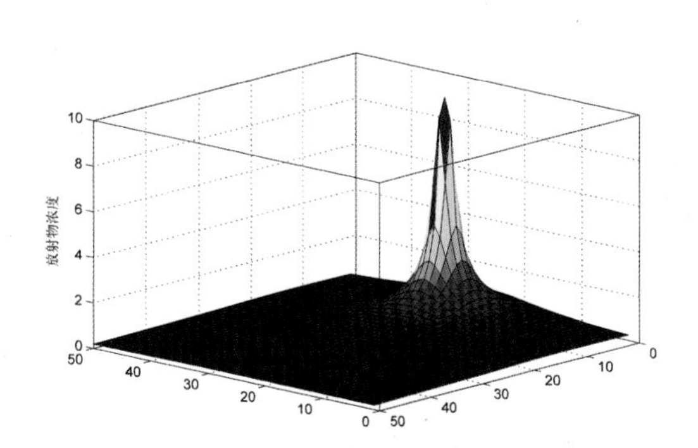

图 7-12 放射物浓度分布图（元胞空间）

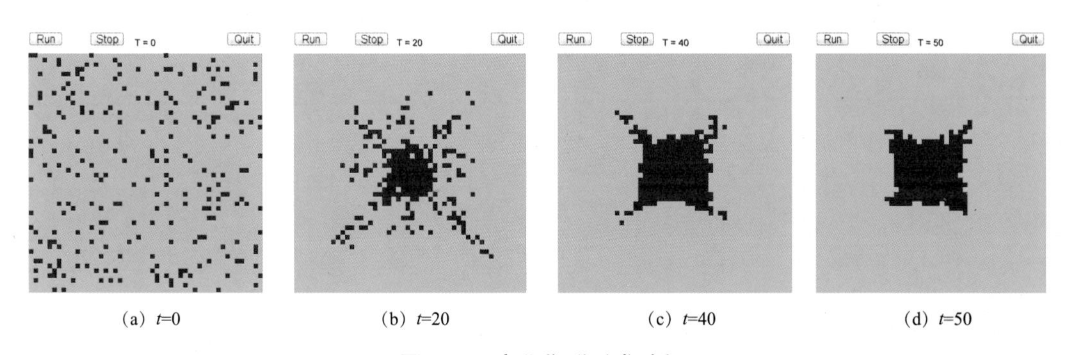

（a）t=0　（b）t=20　（c）t=40　（d）t=50

图 7-30 产业集群形成过程

第 8 章

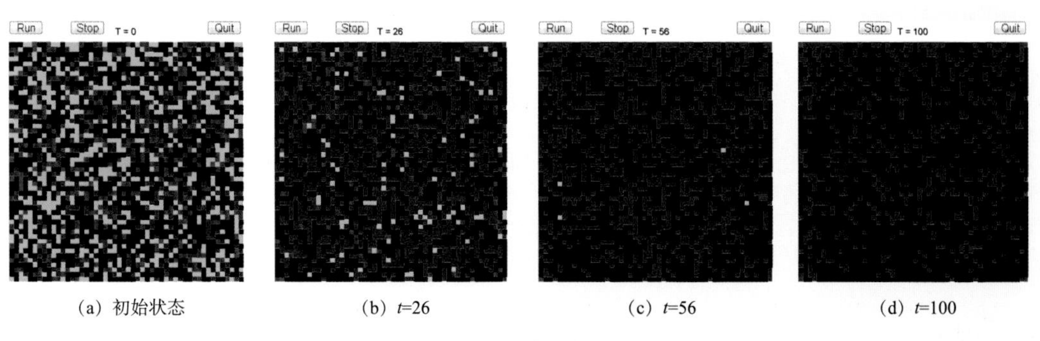

（a）初始状态　（b）t=26　（c）t=56　（d）t=100

图 8-20 传染演化过程

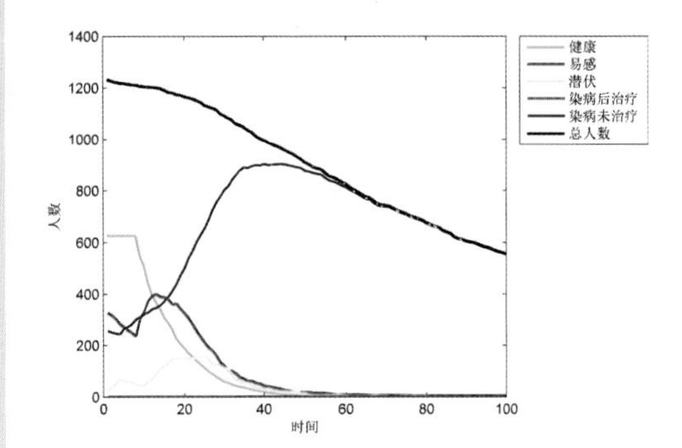

图 8-21（a） 传染期间人数变化

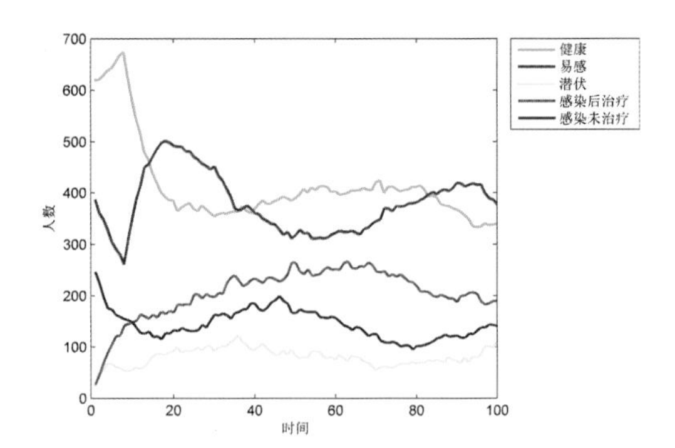

图 8-22 $\gamma = 0.1$，$\varepsilon = 0.1$，$\varepsilon' = 0.1$

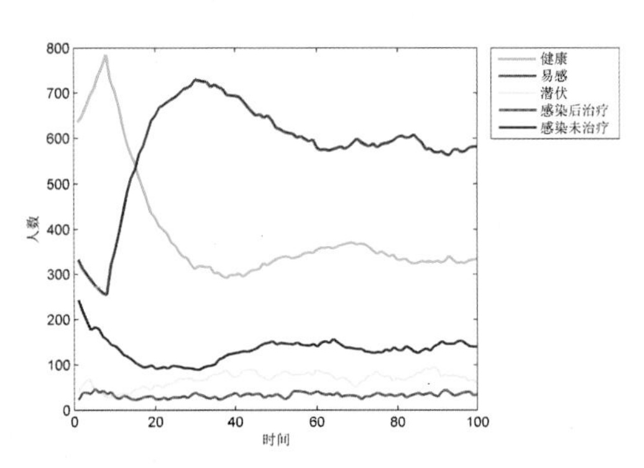

图 8-23 $\gamma = 0.6$，$\varepsilon = 0.1$，$\varepsilon'=0.1$

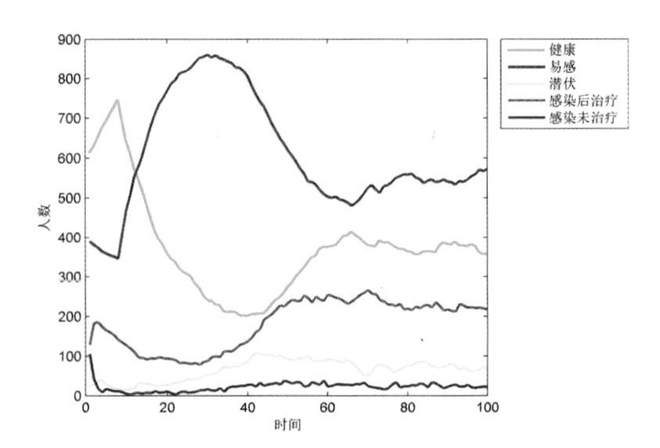

图 8-24 $\gamma = 0.1$，$\varepsilon = 0.6$，$\varepsilon' = 0.1$

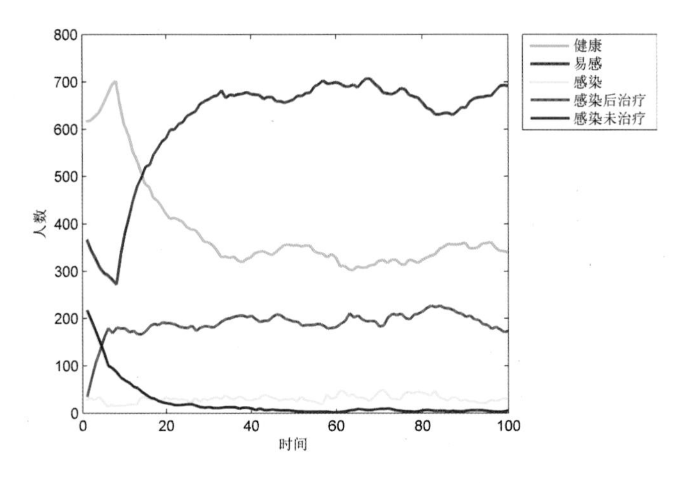

图 8-25 $\gamma = 0.1$，$\varepsilon = 0.1$，$\varepsilon' = 0.6$